智能化融媒体新形态教材

机器人应用技术

主　编　李　斌　杨　悦
副主编　王晶媛　李　鹤　陈　鹏

合肥工业大学出版社
HEFEI UNIVERSITY OF TECHNOLOGY PRESS

图书在版编目（CIP）数据

机器人应用技术 / 李斌，杨悦主编 .—合肥：合肥工业大学出版社，2024
ISBN 978-7-5650-6509-5

Ⅰ. ①机…　Ⅱ. ①李…　②杨…　Ⅲ. ①机器人技术—高等职业教育—教材　Ⅳ. ① TP24

中国国家版本馆 CIP 数据核字（2024）第 007397 号

机器人应用技术
JIQIREN YINGYONG JISHU

李　斌　杨　悦　主编

责任编辑	郭娟娟
出版发行	合肥工业大学出版社
地　　址	（230009）合肥市屯溪路 193 号
网　　址	www.hfutpress.com.cn
电　　话	人文社科出版中心：0551-62903200 营销与储运管理中心：0551-62903198
规　　格	787 毫米 ×1092 毫米　1/16
印　　张	17
字　　数	435 千字
版　　次	2024 年 3 月第 1 版
印　　次	2024 年 3 月第 1 次印刷
印　　刷	三河市海新印务有限公司
书　　号	ISBN 978-7-5650-6509-5
定　　价	49.80 元

前言 PREFACE

近年来，装备制造行业转型升级践行高质量发展刻不容缓，制造业相关企业对实施数字化、智能化制造的需求也持续增加。为加快制造强国建设步伐，推动工业机器人产业发展，满足智能制造相关行业对工业机器人技术人才的需求，进一步推动教育体制改革，编者根据自己多年的教学经验，结合机器人技术发展的最新成果，编写了本书。

本书共八章，从对机器人的认知到机器人的机械结构、编程应用、实训案例，由浅入深、循序渐进地让学习者掌握机器人应用技术，同时在书中配备视频等数字化资源，使教学效果更直观、形象。

本书由李斌、杨悦担任主编，王晶媛、李鹤、陈鹏担任副主编，特邀“1＋X”工业机器人装调职业技能等级证书评价组织沈阳新松机器人自动化股份有限公司、沈阳新松教育科技集团有限公司专家张海鹏，对本书如何融合职业技能等级证书标准进行指导。同时，感谢广州数控设备有限公司、华航唯实机器人科技有限公司等企业对本书编写提供的诸多宝贵意见和建议。

本书可作为高等院校智能制造、工业机器人技术等专业的教学用书，也可作为相关行业从业人员的参考用书。

本书为智能化融媒体新形态教材，配套资源丰富，包括课件、在线测试题等，读者可扫描下方的微信小程序码浏览查看。

《机器人应用技术》微信小程序码

机器人产业的技术发展日新月异，编者水平有限，书中难免有遗漏和不妥之处，敬请广大读者批评指正。

编　者

2023 年 5 月

目录 CONTENTS

第一章 认识机器人

本章导读

- 认识机器人
  - 工业机器人及其发展历史：工业机器人国内外的发展历史，主要工业机器人品牌及工业机器人的应用领域
  - 工业机器人的分类：根据结构特征、坐标系和控制方式，对工业机器人进行分类
  - 工业机器人的技术参数：工业机器人的主要技术参数，结合各参数指标特点分析不同工作场合下应重点考虑的工业机器人技术指标
  - 工业机器人的机械结构：工业机器人的机械结构，工业机器人末端执行器如工业机器人手腕、工业机器人手臂、工业机器人腰部、工业机器人机座等实体结构在机器人中的作用和特点
  - 工业机器人的传动装置：轴承、丝杠、同步带、齿轮、行星齿轮等传动装置的工作原理
  - 工业机器人的控制系统：工业机器人控制系统的组成，控制柜的功能及内部结构以及控制柜面板的基础操作

课程思政　　我国机器人产业发展已经步入快车道

随着信息化工业化不断融合，以机器人技术为代表的智能装备产业蓬勃兴起，我国机器人产业发展迅猛，加速了制造业的智能化升级与数字化转型，向世界展示着中国速度、中国水平。

第一节 工业机器人及其发展历史

一、机器人的定义与发展史

当今，无论是在工业领域还是在日常生活中，机器人这个词随处可见，但是对机器人概念的理解可以说是仁者见仁、智者见智。尤其是工业机器人，它在不同的工作领域和不同的年代所呈现的结构、功能和技术始终在变化，因此也就没有统一的定义。也正因如此，人们才会对机器人充满了无限的想象。

“机器人”一词是在 1920 年由捷克作家在剧本中提到的“ Robota”一词衍生而来的，该词在捷克语中的意思为“苦力”“奴隶”，后来变形为我们熟悉的“Robot”一词。从该词的定义中不难看出，最早人们对于机器人的认知，主要停留在让它们充当人类的劳动力上。

1942 年，美国的科幻小说家艾萨克 · 阿西莫夫在其小说中提出了著名的“机器人三原则”，也就是：

（1）机器人不能伤害人类，不能看到人类受害而袖手旁观；

（2）机器人必须服从人类命令，除非这条命令与第一条矛盾；

（3）机器人应该能够保护自身不受伤害，除非为了保护人类或者人类命令它做出牺牲。

至今，机器人的开发也都是以这三原则为基本准则。但这三原则的出发点都是以人为中心，也就是赋予了机器人人类的伦理观。

其实在我国古代就一直有机器人的概念。比如鲁班发明的木鸟（图 1–1）可以绕梁三日而不下，诸葛亮发明的木牛流马（图 1–2）可以不吃不喝搬运粮草。从这些古代的创造到对机器人的研究，是中国人智慧的传承。

图 1–1 木鸟

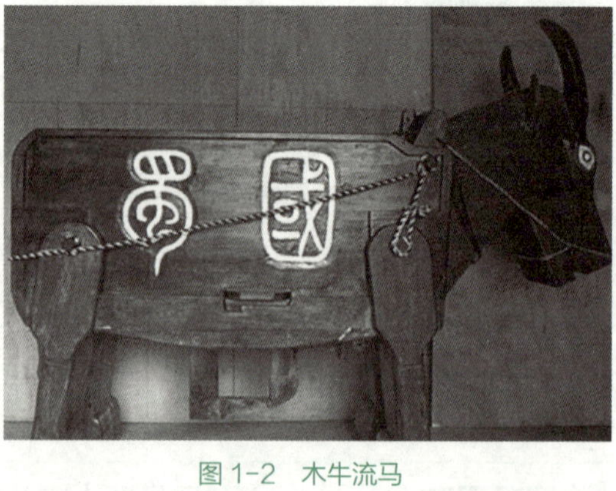

图 1–2 木牛流马

工业机器人有它普遍的特性，因此国际上很多专家和机构也不断尝试对其进行定义。

1954 年，美国的德沃尔最早提出了工业机器人的概念，并于 1958 年申请了专利（图 1–3）。德沃尔强调工业机器人是借助伺服技术，控制机器人的关节，利用人手对机器人进行示教，机器人能够记录动作的轨迹，并再现该动作。

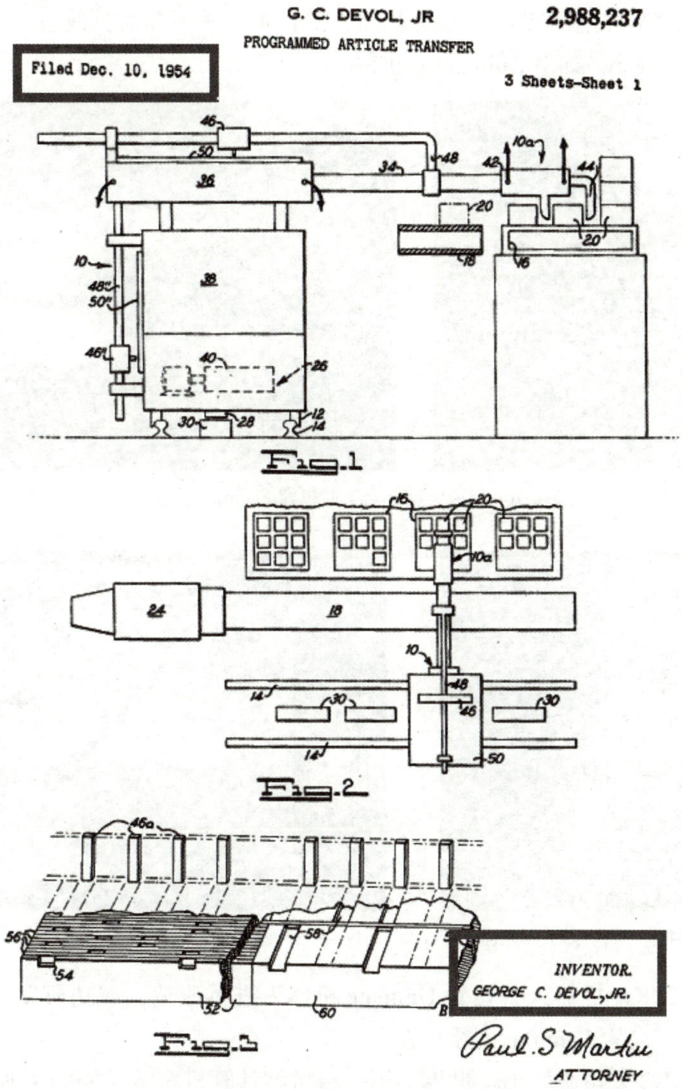

图 1-3 美国德沃尔申请的专利

日本工业机器人协会将工业机器人定义为“一种具备记忆功能，并拥有类似人体上肢的执行装置，能够自动完成各种移动来代替人类劳动的机器”。

1987 年，国际标准化组织对工业机器人进行了定义，即“工业机器人是一种具有自动控制操作和移动功能，能完成各种作业的可编程操作机”。

在工业机器人领域，对工业机器人的定义越来越具体化，从不同的定义中不难看出，当前工业机器人的主要特点是“可编程”“拟人化”和“通用性”，这三点是当前对工业机器人进行定义时普遍包含的内容。

世界上第一台工业机器人是由美国万能自动化公司于 1959 年发明的 Unimate（图 1-4），意为万能自动。这台工业机器人于 1961 年在通用汽车公司安装运行，主要用于生产汽车的门、车窗摇柄、换挡旋钮、灯具固定架等。

1962 年，美国机械铸造公司生产了第一台圆柱坐标型工业机器人 Verstran（图 1-5），意为万能搬动，并应用于美国的福特汽车生产厂。

1968 年，川崎重工从美国引进 Unimate 机器人的技术，并不断对其改进、创新，开发出了日本第一台工业机器人 Kawasaki-Unimate（图 1-6）。

图 1-4　世界上第一台工业机器人 Unimate

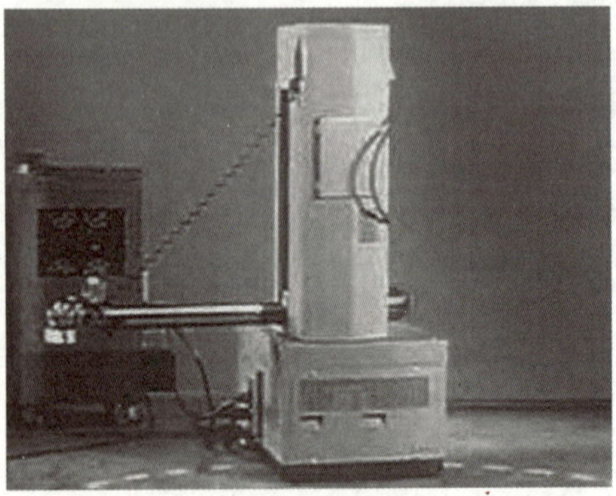

图 1-5　第一台圆柱坐标型机器人 Verstran

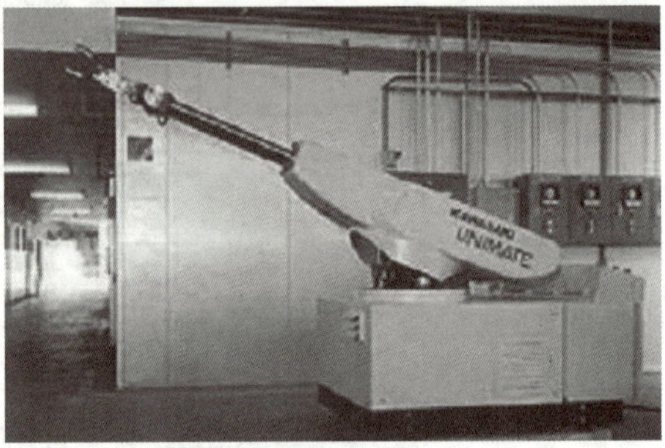

图 1-6　日本第一台工业机器人 Kawasaki-Unimate

1973 年，德国 KUKA 机器人公司对 Unimate 机器人进行改造，成功研发出了世界上第一台电驱动 6 轴机器人，名为 Famulus（图 1-7）。

1974 年，瑞士 ABB 公司研发出了世界上第一台微型计算机全电控制的工业机器人 IRB-6，并将其应用于工件的取放和物料的搬运，继而迅速应用到汽车的焊接和装卸中（图 1-8）。

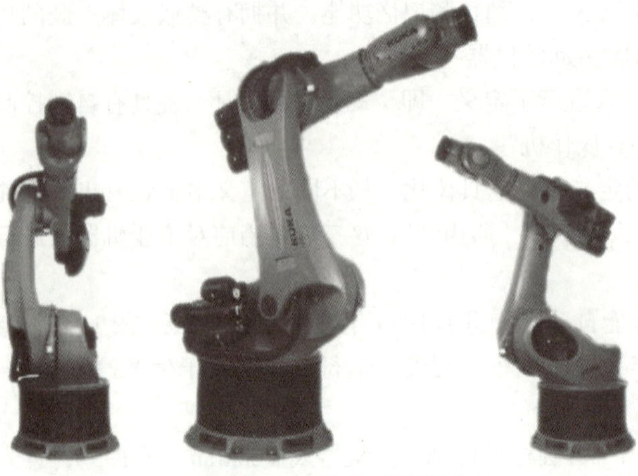

图 1-7　世界上第一台电驱动 6 轴机器人 Famulus

图 1-8　ABB 全电控 IRB-6 型号工业机器人

1978 年，日本山梨大学的牧野洋发明了选择顺应性装配机器手臂 SCARA（图 1–9），它具备 4 个自由度，至今仍然是常用的机器人型号。

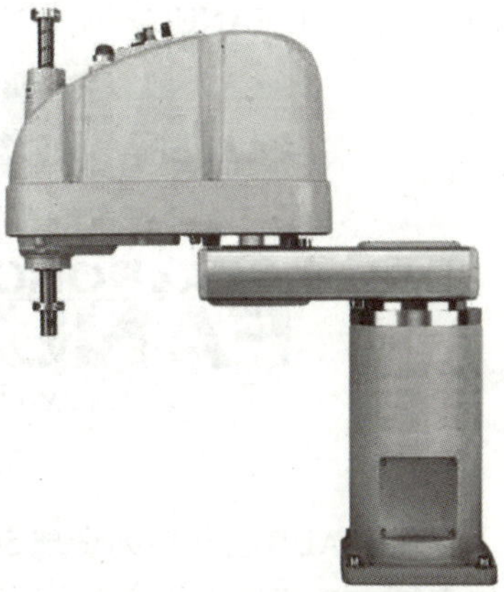

图 1–9 4 自由度选择顺应性装配机器手臂 SCARA

1980 年，工业机器人在日本得到普及，因此也将 1980 年定义为工业机器人的“普及元年”，日本也因此赢得了“机器人王国”的美誉。此后，工业机器人在日本得到了快速发展。

1986 年 3 月，北京的几位科学家提出了追赶世界高新技术的建议，引起了邓小平的高度重视。随后，中共中央、国务院批准了《国家高技术研究发展计划》（简称 863 计划）。其中将机器人列为自动化领域的重要研究课题。在这一期间，我国从事机器人开发、研究、应用的人才迅速成长，并形成了一系列以机器人为主的产业化基地。其中，沈阳新松机器人自动化股份有限公司在 2018 年平昌冬季奥运会闭幕式的“北京八分钟”展示中，用 24 台移动机器人的精彩表演，向全球展示了一个快速发展、科技富强的中国（图 1–10）。

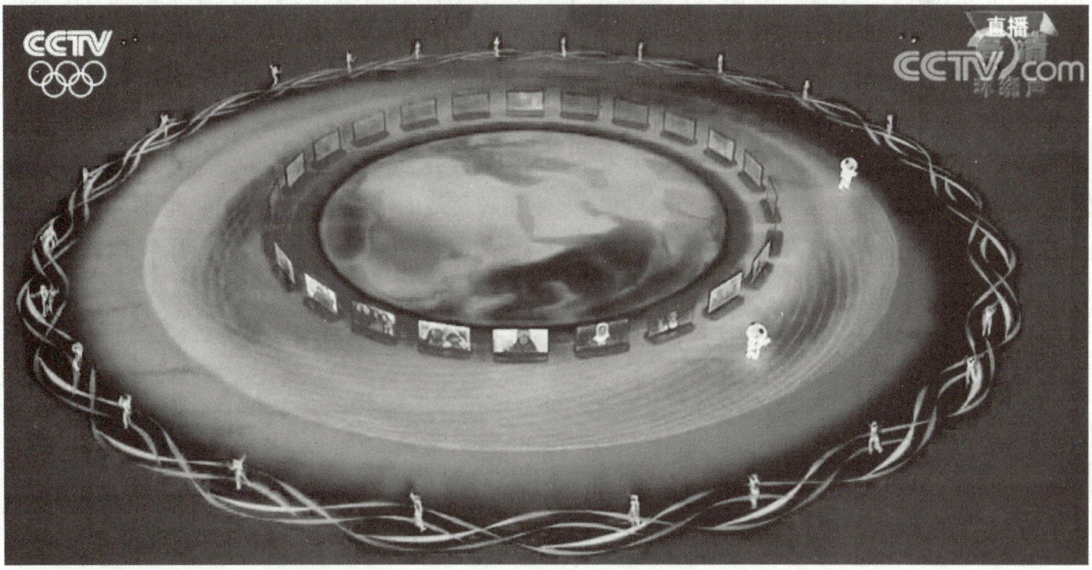

图 1–10 沈阳新松机器人自动化股份有限公司在 2018 年平昌冬季奥运会闭幕式的“北京八分钟”展示

2015 年，我国提出了《中国制造 2025》计划，在国家政策的大力扶植下，中国机器人行业呈现出迅速发展的态势，近年来增长率一直保持在 35% 以上，远超德国、韩国、日本等发达国家。

当前，机器人产业已经步入“黄金时代”，而工业机器人行业的崛起关乎国计民生，所有机器人相关领域的工作者一定要不辱使命，为实现中华民族伟大复兴的中国梦而努力奋斗。

二、工业机器人的主要品牌

在全球工业机器人产业领域中，日本和欧洲各国的发展速度尤为出众，论及国外工业机器人的生产厂家，就不得不提工业机器人领域的“四大家族”了。它们分别是瑞士 ABB、德国

KUKA、日本 FANUC、日本 YASKAWA，工业机器人品牌“四大家族”如图 1-11 所示。

（a）瑞士ABB　（b）德国KUKA

（c）日本FANUC　（d）日本YASKAWA

图 1-11　工业机器人品牌“四大家族”

瑞士 ABB 公司名列全球 500 强企业，ABB 机器人的运动控制算法好、品质优，同时价格较高。ABB 机器人的核心应用领域是汽车制造业。

德国 KUKA 机器人操作简单、上手快，重负载性能好，在超大负载的机器人领域，KUKA 的销量是最高的。它的核心应用领域是汽车制造业、电子电气和物流搬运等行业。

日本 FANUC 机器人拥有全球最专业的数控系统，因此精度很高。FUNAC 的业务领域包括伺服系统、机器人、机床，因此其机器人集成系统成本较低，其成本和技术上的优势是其他厂家无法比拟的。与其他厂家相比，FUNAC 同类型的机器人尺寸更小，因此其过载能力稍显不足。它的核心应用领域是汽车制造业、电子电气行业及其相关的上下游产业。

日本 YASKAWA 拥有自己的伺服系统和运动控制器产品，除了减速器需要外购，其他所有部件均能自己生产，因此在“四大家族”中，YASKAWA 机器人的综合售价是最低的。YASKAWA 机器人最大的特点是稳定性好，即使在满负载的情况下全速运行，也不会报警，甚至能够过载运行。它与 FANUC 相比，主要的劣势是精度略显不足，其核心应用领域是电子电气和物流搬运等行业。

我国国产机器人品牌包括沈阳新松、广州数控、安徽埃夫特、南京埃斯顿、杭州史陶比尔、华中数控、汇川等（图 1-12）。

（a）沈阳新松　（b）广州数控　（c）安徽埃夫特

（d）南京埃斯顿　（e）杭州史陶比尔　（f）华中数控　（g）汇川

图 1-12　我国国产机器人品牌

随着苏州绿的、深圳固高等企业在关键零部件研制上取得了明显突破，我国国产机器人在国际市场上有了更强的竞争力。

三、机器人的应用领域

工业机器人在工业生产中能代替人工完成某些单调、工作时间长，或是在危险、恶劣环境下的作业，例如焊接、喷涂、机械加工、装配等工作，以及对于像放射性元素这种对人体有害的物料的搬运和加工，等等。工业机器人在汽车制造、电子电气、铸造和锻造、食品、建筑等行业中应用较广。工业机器人在各行各业中的应用无疑解放了人类的双手，提高了生产效率，但是，对于依靠经验和特殊技术手段才能完成的工作，仍然只能依靠人来完成。比如大国工匠方文墨的“文墨”精度，手工锉削精度达到 3‰ mm，相当于头发丝的 1/25，而当前工业机器人的精度水准是远达不到这种要求的。

服务机器人是一种以自主或半自主方式运行，能为人类生活和健康提供服务的机器人，或者是能对设备运行进行维护的一类机器人。服务机器人主要是一个移动平台，上面有一些手臂进行操作，同时还装有一些力觉传感器、视觉传感器、超声测距传感器等。它对周边的环境进行识别，判断自己的运动，完成某种工作，这是服务机器人的基本特点。

农业机器人指的是应用于农业生产的机器人的总称。近年来，随着农业机械化的发展，农业机器人正在发挥着越来越大的作用，已经投入应用的有西红柿采摘机器人、林木球果采摘机器人、嫁接机器人、伐木机器人、收割机器人、喷药机器人等。

军用机器人是一种用于军事领域（侦察、监视、排爆、攻击、救援等）的具有某种仿人功能的机器人。按照其工作环境不同，可分为地面军用机器人、水下军用机器人、空中军用机器人和空间机器人等。

医用机器人是指用于医院、诊所的医疗或辅助医疗的机器人。它能独立编制操作计划，依据实际情况确定动作程序，并通过动作程序控制操作机构的运动。医用机器人的种类很多，按照其用途不同，可分为临床医疗用机器人、护理机器人、医用教学机器人和为残疾人服务机器人等。

第二节 工业机器人的分类

工业机器人的种类有很多，其功能、特征、驱动方式及应用场合也不尽相同，对于工业机器人的分类，国际上并没有统一的方法。但我们仍可以根据不同机器人表现的特点，按结构特征、坐标系类型、控制方式进行分类。

一、根据结构特征分类

根据结构特征可将机器人分为串联机器人、并联机器人、双臂机器人等形式。

（一）串联机器人

串联机器人（图 1–13）是指从底座到末端执行器，由多个连杆和关节组成的开式结构，它的每个关节都要安装一个驱动器，以驱动下一级连杆运动。串联机器人工作空间大、可实现复杂动作，是与人类上肢功能最接近的机器人，也是目前应用数量最多的工业机器人，可用于喷涂、搬运、焊接、装配等多种作业环境。

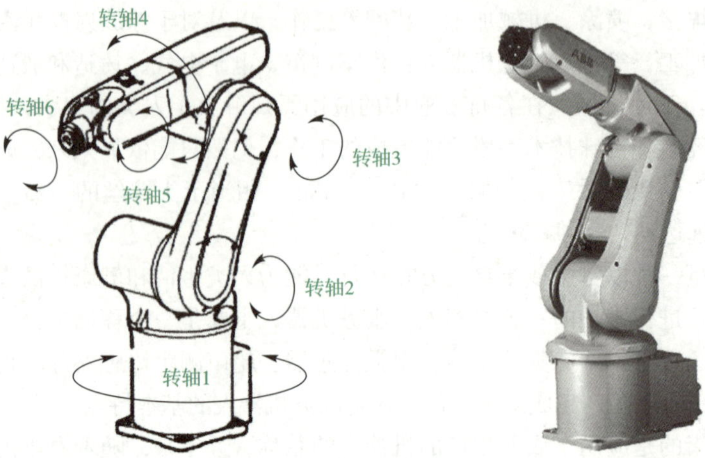

图 1-13　串联机器人

（二）并联机器人

并联机器人（图 1-14）是由一个固定的机座和两个以上独立的运动链相连，组成闭式机构的机器人，其各独立的运动链共同支撑末端执行器。

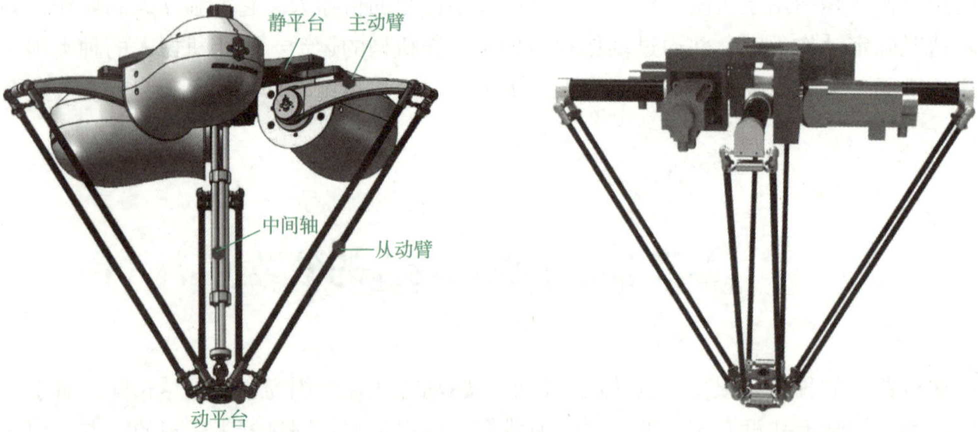

图 1-14　并联机器人

并联机器人的结构特点决定了它具有刚度强、结构稳定、负载大、运行速度快、精度高等优点。其缺点就是各运动链相互制约，导致其工作空间小且结构复杂。并联机器人主要用于上下料、分拣、搬运等所需工作空间小且高速度、高精度的场合。在实际应用中，串联机器人和并联机器人经常混合使用。

（三）双臂机器人

双臂机器人（图 1-15）也称协作机器人，它通过将两个单独的机械手臂组合在一个基座上，协调完成工作。

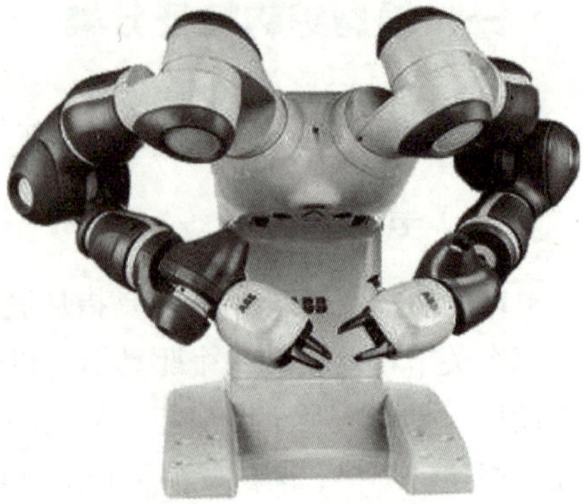

图 1-15　双臂机器人

双臂机器人的双臂共享周围工作环境的所有传感数据，通过控制器的通信功能，可以协调双臂之间的动作，做出轨迹规划，避免发生碰撞。此外，双臂机器人的两个单臂可以单独工作，具有提高工作空间利用率的优点。

二、根据坐标系类型分类

根据末端执行器运动的坐标系类型，可将机器人分为直角坐标型机器人、圆柱坐标型机器人、球面坐标型机器人。

（一）直角坐标型机器人

直角坐标型机器人（图 1-16）的末端执行器的运动空间是一个直角空间。直角坐标型机器人是一种结构简单的机器人，通过在 3 个相互垂直方向上的空间运动，改变末端执行器的空间位置。

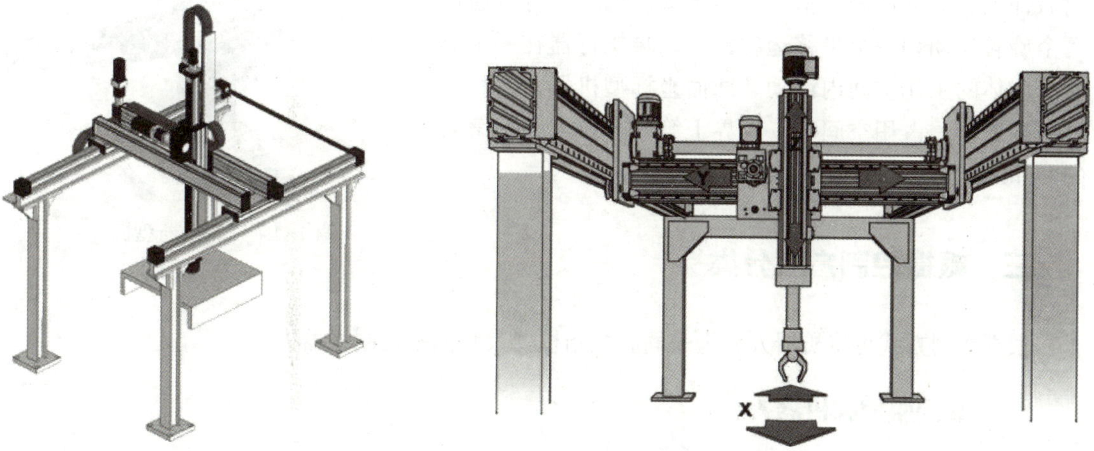

图 1-16 直角坐标型机器人

该类机器人在实际生活中可以根据需求，增加或减少不同的运动空间维度。常见的有壁挂式、悬臂式、龙门式、倒挂式等。直角坐标型机器人结构简单、定位精度高、负载能力强、空间轨迹易于求解，但是其体积较大，空间利用率较低。

（二）圆柱坐标型机器人

圆柱坐标型机器人（图 1-17）的末端执行器的运动空间是一个圆柱坐标系。圆柱坐标型机器人通过两个相互垂直的平移运动和一个旋转运动，来改变末端执行器的空间位置。由于受到电气、液压、气动等驱动方式和连接线路的运动限制，旋转方向一般不会超过一周。圆柱坐标型机器人本体占用空间较小，执行速度快。但其前臂回缩时，后臂会占用一定的空间，且后臂也极容易碰撞活动范围内的其他物体。

著名的 Versatran 机器人（图 1-18）就是典型的圆柱坐标型机器人。

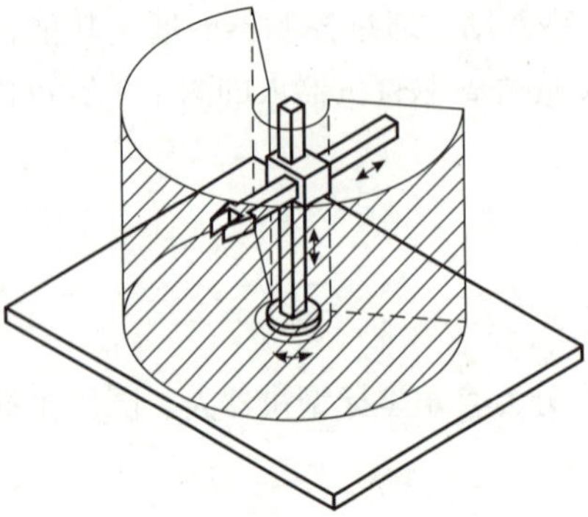

图 1-17　圆柱坐标型机器人

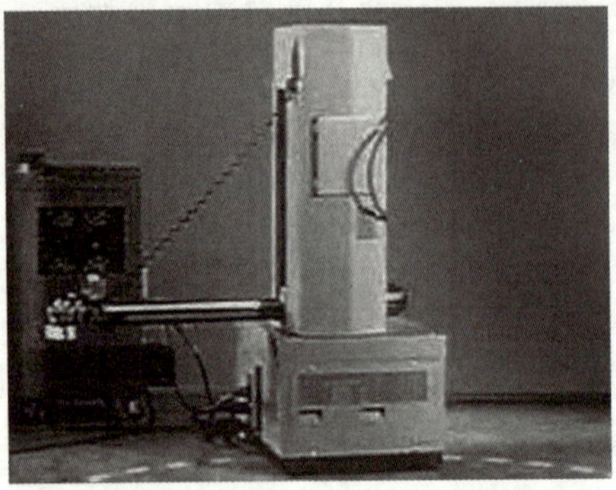

图 1-18　Versatran 机器人

（三）球面坐标型机器人

球面坐标型机器人（图 1-19）的末端执行器可进行前后伸缩、上下仰俯、垂直旋转运动。也就是可以通过两个旋转运动和一个平移运动，让末端执行器在一个类似于球体的工作空间内活动。球面坐标型机器人的特点是结构紧凑，占用空间小。世界上第一台机器人，著名的 Unimate，就是球面坐标型机器人。

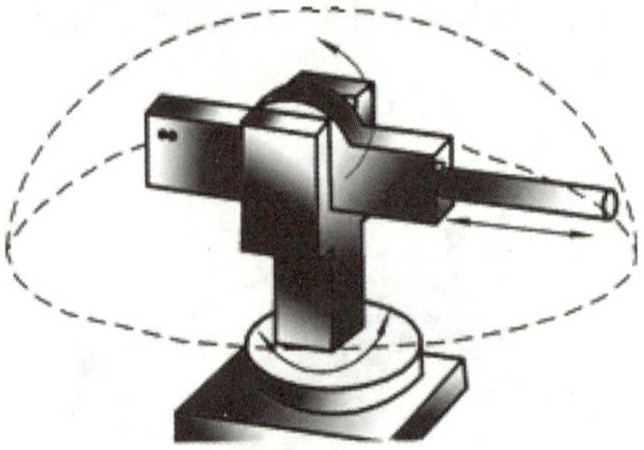

图 1-19　球面坐标型机器人

三、根据控制方式分类

根据控制方式可将机器人分为非伺服控制机器人和伺服控制机器人。

（一）非伺服控制机器人

非伺服控制机器人，俗称开关式机器人，它是一种没有反馈校正功能的开环控制机器人，每个轴只能从预设的起点运动到终点。非伺服控制机器人工作原理如图 1-20 所示。插销板用来预先规定机器人各轴的工作顺序，且工作顺序是可调整的。定序器能够按照预定的正确顺序依次接通各轴的驱动能源。驱动装置接通能源后，驱动末端执行器运动，当运动到限定位置后，切断当前轴的能源，使其制动，同时限位开关给定序器一个类似已完成的信号，让定序器切换下一个轴的驱动能源，从而驱动下一个轴继续运动。

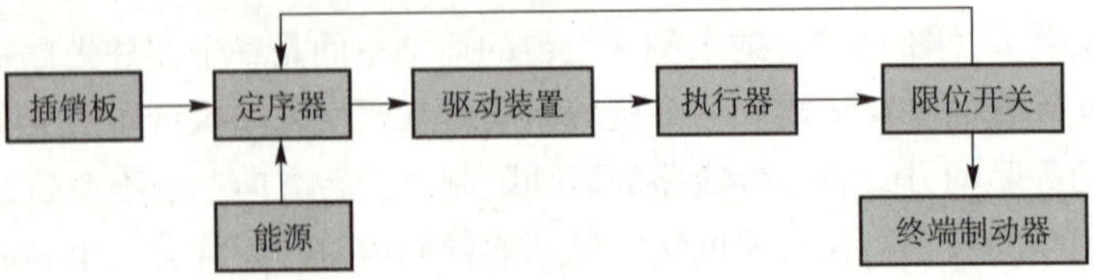

图 1-20　非伺服控制机器人工作原理

（二）伺服控制机器人

伺服控制机器人分为点到点控制机器人和连续轨迹控制机器人。点到点控制机器人可以控制末端执行器走直线，连续轨迹控制机器人可以控制末端执行器走曲线。其运动过程被实时监测，并反馈给输入进行校正，实现闭环控制，因此伺服控制机器人比非伺服控制机器人更可靠，价格也相对更高。

伺服控制机器人工作原理如图 1-21 所示，将给定指令与执行的反馈信号进行比较，对得到的误差进行放大，从而校正驱动装置调整末端执行器的运动。

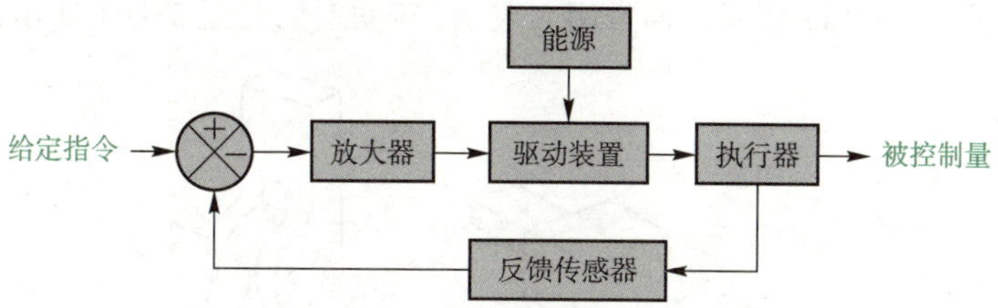

图 1-21　伺服控制机器人工作原理

从理论上讲，使用闭环伺服驱动系统可以消除整个驱动和传动环节的误差、间隙和失动量，使系统具有很高的位置控制精度。由于位置环内的许多机械传动环节的摩擦特性、刚性和间隙都是非线性的，所以很容易造成系统不稳定，使闭环系统的设计、安装和调试都变得相当困难。

第三节　工业机器人的技术参数

工业机器人的技术参数反映了机器人的性能以及它的应用场合。无论是对机器人的设计还是选型、应用，技术参数都是我们首先要考虑的问题。机器人的主要技术参数有连杆、关节、自由度、定位精度、重复定位精度、分辨率、工作空间、工作负载能力等。

一、连杆

连杆是指连接两关节之间的传动构件，是机器人机身和手臂的重要组成部分（图 1-22）。

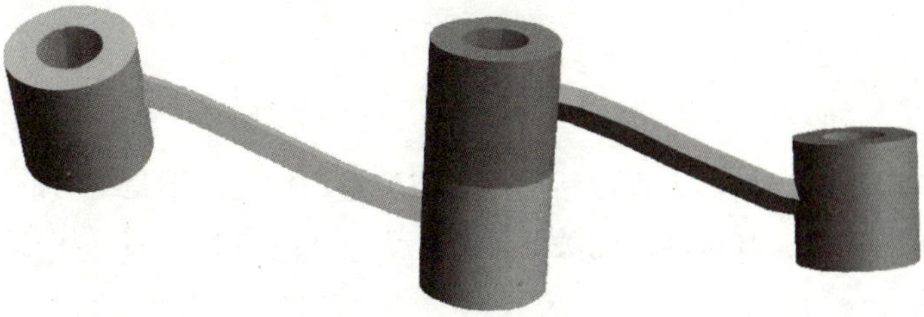

图 1-22　连杆结构示意图

连杆应当具备较强的刚性，对于负载较大或者惯性负载较大的应用场合，连杆还可采用碳与玻璃纤维的合成物制成，这样不仅可以提高刚性，同时还可以减轻自身的重量。

此外，连杆通常设计为壳式结构，这样做的目的，一方面是能够减少自身重量，另一方面在串联机器人中，中空的连杆能够将机器人运行所必备的线缆、电机、传送带等部件都放置在连杆的壳体中。但这并不是绝对的，如机器人的导向杆、并联机器人的连杆就并非壳式结构。

二、关节

两个构件直接接触后能产生相对运动的连接方式，称为运动副。常见的运动副有移动副和转动副。移动副如图 1-23(a) 所示，通常用 P 表示；转动副如图 1-23(b) 所示，通常用 R 表示。

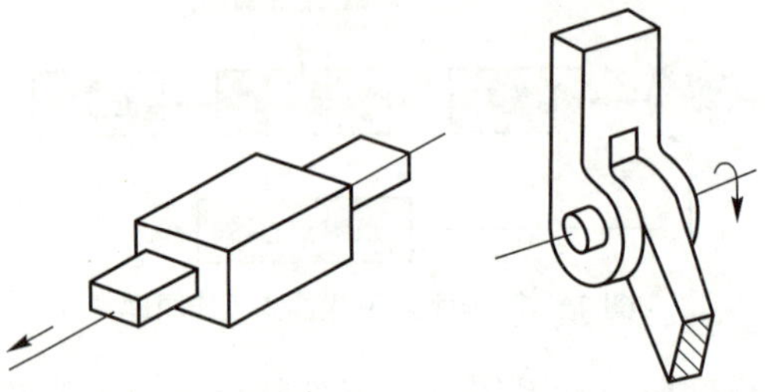

（a）移动副　　（b）转动副

图 1-23　运动副

在机器人中，想要将任意两连杆进行连接，必须通过一个公共轴，两连杆都可以绕着这个公共轴来运动，构成一个运动副，则这个运动副就是关节。机器人的关节由一系列驱动、传动部件组成，通过带动连杆运动，最终使末端执行器到达作业位置。

机器人常见关节类型（图 1-24）有移动关节、旋转关节、球面关节和虎克铰关节。

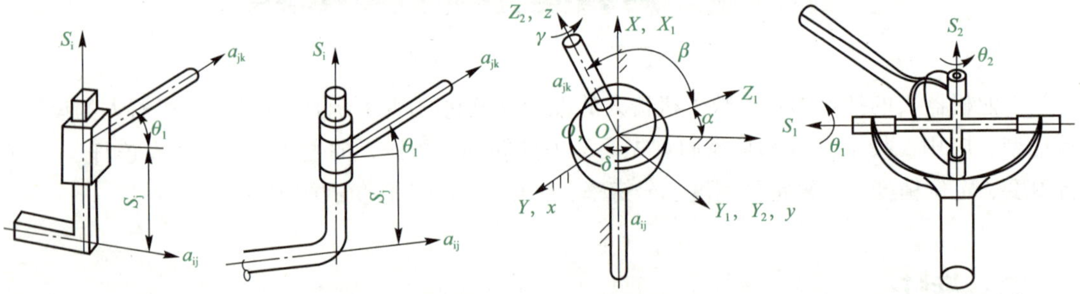

（a）移动关节　　（b）旋转关节　　（c）球面关节　　（d）虎克铰关节

图 1-24　机器人常见关节类型

三、自由度

自由度通常可以理解为机器人可以活动的关节数量，但这并不是绝对的，如平行四连杆机构、冗余自由度机器人等，其可活动的关节数都多于自由度数目。需要注意的是，自由度一般不包括末端执行器。

自由度是机器人的一个技术参数，它能够直接反映机器人的灵活度。通常一个机器人的自由度不超过 6 个，当然这也不是绝对的，如果在复杂、特殊作业时，6 个自由度还不够用，也可以继续扩展自由度。通常进行焊接和喷涂作业的机器人多为 6 个自由度，而进行搬运、码垛、装配机器人多为 4 ～ 6 个自由度。

直角坐标型机器人有 3 个自由度（图 1-25），且 3 个自由度均是移动关节，没有转动关节。

该类型机器人结构刚度大、各关节相互独立，但灵活性较差。

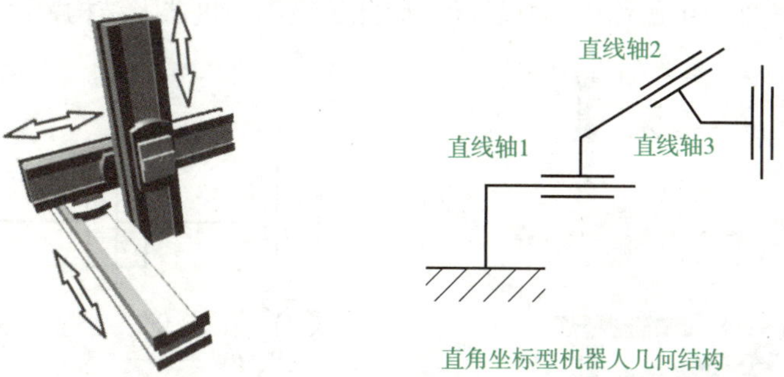

图 1-25 直角坐标型机器人自由度

圆柱坐标型机器人的自由度一般为 3 个，最多为 5 个，包括 2 个移动关节和 3 个转动关节。其臂部可以沿机身垂直方向移动，也可绕机身垂直方向转动。腕部可以沿臂部轴线方向前后伸缩移动，也可以绕臂部轴线方向转动。末端执行器可以绕手部轴线方向转动。圆柱坐标型机器人自由度如图 1-26 所示。

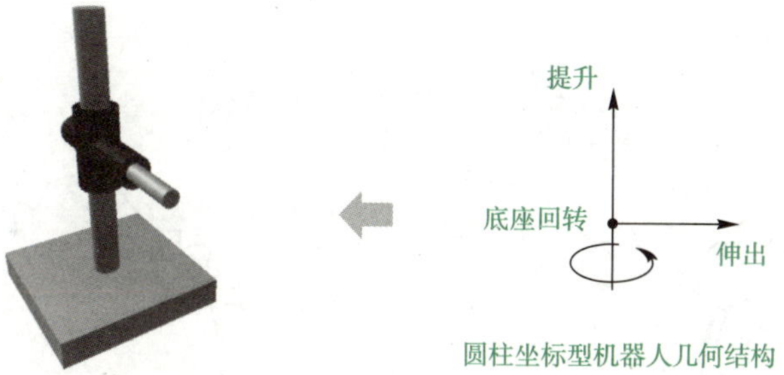

图 1-26 圆柱坐标型机器人自由度

球面坐标型机器人有 3 ～ 5 个自由度，包括移动关节和转动关节。其中，移动关节是指臂部沿臂部轴线方向前后伸缩移动。转动关节是指机身绕垂直方向轴线的转动及臂部的仰俯转动，该类机器人臂部无法绕臂部轴线方向转动。球面坐标型机器人自由度如图 1-27 所示。

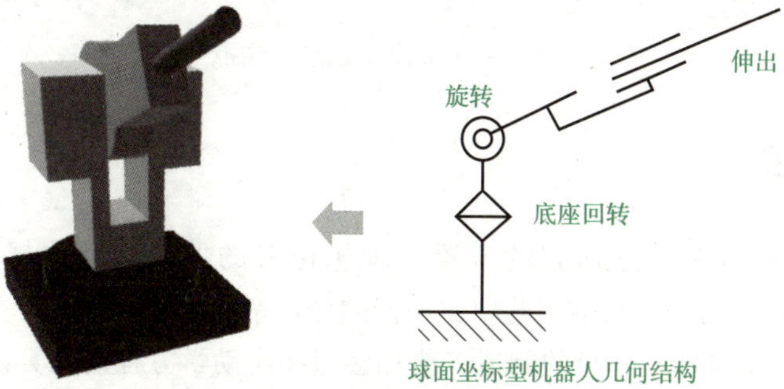

图 1-27 球面坐标型机器人自由度

关节型机器人以 SCARA 和 6 轴串联机器人为例。

SCARA 机器人有 4 个自由度（图 1-28），包括 1 个移动关节和 3 个转动关节。其中小臂和腕部的关节为移动关节，可以沿机身垂直方向上下移动，其余为 3 个轴线平行的转动关节构成。

6 轴串联机器人包含 6 个自由度（图 1–29），均是转动关节，不包含移动关节。其腰部、肩部、肘部、臂部、腕部、手部均可独立转动。因此，该类型机器人结构紧凑、动作灵活。

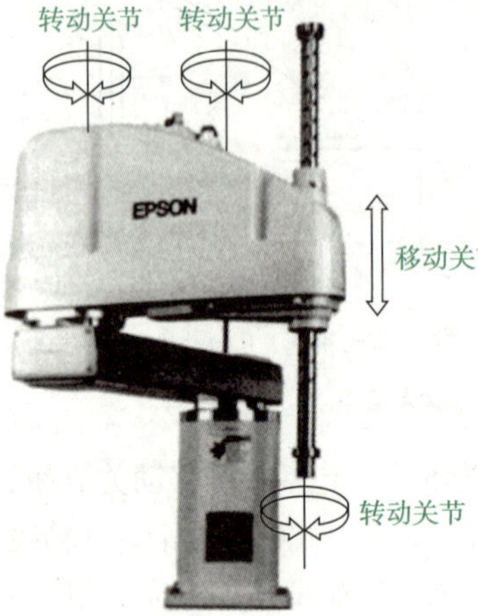

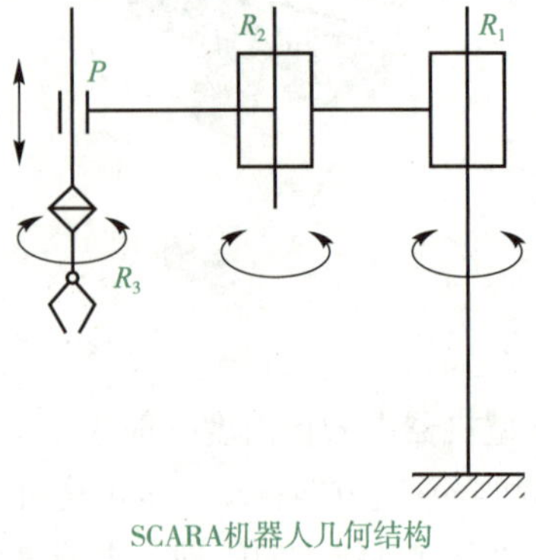

图 1–28　SCARA 机器人自由度

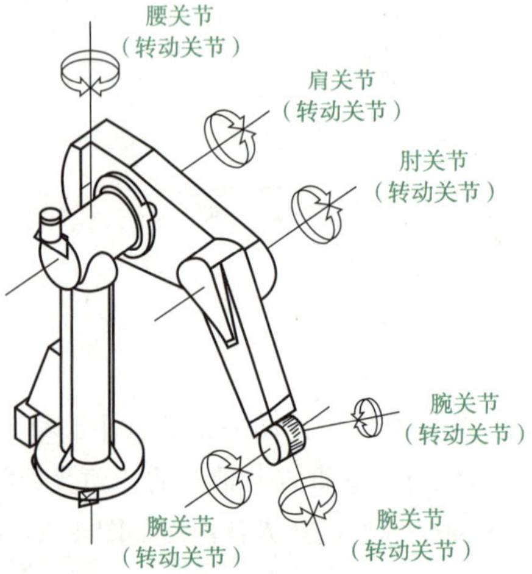

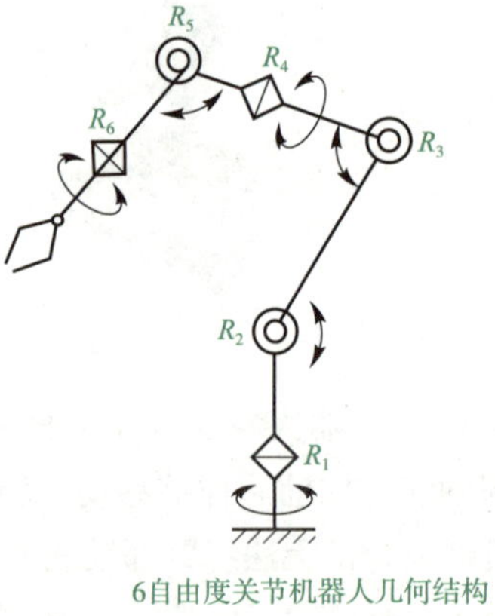

图 1–29　6 轴串联机器人自由度

四、定位精度

定位精度是指机器人实际达到的位置与理想位置的偏差，偏差越小说明精确度越高（图 1–30）。该指标与机器人的制造工艺、驱动器的分辨率和反馈装置都有关。而机器人所有关节转动引起的误差以及机器人本身的制造工艺都会引起运动学方程的计算误差，所以机器人的定位精度难以确定。

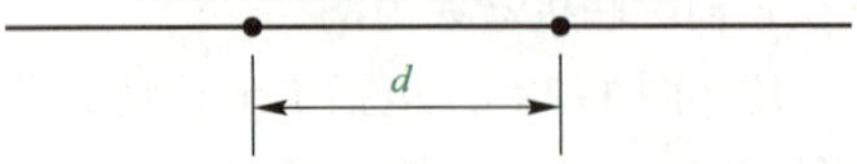

图 1–30　机器人定位精度

五、重复定位精度

重复定位精度是指机器人在同一环境下，用同一指令完成同一动作，重复执行若干次后，机器人实际达到的停止位置与理想位置的一致程度或分散程度。

重复定位精度与定位精度的关系如图 1–31 所示，一般重复定位精度比定位精度要高两个数量级。机器人在示教点（机器人实际到达的点）时，关节位置传感器会读取此时所有关节的关节角并存储。当我们命令机器人重复多次返回到这个示教点时，机器人每次返回的位置可能都不是准确的示教点位置，而每次返回的实际位置与示教点之间的变化幅度就是重复精度。

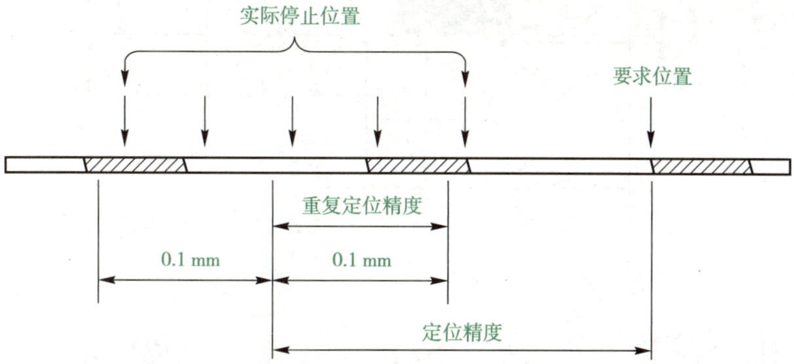

图 1–31　重复定位精度与定位精度的关系

因重复定位精度不受工作载荷变化的影响，所以常用重复定位精度作为衡量工业机器人示教再现水平的重要指标，但是也有机器人重复定位精度很好，可是定位精度却很差。机器人出厂时，厂家也通常只给重复定位精度，而我们在使用机器人之前通常要对其进行标定，从而提高机器人的定位精度。

当前工业机器人重复定位精度为 ±0.01 ～ ±0.05 mm，重复定位精度与机器人的驱动器及反馈装置等因素都有关系，由于作业任务和末端持重不同，机器人重复定位精度也不同。

六、分辨率

分辨率是指机器人的每个轴或关节能够实际达到的最小移动距离或最小转动角度。分辨率是一个综合指标，由于受到磨损、不同运动形式等多种因素的影响，不能仅以编码器或者电机的分辨率作为整个系统的分辨率，还应注意机器人控制方式、插补功能等。

七、工作空间

工作空间是指机器人运动时手臂末端或手腕中心所能触及的所有空间点的集合，也称为工作区域。由于末端执行器的种类、尺寸不同，为了能够真实反映一个机器人的工作空间，工作空间一般是指在不安装任何末端执行器时机器人手部所能达到的区域。KUKA KR6 RY00–2 型号工业机器人工作空间图，如图 1–32 所示。

工作空间由机器人本体的几何形状和关节限位决定，各类型工业机器人的工作空间如图 1–33 所示。

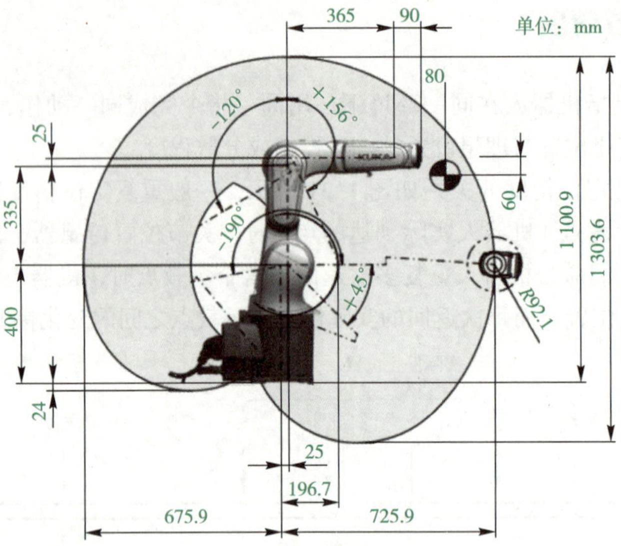

图 1-32 KUKA KR6 RY00-2 型号工业机器人工作空间图

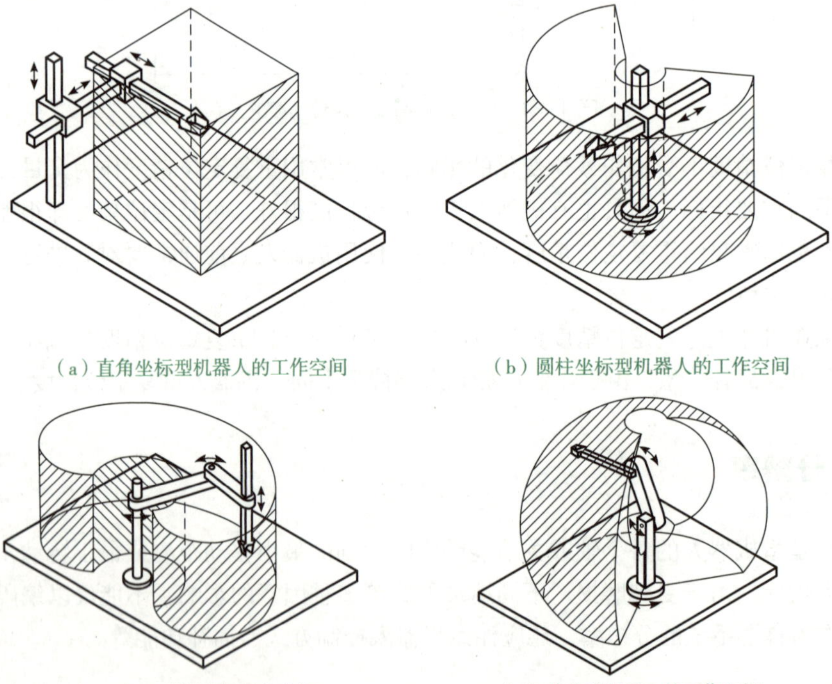

（a）直角坐标型机器人的工作空间

（b）圆柱坐标型机器人的工作空间

（c）SCARA 机器人的工作空间

（d）关节型机器人的工作空间

图 1-33 各类型机器人的工作空间

八、工作负载能力

工作负载能力是指机器人在工作范围内的任意位置上所能承受的最大重量。工作负载能力不仅取决于负载的质量，还与末端执行器的质量和惯性力有关，而且机器人运行的速度和加速度大小和方向也对其产生影响。为安全起见，该指标通常是指机器人在高速运行时的负载能力。

FANUC-M2300（图 1-34）可以保证最大负载在 2 300 kg 工作时，仍能具备精准的重复定位精度。

图 1-34 FANUC-M2300 大型机器人搬运车体

负载参数根据负载作用条件不同，又可分为以下 3 种。

（一）额定负载

额定负载是指在正常操作条件下，作用于机器人末端，且不会使机器人性能降低的最大负载。额定负载包括末端执行器、附件、工件的惯性力。

（二）极限负载

极限负载是由制造厂给出的，在限定的操作条件下，作用于机器人末端，且机器人结构不会被损坏或失效的最大负载。

（三）附加负载

附加负载是机器人能携带的附加于额定负载上的负载，它并不作用于机器人末端法兰接口，有时作用于关节结构，通常作用于机器人臂部。焊接机器人的附加负载如图 1-35 所示。

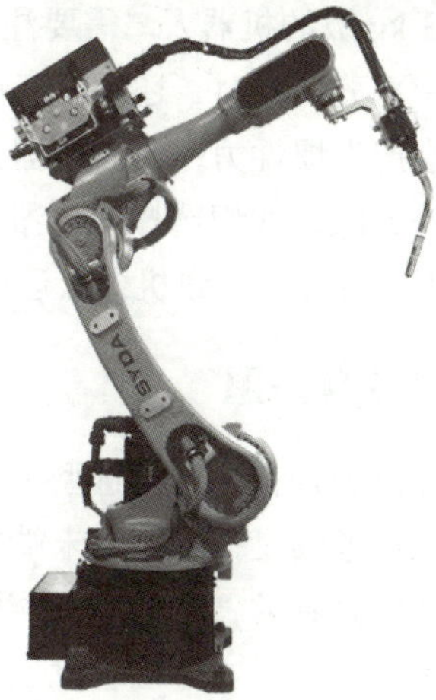

图 1-35 焊接机器人的附加负载

九、机器人选型主要指标

（一）应用场合

机器人选型首先要考虑的就是机器人的应用场合。

对于需要有人在机器人旁边协作完成的，如人机混合的半自动化生产线，或者是需要经常变换工位或移位移线，以及配合新型力矩感应器的场合，协作机器人（图 1-36）是一个很好的选择。

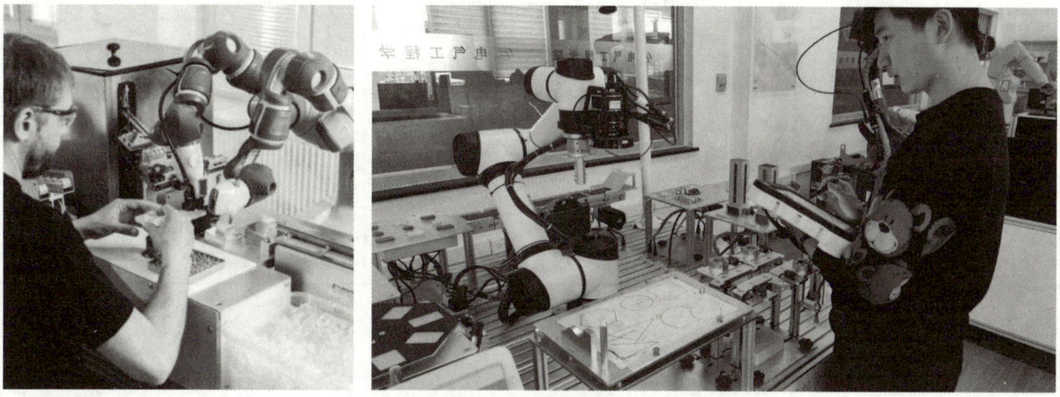

图 1-36 协作机器人

对于在紧凑型空间进行取放料的场合，选择一个水平关节机器人比较合适。

在拾取小型物体，并对其快速取放的应用场合，并联机器人高精度、高速度的特性是最适合的，但是并联机器人的缺点也很明显，就是载荷相对较小。

对于搬运、码垛、焊接等承重大、工作空间范围大的应用场合，通常选择 6 轴机器人，同时 6 轴机器人还适合需要机器人手臂做出复杂动作的应用场合。如果考虑成本，且不需要较大工作空间及较大承重负载的情况下，可以考虑选择 4 轴机器人，如 SCARA 型号机器人。

（二）可承受负载

机器人选型其次要考虑的就是在应用场合中机器人需要承受的负载。例如，搬运的工作环境，如果此时最重的负载不到 2 kg，那么我们可以选择比搬运负载承重能力稍微大一点的机器人，如 3 kg 级的机器人。需要注意的是，负载的选择要考虑到末端执行器自身的重量，其也是负载的一部分。同时，还需要考虑在工作环境下，机器人是否需要高速运动，因为高速运动中的物体会产生惯性力，此时机器人承担的负载重量会超出搬运物体本身真实的重量。例如，负载重量是 5 kg，我们选择的机器人负载也是 5 kg，那么由于夹具本身的重量以及机器人高速运动等原因，可能会导致机器人运行超载等故障。

（三）工作范围

工作范围是在机器人选型中必须要考虑的要素，表 1-1 为 ABB 机器人 IRB 1410 型号选型表，其工作范围是指机器人末端能触碰的最大空间距离，但是在机器人周围的有些空间，其末端是无法触碰到的，在选型时需要注意。此外，机器人在某一姿态下，能够触碰到一定空间位置，但是当机器人本体位置发生变化，或者当姿态有变化后，就不一定还能够触碰到原来的位置了。因此，如果操作范围是 1 m，那么在选型时，机器人的工作范围要超过 1 m。

表 1-1　ABB 机器人 IRB 1410 型号选型表

IRB 1410 实物图	项目	技术 参数
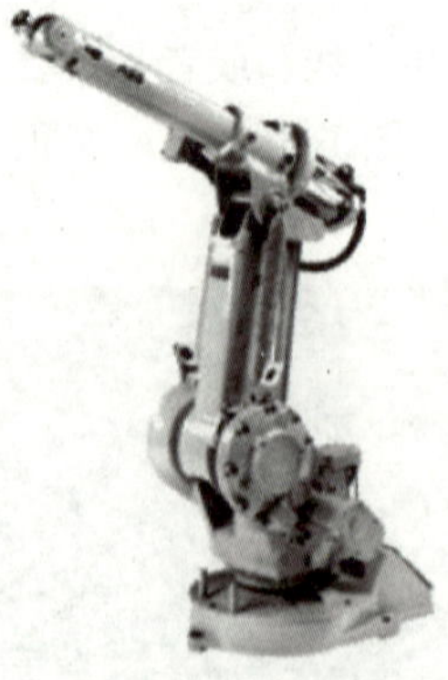 IPA 认证	负载 /kg	5
	工作范围 /m	1.44
	重复定位精度（RP）/mm	0.02
	防护等级	
	安装方案	落地
	工作范围图例	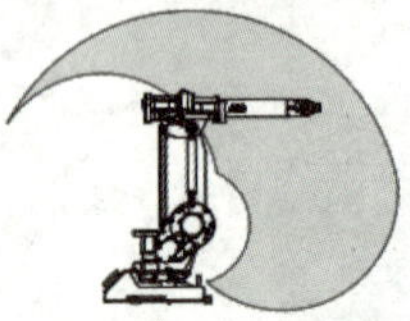

（四）机器人的精度

机器人的精度是选型的重要指标，这里的精度通常是指重复定位精度。在电子线路板焊接的应用场合下，由于焊点位置精度较高，因此也需要重复定位精度较高的机器人。但是对于打包、码垛等应用场合下，对机器人的重复定位精度要求就不是那么苛刻了。

第四节 工业机器人的机械结构

工业机器人通常由执行机构、控制系统和传感系统 3 部分组成。其中，执行机构又包含驱动装置、传动装置和机械结构等。驱动装置是机器人的动力来源，用于驱动执行机构。驱动通常分为电动驱动、液压驱动和气压驱动。传动装置是连接驱动装置和执行构件的关键部分。常用的传动装置除了谐波减速器和 RV 减速器，还有滚珠丝杠、链传动、带传动以及各种齿轮传动。机械结构分为手部、腕部、臂部、腰部和机座等，是机器人完成任务的执行机构。控制系统包括处理器和伺服驱动控制器。传感系统包括内部传感器和外部传感器。工业机器人系统如图 1-37 所示。

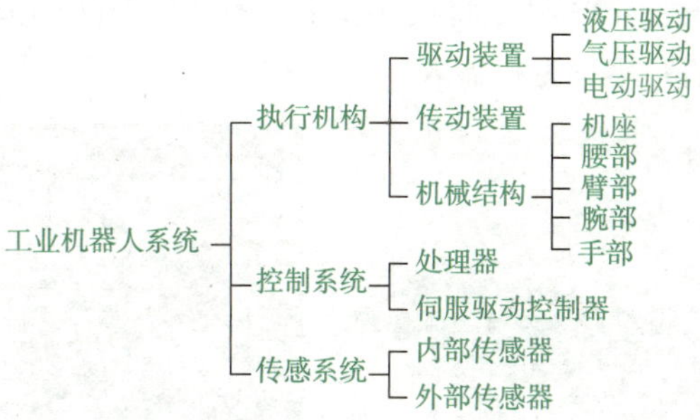

图 1-37 工业机器人系统

本节主要对工业机器人的机械结构进行介绍，使读者对工业机器人本体有进一步的认识。

一、机座

机座（图 1-38）是工业机器人的支撑部分，后续所有的驱动和传动装置都将作为机座的负载，因此机座必须有足够的刚性和稳定性。

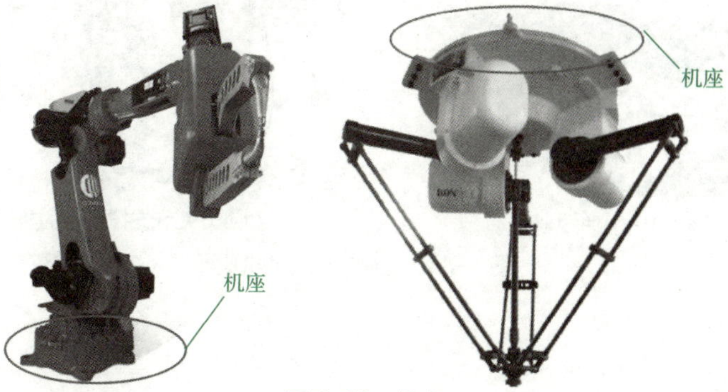

图 1-38 机座

根据机座是否能够移动，又可将机座分为固定式机座和移动式机座。

对于固定式机座（图 1-39），常见的有横梁式机座和落地式机座。横梁式机座一般是将机器人悬挂于横梁上，而落地式机座一般是固定在地面或者工作台上。

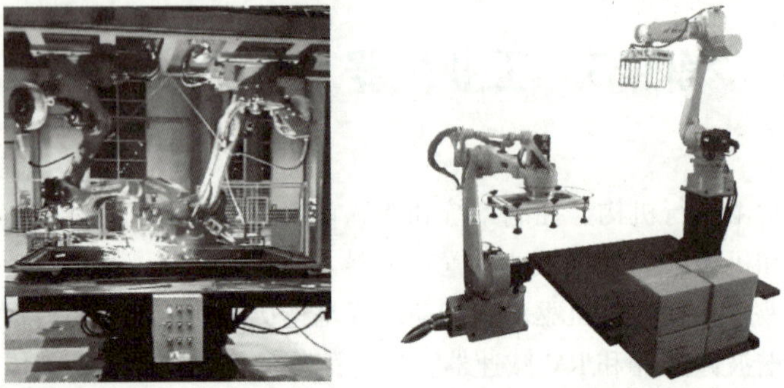

（a）横梁式机座　　（b）落地式机座

图 1-39　固定式机座

移动式机座又分为有固定轨迹的机座和无固定轨迹的机座。

有固定轨迹的机座（图 1-40）就是将机座安装在有固定轨迹的滑轨上，使机器人整体在固定轨迹的滑轨上移动，如直角坐标型机器人。

图 1-40　有固定轨迹的机座

无固定轨迹的机座（图 1-41）又可分为轮式行走机座、履带式行走机座和关节式行走机座，如 AGV 小车和关节支撑行走的机器人等。

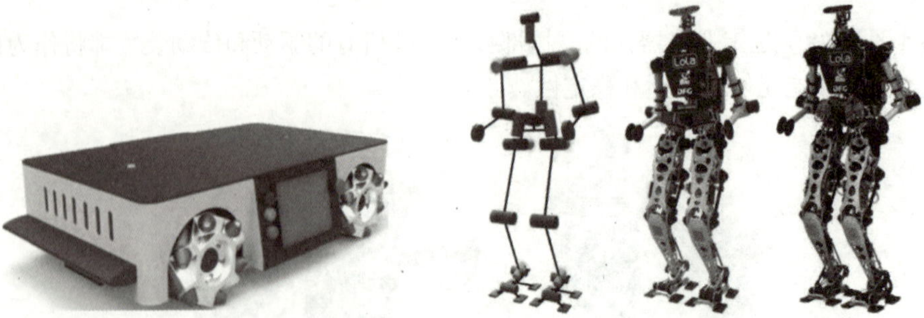

（a）AGV小车　　（b）关节支撑行走的机器人

图 1-41　无固定轨迹的机座

二、腰部

腰部（图 1–42）通常是指机器人的第一轴的关节，是连接机座和手臂的中间环节，主要负责机器人机身的整体回转运动。同时，机器人的大多数线缆，如重载线缆和编码器线缆等，也都是通过机座和腰部穿插到臂部及末端执行器上的。

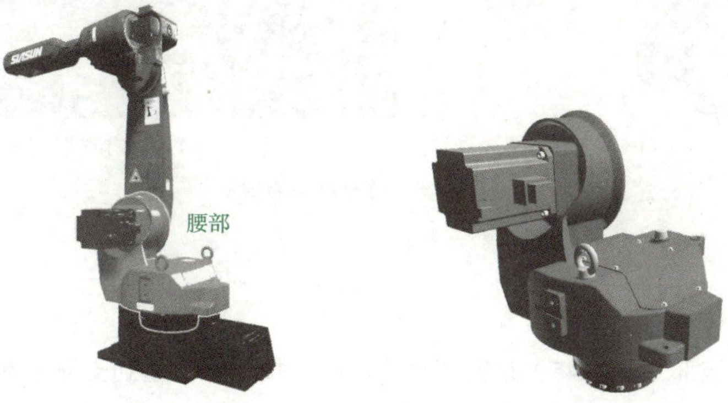

（a）腰部的位置　　（b）腰部拆卸部分

图 1–42　腰部

由于腰部是活动关节，需要传递机器人机身运动的转矩，并承担机器人运行时的惯性负载，对末端执行器的运动精度影响最大，因此机器人的腰部也要具有较好的刚性、稳定性以及运动精度。

三、臂部

机器人的臂部分为大臂（后臂或下臂）和小臂（前臂或上臂），是连接腰部和腕部的中间传动环节，支撑机器人腕部和手部，实现机器人在空间中的运动。其中大臂负责连接腰部和小臂，小臂负责连接大臂和腕部。机器人的手臂作为腰部的负载，其需运动灵活，因此手臂通常选取强度高且质量轻的材料，如铝合金或碳与玻璃纤维的合成物制成。臂部如图 1–43 所示。

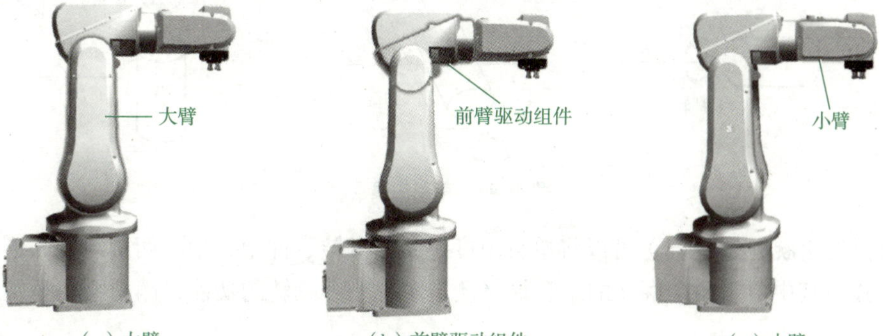

（a）大臂　　（b）前臂驱动组件　　（c）小臂

图 1–43　臂部

此外，为了达到减轻机器人本体重量、提高高负载运行的散热性、降低本体成本造价、易穿插导线、可装载零部件等目的，工业机器人的臂部通常设计为中空结构（图 1–44）。

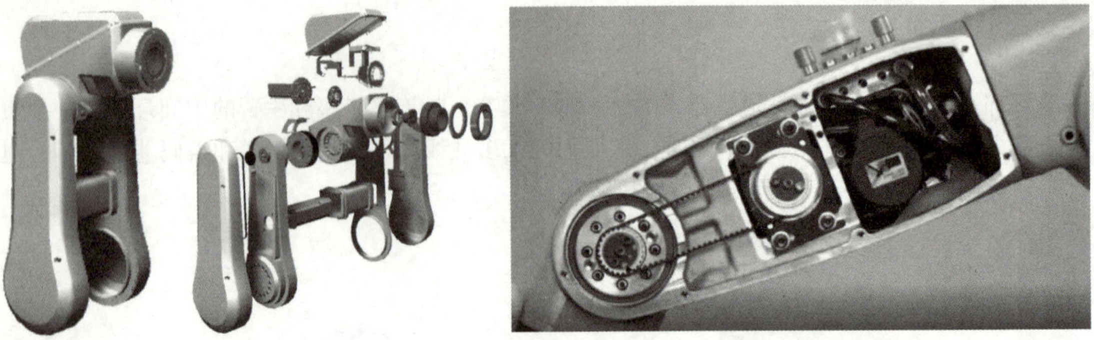

（a）臂部局部图　（b）臂部爆炸图　（c）小臂内部实体拆装图

图 1-44　臂部的中空结构

四、腕部

工业机器人的腕部（图 1-45）是臂部和手部的连接部分，起到支撑手部和改变手部姿态的作用。腕部的综合运动形式分为 3 种，分别是臂转、腕摆和手转（图 1-46）。对于腕部本身来说，根据结构和自由度不同，其运动的形式也是灵活多样的。

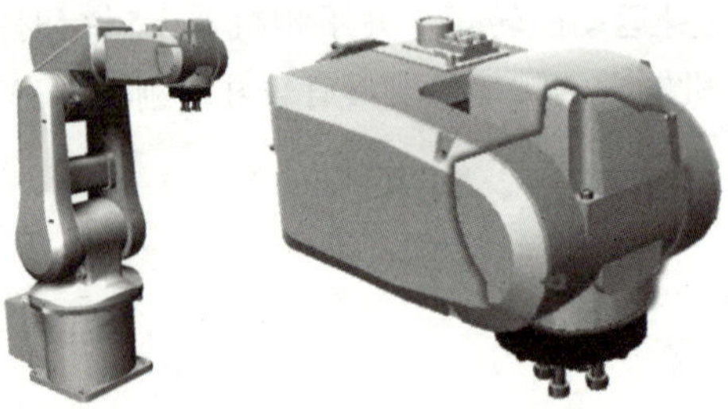

图 1-45　腕部

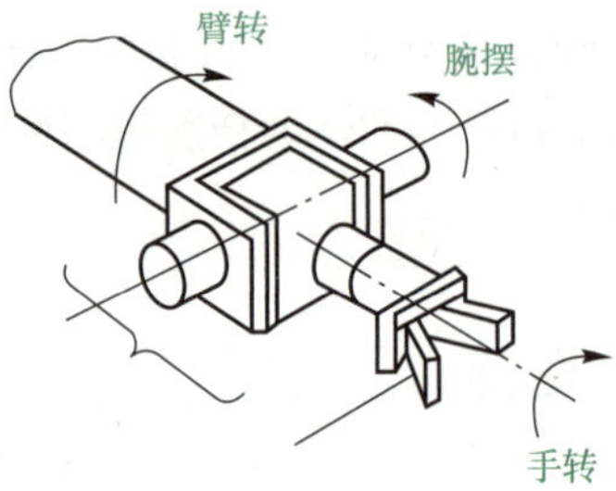

图 1-46　腕部的综合运动形式

单自由度手腕（图 1-47）可以实现翻转、仰俯和偏转运动。其中翻转运动一般可以旋转 360°，而仰俯和偏转运动由于受到机械结构的限制，回转角度通常小于 360°。

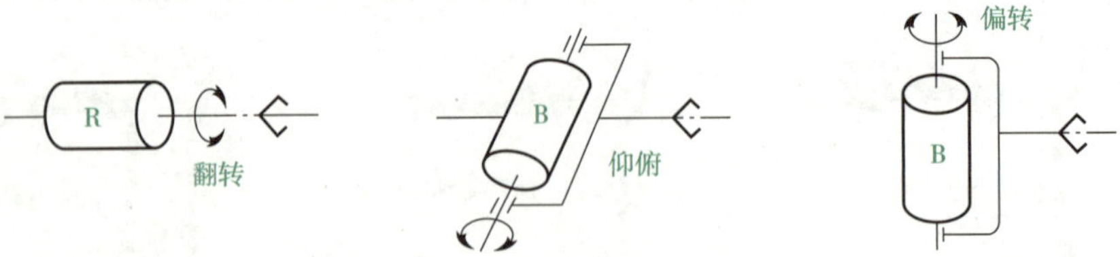

图 1-47　单自由度手腕

双自由度手腕（图 1-48）可以将单自由度手腕的翻转、仰俯、偏转两两组合，形成多种复合运动形式，其中由于两个翻转的组合最终还是实现一个翻转的功能，因此会略显重复，没有意义。

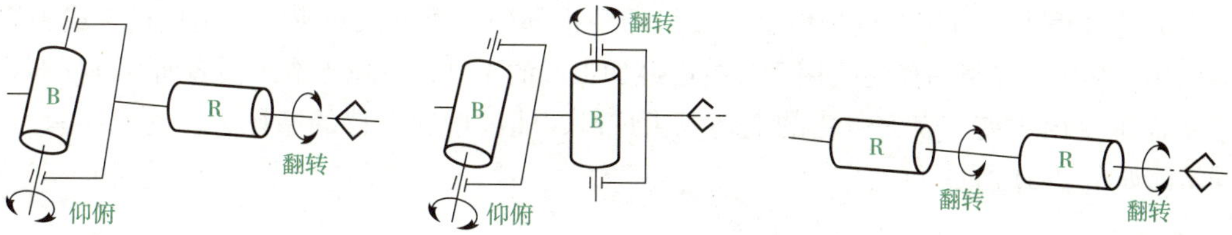

（a）BR型　（b）BB型　（c）RR型

图 1-48　双自由度手腕

三自由度手腕（图 1-49）可以将翻转、仰俯、偏转三者按不同顺序进行组合，形成多种复合运动形式。

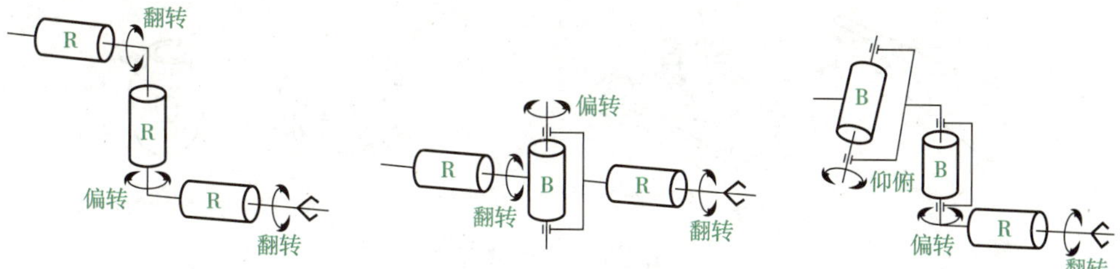

（a）3R型　（b）RBR型　（c）BBR型

图 1-49　三自由度手腕

五、手部

末端执行器也就是我们常说的机器人的手部，安装于手腕的法兰盘上，作为机器人与周围环境相互作用的最后环节和执行部件，能够完成对工件的抓放、焊接、喷涂、装配、搬运等具体操作。末端执行器可在手腕处进行拆卸，由于实际应用场合的复杂性和多样性，在任何一个工作领域中，末端执行器都没有统一标准，因此每个末端执行器几乎都可以当成是一种专用装置。

工业机器人末端执行器根据用途和结构的不同，大体上可分为夹持式末端执行器、吸附式末端执行器和专用工具 3 类。

（一）夹持式末端执行器

夹持式末端执行器有机械手爪和仿人手爪两种。

机械手爪（图 1-50）根据夹取物体的不同又可以分为外夹式手爪、内撑式手爪和内外夹持式手爪。

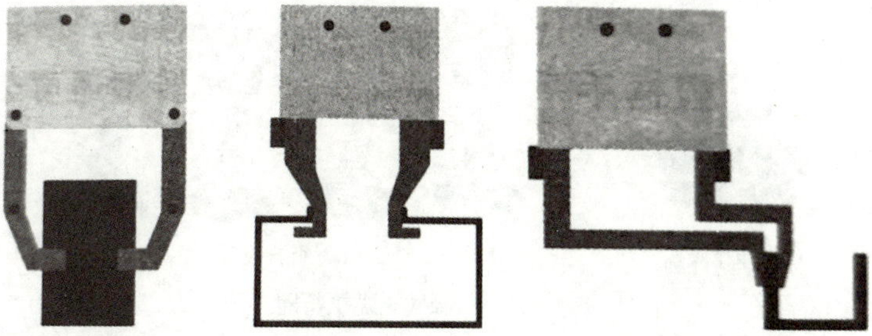

（a）外夹式手爪　（b）内撑式手爪　（c）内外夹持式手爪

图 1-50　机械手爪

在夹持过程中，与被夹持物体直接接触的手指部分，通过张开或闭合实现松开或夹紧物体的动作。其中，光滑指面主要用于夹持已经加工好的工件，避免光滑工件表面受到损坏。而齿形指面主要用于夹取表面粗糙的毛坯或半成品，能够增加夹持的摩擦力，确保夹紧力度。不同指面如图 1-51 所示。

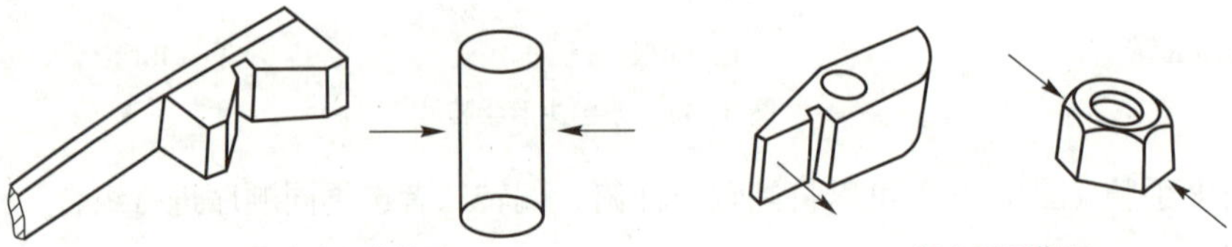

（a）V形指面　　（b）平面指面

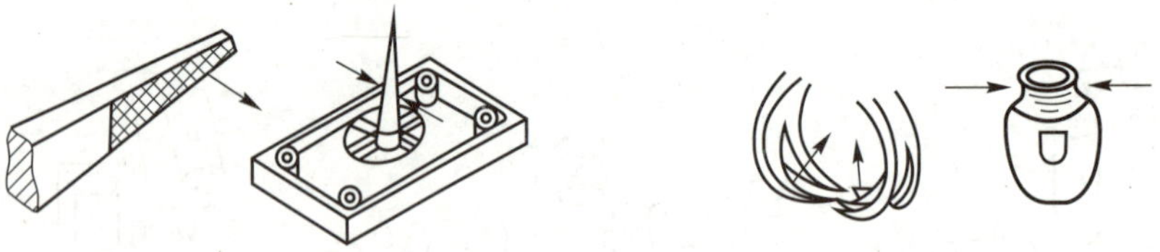

（c）尖指　　（b）异形指

图 1-51　不同指面

仿人手爪（图 1-52）与人手类似，具有较高的柔性，多用于夹取类似于鸡蛋、纸张等易碎的物体。

图 1-52　仿人手爪

（二）吸附式末端执行器

吸附式末端执行器分为气吸式和磁吸式两种。

气吸式末端执行器（图 1-53）多由橡胶支撑，用吸盘拾取工件，它可以是单个吸盘，也可以是多个吸盘组合使用，主要用于吸取表面平整光滑的物体。

（a）单个吸盘　　（b）组合吸盘

图 1-53　气吸式末端执行器

气吸式末端执行器根据吸盘吸附的原理不同，可分为真空式、气流负压式和挤压排气式 3 种。气吸式吸附原理如图 1-54 所示。

真空式［图 1-54（a）］用真空泵吸走吸盘与工件之间的空气，形成负压，使接触面达到真空状态，从而吸取工件。停止吸气后，吸盘进入空气，释放工件。

气流负压式［图 1-54（b）］利用气泵形成高速流动压缩气体，吸走吸盘内腔空气，使其形成负压，从而吸取工件，切断流通气体则释放工件。

挤压排气式［图 1-54（c）］利用挤压的力量，使吸盘变形，将吸盘与工件接触面之间的空气排挤出去，形成负压，从而吸取工件。

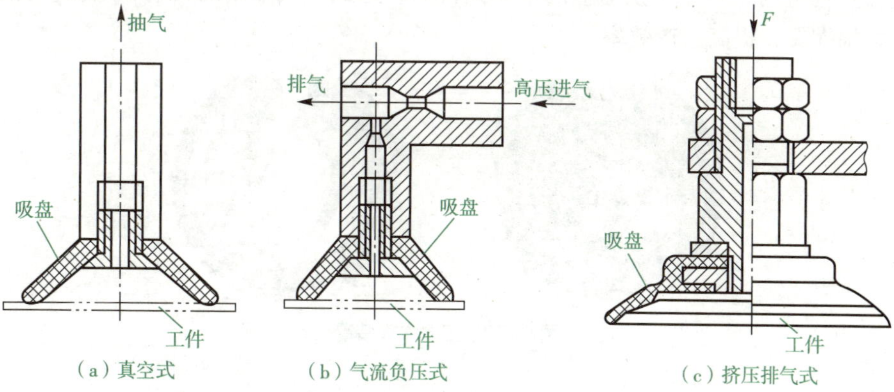

图 1-54　气吸式吸附原理

磁吸式末端执行器通过永磁吸盘或电磁吸盘产生的磁性，吸取和释放金属或磁性物体。

永磁吸盘利用多个磁系的相互运动，增强或减弱磁场强度，完成吸取和释放动作。永磁吸盘原理图如图 1-55 所示。

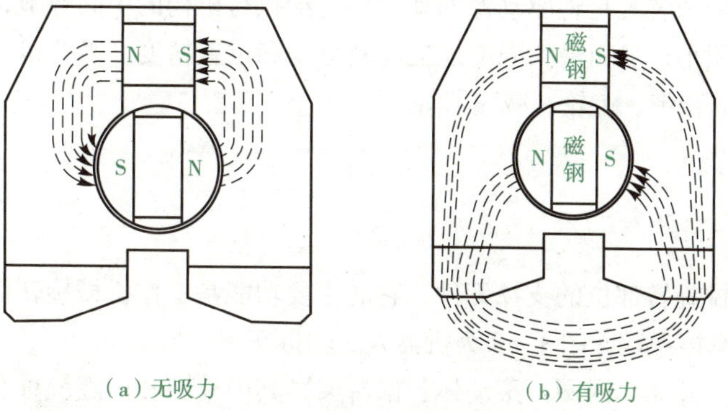

图 1-55　永磁吸盘原理图

电磁吸盘利用通电线圈产生的磁性吸取物体，通电线圈断电后磁性消失，释放物体。电磁吸盘原理图如图 1-56 所示。

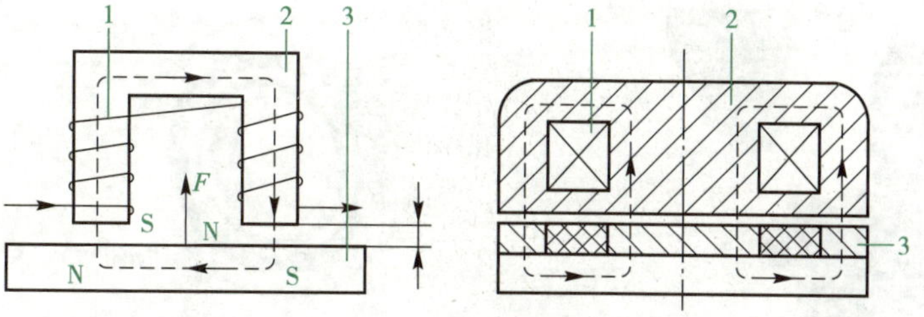

1—线圈；2—铁心；3—衔铁。

图 1-56　电磁吸盘原理图

（三）专用工具

专用工具是指为了完成特殊工作特制的工具，如喷涂用的喷枪，焊接用的焊钳、焊枪，钻孔工具，切割工具，等等。

在不同的工作场合下，需要使用不同的专用工具，如果在自动化生产线上，每次都需要人去更换末端执行器，将会严重影响生产效率。使用工具快换装置（图 1-57），可以让机器人在执行不同作业任务时，自动更换对应的末端执行器，达到一机多用的目的，进而使得机器人的空闲时间大幅缩短，提高生产效率。

图 1-57　工具快换装置

第五节　工业机器人的传动装置

工业机器人的传动装置是将驱动源的动力传递给执行机构的中间环节，传动装置要求结构紧凑、重量轻、体积小，从而最大限度地提高其运动和位置精度。工业机器人的传动装置常用的有轴承、丝杠、同步带、齿轮、减速器等。

一、轴承

轴承是各种机械旋转部位的支撑元件，它的主要功能是支撑机械旋转体，降低设备在传动过程中机械载荷的摩擦系数，图 1-58 为机器人二轴拆解图。

轴承的结构包括外圈、内圈、滚动体、保持架，其中外圈和内圈统称套圈。一般外圈是不转动的，内圈和轴固定在一起，随轴一起转动。滚动体在保持架中均匀排列，根据滚动体形状的不同，又可分为滚珠式轴承和滚柱式轴承。滚珠式轴承［图 1-59（a）］的滚动体由球状的钢珠制成，滚柱式轴承［图 1-59（b）］的滚动体则是圆柱形状的滚针。

图 1-58　机器人二轴拆解图

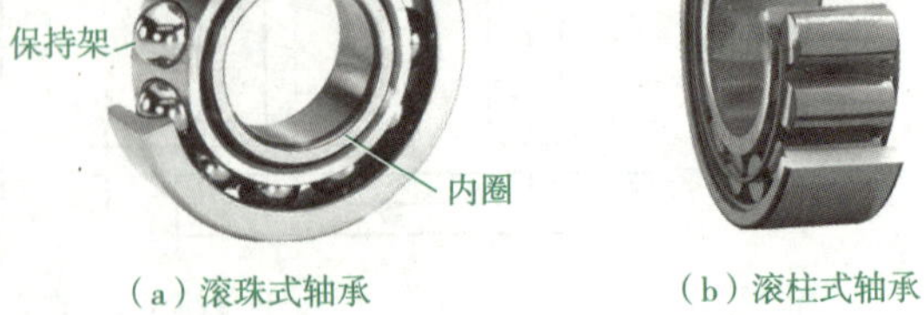

图 1-59　轴承

二、丝杠

丝杠是将回转运动转换为直线运动，或将直线运动转换为回转运动的传动装置，丝杠分为普通的螺纹滑动丝杠［图 1-60（a）］和滚珠丝杠［图 1-60（b）］，两者的作用是相同的。

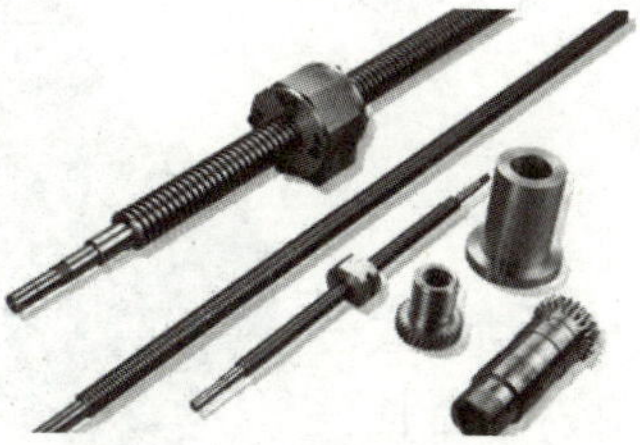

（a）滑动丝杠

（b）滚珠丝杠

图 1-60 丝杠

滑动丝杠的运动结构导致了其精度差、传动效率低、易发热、寿命短，故滑动丝杠通常用于定位精度要求较低、非长时间连续使用的场合。

滚珠丝杠是在精密机械设备上最常见的传动元件，将滚珠置于螺帽与螺杆之间，以滚动摩擦代替滑动摩擦，从而改善滑动丝杠定位不佳、极易损害等缺陷。滚珠丝杠具有较小的摩擦阻力，传动效率可高达 90%，且响应速度快、定位精度高。

三、同步带

同步带（图 1-61）是指内部以强韧材质制成，外部包裹橡胶的环形带。

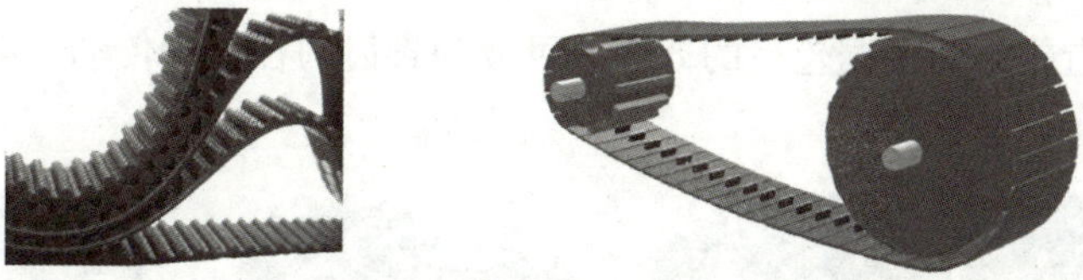

图 1-61 同步带

同步带内周为齿状，使其能够与齿轮啮合，从而传递动力。同步带传动时，传动比精确、对轴的作用力小、结构紧凑、抗老化性能好且维护方便。

在工业机器人中，使用同步带传动时，需要注意并定期检查同步带的张力，检查应使用声波张力仪，通过读取同步带的震动频率，从而测出同步带的张紧力并进行调节。同步带的张紧力测量如图 1-62 所示。

图 1-62 同步带的张紧力测量

四、齿轮

齿轮是我们在工业机器人的传动系统中应用最多的一种传动装置，如果将多个齿轮用不同的机械结构组合在一起，就又可以得到更多功能的传动方式。

（一）齿轮传动

齿轮传动（图 1-63）是机械传动中应用最广的一种传动形式，齿轮传动的主要特点是效率高、结构紧凑、工作可靠、寿命长、传动比稳定。

图 1-63　齿轮传动

根据相互啮合的齿轮中心轴是否平行，齿轮传动可分为两轴平行齿轮传动和两轴不平行齿轮传动（图 1-64）。

（a）两轴平行齿轮传动　　（b）两轴不平行齿轮传动

图 1-64　齿轮的不同传动方向

其中两轴平行齿轮传动根据轮齿的方向又可分为直齿圆柱齿轮传动、斜齿圆柱齿轮传动和人字齿圆柱齿轮传动（图 1-65）。

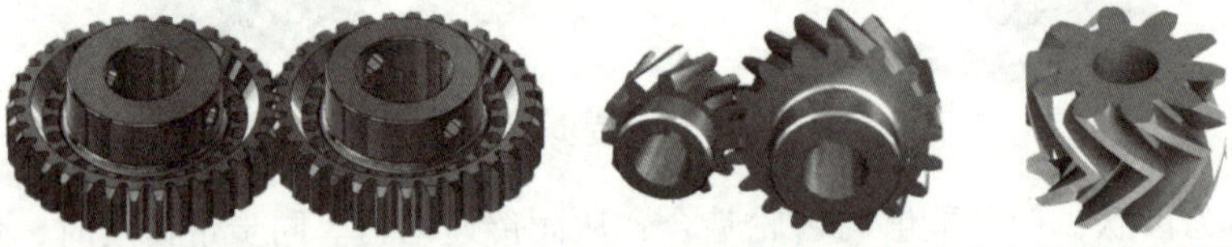

（a）直齿圆柱齿轮传动　　（b）斜齿圆柱齿轮传动　　（c）人字齿圆柱齿轮传动

图 1-65　不同轮齿方向的齿轮传动

根据轮齿啮合情况又可分为外啮合传动、内啮合传动和齿轮齿条传动（图 1-66）。

（a）外啮合传动　　（b）内啮合传动　　（c）齿轮齿条传动

图 1-66　不同啮合位置的齿轮传动

两轴不平行齿轮传动又可分为相交轴齿轮传动和交错轴齿轮传动，其中相交轴齿轮传动可分为相交轴直齿轮传动和相交轴斜齿轮传动（图 1-67）。

（a）相交轴直齿轮传动　　（b）相交轴斜齿轮传动

图 1-67　相交轴齿轮传动

交错轴齿轮传动可分为交错轴斜齿轮传动和蜗轮蜗杆传动（图 1-68）。

（a）交错轴斜齿轮传动　　（b）蜗轮蜗杆传动

图 1-68　交错轴齿轮传动

齿轮的传动比是主动齿轮转速与从动齿轮转速之比，也等于两齿轮齿数的反比，如式（1-1）所示

$$i_{12}=\frac{n_1}{n_2}=\frac{z_2}{z_1} \tag{1-1}$$

式中：n_1、n_2——主、从动齿轮的转速，r/min；

z_1、z_2——主、从动齿轮的齿数。

（二）行星齿轮

工业机器人的各轴电机专属在输出到中断前往往需要对电机的转速进行降速处理，在降速过程中最常用的减速装置就是齿轮，其中行星齿轮是结构相对简单且综合性价比较高的一种减速装置。图 1-69 为工业机器人二轴电机和减速机机械结构示意图。

图 1-69　工业机器人二轴电机和减速机机械结构示意图

在学习行星齿轮功能之前，我们首先要明白为什么要对电机进行减速处理？另外，如果非

要减速的话，那么降低电机转速就可以了，为什么还要在电机末端连接处加装一个减速装置，也就是减速装置存在的必要性是什么？

首先，工业机器人的关节要承担所有后端机构及其惯性负载产生的重力，因此需要较大的扭矩，从而提高负载能力，而转速和扭矩是成反比关系的，所以要想提高扭矩就必须降低转速。

其次，工业机器人在实际生产过程中，关节本身的转速并不高，机器人的关节角速度很低，可是电机在低速的运转下是不容易控制的，而且在低速运行下控制精度较低，所以单纯为了提高扭矩，而降低电机本身的转动速度，也是不可取的。

电机是完全具备高速运转的能力的，所以在电机的输出端增加一个减速装置，这样既能保证电机在高速运转时的控制精度，同时又能让输出转速远低于电机的转速，从而提高输出端的扭矩，达到一举两得的目的。

行星齿轮是常用的一种减速装置，由于减速传动过程中的齿轮转动与自然界中行星的自转和公转很相像，因此得名。

行星齿轮结构图如图 1-70 所示，由太阳轮、行星轮、内齿环和行星架，共 4 部分组成。

（a）太阳轮和行星轮

（b）内齿环和行星架

图 1-70　行星齿轮结构图

其中，处于行星齿轮中心位置的轴一般为主动轴，该轴连接的齿轮只绕主动轴轴线方向自转，我们将该齿轮称之为“太阳轮”。在“太阳轮”四周，均匀分布多个小齿轮，这些小齿轮在传动过程中，不仅会自转，还会在内齿环的固定限制下，围绕“太阳轮”进行公转，我们将“太阳轮”周边的这些小齿轮称之为“行星轮”。

在内齿环固定不动的情况下，“太阳轮”自转的同时，带动“行星轮”反方向自转，同时行星轮公转的方向与“太阳轮”自转的方向相同。此时，在每个“行星轮”的中心轴上都安上行星架，行星架最终以一个公共轴输出，那么该输出轴的自转方向就是“行星轮”的公转方向，也就是说，此时主动轴和从动轴的转动方向是一致的，同时输出轴的转速将会小于输入轴的转速，达到减速的目的。

反之，如果行星架固定不动，“太阳轮”自转带动“行星轮”也只能自转，只有内齿环会围绕行星轮公转，此时若将内齿环作为输出转动轴，则输出的转动方向将与输入的转动方向相反。

行星齿轮减速比的计算如式（1-2）所示

$$i_{12}=\frac{c}{a}+1 \tag{1-2}$$

式中：c——内齿环的齿数；

a——太阳轮的齿数。

可见，行星齿轮的减速比与“行星轮”的齿数和个数都没有关系，而“行星轮”的个数只影响输出端的负载能力，一般要求输出端负载较大的，行星齿轮对应的数量通常也会较多。

一个“太阳轮”和多个“行星轮”组成一套行星齿轮减速装置，如果一套减速装置的减速比无法满足系统要求时，就要进行多级减速。此时，第一级“行星轮”输出的公转，将作为第二级“太阳轮”的自转，达到两级减速。如果，第二级“行星轮”的公转又作为第三级“太阳轮”的自转，则又会形成三级减速。多级减速如图 1-71 所示。

（a）一级减速　（b）二级减速　（c）三级减速

图 1-71　多级减速

五、减速器

减速器又称减速机，与普通减速器相比，工业机器人关节的减速器要求传动链短、体积小、功率大，因此 RV 减速器和谐波减速器就应运而生了。其中，RV 减速器较谐波减速器具有更高的抗疲劳强度、刚度和寿命，而且回差精度稳定。此外，RV 减速器具有结构紧凑、扭矩大、精度高、减速比大、噪音低等诸多优点，因此被广泛应用于高精度工业机器人中。以六轴串联机器人为例，几乎绝大多数六轴串联机器人的 1 轴、2 轴、3 轴都使用 RV 减速器，4 轴、5 轴和 6 轴则使用谐波减速器。

（一）RV 减速器

RV 减速器（图 1-72）是两级减速，第一级是行星齿轮减速装置，其中每个行星轮都连接一个曲柄轴，因此曲柄轴和行星轮同轴，即曲柄轴在自转的同时，还会绕着输入端的太阳轮公转。曲柄轴在第一级减速过程中作为输出部分，而在第二级减速过程中作为摆线针轮（也就是 RV 齿轮）的输入传动。

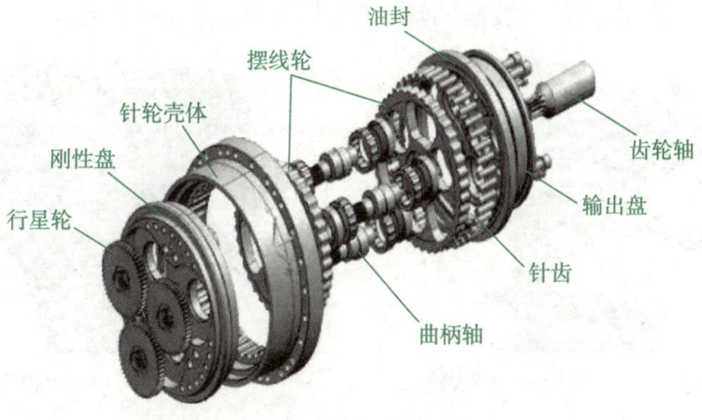

图 1-72　RV 减速器

第二级减速我们称之为RV减速，曲柄轴的自转，使得相差180°的两个RV齿轮做偏心摆动，此时外壳内圈的针齿是固定的，RV齿在摆动过程中，受到针齿的限制，会沿着针齿边缘，做与曲柄轴公转方向相反的摆线形式的自转，将该RV齿轮的转速等效传递给输出盘或刚性盘，达到二级减速。RV齿轮比外壳内圈的针齿少一个齿，曲柄轴转一周，则RV齿轮转一个针齿距离，也就是说第二级的减速比等于针齿的个数。最终，RV减速器的总的减速比等于第一级行星齿轮与第二级RV齿轮的减速比的乘积。

不同规格、型号的RV减速机结构有所区别，下面从二轴电机输入端开始，将减速机拆分安装，从而了解减速机组要结构的组成。

（1）安装电机的输入轴，即减速机的输入花键，其将作为减速机一级加速的输入端，也就是行星齿轮的太阳轮（图1-73）。

（2）安装行星架，如图1-74所示。

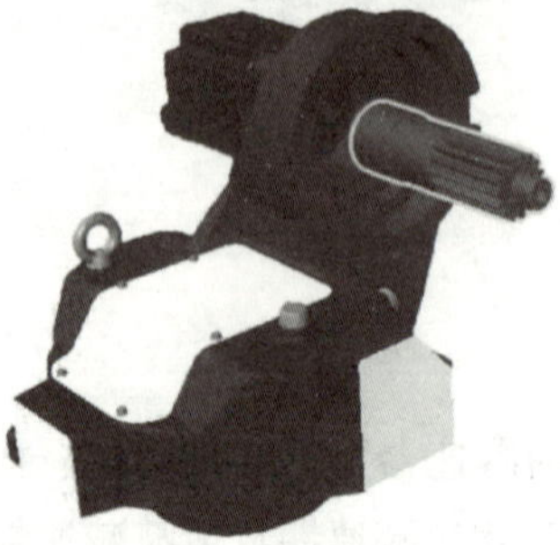

图1-73　输入花键

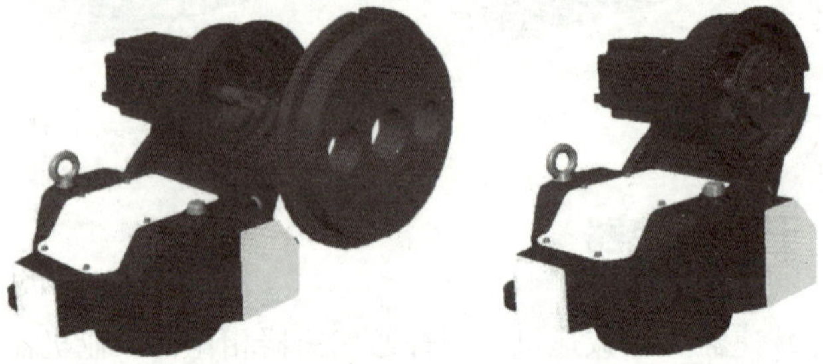

图1-74　安装行星架

（3）安装主轴承，如图1-75所示。

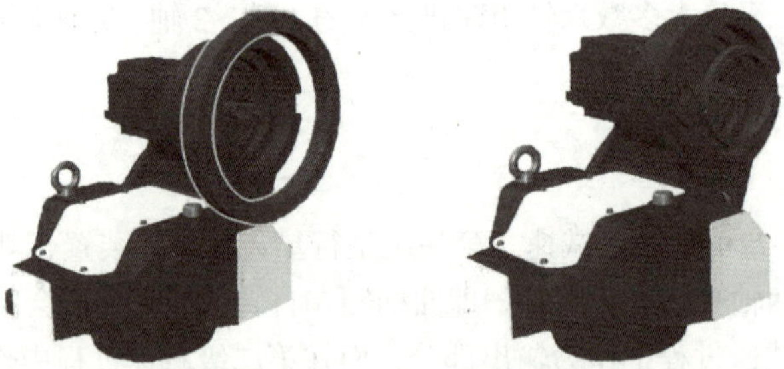

图1-75　安装主轴承

（4）安装第一个摆线轮，并安装曲柄轴，如图1-76、图1-77所示。

图1-76　安装第一个摆线轮

图1-77　安装曲柄轴

（5）安装第二个摆线轮，并安装主轴承和行星架，如图1-78、图1-79所示。

图 1-78 安装第二个摆线轮

图 1-79 安装主轴承和行星架

（6）安装并固定齿壳，如图 1-80、图 1-81 所示。

（7）安装行星齿轮，如图 1-82 所示。

图 1-80 安装齿壳

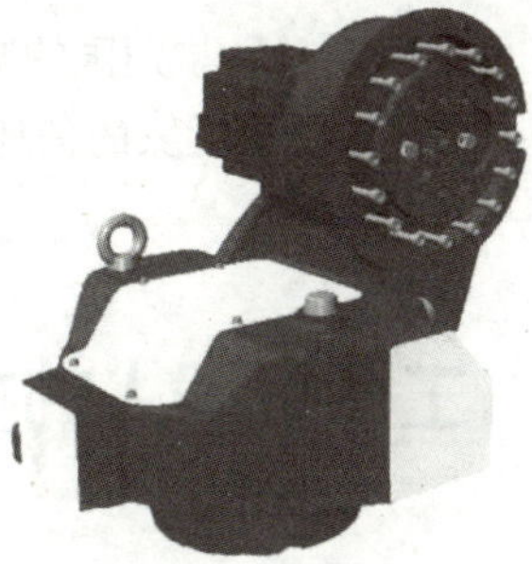

图 1-81 固定齿壳

图 1-82 安装行星齿轮

（二）谐波减速器

谐波减速器（图 1-83）是一种新型减速器，是依靠柔性零件产生弹性机械波来传递动力的一种传动装置。

图 1-83 谐波减速器

谐波减速器的组成包括刚轮、柔轮、椭圆形的波发生器和薄壁轴承这 4 个基本构件。

当波发生器装入柔轮后，迫使柔轮产生形变，由原来的圆形变成了椭圆形，从而使柔轮长轴两端的外齿与刚轮的内齿完全啮合，而短轴外齿与刚轮内齿完全脱开，其余齿则保持为啮入和啮出的过渡状态。

工作时波发生器作为主动轮，柔轮作为输出轮，刚轮固定。当电机带动波发生器转动时，柔轮与刚轮的啮合状态不断地在“啮入→啮合→啮出→脱开→再啮入……”的状态循环变化，从而使柔轮沿着刚轮内齿旋转，旋转的方向与波发生器旋转的方向相反。

柔轮和刚轮的齿距相同，但是齿数不同，一般刚轮比柔轮多两个齿，从而每当发生器转一圈，柔轮则相对于刚轮转两个齿距。

谐波减速器的减速比的计算如式（1-3）所示

$$i=-\frac{z_1}{z_2-z_1} \tag{1-3}$$

式中：z_1、z_2——柔轮和刚轮的齿数；

负号表示柔轮的旋转方向与波发生器的转向是相反的。

谐波减速器具有零部件少、结构简单、减速比大等优点，主要应用于小型机器人或者工业机器人的末端环节，比如腕部等。

工业机器人的减速器、伺服系统、控制器三大核心零部件，占机器人总成本的 70% 左右，其中减速器约占 36%。

目前，我国也在对减速器进行自主研发，虽与别国的减速器还存在着一定差距，但国产减速器发展速度势头迅猛，国产品牌正在逐步获得大家的信任。

第六节　工业机器人的控制系统

工业机器人的控制系统作为机器人重要组成部分，其性能优劣主要取决于控制系统的性能优劣。一个良好的控制系统要有便捷、灵活的操作方式，多种形式的运动控制方式和安全可靠的运行模式。构成机器人控制系统的要素主要有计算机硬件及软件、输入 / 输出（I/O）设备及装置、驱动系统、传感系统和机器人本体，工业机器人控制系统的结构如图 1-84 所示。

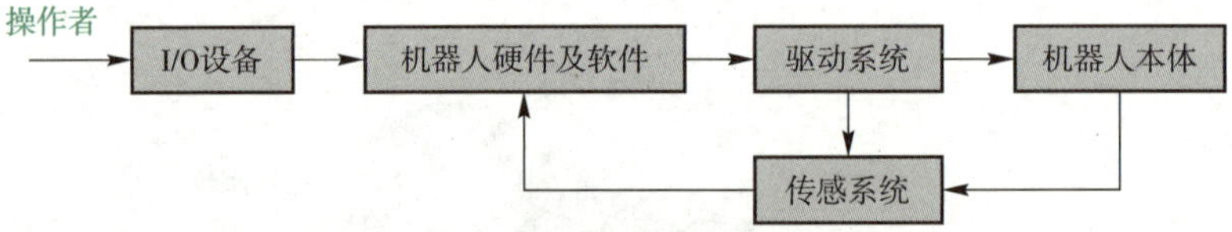

图 1-84　工业机器人控制系统的结构

一、工业机器人控制系统的分类

当前大部分工业机器人都采用两级计算机控制。第一级担负系统监控、作业管理和实时插补任务，由于运算工作量大、数据多，所以大都采用 32 位以上的计算机。第一级运算结果作为目标指令传输到第二级计算机，经过计算机处理后传输到执行元件。

在控制系统的结构方面通常有以下 3 种控制方式。

（一）集中控制系统

用一台计算机实现全部控制功能，其特点是结构简单、成本低，但实时性差，难以扩展，在早期的机器人中常采用这种结构。集中控制方式原理如图 1-85 所示。基于 PC 的集中控制系统充分利用了 PC 机资源开放性的特点，可以实现很好的开放性：多种控制卡、传感器设备等都可以通过标准 PCI 插槽或者通过标准串口、并口集成到控制系统中。集中控制系统的优点是硬件成本较低，便于信息采集和分析，易于实现系统的最优控制，整体性与协调性较好，基于PC的系统硬件扩展较为方便。其缺点也显而易见：系统控制缺乏灵活性，控制危险容易集中，一旦出现故障，其影响面广、后果严重，由于工业机器人的实时性要求高，当系统进行大数据计算时，会降低系统实时性，系统对多任务的响应能力也会与系统的实时性相冲突；此外，系统连线复杂，会降低系统的可靠性。

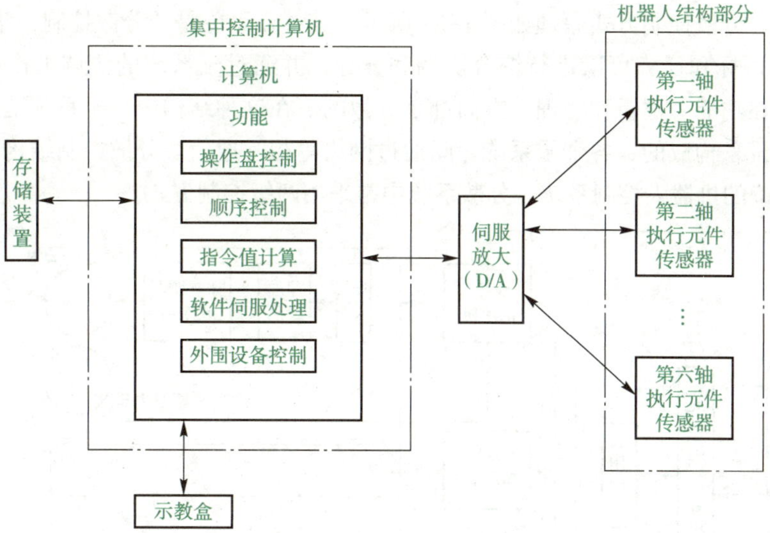

图 1-85 集中控制方式原理

（二）主、从控制系统

机器人采用主、从两级处理器实现系统的全部控制功能。主 CPU 实现管理、坐标变换、轨迹生成和系统自诊断等；从 CPU 实现所有关节的动作控制。主、从控制方式原理如图 1-86 所示。主、从控制系统的实时性较好，适用于高精度、高速度控制的要求，但其系统扩展性较差，维修困难。

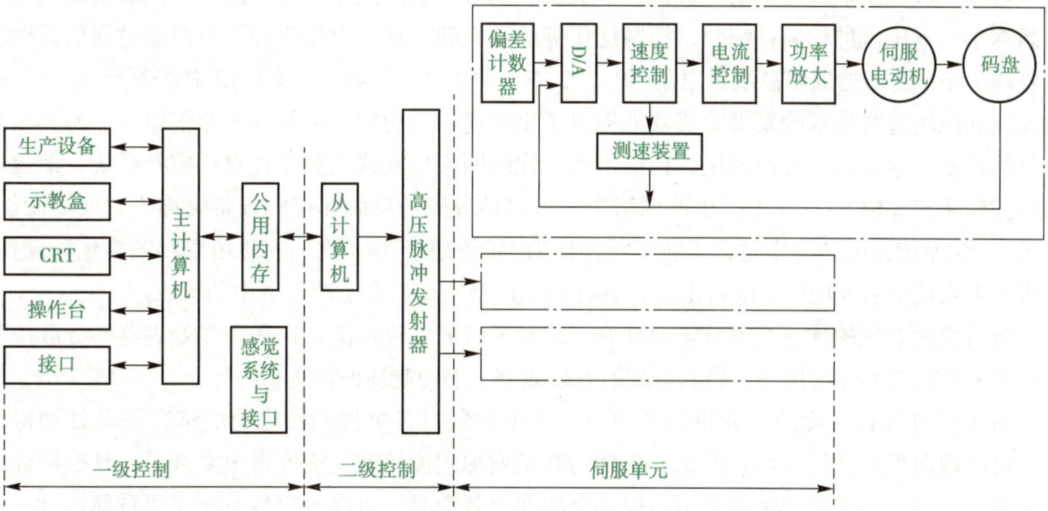

图 1-86 主、从控制方式原理

（三）分散控制系统

分散控制系统的性质和方式分成几个模块，每个模块各有不同的控制任务和控制策略，各模式之间可以是主从关系，也可以是平等关系。分散控制系统（DCS）又称为集散控制系统，这种控制系统实时性好，易于实现高速、高精度控制，易于扩展，可实现智能控制，是目前流行的控制系统。分散控制方式原理如图 1-87 所示。其主要思想是“分散控制，集中管理”，即系统对其总体目标和任务可以进行综合协调和分配，并通过子系统的协调工作来完成控制任务，整个系统在功能、逻辑和物理等方面都是分散的。在这种结构中，子系统是由控制器和不同被控对象或设备构成的，各个子系统之间通过网络等相互通信。分散控制结构提供了一个开放、实时、精确的机器人控制系统。分散系统中常采用两级控制方式。

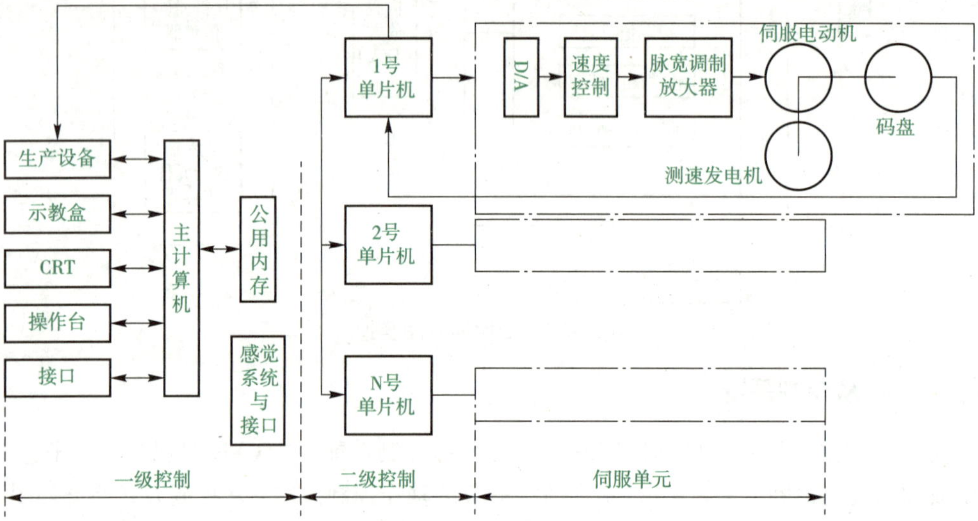

图 1-87　分散控制方式原理

两级分散控制系统通常由上位机、下位机和网络组成。上位机可以进行不同的轨迹规划和控制算法，下位机进行插补细分、控制优化等的研究和实现。上位机和下位机通过通信总线相互协调工作，这里的通信总线可以是 RS-232、RS-485、EEE-488 以及 USB 总线等形式。现在，以太网和现场总线技术的发展为机器人提供了更快速、更稳定、更有效的通信服务。尤其是现场总线技术，它应用于生产现场，构造了新一代的网络集成式全分布计算机控制系统，即现场总线控制系统（FCS）。在工厂生产网络中，可以通过现场总线连接的设备统称为“现场设备 / 仪表”。从系统论的角度来说，工业机器人作为工厂的生产设备之一，也可以归纳为现场设备。在机器人系统中引入现场总线技术后，更有利于机器人在工业生产环境中的集成。

分散控制系统的优点是系统灵活性好，控制系统的危险性降低，采用多处理器的分散控制有利于系统功能的并行执行，提高系统的处理效率，缩短响应时间。

对于具有多自由度的工业机器人而言，集中控制对各个控制轴之间的耦合关系处理得很好，可以很简单地进行补偿。但是，当轴的数量增加到使控制算法变得很复杂时，其控制性能会恶化。而且，当系统中轴的数量或控制算法变得复杂时，可能会导致系统需要重新设计。而分散结构的每一个运动轴都有一个控制器处理，这意味着系统有较少的轴间耦合和较高的系统重构性。

二、工业机器人控制柜

控制柜是机器人控制系统的核心所在，其内部包含了控制器、电源、驱动器、I/O 通信板等核心控制部件。不同品牌、型号的机器人，其控制柜结构和操作面板布局都有所区别，但主流机器人的控制柜（图 1–88）的内部结构和功能均差别不大。

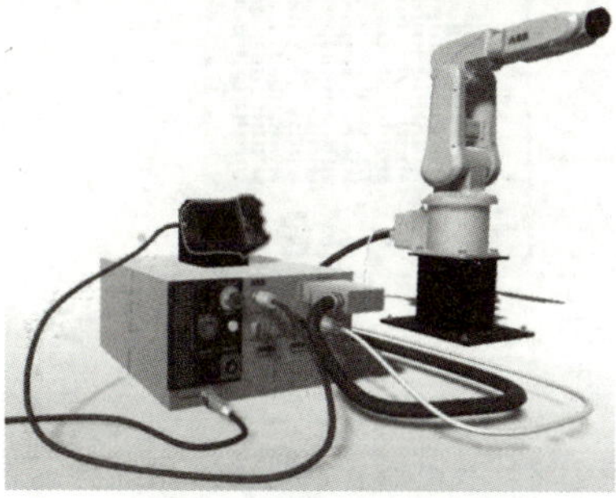

（a）ABB机器人控制柜

（b）新松机器人控制柜

图 1–88 主流机器人的控制柜

（一）工业机器人控制柜的组成

1. 控制柜的面板

IRC5 控制柜如图 1–89 所示。IRC5 控制柜使用 220 V 电源供电，如 IRB120 机器人使用的就是这种控制柜。

IRC5 控制柜面板结构紧凑，正面由接线面板、控制面板、动力面板组成［图 1–89（a）］。其中，控制面板包括机器人模式选择开关、紧急停止按钮、制动释放按钮、上电按钮［图 1–89（b）］。动力面板上可以通过开关旋钮对控制柜上电。

（1）开关旋钮用于系统上电和断电功能。

（2）模式选择开关用于选择自动模式或手动模式，当机器人处于编程和调试的过程中时，该钥匙一定要旋转到手动挡。

（3）紧急停止按钮在遇到紧急事故时按下该按钮，机器人立刻停止工作，并急停报警，当解除故障后，手动旋转该按钮，释放按钮的按下状态即可。有的机器人控制柜在模式选择开关上可能还会有 3 个挡位，分别是自动挡、手动限速挡、手动全速挡。

（4）制动释放按钮通常不需要按下，机器人在非运动状态下，由于关节的制动机器人保持固定姿态，不会“塌架”。当机器人发生碰撞限位，且碰撞产生的限位难以通过示教器控制碰撞部位离开限位点，通俗地说也就是关节轴被“卡死”时，需要按下此按钮。按下制动释放按钮后，各关节解除制动，此时可以手动拖拽移动机器人各轴关节，松开该按钮，机器人各关节则恢复制动状态。

（5）在自动运行模式下按下上电按钮，该按钮指示灯常亮，从而给电机上电。当面板开关由手动模式调到自动模式时，需要在示教器上进行自动模式确认，确认之后示教器会显示电机停止。此时按下上电按钮，示教器显示电机开启，则可以自动运行机器人。当机器人选择手动模式时，该按钮为闪烁状态。

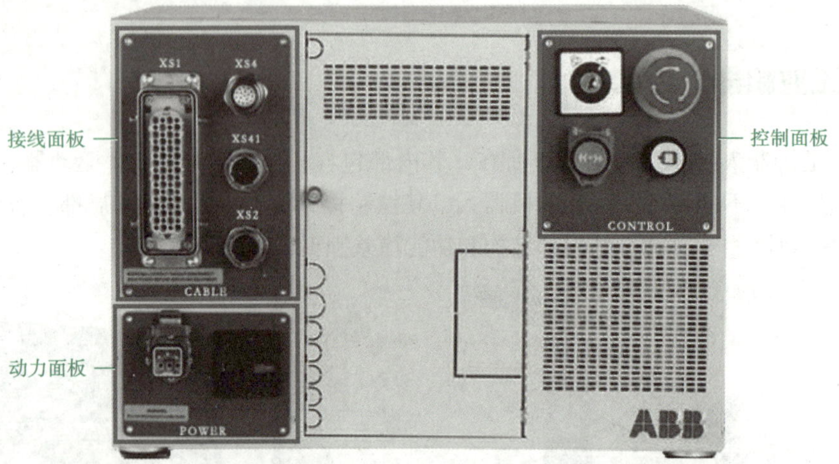

（a）IRC5控制柜面板正面

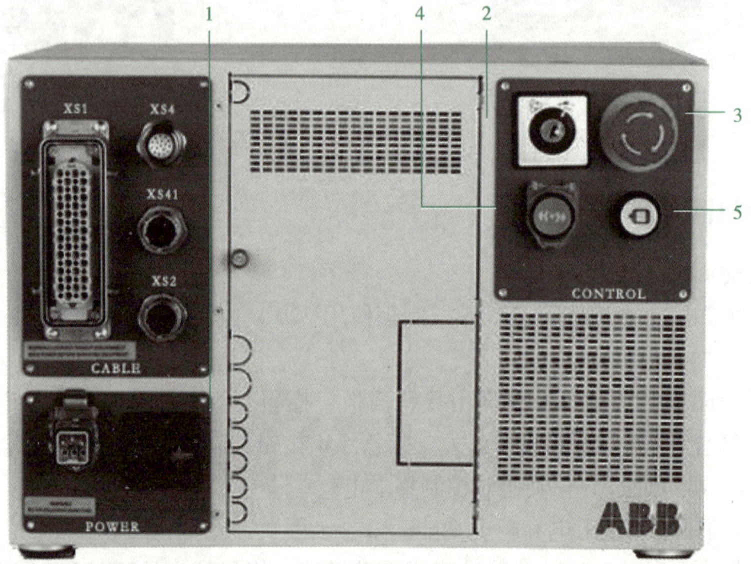

（b）IRC5控制面板

1—开关旋钮；2—模式选择开关；3—紧急停止按钮；4—制动释放按钮；5—上电按钮。

图 1-89　IRC5 控制柜

2. 控制柜的内部组成

控制柜内部包含电源、主计算机、轴计算机、安全面板、伺服驱动器接口、伺服动力电缆接口、编码器电缆接口、I/O 接口、通信接口、电源开关、急停开关、复位按钮、USB 接口、示教器接线端口等部件。

（1）主计算机相当于电子计算机的主机，用于存放系统和数据。

（2）轴计算机用于计算机器人每个轴的转数。

（3）驱动器用于驱动机器人各轴电机运转。

（4）在控制柜正常工作时，安全面板上所有指示灯常亮，急停按钮可从这里接入。

（5）I/O 电源板给 I/O 输入输出板提供电源。24 V 电源模块给 24 V 电源接口板提供电源，24 V 电源接口板可直接供电外部 I/O 信号。

（6）电容在机器人关闭电源后，保存数据后再断电，相当于延时断电功能。

（7）I/O 模块用于外部 I/O 信号与机器人系统的通信连接，ABB 机器人标准 I/O 板包括 DSQC 651/652 等。

（二）控制柜的主机接口

控制柜的主机与外部接口如图 1-90 所示。

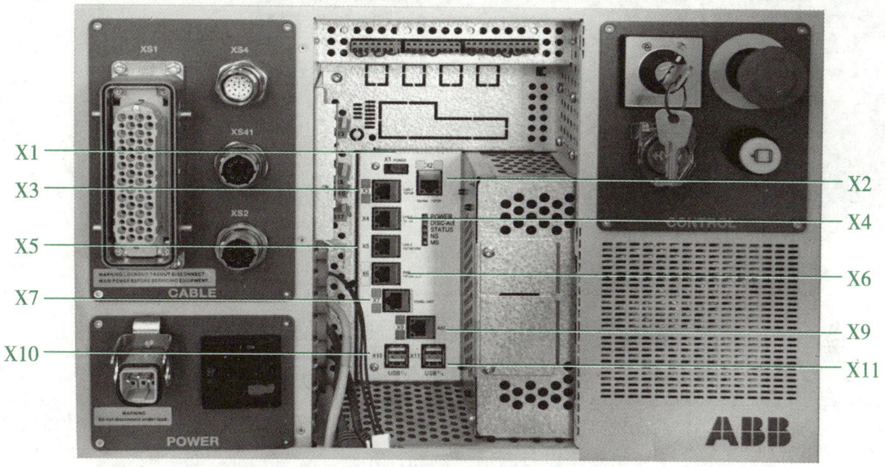

图 1-90 控制柜的主机与外部接口

（1）X1 是主机电源接口，电压值为 24 V。

（2）X2（黄色）接口是服务接口，需要通过该端口与电脑进行连接，当我们通过 Robot Studio 软件对机器人进行在线编程、仿真，或者对机器人系统进行升级等操作时，就需要连接该接口。

（3）X3 为示教器（绿色）接口，由于控制柜在出场时，该接口的连线已经做了标识，所以只需要将从控制柜中引出的绿色网线连接到该接口即可。

（4）X4 和 X5 是与外部通信时连接的接口，当机器人与外部的 PLC、视觉模块等设备进行通信时，需通过这两个接口与对应的设备进行连接。

（5）X6 是工厂网络接口，在需要对远程机器人当前的程序、配置等状态进行监控时，需要连接此接口。

（6）X7（蓝色）是面板连接口，它是专门用于连接控制柜内部的安全板时使用的，接线时只需将出厂时标识蓝色的网线接入该接口即可。

（7）X9（红色）是轴计算机连接口。

（8）X10 和 X11 是两组总共 4 个 USB 接口，带有 USB 标识的 USB 线缆是从控制柜电源模块引出后专门用于给 USB 接口供电用的。其余的 USB 接口可以用于对计算机的程序备份、恢复等功能。

图 1-91 中所示的 XS7、XS8、XS9 是安全信号接口，其中 XS7 和 XS8 是急停输入接口，XS9 是安全停止接口。ABB 机器人安全保护信号及其功能见表 1-2 所列。

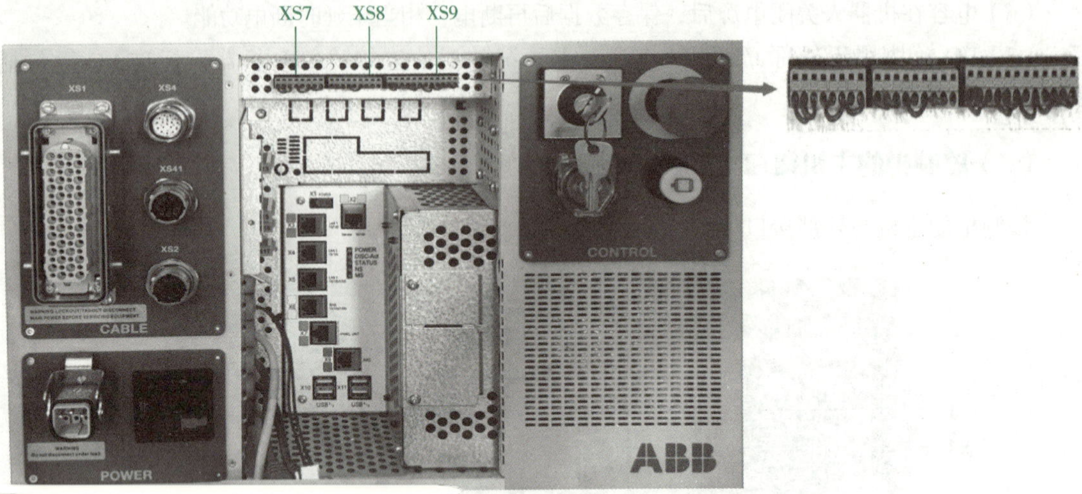

图 1-91　控制柜安全信号接口

表 1-2　ABB 机器人安全保护信号及其功能

序号	名称	功能
1	GS（General Stop）	常规模式安全保护停止。在任何模式下均有效，在自动和手动模式下都有效，主要由安全设备激活，例如，光栅、安全光幕、安全垫等
2	AS（Auto Stop）	自动模式安全保护停止。在自动模式下有效，用于在自动程序执行过程中被外在检测装置激活的安全机制，如门互锁开关、光束或敏感垫等
3	SS（Superior Stop）	上级安全保护停止。在任何模式下均有效（不适用于 IRC 5 Compact），具有一般停止的功能，但是主要用于外部设备的连接
4	ES（Emer Stop）	紧急停止。无论机器人处于何种状态，一旦紧急信号激活，机器人将立即处于停止状态，且在报警没有消除的状态下，机器人无法启动。紧急停止需要在很紧急情况下才能使用，不正确地使用紧急停止可能会缩短机器人的使用寿命

控制柜其他接口如图 1-92 所示，以 DSQC652 板卡为例，XS12 和 XS13 就是机器人的 8 位数字输入接口，X14 和 X15 是机器人的八位数字输出接口，X16 为供电接口，X17 则是 DEVICENET 外部连接接口。

图 1-92　控制柜其他接口

在线测试

扫一扫 测一测

第二章

机器人的驱动系统

本章导读

- 机器人的驱动系统
  - 机器人的驱动系统概述——工业机器人的驱动系统，主要包括机器人的驱动方式和驱动元件等；了解机器人的驱动系统及驱动方式
  - 机器人电动机驱动系统及其特性——机器人电动机驱动及其特性，主要包括伺服电动机驱动、步进电机驱动方式；掌握机器人电动机驱动系统的基本结构、原理和特性
  - 机器人液压驱动系统及其特性——机器人液压驱动系统及其特性，主要包括液压驱动系统工作原理、液压驱动系统组成设备；掌握机器人液压驱动系统的基本结构、原理和特性
  - 机器人气压驱动系统及其特性——机器人气压驱动系统及其特性，主要包括气压驱动系统工作原理、气压驱动系统组成设备；掌握机器人气压驱动系统的基本结构、原理和特性

课程思政　　**我国天宫空间站的机械臂**

我国天宫空间站的机械臂，是我国目前智能程度最高、规模与技术难度最大、系统最复杂的空间智能制造系统。机械臂在空间站组装建造、维护维修、辅助航天员出舱活动等方面发挥着重要作用，是我国空间站在轨建造能力水平的体现。

第一节 机器人的驱动系统概述

工业机器人驱动装置是指带动臂部到达指定位置的动力源。通常，动力是经电缆、齿轮箱或其他方法直接送至臂部。工业机器人驱动系统常用的驱动方式主要有液压驱动、气压驱动以及电气驱动 3 种。

工业机器人出现之初大多使用曲柄和导杆等杆件机构，所以以液压驱动和气压驱动为主。但随着对作业高速化的要求，以及大功率交流伺服驱动技术的发展，目前使用电气驱动的机器人所占比例逐渐提升，只有在少数要求超大输出功率、防爆、低运动精度的场合才考虑使用液压和气压驱动的机器人。电气驱动具有无环境污染、响应快、精度高、成本低，控制方便等优点。

一、机器人的驱动方式

机器人的驱动方式主要分为直接驱动和间接驱动两种。无论何种方式，都是对机器人关节的驱动。

（一）直接驱动

直接驱动是指驱动器的输出轴和机器人手臂的关节轴直接相连。这种方式的驱动器和关节之间的机械系统较少，因而能够减少摩擦等非线性因素的影响，控制性能比较好。然而，为了能够直接驱动手臂的关节，驱动器的输出转矩必须很大。此外，控制系统还必须考虑动力学上对手臂运动的影响。关节直接驱动方式的机构结构如图 2-1 所示。

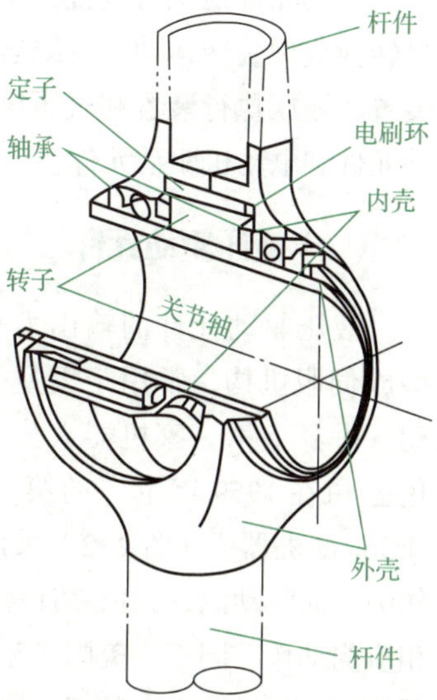

图 2-1 关节直接驱动方式的机构结构

使用直接驱动的机器人通常称为 DD 机器人（DDR）。DD 机器人驱动电动机通过机械接口直接与关节连接，在驱动电动机和关节之间没有速度和转矩的转换。美国 Adept 公司研制出带有视觉功能的 4 自由度平面关节型 DD 机器人；日本大日机工公司研制成功了 5 自由度关节型 DD 600V 机器人，其最大工作范围为 1.2 m，可搬质量为 5 kg，最高运动速度为 8.2 m/s，重复定位精度为 0.05 mm。

DD 机器人的优点包括：机械传动精度高；振动小，结构刚度好；机械传动损耗小；结构紧凑，可靠性高；电动机峰值转矩大，电气时间常数小，短时间内可以产生很大转矩，响应速度快，调速范围宽；控制性能较好。DD 机器人目前存在的主要问题有：载荷变化、耦合转矩及非线性转矩对驱动及控制影响显著，使控制系统设计困难和复杂；对位置、速度的传感元件提出了相当高的要求；需开发小型实用的 DD 电动机；电动机成本高。

（二）间接驱动

间接驱动是指把驱动器的动力通过减速器、钢丝绳、传送带或平行连杆等装置传递给关节。目前大部分机器人的关节采用间接驱动。间接驱动有带减速器的电动机驱动和远距离驱动两种方式。

1. 带减速器的电动机驱动

中小型机器人一般采用普通的直流伺服电动机、交流伺服电动机或步进电动机作为机器人的执行电动机，由于电动机转速较高，输出转矩大于驱动关节所需要的转矩，所以必须使用带减速器的电动机驱动。但是，间接驱动带来了机械传动中不可避免的误差，引起冲击振动，影响机器人系统的可靠性，并且增加关节重量和尺寸。由于手臂通常采用悬臂梁结构，所以在多自由度机器人关节上安装减速器会使手臂根部关节驱动器的负载增大。

2. 远距离驱动

远距离驱动将驱动器与关节分离，目的在于减小关节体积、减轻关节重量。一般来说，驱动器的输出转矩都远远小于驱动关节所需要的力，因此也需要通过减速器来增大驱动力。远距离驱动的优点在于能够将多自由度机器人关节驱动所必需的多个驱动器设置在合适的位置。由于机器人手臂都采用悬臂梁结构，因此远距离驱动是减轻位于手臂根部关节驱动器负载的一种措施。

二、机器人的驱动元件

驱动元件是执行装置，就是指按照信号的指令，将来自电气、液压和气压等各种能源的能量转换成做旋转运动、直线运动等的机械能的装置。按利用的能源来分，主要可分为电动执行装置、液压执行装置和气压执行装置。因此，机器人关节的驱动元件有液压驱动元件、气压驱动元件和电动机驱动元件。

（一）液压驱动元件

液压驱动元件的输出力和功率很大，能构成伺服机构，常用于大型机器人关节的驱动。世界上第一家机器人公司美国万能自动化公司在 1959 年生产的第一台机器人产品 Unimate 机器人（图 2-2）采用了直线液压缸作为径向驱动源，并依靠计算机控制手臂执行相应的动作。同年，美国机床铸造公司研制出了 Verstran 机器人，其工作原理与 Unimate 相似。Verstran 机器人也使用直线液压缸作为圆柱坐标型机器人的垂直驱动源和径向驱动源。

图 2-2 Unimate 机器人

1. 优点

（1）液压容易达到较高的单位面积压力（常用油压为 25 ～ 63 kg/cm^2），体积较小。

（2）液压驱动可以获得较大的推力或转矩；功率重量比大，可以减小执行装置的体积。

（3）介质可压缩性小，刚度高，工作平稳可靠，能够实现高速、高精度的位置控制。

（4）液压传动中，通过流量控制可以实现无级变速，力和速度比较容易实现自动控制。

（5）液压系统采用油液做介质，具有防锈和自润滑性能，可以提高机械效率，使用寿命长。

2. 缺点

（1）油液的黏度随温度变化而变化，影响工作性能，高温容易引起油液燃烧爆炸等。

（2）液体的泄漏缺陷难以克服，要求液压元件有较高的精度和质量，故造价较高。

（3）需要相应的供油系统，尤其是电液伺服系统要求严格的滤油装置，否则可能引起故障。

（4）必须对油的污染进行控制，稳定性较差。

（5）液压油源和进油、回油管路等附属设备占空间较大，造价较高。

（二）气压驱动元件

气压驱动元件多用于开关控制和顺序控制机器人。与液压驱动元件相比，气压驱动元件的特点如下。

1. 优点

（1）压缩空气黏度小，容易达到高速（1 m/s）。

（2）利用工厂集中的空气压缩机站供气，不必额外添加动力设备。

（3）空气介质对环境无污染，使用安全，可直接应用于高温作业。

（4）气动元件工作压力低，故制造要求也比液压元件低。

2. 缺点

（1）压缩空气常用压力为 0.4 ～ 0.6 MPa，若要获得较大的力，其结构就要相对增大。

（2）空气压缩性大，工作平稳性差，速度控制困难，要到达准确的位置很困难。

（3）压缩空气的除水问题处理不当会使钢类零件生锈，导致机器人失灵。

（4）排气还会造成噪声污染。

（三）电动机驱动元件

电动机驱动元件可分为普通交流电动机驱动元件，交、直流伺服电动机驱动元件和步进电动机驱动元件。普通交流电动机驱动元件需加装减速装置，输出转矩大，但控制性能差、惯性大，适用于中型或重型机器人。交、直流伺服电动机驱动元件和步进电动机驱动元件输出转矩相对小，控制性能好，可实现速度和位置的精确控制，适用于中小型机器人。

交、直流伺服电动机驱动元件一般用于闭环控制系统，而步进电动机驱动元件则主要用于开环控制系统，一般用于速度和位置精度要求不高的场合。

电动机使用简单，随着材料性能的提高，电动机性能也逐渐提高。总的看来，目前机器人关节驱动以电动机驱动为主。

（四）驱动元件的特点

各种驱动方式的特点比较见表 2-1 所列。

表 2-1 各种驱动方式的特点比较

<table>
<tr><th colspan="2" rowspan="2">驱动元件</th><th colspan="6">特点</th></tr>
<tr><th>输出力</th><th>控制性能</th><th>维修使用</th><th>结构体积</th><th>使用范围</th><th>制造成本</th></tr>
<tr><td colspan="2">液压驱动</td><td>压力高，可获得大的输出力</td><td>油液不可压缩，压力、流量均容易控制，可无级调速，反应灵敏，可实现连续轨迹控制</td><td>维修方便，液体对温度变化敏感，油液泄漏易着火</td><td>在输出力相同的情况下，体积比气压驱动方式小</td><td>中、小型及重型机器人</td><td>成本较高，油路比较复杂</td></tr>
<tr><td colspan="2">气压驱动</td><td>气压压力低，输出力较小，如需要输出大力时，其结构尺寸过大</td><td>可高速，冲击较严重，精确定位困难。气体压缩性大，阻尼效果差，低速不易控制，不易与 CPU 连接</td><td>维修简单，能在高温、粉尘等恶劣环境中使用，泄漏无影响</td><td>体积较大</td><td>中、小型机器人</td><td>结构简单，能源方便，成本低</td></tr>
<tr><td rowspan="2">电动机驱动</td><td>异步电动机
直流电动机</td><td>输出力较大</td><td>控制性能较差，惯性大，不易精确定位</td><td>维修使用方便</td><td>需要减速装置，体积较大</td><td>速度低，持重大的机器人</td><td>成本低</td></tr>
<tr><td>异步电动机
伺服电动机</td><td>输出力较小</td><td>容易与 CPU 连接，控制性能好，响应快，可精确定位，但控制系统复杂</td><td>维修使用复杂</td><td>体积较小</td><td>程序复杂、运动轨迹要求严格的机器人</td><td>成本较高</td></tr>
</table>

三、机器人的驱动机构

（一）直线驱动机构

机器人采用的直线驱动包括直角坐标结构的 X、Y、Z 向驱动，圆柱坐标结构的径向驱动和垂直升降驱动，以及球坐标结构的径向伸缩驱动。直线运动可以直接由气缸或液压缸和活塞产生，也可以采用齿轮齿条、丝杠、螺母等传动方式把旋转运动转换成直线运动。

（二）旋转驱动机构

多数普通电动机和伺服电动机都能够直接产生旋转运动，但其输出转矩比所需要的转矩小，转速比所需要的转速高。因此，需要采用各种传动装置把较高的转速转换成较低的转速，并获得较大的转矩。

有时也采用直线液压缸或直线气缸作为动力源，这就需要把直线运动转换成旋转运动。这种运动的传递和转换必须高效率地完成，并且不能有损机器人系统所需要的特性，特别是定位精度、重复定位精度和可靠性。

由于旋转驱动具有旋转轴强度高、摩擦小、可靠性好等优点，因此在结构设计中被较多采用。

（三）行走机构的驱动

在行走机构关节中，完全采用旋转驱动实现关节伸缩时，旋转运动虽然也能转化得到直线运动，但在高速运动时，关节伸缩的加速度不能忽视，它可能产生振动。为了提高着地点选择的灵活性，还必须增加直线驱动系统。

因此，许多情况采用直线驱动更为合适。直线气缸仍是目前所有驱动装置中最廉价的动力源，凡能够使用直线气缸的地方，还是应该选用它。有些要求精度高的地方也要选用直线驱动。

第二节　机器人电动机驱动系统及其特性

电动机是一种机电能量转换的电磁装置。将直流电能转换为机械能的称为直流电动机，将交流电能转换为机械能的称为交流电动机，将脉冲步进电能转换成机械能的称为步进电动机。本节将主要介绍这 3 种电动机的基本结构、原理和特性。

一、直流伺服电动机

伺服电动机是指带有反馈的直流电动机、交流电动机、无刷电动机或步进电动机。伺服电动机可精确控制速度和位置，可以将电压信号转化为转矩和转速以驱动控制对象。伺服电动机转子转速受输入信号控制，并能快速反应，在自动控制系统中用作执行元件，具有机电时间常数小、线性度高等特性，可把所收到的电信号转换成电动机轴的角位移或角速度输出。其主要特点是，当信号电压为零时无自转现象，转速随着转矩的增加而匀速下降。为实现伺服电动机的控制，可以使用多种不同类型的传感器，包括编码器、旋转变压器、电位器和转速器等。如果采用了位置传感器，如电位计和编码器等，对输出信号进行微分就可以得到速度信号。

伺服系统是使物体的位置、方位、状态等输出被控量能够跟随输入目标（或给定值）任意变化的自动控制系统。它的主要任务是按控制命令的要求，对功率进行放大、变换与调控等处理，使驱动装置输出的转矩、速度和位置的控制非常灵活方便。

伺服主要靠脉冲来定位，可以这样理解，伺服电动机接收到一个脉冲信号，就会旋转一个脉冲信号对应的角度，从而实现位移。因为伺服电动机本身具备发出脉冲信号的功能，所以伺服电动机每旋转一个角度，都会发出对应数量的脉冲信号，这样就和伺服电动机接收的脉冲信号形成了呼应。如此一来，系统就会知道发了多少脉冲信号给伺服电动机，同时又收到了多少脉冲信号，就能够很精确地控制电动机的转动，从而实现精确的定位。

（一）直流电动机

根据直流电动机的工作原理可知，直流电动机的结构由定子和转子组成。直流电动机运行时静止不动的部分称为定子，其主要作用是产生磁场，由机座、主磁极、换向极、端盖、轴承和电刷装置等组成。其运行时转动的部分称为转子，主要作用是产生电磁转矩和感应电动势，是直流电动机进行能量转换的枢纽，所以通常称为电枢，由转轴、电枢铁心、电枢绕组和换向器等组成。

1. 直流电动机的额定值

电动机制造厂按照国家标准，根据电动机的设计和试验数据，规定每台电动机的主要参数称为电动机的额定值。额定值一般标在电动机的铭牌和产品说明书上。直流电动机的额定值有以下几项：

（1）额定功率：额定功率是电动机按照规定的工作方式运行时所能提供的输出功率。对电动机来说，额定功率是指轴上输出的机械功率，单位为 kW。

（2）额定电压：额定电压是电动机电枢绕组能够安全工作的最大外加电压或输出电压，单位为 V。

（3）额定电流：额定电流是电动机按照规定的工作方式运行时，电枢绕组允许流过的最大电流，单位为 A。

（4）额定转速：额定转速是电动机在额定电压、额定电流和额定功率下运行时，电动机的旋转速度，单位为 r/min。

额定值一般标在铭牌上，故又称为铭牌数据。还有一些额定值，例如，额定转矩、额定效率和额定温升等，不一定标在铭牌上，可查阅产品说明书。

2. 直流电动机的控制方式

直流电动机是在一个方向连续旋转，或在相反的方向连续转动，运动连续且平滑，但是本身没有位置控制能力。

直流电动机的优点：调速方便（可无级调速），调速范围广，调速特性平滑；低速性能好（起动转矩大，起动电流小），运行平稳，转矩和转速容易控制；过载能力较强，起动和制动转矩较大。直流电动机的缺点：存在换向器，其制造复杂，价格较高；换向器需经常维护，电刷极易磨损，必须经常更换，噪声比交流电动机大。

可通过改变电压或电流控制电动机的转速和转矩。脉冲宽度调制（PWM）控制是利用脉宽调制器对大功率晶体管开关放大器的开关时间进行控制，将直流电压转换成某一频率的矩形波电压，然后加到直流电动机的电枢两端，通过对矩形波脉冲宽度的控制，改变电枢两端的平均电压以达到调节电动机转速的目的。

正因为直流电动机的转动是连续且平滑的，因此要实现精确的位置控制，必须加入某种形式的位置反馈，构成闭环伺服系统。有时，机器人的运动还有速度要求，所以还要加入速度反馈。一般直流电动机和位置反馈、速度反馈形成一个整体，即通常所说的直流伺服电动机。由于采用闭环伺服控制，所以能实现平滑的控制和产生大的转矩。

（二）直流伺服电动机原理

直流伺服电动机的工作原理如图 2-3 所示。图中 N、S 为永磁铁，当位于 N、S 之间的导体转子有电流流过且转子电流和磁通正交时，由于磁场的作用，导体转子两边产生方向相反的电磁力，从而形成转矩使导体转动。当导体转过 90° 时，由于换向器使电流反向，使转子导体两边的电磁力反向，但由于此时转子位置的改变正好使所形成的转矩保持和原来相同的方向，使转子继续向同一方向转动。这样，转子每转过 90°，换向器就使电流反向一次，使得转子连续不断地转动。在图中所示位置开始通电时，转子转矩最大。

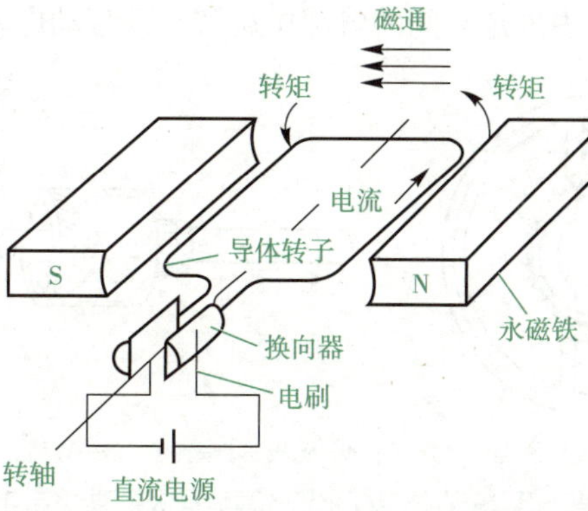

图 2-3　直流伺服电动机的工作原理

随着转子的旋转转矩逐渐减小，直到转过 90° 时，转矩为零，转子继续旋转，转矩又从零开始逐渐增大，所以直流伺服电动机是一种转矩变化剧烈的电动机。为了使电动机能够保持一定的最大转矩，实际使用的直流伺服电动机往往要设置 10 个换向器。

（三）直流伺服电动机的种类

机器人对直流伺服电动机的基本要求：宽广的调速范围，机械特性和调速特性均为线性，无自转现象（控制电压降到零时，伺服电动机能立即自行停转），响应快速等。

经过几十年的研究，直流伺服电动机发展出许多不同的结构和形式，目前主要有两大类，一类是小惯量直流伺服电动机，另一类是大惯量宽调速直流电动机。

1. 小惯量直流伺服电动机

小惯量直流伺服电动机的特点是转子轻、转动惯量小、快速响应好。按照电枢形式的不同分为盘型电枢直流伺服电动机、空心杯电枢永磁式直流伺服电动机及无槽电枢直流伺服电动机。

盘型电枢直流伺服电动机结构如图 2-4 所示。盘型电枢直流伺服电动机的定子是由永久磁铁和前后磁轴组成，转轴上装有圆盘，圆盘上有电枢绕组，可以是印制绕组，也可以是绕线式绕组，电枢绕组中的电流沿径向流过圆盘表面，与轴向磁通相互作用产生转矩。

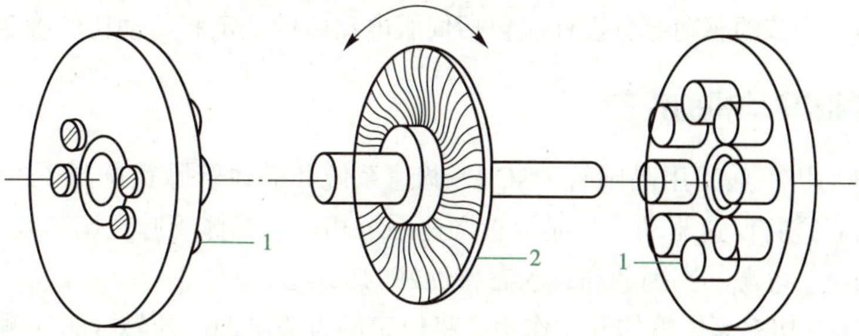

1—定子；2—转子。

图 2-4　盘型电枢直流伺服电动机结构

空心杯电枢永磁式直流伺服电动机结构如图 2-5 所示。空心杯电枢永磁式直流伺服电动机有一个外定子和一个内定子。外定子是两个半圆形的永久磁铁，内定子由圆柱形的软磁材料制成，空心杯电枢置于内外定子之间的圆周气隙中，并直接装在电动机轴上。当电枢绕组流过一定的电流时，空心杯电枢能在内外定子间的气隙中旋转，并带动电动机转轴旋转。

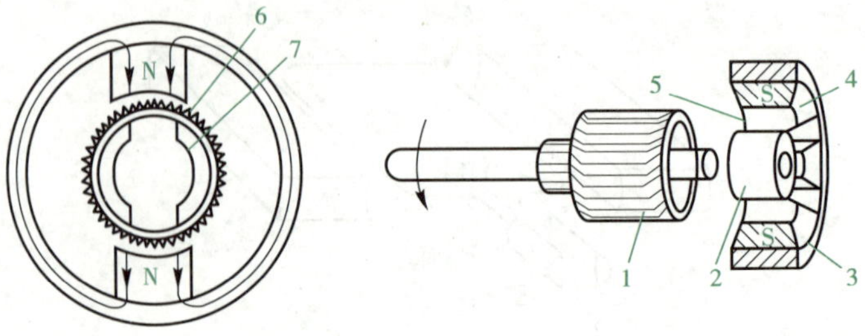

1—空心杯电枢；2—内定子；3—外定子；4—磁极；5—气隙；6—导线；7—内定子中的磁路。

图 2-5　空心杯电枢永磁式直流伺服电动机结构

小惯量直流伺服电动机与一般直流电动机相比，其转子为光滑无槽的铁心，用绝缘黏合剂直接把线圈黏合在铁心表面上，且转子长而直径小，气隙尺寸比一般直流电动机大 10 倍以上，输出功率一般在 10 kW 以内，主要用于要求快速动作、功率较大的系统。小惯量直流电动机具有以下特点：

（1）转动惯量小，为一般直流电动机的 1/100。

（2）由于气隙大，电枢反应小，具有良好的换向性，一般换向时间只有几毫秒。由于转子无槽，低速时电磁转矩的波动小，稳定性好，在速度低于 10 r/min 时也无爬行现象。

（3）过载能力强，一般可达额定值的 10 倍。

（4）容许过载的持续时间不能太长。

2. 大惯量宽调速直流电动机

小惯量直流伺服电动机用减少电动机转动惯量的方法来提高电动机的快速性，而大惯量宽调速直流电动机在不改变一般直流电动机大转动惯量的情况下用提高转矩的方法来改善其动态特性。它既有小惯量直流伺服电动机的快速性，又有较好的输出转矩 / 惯量比，还可以在电动机内装测速发电机、旋转变压器、编码器等测量装置。大惯量宽调速直流电动机的特点包括：输出转矩大；调速范围宽；动态响应好；过载能力强；易于调试。

目前，直流电动机可达到很大的转矩 / 重量比，远高于步进电动机。直流驱动精度高，加速迅速，且可靠性高。由于以上原因，当今大部分机器人都采用直流伺服电动机驱动各个关节。因此，机器人关节的驱动部分设计应包括伺服电动机的选定和传动比的确定。

（四）直流伺服电动机的控制

直流伺服电动机一般采用晶闸管（SCR）调速系统和晶体管脉宽调制（PWM）调速系统，目前广泛使用后者进行调速驱动。与晶闸管调速系统相比，晶体管脉宽调制调速系统具有频带宽、电动机脉动小、电源功率因数高、动态特性好的优点。

PWM 是利用大功率晶体管的开关作用，将恒定的直流电源电压转成一定频率的方波电压，并加在直流电动机的电枢上，通过对方波脉冲宽度的控制，改变电枢的平均电压来控制电动机转速的一种方式。为了满足小型直流电动机的应用需要，各半导体厂商纷纷推出直流电动机驱动专用集成电路，如美国 Silicon General 公司生产的半桥单片集成电路 SG1635（图 2-6）以及意大利 DGS 公司生产的全桥驱动 L292（图 2-7）等。

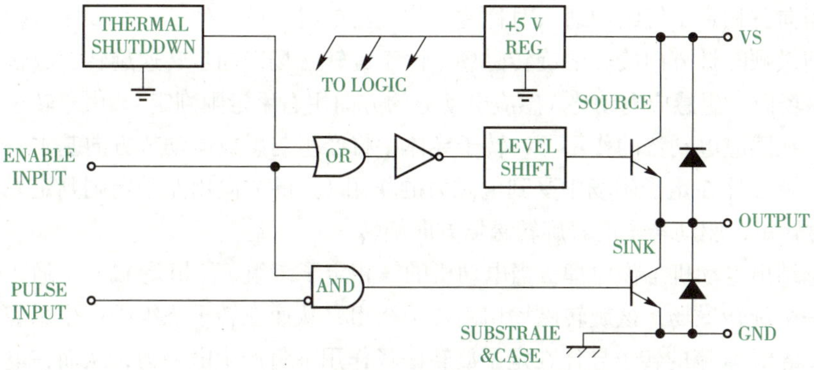

TRUTH TABLE

Enable	Pulse	Output
0	0	High
0	1	High
1	0	Low
1	1	Off-High Z

1=Open or High

图 2-6　SG1635 电路系统

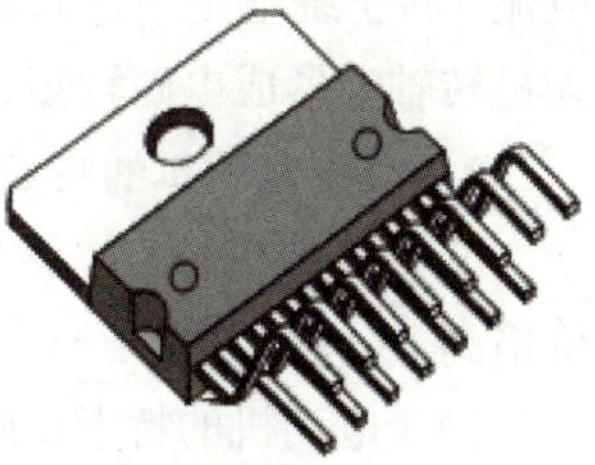

图 2-7　全桥驱动芯片 L292

直流伺服电动机最常用的控制方式是电枢控制。电枢控制就是把电枢绕组作为控制绕组，电枢电压作为控制电压，而保持励磁电压恒定不变，通过改变控制电压来控制直流伺服电动机的运行状态。

二、交流伺服电动机

直流伺服电动机上的电刷和换向器需要定期更换和进行维修，电动机使用寿命短，噪声大。尤其是直流电动机的容量小，电枢电压低，很多特性参数随速度而变化，限制了直流伺服电动机向高速、大容量方向发展。在一些具有可燃气体的场合，由于电刷换向过程中可能产生火花，因此不适合使用。

（一）交流电动机

1. 交流电动机的工作原理

在单相异步交流电动机中（图 2-8），当定子绕组通入交流电流时，就建立了电枢磁动势，它对电动机能量转换和运行性能都有很大影响。所以当单相交流绕组通入单相交流电流时，就会产生脉振磁动势，该磁动势可分解为两个幅值相等、转速相反的旋转磁动势，从而在气隙中建立正转和反转磁场。这两个旋转磁场切割转子导体，并分别在转子导体中产生感应电动势和感应电流。该电流与磁场相互作用产生正、反电磁转矩。正向电磁转矩企图使转子正转；反向电磁转矩企图使转子反转。这两个转矩叠加起来就是推动电动机转动的合成转矩。

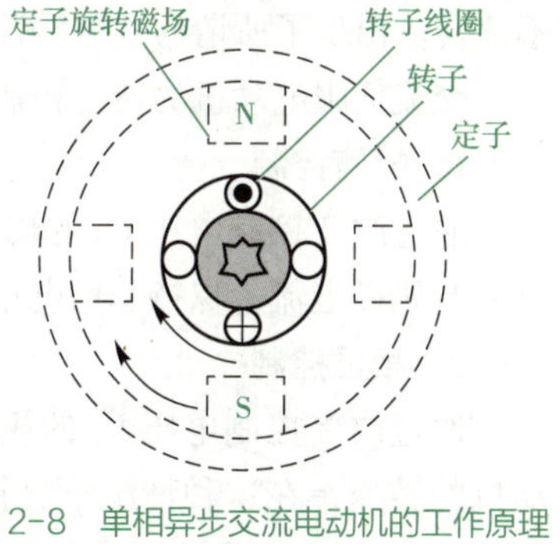

图 2-8　单相异步交流电动机的工作原理

对于三相电动机，当向三相定子绕组中通入对称的三相交流电时，就产生了一个以同步转速沿定子和转子内圆空间做顺时针方向旋转的旋转磁场。由于旋转磁场以同步转速旋转，故转子导体将切割定子旋转磁场而产生感应电动势（感应电动势的方向用右手定则判定）。由于转子导体两端被短路环短接，在感应电动势的作用下，转子导体中将产生与感应电动势方向基本一致的感生电流。转子的载流导体在定子磁场中受到电磁力的作用（力的方向用左手定则判定）。电磁力对转子轴产生电磁转矩，驱动转子沿着旋转磁场方向旋转。

通过上述分析可以总结出电动机工作原理：当电动机的三相定子绕组（各相差 120°）通入三相交流电后，将产生一个旋转磁场，该旋转磁场切割转子绕组，从而在转子绕组中产生感应电流（转子绕组是闭合通路），载流的转子导体在定子旋转磁场作用下将产生电磁力，从而在电动机转轴上形成电磁转矩，驱动电动机旋转，并且电动机旋转方向与旋转磁场方向相同。

2. 交流电动机的特点

交流电动机特点：无电刷和换向器，无产生火花的危险；比直流电动机的驱动电路复杂、价格高。

同步电动机的特点：所谓同步是指转子速度与定子磁场速度相同。定子是永磁体，体积小。用途：要求响应速度快的中等速度以下的工业机器人；机床领域。

异步电动机的特点：所谓异步是指转子磁场和定子间存在速度差（不是角度差）。转子和定子上都有绕组，转子惯量很小，响应速度很快。用途：中等功率以上的伺服系统。

（二）交流伺服电动机的原理

由于直流伺服电动机本身在结构上存在一些不足，而交流伺服电动机具有结构简单、制造方便、价格低廉、坚固耐用、惯量小、运行可靠、很少需要维护、可用于恶劣环境等优点，故目前在机器人领域，有交流伺服电动机逐渐取代直流伺服电动机的趋势。

交流伺服电动机在结构上类似于单相异步交流电动机，定子两相绕组在空间相距 90°，一相为励磁绕组，运行时接至电压为 U_f 的交流电源上；另一相为控制绕组，输入控制电压 U_c，U_c 与 U_f 为同频率的交流电压，转子为笼型。

同直流伺服电动机一样，交流伺服电动机也必须具有宽广的调速范围、线性机械特性和快速响应等性能，还应无“自转”现象。

在正常运行时，交流伺服电动机的励磁绕组和控制绕组都通电，通过改变控制电压 U_c 来控制电动机的转速。当 $U_c = 0$ 时，电动机应当停止旋转，而实际情况是，当转子电阻较小时，两相异步电动机运转起来后，若控制电压 $U_c = 0$，电动机便成为单相异步电动机继续运行，并不停转。出现了所谓的“自转”现象，使自动控制系统失控。

交流伺服电动机的转速控制方法有幅值控制、相位控制和幅相控制三种。

1. 幅值控制

通过改变控制电压 U_c 的幅值来控制电动机的转速，而 U_c 的相位始终保持不变，使控制电流 I_c 与励磁电流 I_f 保持 90° 电角度的相位关系。如 $U_c = 0$ 则转速为 0，电动机停转。

2. 相位控制

通过改变控制电压 U_c 的相位，从而改变控制电流 I_c 与励磁电流 I_f 之间的相位角来控制电动机的转速，在这种情况下，控制电压 U_c 的大小保持不变。当两相电流 I_c 与 I_f 之间的相位角为 0° 时，则转速为 0，电动机停转。

3. 幅相控制

通过同时改变控制电压 U_c 的幅值及 I_c 与 I_f 之间的相位角来控制电动机的转速。具体方法是在励磁绕组回路中串入一个移相电容 C，再接到稳压电源 U_1 上，这时励磁绕组上的电压 $U_f = U_1 - U_{ef}$。控制绕组上加与 U_1 相同的控制电压 U_c，那么当改变控制电压 U_c 的幅值来控制电动机转速时，由于转子绕组与励磁绕组之间的耦合作用，励磁绕组的电流 I_f 也随着转速的变化而发生变化，而使励磁绕组两端的电压 U_f 及电容 C 上的电压 U_{ef} 也随之变化。这样改变 U_c 幅值可改变 U_f、U_{ef} 的幅值，以及它们之间的相位角和相应电流。

在三种控制方法中，虽然幅相控制的机械特性和调节特性最差，但由于这种方法所采用的控制设备简单，不用移相装置，应用最为广泛。

（三）交流伺服电动机的种类

为了使转子具有较大的电阻和较小的转动惯量，交流伺服电动机的转子有 3 种结构。

1. 电阻率导条的笼型转子

这种转子结构同普通笼型异步电动机一样，只是转子细而长，笼导条和端环采用高电阻率的导电材料（如黄铜、青铜等）制造，国内生产的 SL 系列的交流伺服电动机就是采用这种结构。

2. 非磁性空心杯转子

在外定子铁心槽内放置空间相距 90° 的两相分布绕组；内定子铁心由硅钢片叠成，不放绕组，仅作为磁路的一部分；由铝合金制成的空心杯转子置于内外定子铁心之间的气隙中，并靠其底盘和转轴固定。

3. 铁磁性空心转子

转子采用铁磁材料制成，转子本身既是主磁通的磁路，又作为转子绕组，结构简单，但当定子、转子气隙稍微不均匀时，转子就容易因单边磁拉力而被“吸住”，所以目前应用较少。

当前，交流伺服电动机正得到越来越广泛的应用，大有取代直流伺服电动机之势。交流伺服电动机除了能克服直流伺服电动机的缺点外，还有转子惯量较直流伺服电动机小，动态响应好，能在较宽的速度范围内保持理想的转矩，结构简单，运行可靠等优点。一般在同样体积下，交流伺服电动机的输出功率比直流伺服电动机高 10% ～ 70%。另外，交流伺服电动机的容量可做得比直流伺服电动机大，从而达到更高的转速和电压。目前在机器人系统中，90% 的系统采用交流伺服电动机。

三、步进电动机

步进电动机是一种将输入脉冲信号转换成相应角位移或线位移的旋转电动机。步进电动机的输入量是脉冲序列，输出量则为相应的增量位移或步进运动。正常运动情况下，它每转一周具有固定的步数，做连续步进运动时，其旋转转速与输入脉冲的频率保持严格的对应关系，不受电压波动和负载变化的影响。由于步进电动机能直接接受数字量的控制，因而特别适宜采用计算机进行控制，是位置控制中不可或缺的执行装置。通常步进电动机具有永磁转子，而定子上有多个绕组。由于绕组中产生的热量很容易从电动机机体散失，且因为没有电刷与换向器，因而步进电动机的使用寿命比较长。

对于小型机器人或点位式控制机器人而言，其位置精度和负载转矩较小，有时可采用步进电动机驱动。这种电动机能在电脉冲控制下以很小的步距增量运动。计算机的打印机和磁盘驱动器常用步进电动机实现打印头和磁头的定位。在小型机器人上，有时也用步进电动机作为主驱动电动机。由于可以用编码器或电位器提供精确的位置反馈，所以步进电动机也可用于闭环控制。

（一）步进电动机的原理

1. 步进电动机的种类

步进电动机按励磁方式分有永磁式、反应式（也称为可变磁阻式，在欧美等发达国家20世纪80年代已被淘汰）和混合式3种。混合式是指混合了永磁式和反应式的优点，混合式步进电动机的应用最为广泛。

2. 步进电动机的原理

以反应式步进电动机为例说明其工作原理。图2-9为三相反应式步进电动机的结构原理图。与普通电动机一样，该电动机有定子和转子两部分，其中定子又分为定子铁心和定子绕组。其中，定子铁心由电工钢片叠压而成。

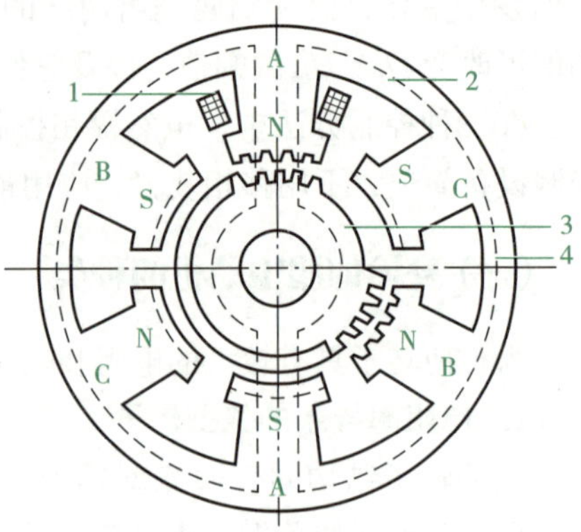

1—定子绕组；2—定子铁心；3—转子；4—A 相磁通。

图 2-9 三相反应式步进电动机结构原理图

定子绕组是绕在定子铁心上的6个均匀分布的齿上的线圈，直径方向上相对的两个齿上的线圈串联在一起，构成一相控制绕组。若任一相绕组通电，便形成一组定子磁极，其方向即图中所示的N、S极。在定子的每个磁极即定子铁心每个齿上又开了5个小齿，齿槽等宽，齿间夹角是9°，与磁极上的小齿一致。此外，三相定子磁极上的小齿在空间位置上依次错开1/3齿距。当A相磁极上的小齿与转子上的齿对齐时，B相磁极上的小齿刚好超前或滞后转子上的齿1/3齿距角，C相磁极超前或滞后2/3齿距角。

当A相绕组通电时，转子上的齿与定子AA上的小齿对齐。若A相断电，B相通电，由于磁力的作用，转子的齿与定子BB上的小齿对齐，转子沿顺时针方向转过3°。如果控制线路不断地按A→B→C→A→…的顺序控制步进电动机绕组的通、断电，步进电动机的转子则不停地顺时针转动。若通电顺序改为A→C→B→A→…，步进电动机的转子将逆时针转动。这种通电方式称为三相单三拍通电方式。通常为了得到小的步距角和较好的输出性能，用三相六拍通电方式，其通电顺序为A→AB→B→BC→C→CA→A→…（顺时针）和A→AC→C→CB→B→BA→A→…（逆时针），相应地绕组的通电状态每改变一次，转子转过1.5°。

步进电动机运动系统主要由步进电动机控制器、功率放大器及步进电动机组成。硬件步进电动机控制器由脉冲发生器、环形分配器、控制逻辑等组成，其作用是把代表转速的脉冲数分配到电动机的各个绕组上，使电动机按既定的方向和转速转到相应的位置。随着计算机和软件技术的发展，硬件步进电动机控制器的功能逐步由软件来代替。

（二）步进电动机的特点

1. 步进电动机的特性

步进电机是一种将电脉冲转化为角位移的执行机构。当步进驱动器接收到一个脉冲信号，它就驱动步进电动机按设定的方向转动一个固定的角度（称为步距角），它的旋转是以固定的角度一步一步运行的。可以通过控制脉冲个数来控制角位移量，从而达到准确定位的目的；同时可以通过控制脉冲频率来控制电动机转动的速度和加速度；一般步进电动机的精度为步距角的 3% ～ 5%，且不累积。

其中，步距角的计算方法如式（2-1）所示

$$\theta=\frac{360°}{mzk} \tag{2-1}$$

式中：θ——步进电动机的步距角；

m——定子绕组的相数；

z——转子的齿数；

k——通电方式常数，m 相 m 拍通电时 $k=1$，m 相 $2m$ 拍通电时 $k=2$。

步进电动机的转矩会随转速的升高而下降。步进电动机低速时可以正常运转，但若高于一定速度就无法起动，并伴有啸叫声。

空载起动频率，即步进电动机在空载情况下能够正常起动的脉冲频率，要使电动机达到高速转动，脉冲频率应有加速过程，即起动频率较低，然后按一定加速度升到所希望的高频（电动机转速从低速升到高速）。定子绕组上有很多对磁极，每个磁极根据通电方向不同可形成 N 极或者 S 极。

2. 步进电动机的优点

（1）输出角度精度高，无积累误差，惯性小。步进电动机的输出精度主要由步距角来反映，目前步距角一般可以做到 0.002° ～ 0.005°，甚至更小。步进电动机的实际步距角与理论步距角总存在一定的误差，这误差在电动机旋转一周的时间内会逐步积累，但当电动机旋转一周后，其转轴又回到初始位置，使误差回零。

（2）输入和输出呈严格线性关系。输出角度不受电压、电流及波形等因素的影响，仅取决于输入脉冲数的多少。

（3）容易实现位置、速度控制，起、停及正、反转控制方便。步进电动机的位置（输出角度）由输入脉冲数确定，其转速由输入脉冲的频率决定，正、反转（转向）由脉冲输入的顺序决定，而脉冲数、脉冲频率、脉冲顺序都可方便地由计算机输出控制。

（4）输出信号为数字信号，可以与计算机直接通信。

（5）结构简单，使用方便，可靠性好，寿命长。

3. 步进电动机的系统与步进电动机的选择

（1）步进电动机的系统。步进电动机一般作为开环伺服系统的执行机构，有时也用于闭环伺服系统，它是一种将脉冲信号转换为角位移或直线位移的一种 D-A 转换装置。按照输出位移的不同，步进电动机可分为回转式步进电动机和直线式步进电动机，机器人中一般采用回转式步进电动机。如果把步进电动机装在机器人回转关节轴上，则接收一个脉冲，步进电动机就带动机器人的关节轴转过一个相应的角度。步进电动机连续不断地接收脉冲，关节轴就连续不断地转动。步进电动机转过的角度与接收的脉冲数成正比。

步进电动机的系统由步进电动机控制卡、步进电动机驱动器和步进电动机组成（图 2-10）。

步进电动机驱动器优点是控制较容易，维修也较方便，而且控制为全数字化。缺点是由于开环控制，所以精度不高。

（a）步进电动机控制卡　　（b）步进电动机驱动器　　（c）步进电动机

图 2-10　步进电动机的系统构成

（2）步进电动机的选择。步进电动机由步距角（涉及相数）、静转矩及电流三大要素组成。一旦三大要素确定，步进电动机的型号便确定下来了。

电动机的步距角取决于负载精度的要求，将负载的最小分辨率（当量）换算到电动机轴上，每个当量电动机应走多少角度（包括减速），电动机的步距角应小于或等于此角度。目前市场上步进电动机的步距角一般有 0.36°/0.72°（五相电动机）、0.9°/1.8°（二、四相电动机）、1.5°/3°（三相电动机）等。

步进电动机的动态转矩很难立即确定，往往先确定电动机的静转矩。静转矩选择的依据是电动机工作的负载，而负载可分为惯性负载和摩擦负载两种。直接起动时（一般由低速）时两种负载均要考虑，加速起动时主要考虑惯性负载，恒速运行时只要考虑摩擦负载。一般情况下，静转矩应为摩擦负载的 2 ～ 3 倍。静转矩相同的电动机，由于电流参数不同，其运行特性差别较大，可依据矩频特性曲线图判断电动机的电流（参考驱动电源及驱动电压）。

第三节　机器人液压驱动系统及其特性

液压驱动系统利用液压泵将原动机的机械能转换为液体的压力能，通过液体压力能的变化来传递能量，经过各种控制阀和管路的传递，借助于液压执行元件（液压缸或马达）把液体压力能转换为机械能，从而驱动工作机构，实现直线往复运动和回转运动。其中的液体称为工作介质，一般为矿物油，它的作用和机械传动中的传送带、链条和齿轮等传动元件类似。

液压驱动所使用的压力为 0.5 ～ 14 MPa。与其他两种驱动方式相比，其优点：

（1）驱动力或驱动力矩大，即功率质量比（或称比功率）大。

（2）可以把工作液压缸直接做成关节的一部分，因此结构简单紧凑、刚度好。

（3）由于液体的不可压缩性，定位精度比气压驱动高，并可实现任意位置的停止。

（4）液压驱动调速比较简单，能在很大调整范围内实现无级调速。

（5）液压驱动平稳，且系统的固有效率较高，可以实现频繁而平稳的变速与换向。

（6）使用安全阀，可简单有效地防止过载现象发生。

（7）有良好的润滑性能，寿命长。

液压驱动的缺点：

（1）油液容易泄漏，影响工作的稳定性与定位精度，易造成环境污染。

（2）油液黏度随温度变化，不但影响工作性能，而且在高温与低温条件下很难应用。有时需要采用油温管理措施。

（3）油液中容易混入气泡、水分等，使系统的刚性降低，速度响应特性及定位不稳定。

（4）需配备压力源及复杂的管路系统，因而成本较高。

（5）易燃烧。

一、液压系统概述

液压驱动方式大多用于输出力较大的场合，在低压驱动条件下比气压驱动速度低。液压驱动的输出力和功率很大，能构成伺服机构，常用于大型机器人关节的驱动。

液压驱动系统主要由液压缸和液压阀等组成。液压缸是将液压能转变为机械能、做直线往复运动或摆动运动的液压执行元件。它结构简单、工作可靠。用液压缸来实现往复运动时，可免去减速装置，且没有传动间隙，运动平稳，因此在各种液压系统中得到广泛应用。

用电磁阀控制的往复直线运动液压缸（简称直线液压缸）是最简单和最便宜的开环液压驱动装置。直线液压缸通过受控节流口调节流量，可以在达到运动终点时实现减速，使停止过程得到控制。大直径液压缸本身造价较高，需配备昂贵的电液伺服阀，但能得到较大的出力，工作压力通常达 14 MPa。

（一）液压驱动系统工作原理

液压驱动系统工作原理如图 2-11 所示。电动机驱动液压泵 2 从油箱 1 中吸油送至输送管路中，经过换向阀 4 改变液压油的流动方向，再经过节流阀 6 调整液压油的流量（流量大小由工作液压油缸需要量决定），图 2-11（a）所示的换向阀位置是液压油经换向阀进入液压缸 5 左侧空腔，推动活塞右移。液压缸活塞右侧腔内液压油经过换向阀已经开通的回油管，液压油卸压，流回油箱。

如操作换向阀手柄至图 2-11（b）所示位置时，则有一定压力的液压油进入液压缸活塞右腔，活塞左侧空腔中的液压油经换向阀流回油箱。操作手柄的进出动作变换了液压油输入油缸的方向，推动活塞左右移动。液压泵输出的油压力按液压缸活塞工作能量需要由溢流阀 3 调整控制。在溢流阀调压控制时，多余的液压油经溢流阀流回油箱。输油管路中的液压油压力在额定压力下安全流通，正常工作。

（二）液压驱动系统的组成

从图 2-11 这个简单的液压驱动系统中可知，一个完整的液压系统由 5 个部分组成，即动力元件、控制元件、执行元件、辅助元件（附件）和工作介质。

（1）动力元件包括电动机和液压泵，它的作用是利用液体把原动机的机械能转换成液压力能，它是液压传动中的动力部分。

（2）执行元件包括液压缸、液压马达等，它是将液体的液压能转换成机械能。其中，液压缸做直线运动，马达做旋转运动。

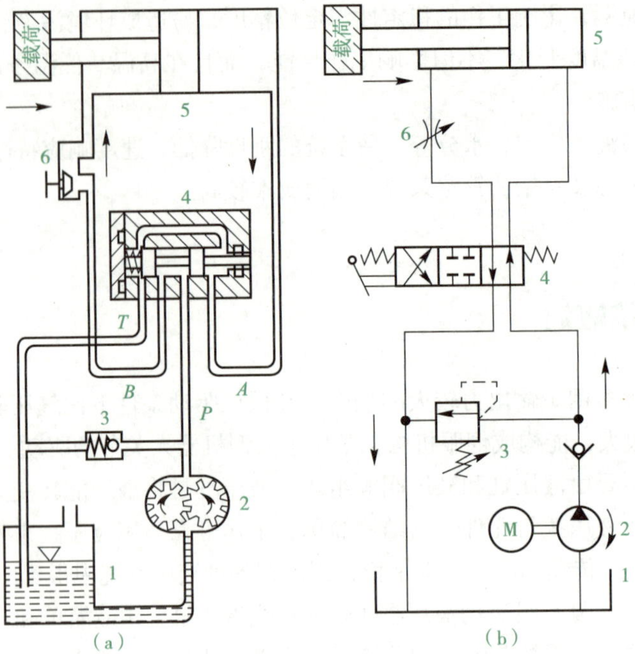

1—油箱；2—液压泵；3—溢流阀；4—换向阀；5—液压缸；6—节流阀。

图 2-11　液压驱动系统工作原理

（3）控制元件包括节流阀、换向阀、溢流阀等，它们的作用是对液压系统中工作液体的压力、流量和流向进行调节控制。

（4）辅助元件是除上述三部分以外的其他元件，包括压力表、滤油器、蓄能装置、冷却器、管件各种管接头（扩口式、焊接式、卡套式）、高压球阀、快换接头、软管总成、测压接头、管夹及油箱等，它们同样十分重要。

（5）工作介质是指各类液压传动中的液压油或乳化液，它经过液压泵实现能量转换。

采用液压缸作为液压传动系统的动力元件，能够省去中间动力减速器，从而解决了齿隙和磨损问题。加上液压缸的结构简单、价格便宜，因而它在工业机器人机械手的往复运动装置和旋转运动装置上都获得广泛应用。

二、液压驱动系统主要设备

（一）液压缸

液压缸是将液压能转变为机械能的、做直线往复运动（或摆动运动）的液压执行元件。它结构简单、工作可靠。用它来实现往复运动时，可免去减速装置，并且没有传动间隙，运动平稳，因此在各种机械的液压系统中得到广泛应用。

1. 直线液压缸

用电磁阀控制的直线液压缸是最简单和最便宜的开环液压驱动装置。在直线液压缸的操作中，通过受控节流口调节流量，可以在到达运动终点时实现减速，使停止过程得到控制。

无论是直线液压缸还是旋转液压马达，它们的工作原理都是基于高压油对活塞或对叶片的作用。液压油是经控制阀被送到液压缸的一端的，在开环系统中，阀是由电磁铁控制的；在闭环系统中，则是用电液伺服阀来控制的。直线液压缸的工作原理如图 2-12 所示。

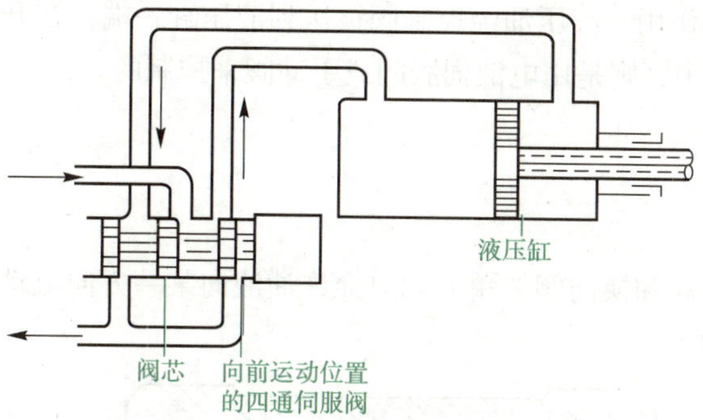

图 2-12 直线液压缸的工作原理

2. 液压马达

液压马达，又叫作旋转液压马达（图 2-13），是液压系统的旋转式执行元件。壳体由铝合金制成，转子是钢制的。密封圈和防尘圈分别用来防止油的外泄和保护轴承。在电液阀的控制下，液压油经进油口进入，并作用于叶片，叶片固定在转子上，从而使转子转动。隔板用来防止液压油短路。通过一对由消隙齿轮带动的电位器和一个解算器给出转子的位置信息。电位器给出粗略值，而精确位置由解算器测定。当然，整体的精度不会超过驱动电位器和解算器的齿轮系精度。

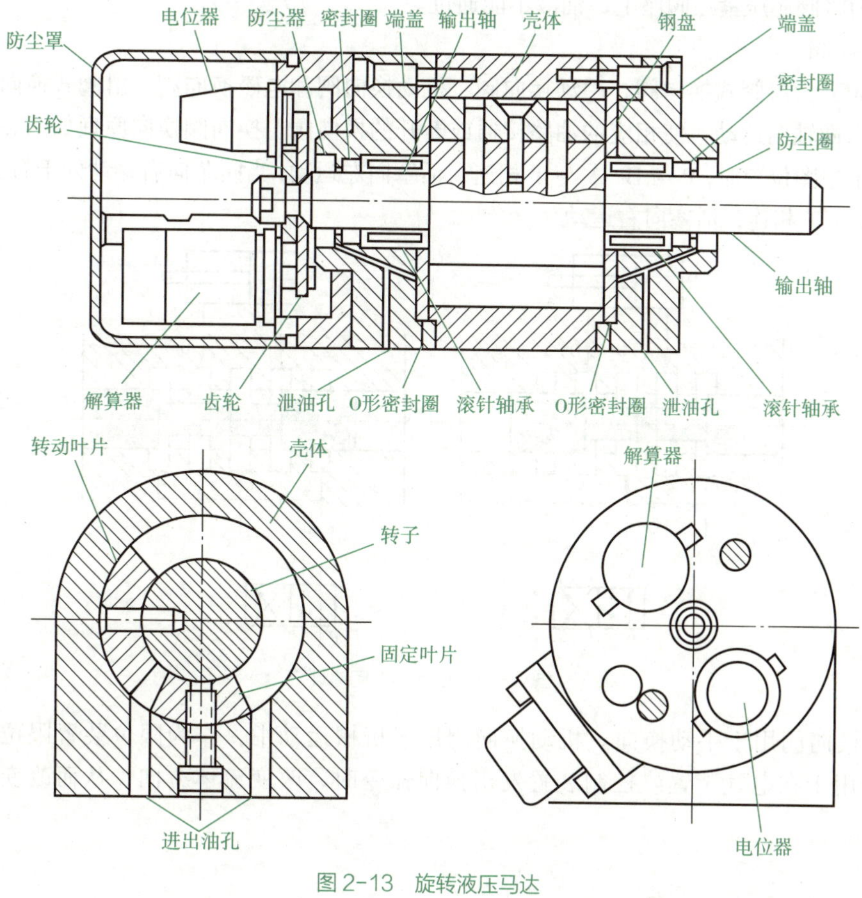

图 2-13 旋转液压马达

无论是直线液压缸还是叶片式液压马达（后称旋转液压马达），它们的工作原理都是基于高压油对活塞或对叶片的作用。液压油经控制阀被送到液压缸一端。在开环系统中，是由电磁阀控制的；而在闭环系统中，则是用电液伺服阀或手动阀来控制的。

（二）液压阀

1. 单向阀

液压阀又分为单向阀和换向阀。单向阀只允许油液向某一方向流动，而反向截止，这种阀也称为止回阀（图 2-14）。

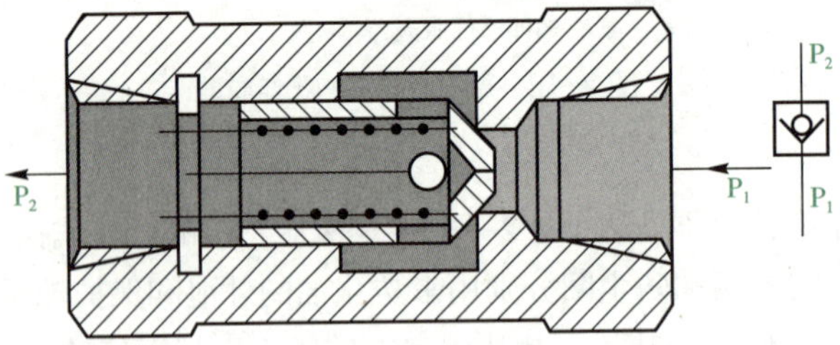

图 2-14　单向阀

对单向阀的主要性能要求：油液通过时压力损失要小；反向截止密封性要好。压力油从 P_1 进入，克服弹簧力推动阀芯，使油路接通，压力油从 P_2 流出；当压力油从反向进入时，油液压力和弹簧力将阀芯压紧在阀座上，油液不能通过。

2. 换向阀

换向阀分为滑阀式换向阀、手动换向阀、机动换向阀和电磁换向阀。滑阀式换向阀是靠阀芯在阀体内做轴向运动，使相应的油路接通或断开的换向阀。换向阀换向原理如图 2-15 所示。当阀芯处于左图位置时，P 与 B，A 与 T 相连，活塞向左运动；当阀芯向右移动处于右图位置时，P 与 A，B 与 T 相连，活塞向右运动。

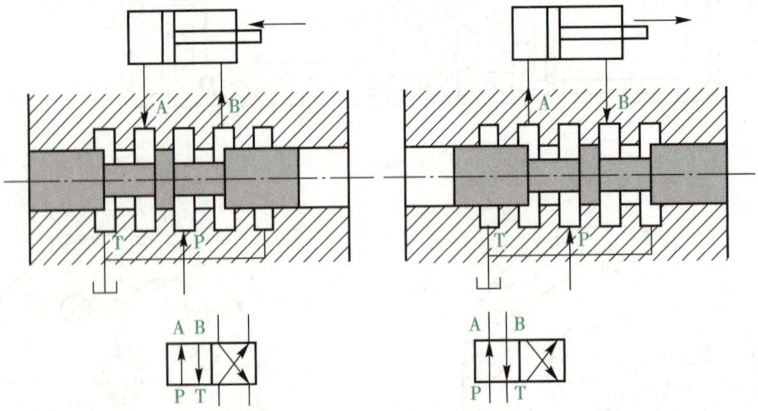

图 2-15　换向阀换向原理

手动换向阀用于手动换向。机动换向阀用于机械运动中，作为限位装置限位换向。电磁换向阀用于在电气装置或控制装置发出换向命令时，改变流体方向，从而改变机械运动状态。

第四节　机器人气压驱动系统及其特性

一、机器人气压驱动系统概述

气压驱动系统是以压缩空气为工作介质进行能量和信号传递的一项技术。气压驱动系统的工作原理是利用空压机把电动机或其他原动机输出的机械能转换为空气的压力能，然后在控制元件的作用下，通过执行元件把压力能转换为直线运动或回转运动形式的机械能，从而完成各种动作，并对外做功。

在所有的驱动方式中，气压驱动是最简单的，在工业上应用很广。气压驱动的压力在工业机器人中通常在 0.4 ～ 0.6 MPa，最高可达 0.8 MPa。气压驱动大多用于输出力小于 300 N，但要求运动速度快的场合，也适用于易燃、易爆和灰尘大的场合。

气压驱动的主要优点：

（1）快速性好。这是因为压缩空气的黏性小。

（2）气源方便。一般工厂都由压缩空气站供应压缩空气。

（3）废气可直接排入大气，不会造成污染，比液压驱动清洁。

（4）通过调节气量可实现无级变速。

（5）由于空气的可压缩性，气压驱动系统具有缓冲作用。

（6）结构简单，易于保养，成本低。

气压驱动的主要缺点：

（1）由于工作压力低，所以功率质量比小，装置体积大。

（2）基于气体的可压缩性，气压驱动很难保证较高的定位精度。

（3）使用后的压缩空气向大气排放时，会产生噪声。

（4）因压缩空气含冷凝水，使得气压系统易锈蚀。在低温下由于冷凝水结冰，气动系统有可能启动困难。

二、气压驱动工作原理和组成

气压驱动在原理上很像液压驱动，但细节上差别很大，气压驱动的工作介质是高压空气。

气动系统操作简单、易于编程，所以可以完成大量的点位搬运操作任务。但是用气压伺服实现高精度很困难。不过在能满足精度要求的情况下，气压驱动的机器人在所有驱动方式的机器人中质量最轻、成本最低。另外，气压驱动可以实现模块化，它很容易在各个驱动装置上增加压缩空气管道，利用模块化组件形成任意一个复杂的系统。

气压驱动系统主要由气源装置、气动控制元件和气动执行元件组成。

（一）气源装置

气压驱动系统中的气源装置为气动系统提供符合使用要求的压缩空气，它是气压传动系统的重要组成部分。气源装置是获得压缩空气的装置，其主体部分是空气压缩机（图 2-16），它将原动机的机械能转变为气体的压力能。由空气压缩机产生的压缩空气必须经过降温、净化、减压、稳压等一系列处理后，才能供给控制元件和执行元件使用。用过的压缩空气排向大气时，会产生噪声，应采取措施，降低噪声，改善劳动条件和环境质量。

图 2-16 空气压缩机实物图

1. 压缩空气站的设备组成

压缩空气站的设备一般包括产生压缩空气的空气压缩机和使气源净化的辅助设备。图 2-17 为压缩空气站设备组成及布置示意图。空气压缩机用以产生压缩空气，一般由电动机带动，其吸气口装有空气过滤器以减少进入空气压缩机的杂质量。后冷却器用以降温冷却压缩空气，使净化的水凝结出来。油水分离器用以分离并排出降温冷却的水滴、油滴、杂质等。贮气罐用以储存压缩空气，稳定压缩空气的压力并除去部分油分和水分。干燥器用以进一步吸收或排除压缩空气中的水分和油分，使之成为干燥空气。过滤器用以进一步过滤压缩空气中的灰尘、杂质颗粒。贮气罐 4 输出的压缩空气可用于一般要求的气压传动系统，贮气罐 7 输出的压缩空气可用于要求较高的气动系统（如气动仪表及射流元件组成的控制回路等）。

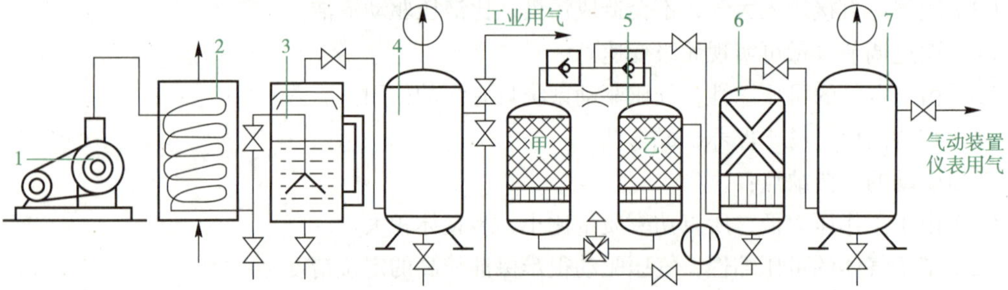

1—空气压缩机；2—后冷却器；3—油水分离器；4、7—贮气罐；5—干燥器；6—过滤器。

图 2-17 压缩空气站设备组成及布置示意图

2. 空气过滤减压器

空气过滤减压器也叫作调压阀，由空气过滤器、减压阀和油雾器组成，称为气动三大件。减压阀是其中不可缺少的一部分，它将较高的进口压力调节并降低到符合要求的出口压力，并能保证出口压力稳定，即起到减压和稳压作用。气动减压阀按压力调节方式，分为直动式减压阀和先导式减压阀，直动式减压阀应用广泛，先导式减压阀适用于较大通径的场合。

空气过滤减压器是最典型的附件，它用于净化来自空气压缩机的气源，并能把压力调整到所需的压力值，具有自动稳压的功能。

（二）气动控制元件

气动控制元件（图 2-18）可以改变工作介质的压力、流量或流动方向来实现执行元件所规定的运动，如各种压力、流量、方向控制阀和各种气动逻辑元件。气动控制元件主要包括压力控制阀、流量控制阀和方向控制阀。

1. 压力控制阀

图 2-18 气动控制元件实物图

气压系统不同于液压系统，一般每一个液压系统都自带液压源（液压泵）；而在气压系统中，一般来说由空气压缩机先将空气压缩，储存在贮气罐内，然后经管路输送给各个气动装置使用。贮气罐的空气压力往往比各台设备实际所需要的压力高，其压力波动值也较大。因此，需要用减压阀（调压阀）将压力减到每台装置所需的压力数值，并使减压后的压力稳定在所需压力值。有些气动回路需要依靠回路中压力的变化来控制两个执行元件的顺序动作，所用的阀就是顺序阀。顺序阀与单向阀的组合称为单向顺序阀。为了安全起见，所有的气动回路或贮气罐当超过允许压力值时，需要自动向外排气，这种压力控制阀称为安全阀（溢流阀）。

2. 流量控制阀

在气压传动系统中，有时需要控制气缸的运动速度，有时也需要控制换向阀的切换时间和气动信号的传递速度，这些都要通过调节压缩空气的流量来实现。流量控制阀就是通过改变阀的通流截面积来实现流量控制的元件。流量控制阀包括节流阀、单向节流阀、排气节流阀和快速排气阀等。当用流量控制的方法控制气缸活塞的运动速度时，采用气压控制比采用液压控制困难，特别是在极低速控制中，要按照预定行程变化来控制速度，只用气动很难实现。在外部负载变化很大时，仅用气动流量阀也不会得到满意的调速效果。为提高零部件的运动平稳性，建议采用气液联动控制。

3. 方向控制阀

方向控制阀是气压传动系统中通过改变压缩空气的流动方向和气流的通断，来控制执行元件起动、停止及运动方向的气动元件。根据方向控制阀的功能、控制方式、结构方式、阀内气流的方向及密封形式等，方向控制阀可以分为以下 5 类：

（1）气压控制换向阀：以压缩空气为动力切换气阀，从而使气路换向或通断的阀类。气压控制换向阀多用于组成全气阀控制的气压传动系统或易燃、易爆、高净化等场合。

（2）电磁控制换向阀：利用电磁力的作用来实现阀的切换，以控制气流的流动方向。常用的电磁控制换向阀有直动式和先导式两种。

（3）机械控制换向阀：又称为行程阀，多用于行程程序控制，作为信号阀使用。常依靠凸轮、挡块或其他机械外力推动阀芯，使阀换向。

（4）人力控制换向阀：有手动和脚踏两种操作方式。手动阀的主体部分与气控阀类似，其操作方式包括按钮式、旋钮式、锁式和推拉式。

（5）时间控制换向阀：是使气流通过气阻节流后到气容中，经一定的时间先使气容内建立起一定的压力后，使阀芯换向的阀类。在不允许使用时间继电器的场合（易燃、易爆、粉尘大等），用气动时间控制就显出其优越性。

（三）气动执行元件

气动执行元件是将压缩空气的压力能转换为机械能的装置，它包括气缸和气动马达。气缸用于直线往复运动或摆动，气动马达用于实现连续回转运动。

1．气缸

气缸是气动系统的执行元件之一。除特殊气缸外，普通气缸的种类及结构形式与液压缸基本相同。目前最常用的是标准气缸，其结构和参数都已系列化、标准化和通用化。标准气缸通分为无缓冲普通气缸和有缓冲普通气缸等。较为典型的特殊气缸有气液阻尼缸、薄膜式气缸和冲击式气缸等。

普通气缸工作时，由于气体有压缩性，当外部载荷变化较大时，会产生“爬行”或“自走”现象，使气缸的工作不稳定。为了使气缸运动平稳，普遍采用气液阻尼缸。气液阻尼缸中一般将双活塞杆缸作为液压缸，因为这样可使液压缸两腔的排油量相等，此时油箱内的油液只用来补充因液压缸泄漏而减少的油量。

薄膜式气缸是一种利用压缩空气通过膜片推动活塞杆做往复直线运动的气缸。它由缸体、膜片、膜盘和活塞杆等主要零件组成。其功能类似于活塞式气缸。

冲击式气缸是一种体积小、结构简单、易于制造、耗气功率小但能产生相当大冲击力的特殊气缸。与普通气缸相比，冲击式气缸增加了一个具有一定容积的蓄能腔和喷嘴。

2．气动马达

气动马达也是气动执行元件的一种。它的作用相当于电动机或液压马达，即输出转矩，拖动机构做旋转运动。气动马达（图 2–19）是以压缩空气为工作介质的原动机。

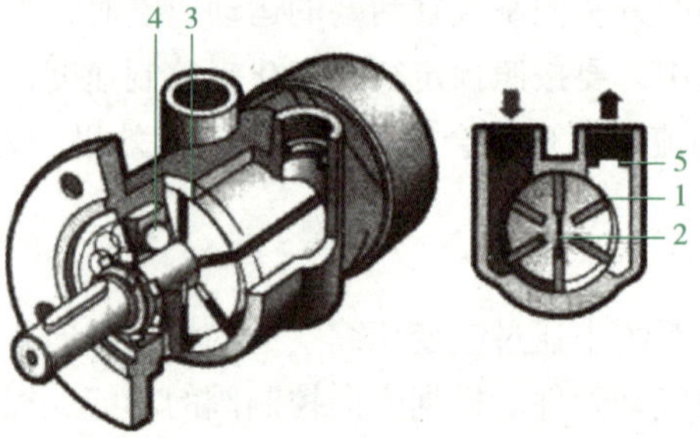

1—叶片；2—转子；3—外壳；4—轴承；5—气口。

图 2–19　气动马达

气动马达按结构形式可分为：叶片式气动马达、活塞式气动马达和齿轮式气动马达等。最为常见的是活塞式气动马达和叶片式气动马达。叶片式气动马达制造简单，结构紧凑，但低速运动转矩小，低速性能不好，适用于中、低功率的机械。活塞式气动马达在低速情况下有较大的输出功率，它的低速性能好，适用于载荷较大和要求低速转矩的机械，如起重机、绞车、绞盘、拉管机等。各类形式的气动马达尽管结构不同，工作原理有区别，但大多数气动马达具有以下特点：

（1）可以无级调速。只要控制进气阀或排气阀的开度，即控制压缩空气的流量，就能调节马达的输出功率和转速，便可达到调节转速和功率的目的。

（2）既能正转也能反转。大多数气动马达用操纵阀即可改变马达进、排气方向，即能实现气动马达输出轴的正转和反转，并且可以瞬时换向。在正反向转换时，冲击很小。气动马达的一个主要优点是它具有几乎在瞬时升到全速的能力。叶片式气动马达可在一转半的时间内升至全速；活塞式气动马达可以在不到 1 s 的时间内升至全速。利用操纵阀改变进气方向，便可实现正反转。其实现正反转的时间短，速度快，冲击性小，而且不需卸负载。

（3）工作安全，不受振动、高温、电磁、辐射等影响，适用于恶劣的工作环境，在易燃、易爆、高温、振动、潮湿、粉尘等不利条件下均能正常工作。

（4）有过载保护作用，不会因过载而发生故障。过载时，马达只是转速降低或停止，当过载解除，立即可以重新正常运转，并不产生机件损坏等故障。可以长时间满载连续运转，温升较小。

（5）具有较高的起动转矩，可以直接带载荷起动。起动、停止均迅速。

（6）功率范围及转速范围较宽。功率小至几百瓦，大至几万瓦；转速可从零一直到每分钟几万转。

（7）操纵方便，维护检修较容易。气动马达具有结构简单，体积小，重量轻，功率大，操纵容易，维护方便等优点。

（8）使用空气作为介质，无供应上的困难，用过的空气不需处理，释放到大气中无污染。压缩空气可以集中供应，远距离输送。

（9）输出功率相对较小，最大只有 20 kW 左右。

（10）耗气量大，效率低，噪声大。

三、工业机器人驱动系统的选用原则

一般情况下，各种机器人驱动系统的设计分为 3 种选用原则。

1. 控制方式

对物料搬运（包括上、下料）、冲压用的有限点位控制的程序控制机器人，低速重负载时可选用液压驱动系统；中等负载时可选用电动机驱动系统；轻负载时可选用电动机驱动系统；轻负载、高速时可选用气动驱动系统，冲压机器人手爪多选用气动驱动系统。

2. 作业环境要求

从事喷涂作业的工业机器人，由于工作环境需要防爆，多采用电液伺服驱动系统和具有本质安全型防爆的交流电动机伺服驱动系统。水下机器人、核工业专用机器人、空间机器人以及在腐蚀性、易燃易爆气体、放射性物质环境中工作的移动机器人，一般采用交流电动机伺服驱动系统。如要求在洁净环境中使用，则多采用直接驱动的电动机驱动系统。

3. 操作运行速度

对于装配机器人，由于要求有较高的点位重复精度和较高的运行速度，通常在运行速度相对较低（≤ 4.5 m/s）的情况下，可采用 AC、DC 或步进电动机伺服驱动系统；在速度、精度要求均很高的条件下，多采用直接驱动（DD）的电动机驱动系统。

在线测试

扫一扫　测一测

第三章

配置机器人的I/O信号

本章导读

- 配置机器人的I/O信号
  - 认识I/O控制面板：工业机器人常用的通信协议、标准I/O板接口电路的功能、结构、引脚定义及地址分配
  - 配置I/O信号：DSQC651板配置方法和数字信号、数字组信号、模拟信号的配置方法，并掌握信号的监控、仿真、与强制操作
  - 配置系统I/O：机器人系统常用的输入输出信号的名称、含义以及系统I/O配置方法
  - 配置安全信号：ABB机器人安全信号的种类和功能，以及安全信号接线的方法

课程思政　“立足国际，勇攀高峰”——中国工业机器人的 I/O 通信

中国的通信网络发展经历了“1G空白、2G跟随、3G突破、4G并跑、5G引领”这一曲折艰难的历程。以华为为代表的中国企业，秉着“立足国际，勇攀高峰”的探索精神，树立“技术报国，科技报国”的理想，向世界展示着大国技术。

第一节 认识 I/O 控制面板

一、常用的 I/O 通信

工业机器人 I/O 系统在工业机器人系统应用中占有极其重要的位置，它是机器人与周边外围设备完成信息交互的主要通道。在一个机器人工作站中，一般机器人本体的成本大约占 1/3，而外围设备及工业软件占 2/3，机器人要实现相关功能的控制，就需要有相应的输入输出部件完成相应的功能。

ABB 机器人提供了多种接口，支持多种协议，可以轻松实现与外围设备之间的数据信息传递。其中有不同厂商推出的现场总线协议，如 PRofibus、DeviceNet、PROFIBUS-DP、PROFINET 等，可根据实际情况进行选择。

（一）常用的通信协议

（1）DeviceNet。DeviceNet 由美国 Allen-Bradley 公司（后被 Rockwell 自动化公司合并）开发，是一个简单、廉价而高效的通信协议，是一种适用于底层的现场总线。

（2）PRofibus。PRofibus 是一个广泛应用在自动化技术领域的现场总线标准，在 1987 年由德国西门子公司等 14 家公司及 5 家研究机构所推动，它是程序总线网络的简称，是一种国际化、开放式、不依赖于生产商的现场总线。

（3）PROFINET。PROFINET 是一种新的以太网通信系统，是新一代基于工业以太网技术的自动化总线标准。

（4）Modbus。Modbus 是一种串行通信协议，是 Modicon 公司（现在的施耐德电气）于 1979 年为使用可编程逻辑控制器（PLC）通信而发表。

（5）RS-232。RS-232 是常用的串行通信接口标准之一，它是由美国电子工业协会（EIA）联合贝尔系统公司、调制解调器厂家及计算机终端生产厂家于 1970 年共同制定。

（6）数字 I/O 硬接线。工业机器人中将按钮、行程开关、限位开关、接近开关、传感器及电磁阀、继电器等设备通过端子的形式与机器人 I/O 接口相连接，对其进行数据采集或控制。

（二）I/O 接口电路的功能及结构

1. I/O 接口电路的主要功能

（1）进行必要的电隔离，其隔离措施一般采用光电耦合隔离，防止高频干扰信号的窜入，影响系统的稳定运行和强电对系统的破坏。

（2）进行电平转换和功率放大。

2. I/O 接口电路的结构

开关量信号输入接口电路如图 3-1 所示。开关量信号输出接口电路如图 3-2 所示。

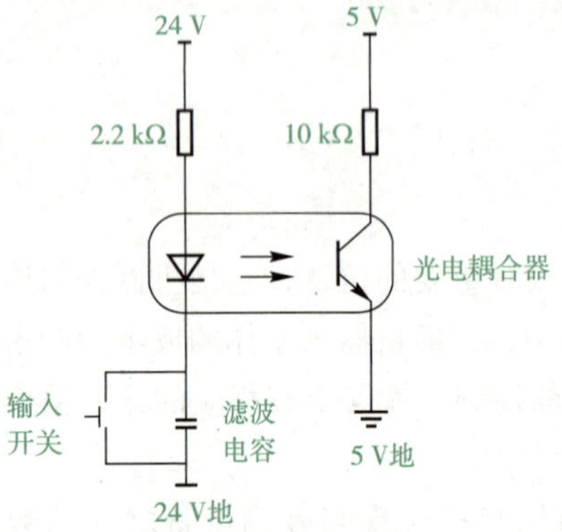

图 3-1 开关量信号输入接口电路

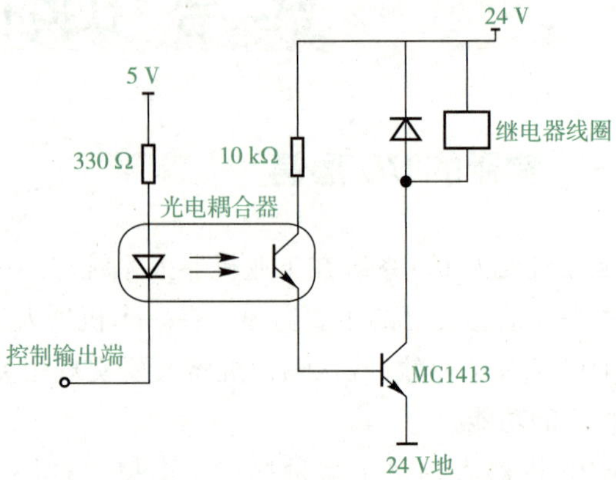

图 3-2 开关量信号输出接口电路

（三）ABB 标准 I/O 板卡

ABB 标准的 I/O 板提供了数字信号输入 DI、数字信号输出 DO，模拟信号输入 AI、模拟输出信号 AO 以及输送链跟踪单元（表 3-1）。

表 3-1 常用 ABB 标准 I/O 板

序号	型号	说明
1	DSQC651	分布式 I/O 模块，di8、do8、ao2
2	DSQC652	分布式 I/O 模块，di8、do8
3	DSQC653	分布式 I/O 模块，di8、do8 带继电器
4	DSQC355A	分布式 I/O 模块，ai4、ao4
5	DSQC377A	输送链跟踪单元

二、ABB 标准 I/O 板

ABB 标准 I/O 板在使用时需要设置相应的输入、输出信号参数后才可以正常使用，需要设定的参数包括 I/O 模块单元、I/O 信号，设置完成后需要重启系统后生效。在系统中标准配置的 I/O 单元需要设置的参数至少包括 4 个（表 3-2）。

表 3-2 标准 I/O 板参数设置表

序号	型号	说明
1	Name	I/O 单元名称
2	Type of Unit	I/O 单元类型
3	Connected to Bus	I/O 单元所在总线
4	Device Net Address	I/O 单元占用的总线地址

I/O 标准版参数设置完成后，需要对 I/O 标准板上的信号进行定义，设置一个数字 I/O 信号需要定义的参数至少包括 4 个（表 3-3）。

表 3-3　I/O 信号参数设置表

序号	型号	说明
1	Name	I/O 信号名称
2	Type of Signal	I/O 信号类型
3	Assigned to Unit	I/O 信号所在的 I/O 单元
4	Device Net Address	I/O 单元占用的单元地址

(一) ABB 标准 I/O 板 DSQC651

DSQC651 板如图 3-3 所示，它主要提供 8 个数字量输入、8 个数字量输出和 2 个模拟量输出信号的处理功能；它有 X1、X3、X5、X6 4 个模块接口、模块状态指示灯、数字输入信号指示灯及数字输出信号指示灯。DSQC651 板模块接口说明如图 3-4 所示。

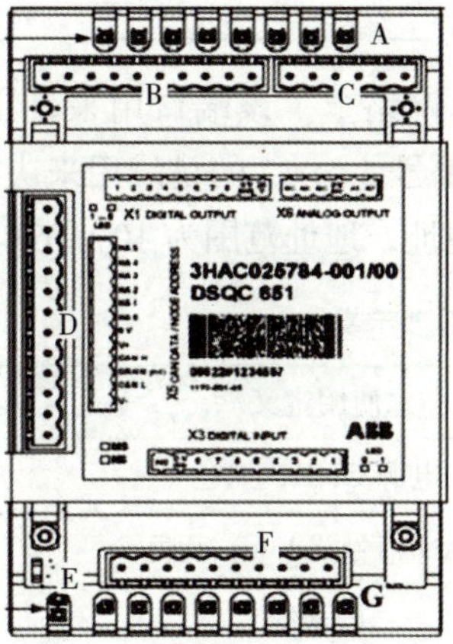

图 3-3　DSQC651 板

A—数字输出信号指示灯
B—X1数字输出接口
C—X6模拟输出接口
D—X5是DeviceNet接口
E—模块状态指示灯
F—数字输入接口
G—数字输入信号指示灯

图 3-4　DSQC651 板模块接口说明

X1 接口各引脚定义及地址分配见表 3-4 所列。

表 3-4　X1 接口各引脚定义及地址分配

X1 端子号	使用定义	地址分配
1	OUTPUTCH1	32
2	OUTPUTCH2	33
3	OUTPUTCH3	34
4	OUTPUTCH4	35
5	OUTPUTCH5	36
6	OUTPUTCH6	37
7	OUTPUTCH7	38
8	OUTPUTCH8	39
9	0 V	——
10	24 V	——

X3 接口各引脚定义及地址分配见表 3-5 所列。

表 3-5 X3 接口各引脚定义及地址分配

X3 端子号	使用定义	地址分配
1	INPUTCH1	0
2	INPUTCH2	1
3	INPUTCH3	2
4	INPUTCH4	3
5	INPUTCH5	4
6	INPUTCH6	5
7	INPUTCH7	6
8	INPUTCH8	7
9	0 V	——
10	未使用	——

X5 接口为 DeviceNet 总线接口，挂在 DeviceNet 网络上。该端口用来设定模块在网络中的地址。X5 接口各引脚定义见表 3-6 所列，其中，编号 6 ～ 12 的跳线用来决定该 I/O 模块在 DeviceNet 总线中的地址，使用该模块时必须要设置地址，地址范围为 10 ～ 63。

表 3-6 X5 接口各引脚定义

X5 端子号	使用定义
1	电源 GND，黑色
2	CAN 信号线 low，蓝色
3	屏蔽线
4	CAN 信号线 high，白色
5	24 V 电源，红色
6	GND，地址选择公共端
7	模块 ID bit0（LSB）
8	模块 ID bit1
9	模块 ID bit2
10	模块 ID bit3
11	模块 ID bit4
12	模块 ID bit5（MSB）

DSQC651 板 X5 接口地址设定方法如图 3-5 所示，剪掉相应的引脚跳线，即可设定相应的模块地址。例如，将 8 号引脚和 10 号引脚的跳线剪掉，该模块的地址被设定为 10（8+2）。

DSQC651 板 X6 接口内部电路图如图 3-6 所示，方框内部为 DSQC651 板的接口电路，电压输出范围为 0 ～ 10 V。

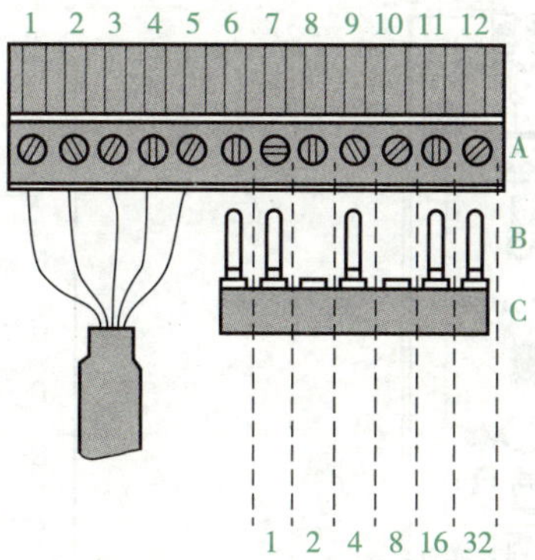

图 3-5 DSQC651 板 X5 接口地址设定方法

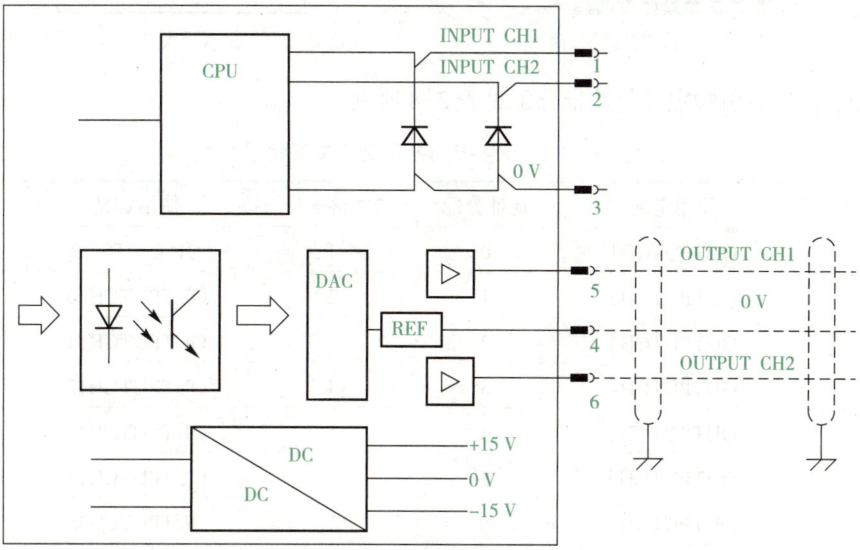

图 3-6 DSQC651 板 X6 接口内部电路图

X6 接口各引脚定义及地址分配见表 3-7 所列。

表 3-7 X6 接口各引脚定义及地址分配

X6 端子号	使用定义	地址分配
1	未使用	0 ～ 15 16 ～ 31
2	未使用	
3	未使用	
4	模拟输出量 0 V	
5	模拟输出量 AO1	
6	模拟输出量 AO2	

（二）ABB 标准 I/O 板 DSQC652

DSQC652 板如图 3-7 所示，主要提供 16 个数字输入信号和 16 个数字输出信号的处理。DSQC652 板模块接口说明如图 3-8 所示。

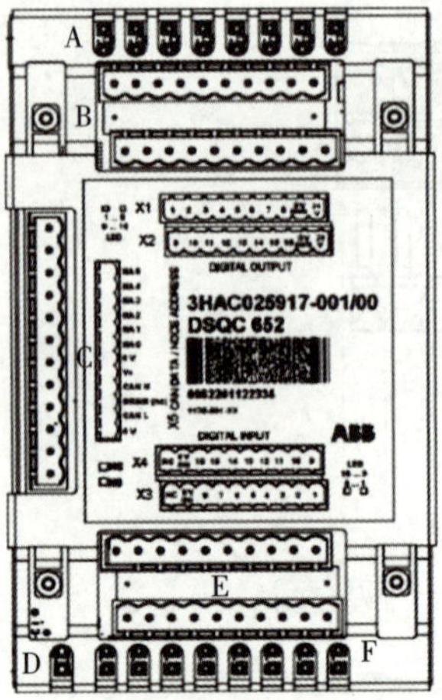

图 3-7 DSQC652 板

A—数字输出信号指示灯
B—X1、X2数字输出接口
C—X5是DeviceNet接口
D—模块状态指示灯
E—X3、X4数字输入接口
F—数字输入信号指示灯

图 3-8 DSQC652 板模块接口说明

X1、X2 接口各引脚定义及地址分配见表 3-8 所列。

表 3-8 X1、X2 接口各引脚定义及地址分配

X1 端子号	使用定义	地址分配	X2 端子号	使用定义	地址分配
1	OUTPUTCH1	0	1	OUTPUTCH9	8
2	OUTPUTCH2	1	2	OUTPUTCH10	9
3	OUTPUTCH3	2	3	OUTPUTCH11	10
4	OUTPUTCH4	3	4	OUTPUTCH12	11
5	OUTPUTCH5	4	5	OUTPUTCH13	12
6	OUTPUTCH6	5	6	OUTPUTCH14	13
7	OUTPUTCH7	6	7	OUTPUTCH15	14
8	OUTPUTCH8	7	8	OUTPUTCH16	15
9	0 V		9	0 V	
10	24 V		10	24 V	

X3 接口与 X4 接口分别包括 8 个数字输入信号，典型的输入电压为 24 VDC，输入电压范围为：高电平“1”为 15 ～ 35 V，低电平“0”为 −35 ～ 5 V，输入电流为 5.5 mA。X3 接口地址分配与 DSQC651 的 X3 接口相同，X4 接口各引脚定义及地址分配见表 3-9 所列。

表 3-9 X4 接口各引脚定义及地址分配

X4 端子号	使用定义	地址分配
1	INPUTCH8	8
2	INPUTCH9	9
3	INPUTCH10	10
4	INPUTCH11	11
5	INPUTCH12	12
6	INPUTCH13	13

续表

X4 端子号	使用定义	地址分配
7	INPUTCH14	14
8	INPUTCH15	15
9	0 V	
10	未使用	

DSQC652 的 X5 端子接口、功能及地址设置方法与 DSQC651 相同。

(三) ABB 标准 I/O 板 DSQC653

DSQC653 板如图 3-9 所示，主要提供 8 个数字输入信号和 8 个数字继电器输出信号的处理。DSQC653 板模块接口说明如图 3-10 所示。

图 3-9 DSQC653 板

A—数字继电器输出信号指示灯
B—X1数字继电器输出信号接口
C—X5是DeviceNet接口
D—模块状态指示灯
E—X3数字输入信号接口
F—数字输入信号指示灯

图 3-10 DSQC653 板模块接口说明

X1 接口各引脚定义及地址分配见表 3-10 所列。

表 3-10 X1 接口各引脚定义及地址分配

X1 端子号	使用定义	地址分配
1	OUTPUTCH1A	0
2	OUTPUTCH1B	
3	OUTPUTCH2A	1
4	OUTPUTCH2B	
5	OUTPUTCH3A	2
6	OUTPUTCH3B	
7	OUTPUTCH4A	3
8	OUTPUTCH4B	
9	OUTPUTCH5A	4
10	OUTPUTCH5B	

续表

X1 端子号	使用定义	地址分配
11	OUTPUTCH6A	5
12	OUTPUTCH6B	
13	OUTPUTCH7A	6
14	OUTPUTCH7B	
15	OUTPUTCH8A	7
16	OUTPUTCH8B	

DSQC653 板 X1 接口电路如图 3-11 所示，以 OUTPUT CH1A，OUTPUT CH1B 为例。

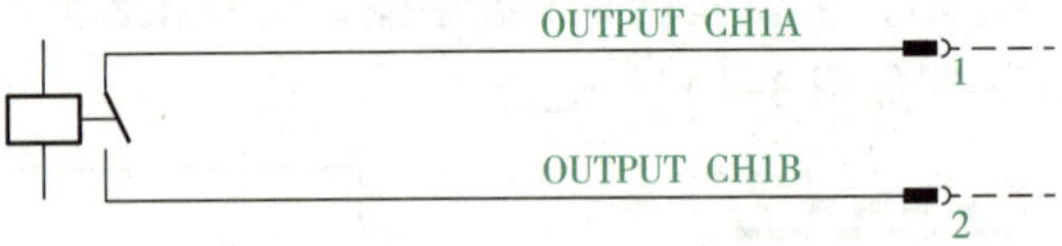

图 3-11　DSQC653 板 X1 接口电路

DSQC653 板的 X3 接口（10 ～ 16 脚未使用）、X5 接口功能与 DSQC651 相同。

（四）ABB 标准 I/O 板 DSQC355A

DSQC355A 主要提供了 4 个模拟量输入信号和 4 个模拟量输出信号的处理。DSQC355A 板接口及功能如图 3-12 所示。

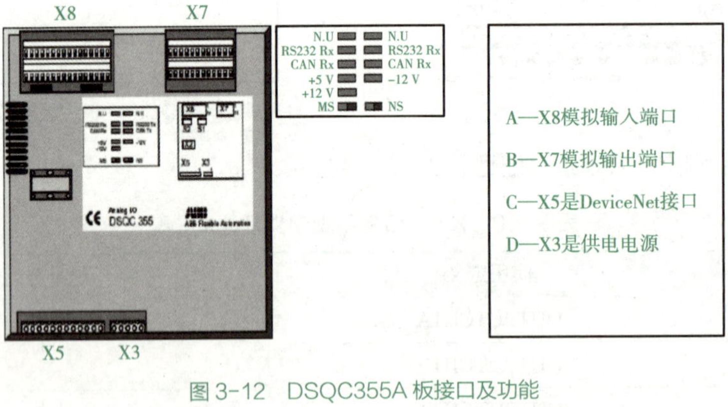

图 3-12　DSQC355A 板接口及功能

X3 接口各引脚定义见表 3-11 所列。

表 3-11　X3 接口各引脚定义

X3 端子号	使用定义
1	0 V
2	未使用
3	接地
4	未使用
5	24 V

DSQC355A 的 X5 接口为 DeviceNet 接口，其功能模块地址设置方法与 DSQC651 板相同。

X7 接口各引脚定义及地址分配见表 3-12 所列。

表 3-12 X7 接口各引脚定义及地址分配

X7 端子号	使用定义	地址分配
1	模拟量输出 -1，-10 V/ + 10 V	0 ~ 15 16 ~ 31 32 ~ 47 48 ~ 63
2	模拟量输出 -2，-10 V/ + 10 V	
3	模拟量输出 -3，-10 V/ + 10 V	
4	模拟量输出 -4，4 ~ 20 mA	
5 ~ 18	未使用	
19	模拟量输出 -1，0 V	
20	模拟量输出 -2，0 V	
21	模拟量输出 -3，0 V	
22	模拟量输出 -4，0 V	
23 ~ 24	未使用	

X8 接口各引脚定义及地址分配见表 3-13 所列。

表 3-13 X8 接口各引脚定义及地址分配

X8 端子号	使用定义	地址分配
1	模拟量输入 -1，-10 V/ + 10 V	0 ~ 15 16 ~ 31 32 ~ 47 48 ~ 63
2	模拟量输入 -2，-10 V/ + 10 V	
3	模拟量输入 -3，-10 V/ + 10 V	
4	模拟量输入 -4，4 ~ 20 mA	
5 ~ 16	未使用	
17 ~ 24	+ 24 V	
25	模拟量输出 -1，0 V	
26	模拟量输出 -2，0 V	
27	模拟量输出 -3，0 V	
28	模拟量输出 -4，0 V	
29 ~ 32	0 V	

（五）ABB 标准 I/O 板 DSQC377A

DSQC377A 板为输送链跟踪单元，主要提供机器人输送链跟踪功能所需要的编码器与同步开关信号的处理。DSQC377A 板接口及功能如图 3-13 所示。

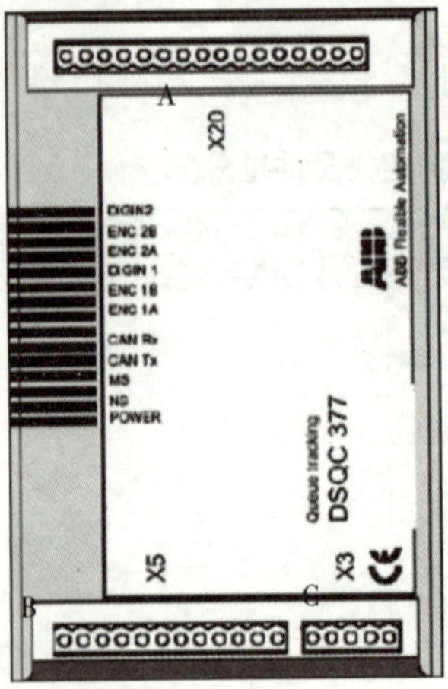

A—X20是编码器与同步开关的端子

B—X5是DeviceNet接口

C—X3是供电电源

图 3-13　DSQC377A 板接口及功能

X20 接口各引脚定义见表 3-14 所列。

表 3-14　X20 接口各引脚定义

X20 端子号	使用定义
1	24 V
2	0 V
3	编码器 1，24 V
4	编码器 1，0 V
5	编码器 1，A 相
6	编码器 1，B 相
7	数字输入信号 1，24 V
8	数字输入信号 1，0 V
9	数字输入信号 1，0 V
10 ～ 16	未使用

第二节　配置 I/O 信号

一、DSQC651 板参数设定

ABB 标准的 I/O 板都是挂接在 DeviceNet 的现场总线下的设备，通过 X5 端口与 DeviceNet 的现场总线进行通信。DSQC651 板参数设置表见表 3-15 所列。

表 3-15 DSQC651 板参数设置表

参数名称	设定值	说明
Name	d651	设定 I/O 板在系统中的名字
Address	10（出厂默认）	设定 I/O 板在总线中的地址

DSQC651 板参数设定步骤如下：

（1）单击示教器 ABB 菜单栏，进入主菜单界面，选择“控制面板”如图 3-14 所示。

（2）选择“配置”选项，如图 3-15 所示。

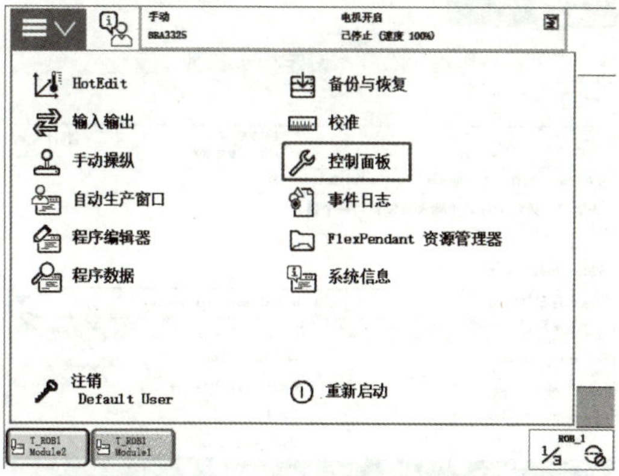

图 3-14 选择“控制面板”

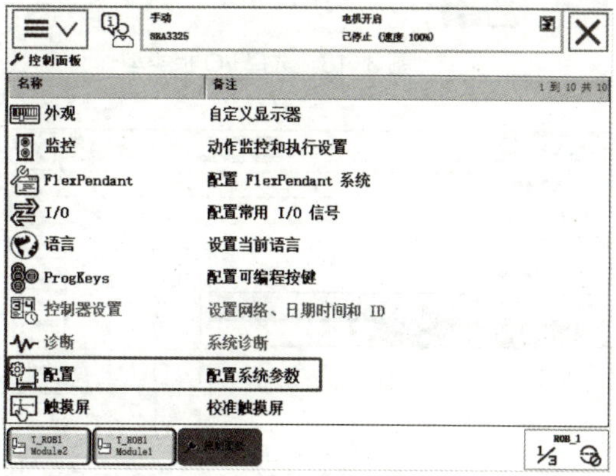

图 3-15 选择“配置”选项

（3）选择“DeviceNet Device”选项，如图 3-16 所示。

（4）“添加”板卡，如图 3-17 所示。

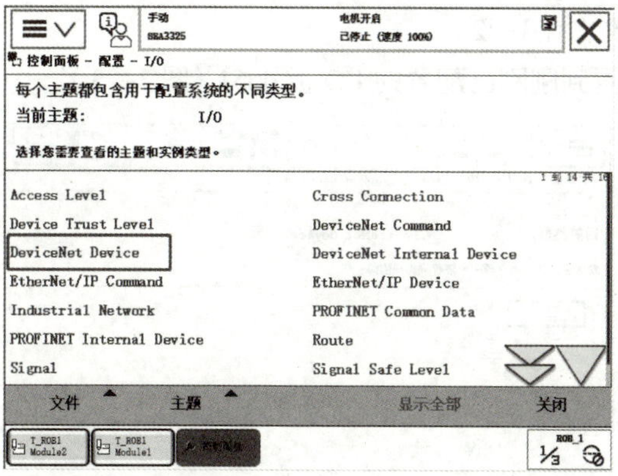

图 3-16 选择“DeviceNet Device”选项

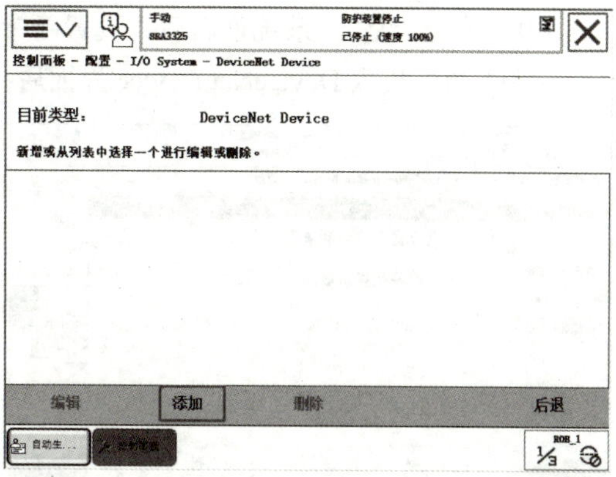

图 3-17 “添加”板卡

（5）单击右上方下拉箭头图标，选择使用的 I/O 板类型，这里选择“DSQC651 Combi I/O Device”（图 3-18）。

（6）选择完成后，会生成默认参数窗口，进行参数设定（图 3-19）。

（7）单击向下箭头进行翻页，双击“Address”选项，将 Address 的值改为“10”，该值为 ABB 工业机器人出厂默认值（图 3-20）。

（8）单击“确定”按钮后，返回参数设定主界面，根据需要可以修改其他参数，参数设定完毕后，单击“确定”（图 3-21）。

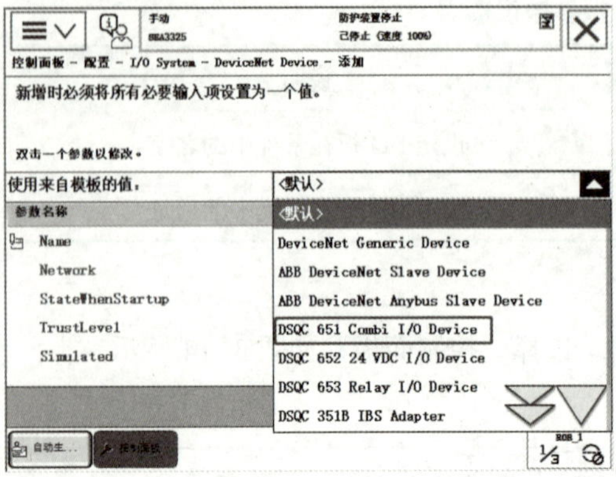

图 3-18　选择 I/O 板类型

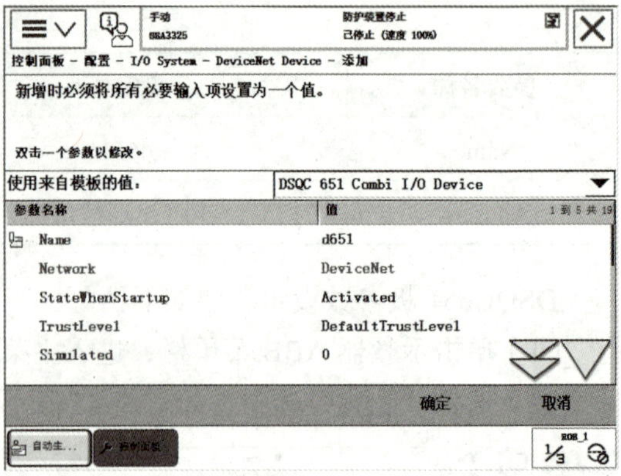

图 3-19　设定板卡参数

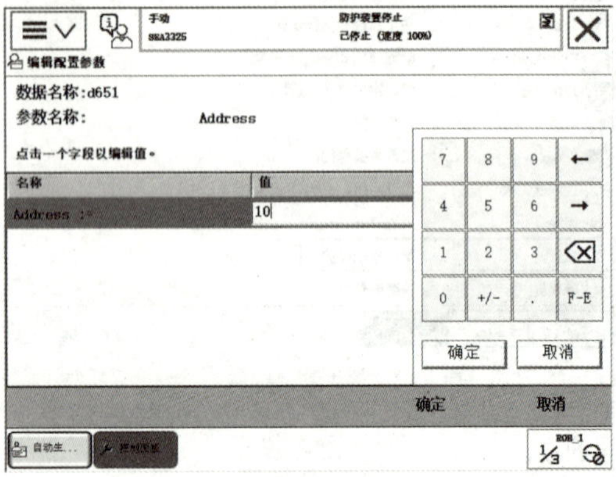

图 3-20　设置“Address”配置参数

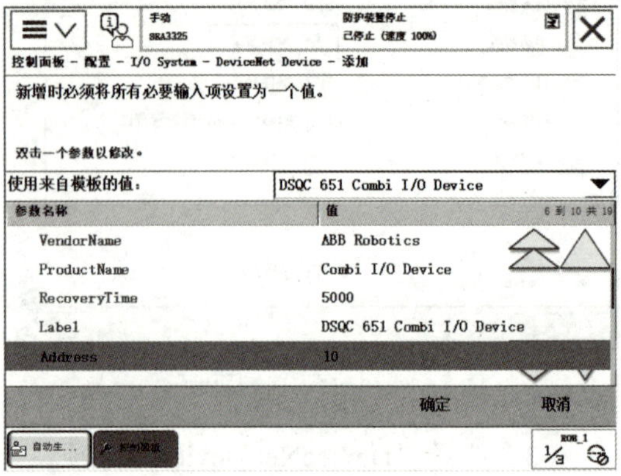

图 3-21　参数设定完成

（9）单击“是”，系统重启后，设置新参数生效（图 3-22）。

（10）再次进入 DeviceNet Device 界面后，即可看到刚刚已配置的 I/O 板 d651（图 3-23）。

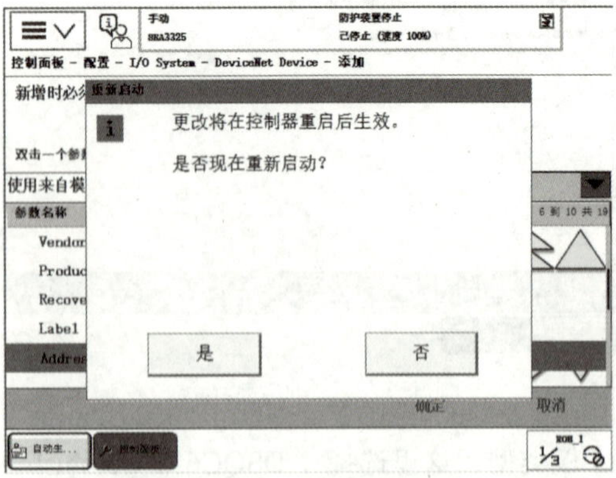

图 3-22　重启控制器

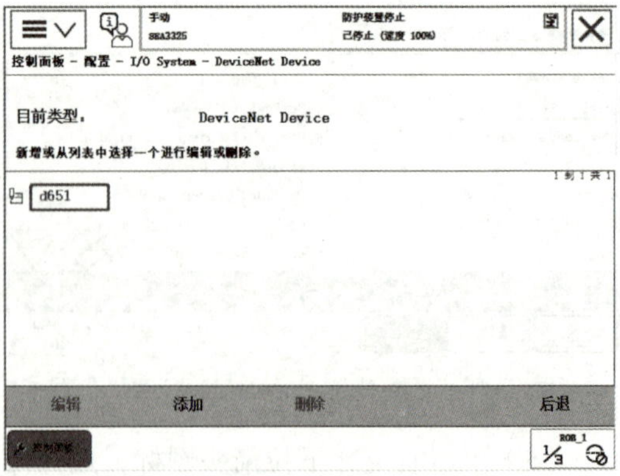

图 3-23　I/O 板“d651”界面

二、数字量输入信号的定义

DSQC651 板数字输入信号相关参数见表 3-16 所列。

表 3-16 DSQC651 板数字输入信号相关参数

参数名称	设定值	含义
Name	Dig1	设定数字输入信号的名称
Type of Signal	Digital Input	设定信号的种类
Assigned to Device	d651	设定信号所在 I/O 模块
Device Mapping	0 ~ 7	设定 I/O 信号所占用的地址

以数字输入信号 DI01 设定为例，数字输入信号的设置过程如下：

（1）单击示教器 ABB 菜单栏，进入主菜单界面，选择“控制面板”，如图 3-24 所示。

（2）选择“配置”选项，如图 3-25 所示。

图 3-24 选择“控制面板”

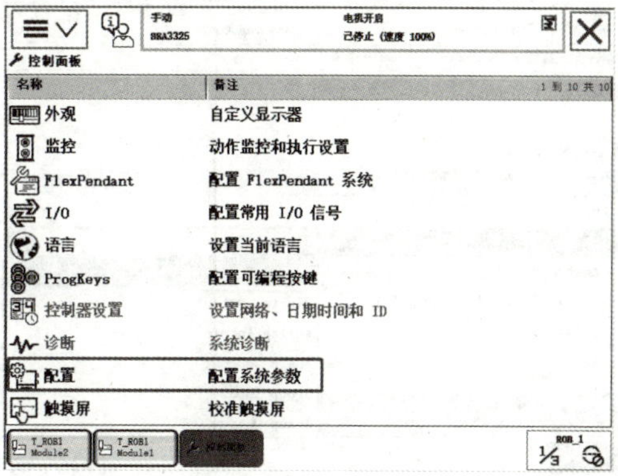

图 3-25 选择“配置”选项

（3）选择“Signal”选项，如图 3-26 所示。

（4）单击“添加”（图 3-27）。

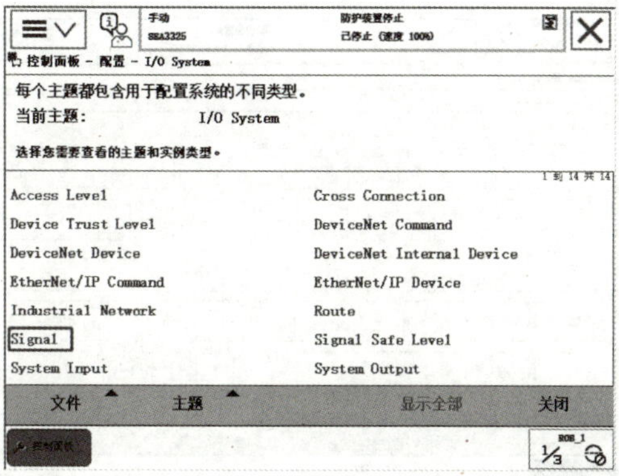

图 3-26 选择“Signal”选项

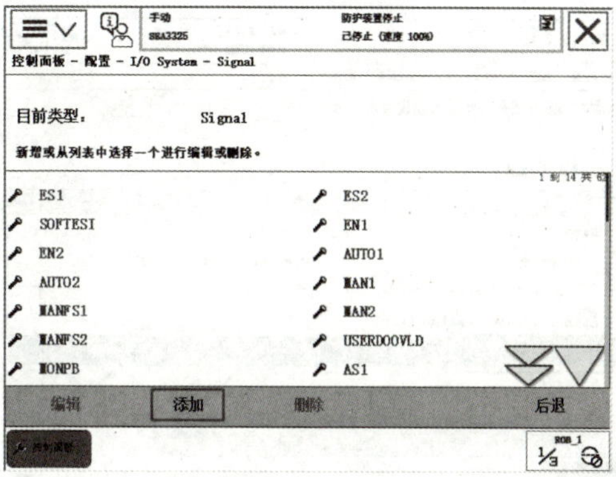

图 3-27 添加 I/O 信号

（5）双击“Name”（图 3-28）。

（6）在弹出的界面中，修改信号名称为“DI01”，单击“确定”（图 3-29）。

（7）双击“Type of Signal”，在下拉列表中选择类型为“Digital Input”（图 3-30）。

（8）双击“Assigned to Device”，在下拉列表中选择“d651”（图 3-31）。

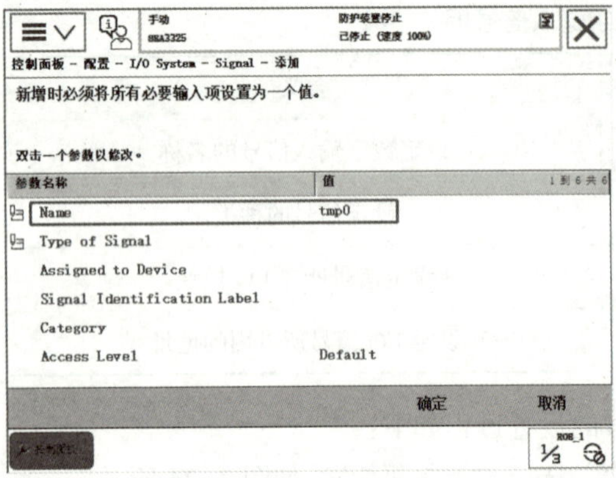

图 3-28　设置信号名称

图 3-29　输入信号名称

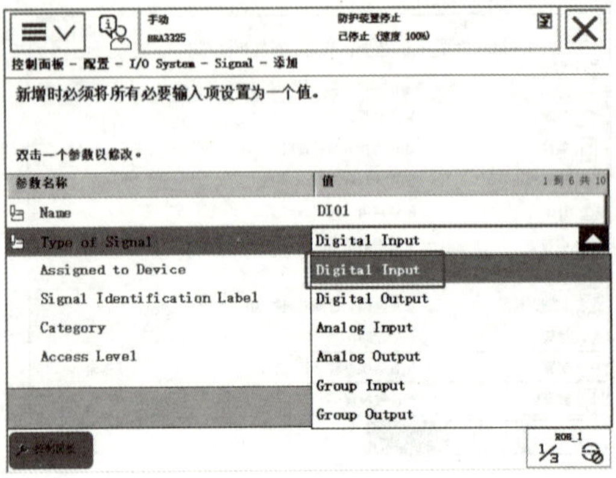

图 3-30　设置信号类型

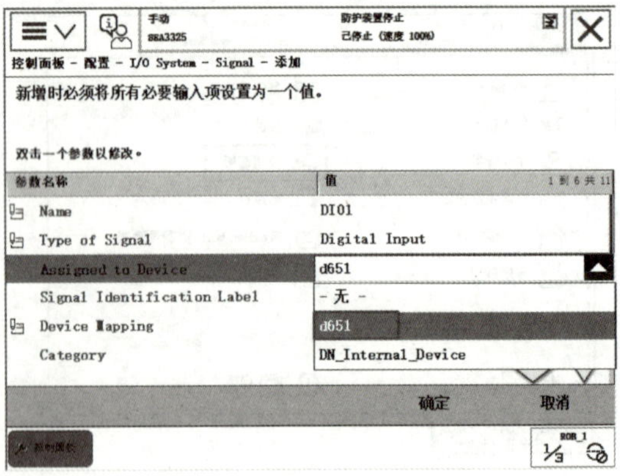

图 3-31　选择所属板卡

（9）双击“Device Mapping”（图 3-32）。

（10）在弹出的界面中，设定地址为“0”，单击确定（图 3-33）。

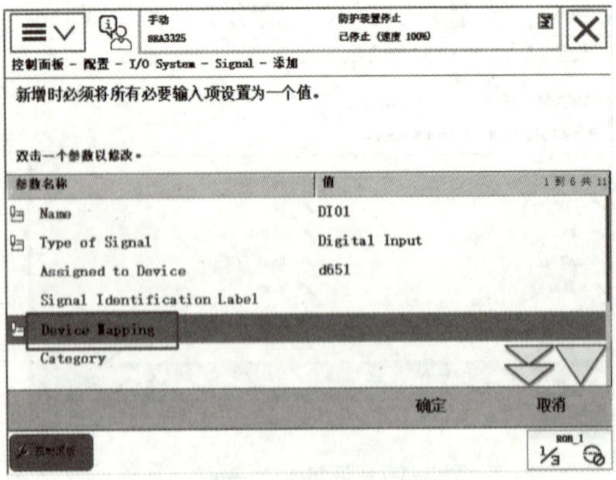

图 3-32　设置信号地址

图 3-33　输入信号地址

（11）其他参数保持默认值，单击“确定”，完成设置（图 3-34）。

（12）进入重新起动画面，单击“是”（图 3-35），控制器重启后，设定的输入信号 DI01 生效。

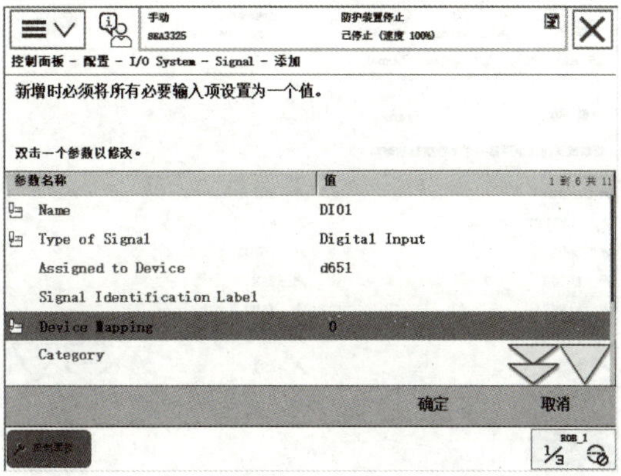

图 3-34　地址设置完成

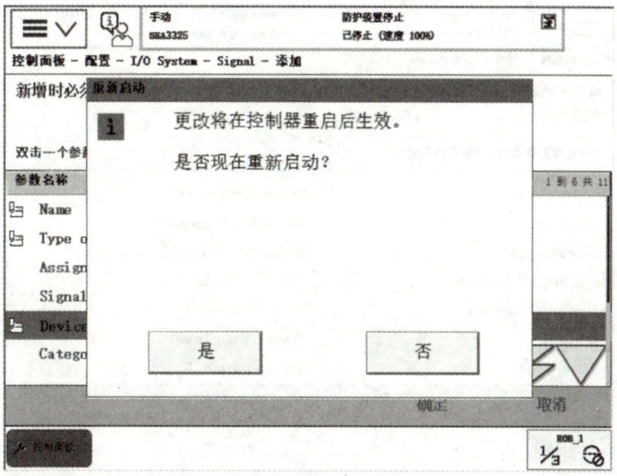

图 3-35　重启控制器

三、数字量输出信号的定义

DSQC651 板数字输出信号相关参数见表 3-17 所列。

表 3-17　DSQC651 板数字输出信号相关参数

参数名称	设定值	含义
Name	Dig1	设定数字输出信号的名称
Type of Signal	Digital Output	设定信号的种类
Assigned to Device	d651	设定信号所在 I/O 模块
Device Mapping	32 ～ 39	设定 I/O 信号所占用的地址

以数字输出信号 DO01 设定为例，数字输出信号的设置过程如下：

（1）单击示教器 ABB 菜单栏，进入主菜单界面，选择“控制面板”，如图 3-36 所示。

（2）选择“配置”选项，如图 3-37 所示。

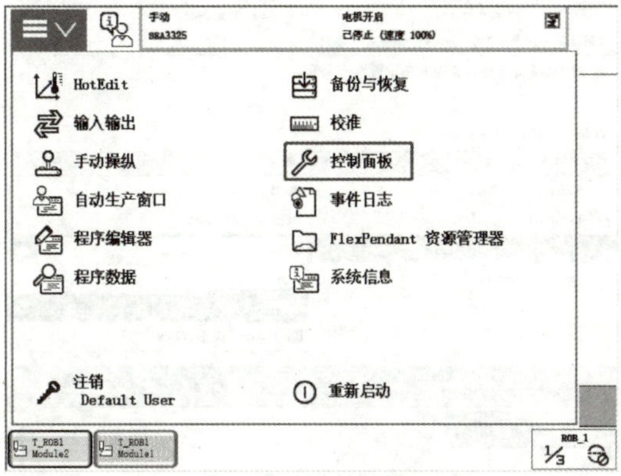

图 3-36　选择“控制面板”

图 3-37　选择“配置”选项

（3）选择“Signal”选项，如图 3-38 所示。

（4）单击“添加”（图 3-39）。

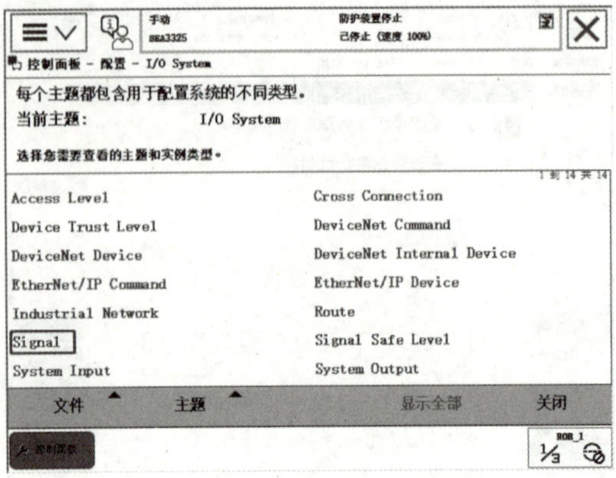

图 3-38　选择“Signal”选项

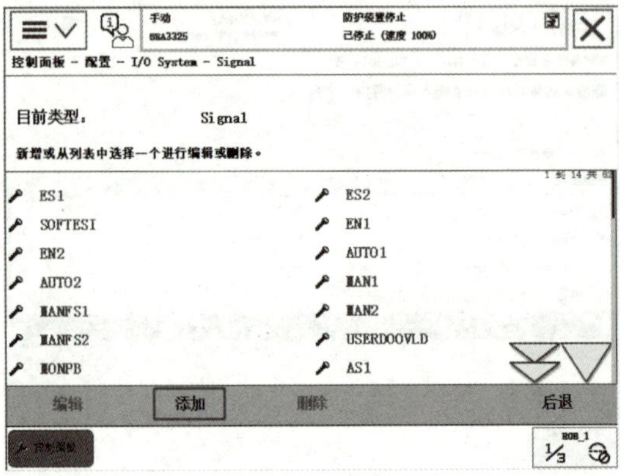

图 3-39　添加 I/O 信号

（5）双击“Name”(图 3-40)。

（6）在弹出的界面中，修改信号名称为“DO01”，单击“确定”(图 3-41)。

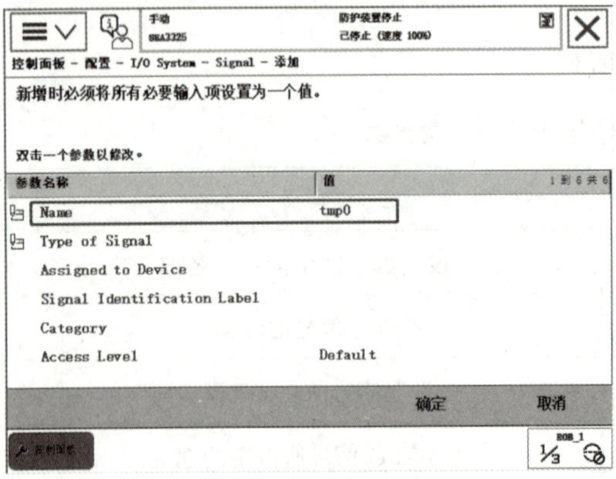

图 3-40　设置信号名称

图 3-41　输出信号名称

（7）双击“Type of Signal”，在下拉列表中选择类型为“Digital Output”(图 3-42)。

（8）双击“Assigned to Device”，在下拉列表中选择“d651”(图 3-43)。

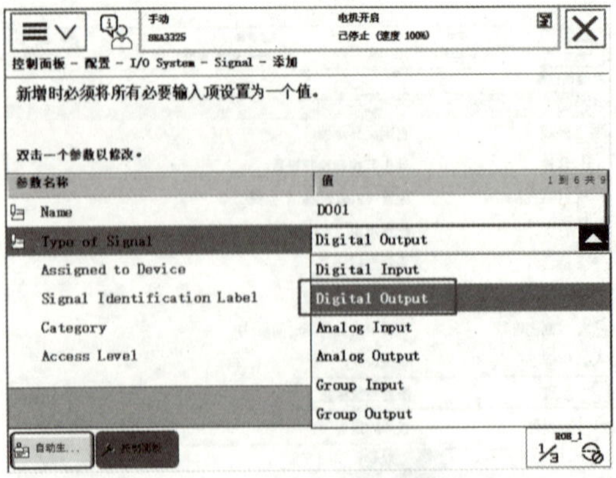

图 3-42　设置信号类型

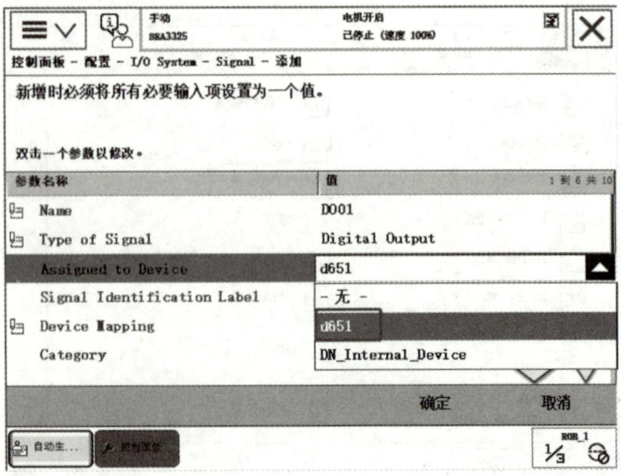

图 3-43　选择所属板卡

（9）双击“Device Mapping”(图 3-44)。

（10）在弹出的界面中，设定地址为“0”，单击确定（图 3-45)。

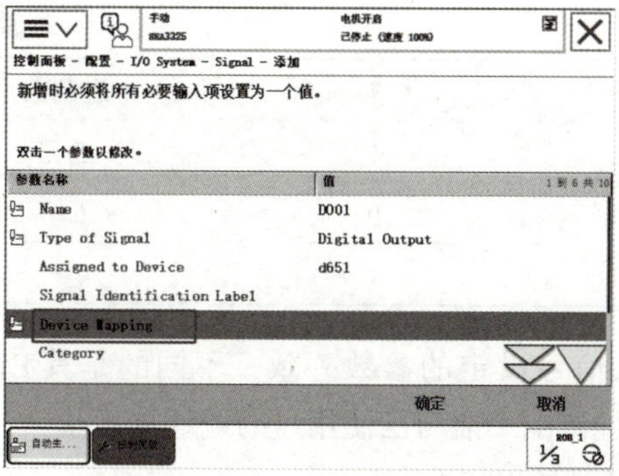

图 3-44　设置信号地址

图 3-45　输出信号地址

（11）其他参数保持默认值，单击“确定”，完成设置（图 3-46）。

（12）进入重新起动画面，单击“是”（图 3-47），控制器重启后，设定的输入信号 DO01 生效。

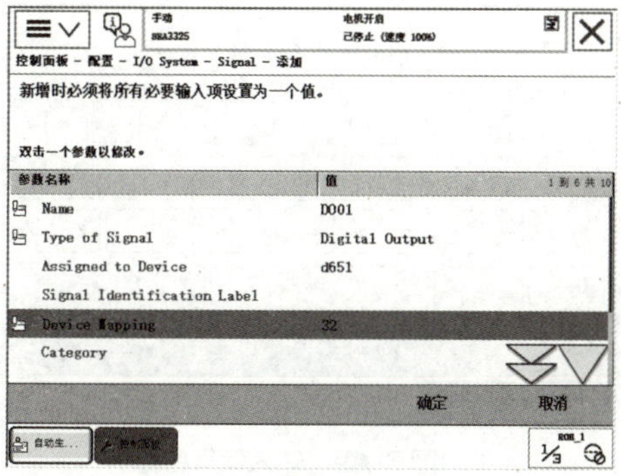

图 3-46　地址设置完成

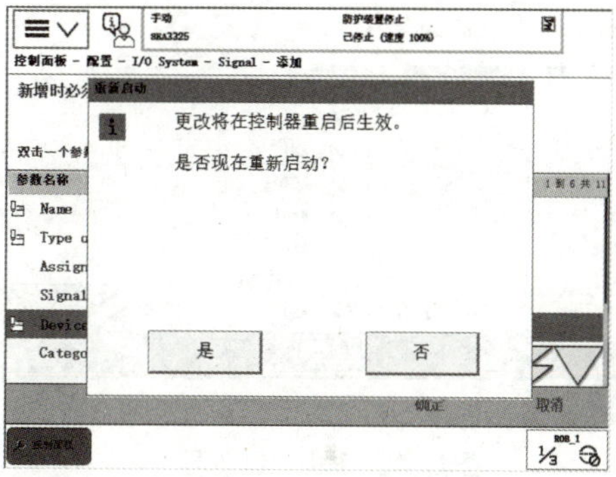

图 3-47　重启控制器

四、数字组输入信号的定义

数字组输入信号（以下简称为“组输入信号”）就是将几个数字开关量输入信号组合起来使用，用于接收外围设备输入的 BCD 编码的十进制数。组信号的使用可以大大提高信号的利用率，例如，3 位数字开关信号可以表示外围 3 种开关器件的状态，而 3 位数字开关信号的组合可以表示 8 种状态。以 DSCQ651 板端口 5～7(地址 4～6）为例，名称为 Grdi1 的组输入信号，Grdi1 组输入信号状态见表 3-18 所列。

表 3-18　Grdi1 组输入信号状态

输入端子	5	6	7	十进制数
状态 1	0	0	0	0
状态 2	0	0	1	1
状态 3	0	1	0	2
状态 4	0	1	1	3
状态 5	1	0	0	4

续表

输入端子	5	6	7	十进制数
状态 6	1	0	1	5
状态 7	1	1	0	6
状态 8	1	1	1	7

组输入信号需要设置的相关参数与数字输入信号设定的参数一致，不同的是其 Device Mapping 参数设置的地址为某个地址范围，且该地址范围不能与已使用过的地址重复。

下面以 GI01 组输入信号为例，组输入信号的设置过程如下：

（1）组输入信号与数字输入信号 DI01 的设定步骤相同，单击“添加”（图 3-48）。

（2）双击“Name”修改名称为“GI01”（图 3-49）。

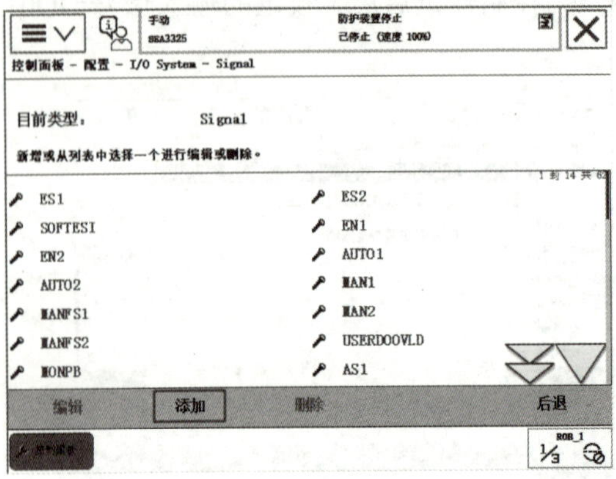

图 3-48　添加 I/O 信号

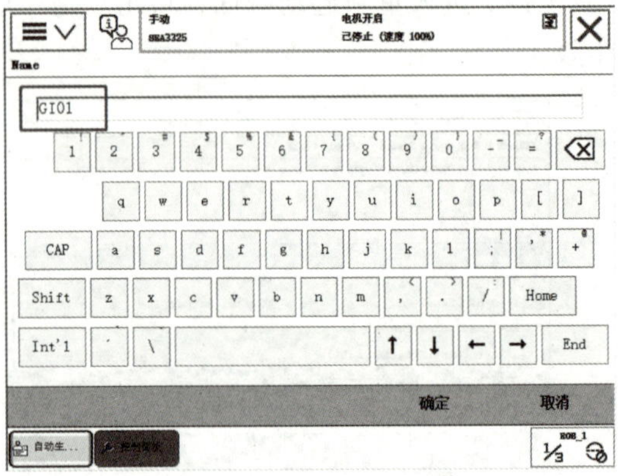

图 3-49　输入信号名称

（3）双击“Type of Signal”，在下拉列表中选择“Group Input”（图 3-50）。

（4）双击“Assigned to Device”，选择“d651”（图 3-51）。

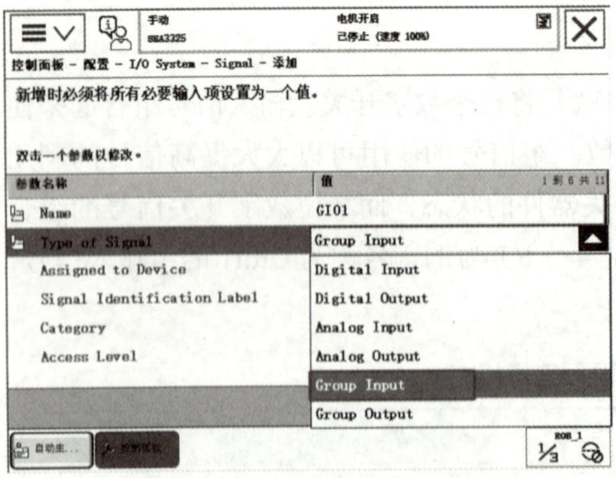

图 3-50　设置信号类型

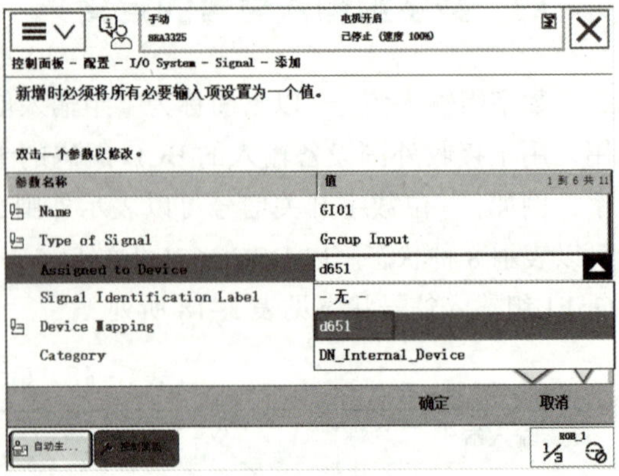

图 3-51　选择所属板卡

（5）双击“Device Mapping”，修改地址为“4—6”。单击确定，其他参数保持默认（图 3-52）。

（6）后续操作与数字输入信号设置过程相同，按要求重启系统，组输入信号生效（图 3-53）。

图 3-52 设置信号地址

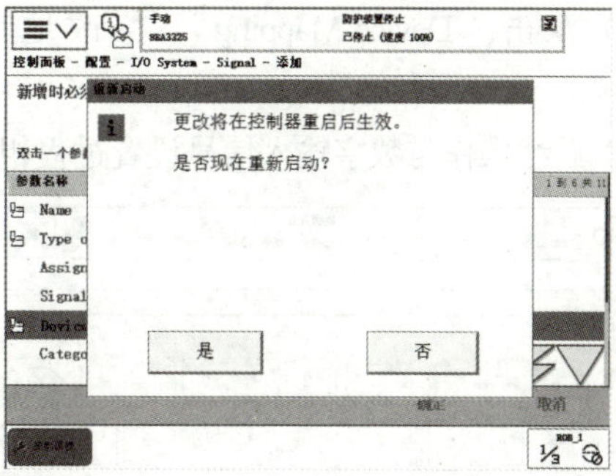

图 3-53 重启控制器

五、数字组输出信号的定义

数字组输出信号（以下简称为“组输出信号”）的参数与数字输出信号的参数是一致的，不同的是其 Device Mapping 参数设置的地址为某个地址范围，且该地址范围不能与已使用过的地址重复。

下面以 DSCQ651 板端口地址 35 ～ 37 为例，组输出信号 GO01 的设置过程如下：

（1）组输出信号与数字输出信号 DO01 的设定步骤相同，单击“添加”（图 3–54）。

（2）双击“Name”修改名称为“GO01”（图 3–55）。

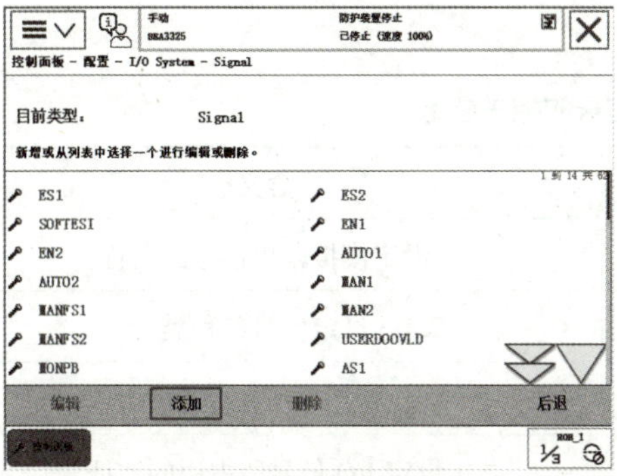

图 3-54 添加 I/O 信号

图 3-55 输出信号名称

（3）双击“Type of Signal”，在下拉列表中选择“Group Output”（图 3–56）。

（4）双击“Assigned to Device”，选择“d651”（图 3–57）。

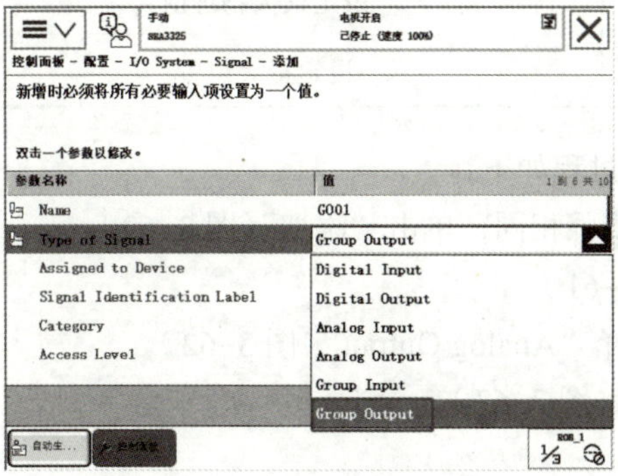

图 3-56 设置信号类型

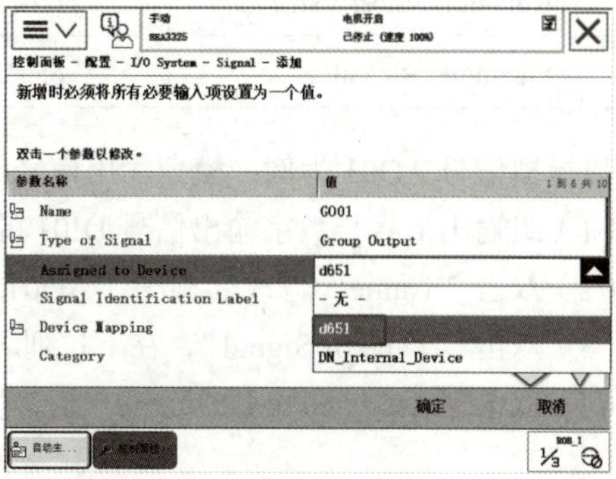

图 3-57 选择所属板卡

（5）双击“Device Mapping”，修改地址为“35—37”。单击确定，其他参数保持默认（图 3-58）。

（6）后续操作与数字输入信号设置过程相同，按要求重启系统，组输入信号生效（图 3-59）。

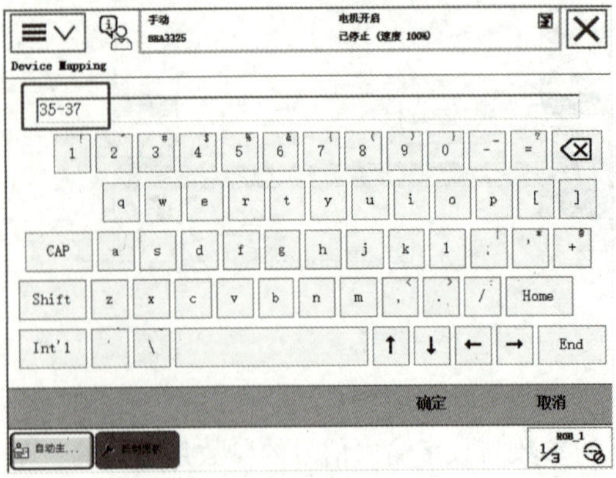

图 3-58　设置信号地址

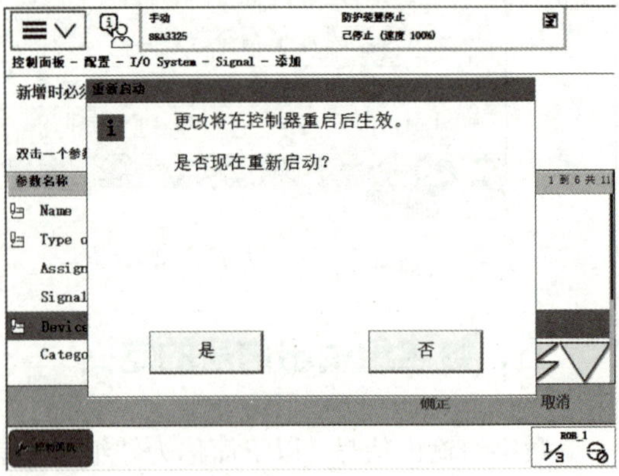

图 3-59　重启控制器

六、模拟量输出信号定义

DSQC651 板带有两路模拟输出信号，可对外部模拟量进行控制，模拟输出信号的相关参数见表 3-19 所列。

表 3-19　模拟输出信号的相关参数

参数名称	设定值	含义
Name	Ano1	设定模拟输出信号的名称
Type of Signal	Analog Input	设定信号的种类
Assigned to Device	d651	设定信号所在 I/O 模块
Device Mapping	0 ～ 15	设定 I/O 信号所占用的地址
Analog Encoding Type	Unsigned	设定模拟信号属性
Maximum Logical Value	10	设定最大逻辑值
Maximum Physical Value	10	设定最大物理值
Maximum Bit Value	65535	设定最大位置

以模拟信号 AO01 为例，模拟输出信号的设置过程如下：

（1）组输出信号与数字输出信号 DI01 的设定步骤相同，单击“添加”（图 3-60）。

（2）双击“Name”修改名称为“AO01”（图 3-61）。

（3）双击“Type of Signal”，在下拉列表中选择“Analog Output”（图 3-62）。

（4）双击“Assigned to Device”，选择“d651”（图 3-63）。

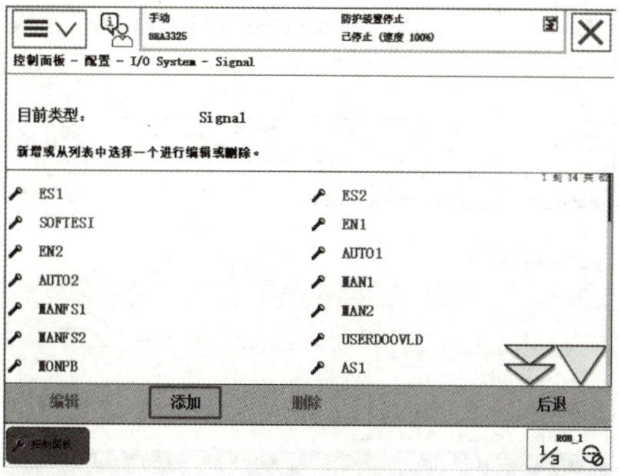

图 3-60　添加 I/O 信号

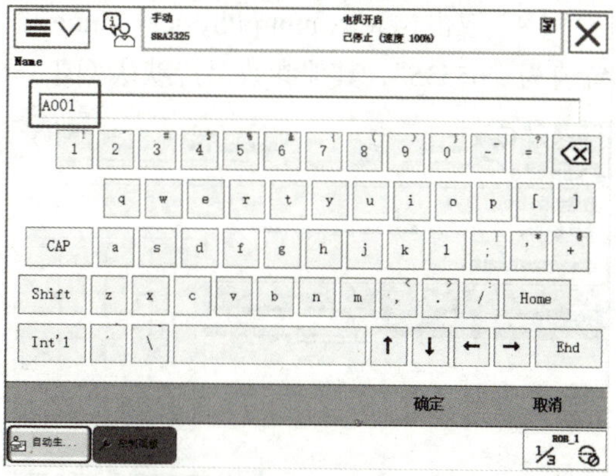

图 3-61　输出信号名称

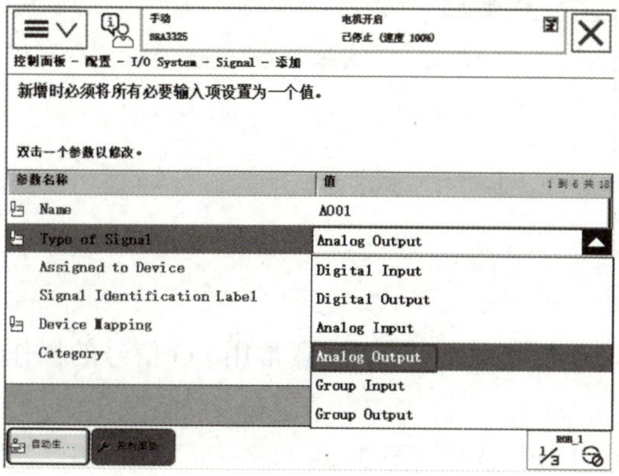

图 3-62　设置信号类型

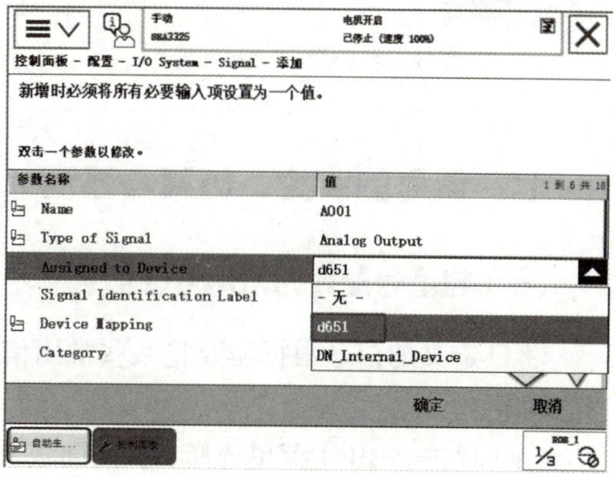

图 3-63　选择所属板卡

（5）双击“Device Mapping”，修改地址为“0—15”。单击确定，其他参数保持默认（图 3-64）。

（6）单击“Analog Encoding Type”，在下拉框中选择“Unsigned”选项（图 3-65）。

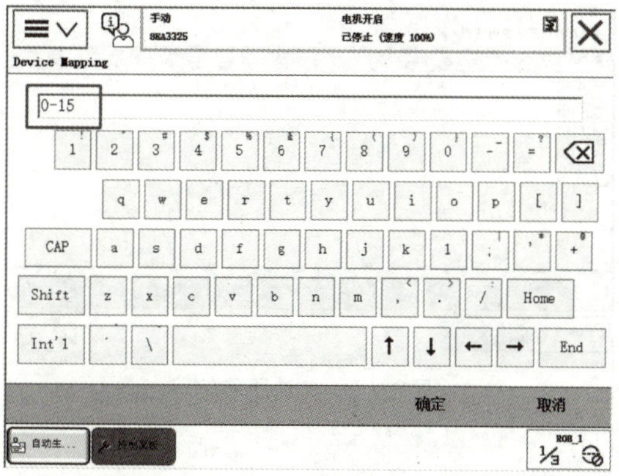

图 3-64　设置信号地址

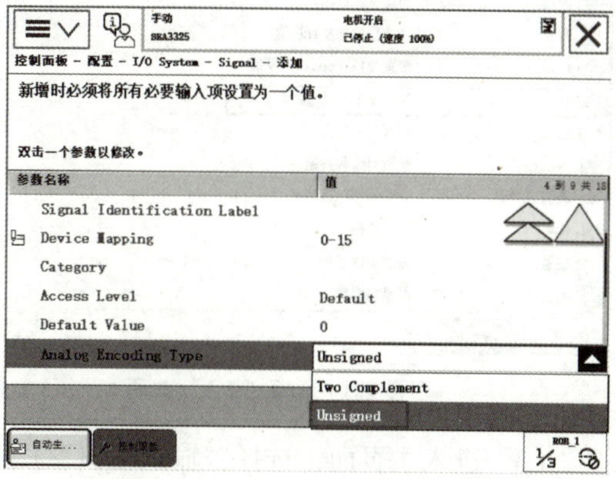

图 3-65　设置模拟量编码类型

（7）双击“Maximum Logical Value”选项，设置值为“10”（图 3-66）。

（8）双击“ Maximum Physical Value”，设置值为“10”；双击“ Maximum Bit Value”，设置值为“65535”，其他参数保持默认（图 3-67）。

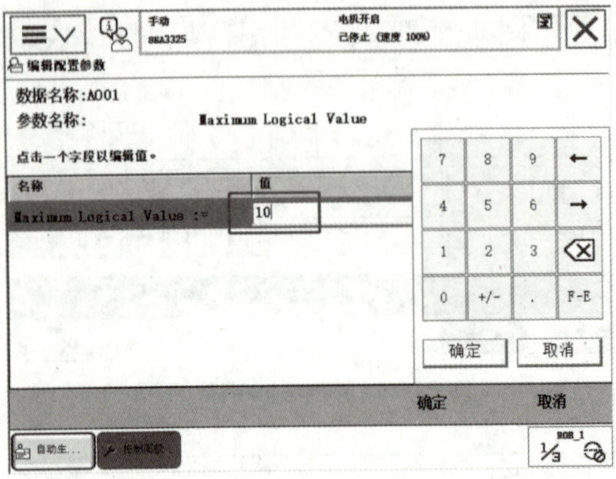

图 3-66　设置最大逻辑值

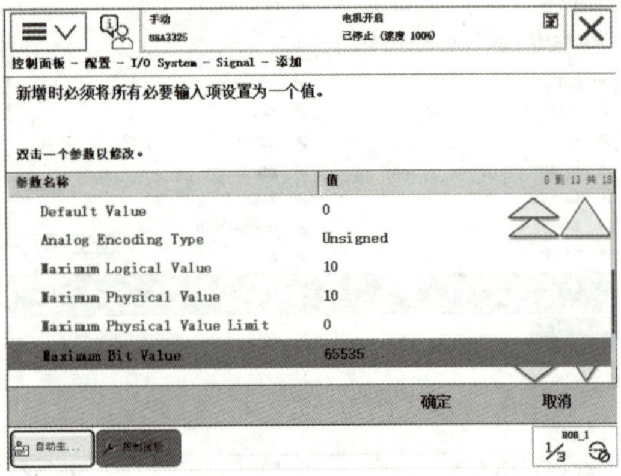

图 3-67　设置最大物理值

七、信号的监控、仿真与强制

（一）将信号配置为常用 I/O 信号

将已定义的信号根据需要将某些常用信号配置为常用 I/O 信号，配置常用 I/O 信号的操作步骤如下：

（1）单击 ABB 主菜单选择“控制面板”，选择“I/O”选项（图 3-68）。

（2）在已定义的 I/O 信号中，勾选需要定义为常用 I/O 信号的信号名称（这里将前面定义的信号均选中）(图 3-69）。

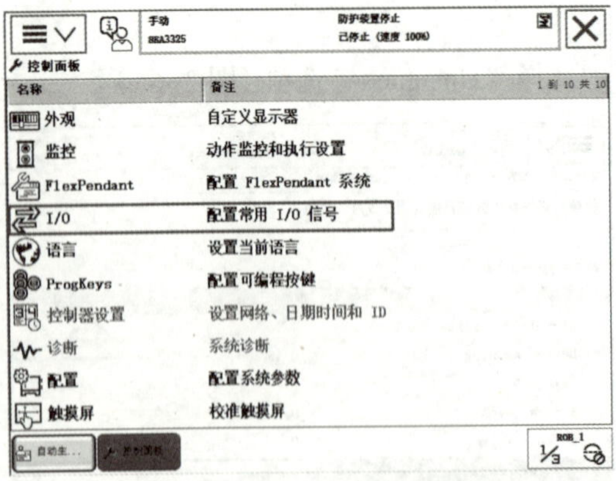

图 3-68　选择“I/O”选项

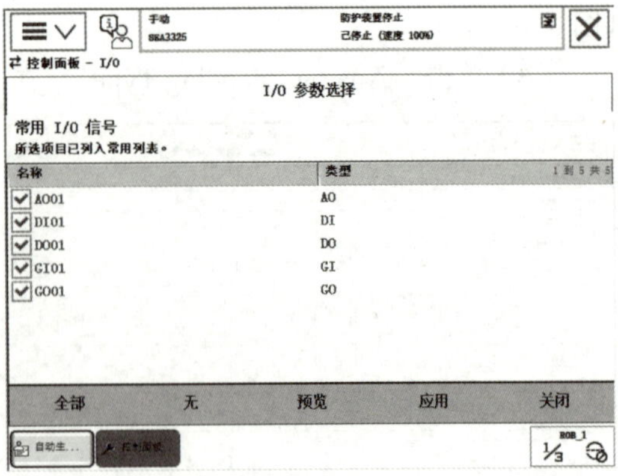

图 3-69　勾选所需信号

（3）进入主页面，选择“输入输出”(图 3-70）。

（4）在输入输出界面中，选择右下角“视图”，点击“常用”，即可显示已配置为常用的 I/O 信号名称（图 3-71）。

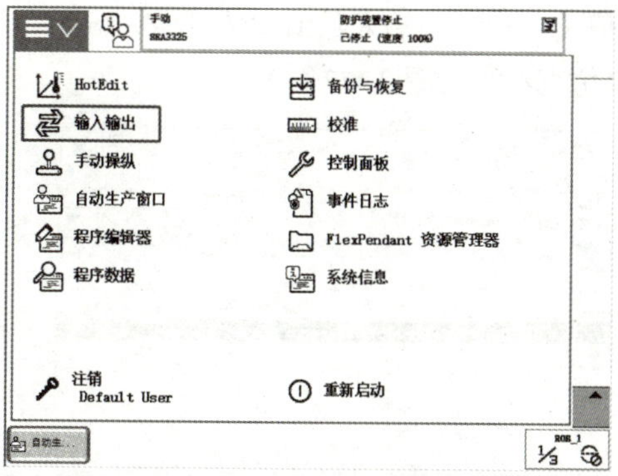

图 3-70 打开“输入输出”窗口

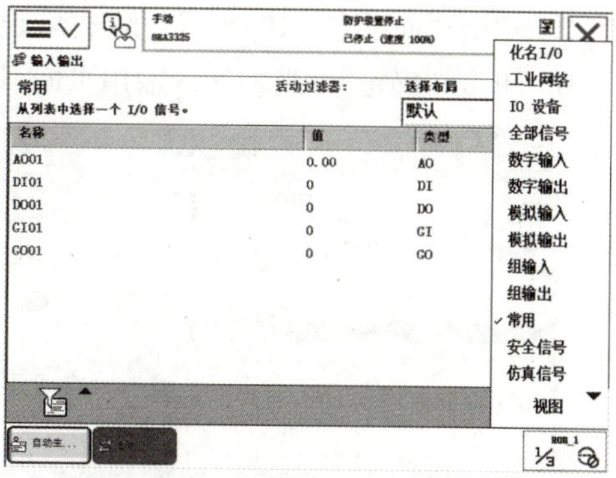

图 3-71 查看常用信号

（二）对数字输入 / 组输入信号进行仿真

下面以所定义的 DI01 及 GI01 信号为例，对输入信号进行仿真操作，操作步骤如下：

（1）单击 ABB 主菜单选择“输入输出”，右下角“视图”，勾选“用显示所有 I/O 信号”，选择“DI01”（图 3-72）。

（2）选择页面下方“仿真”选项，进入输入信号仿真状态，选择“1”或“0”可以对仿真值进行修改（图 3-73）。

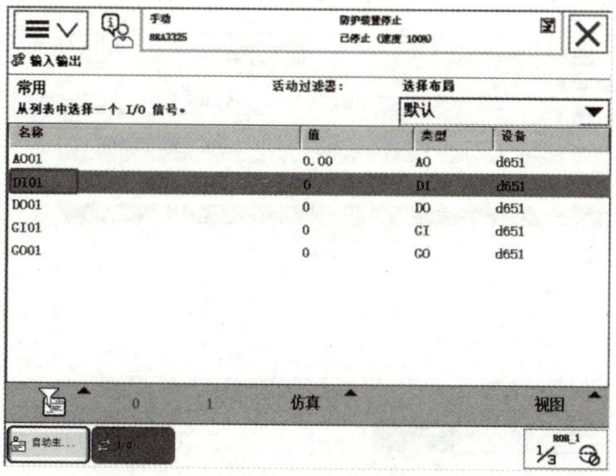

图 3-72 选择仿真信号

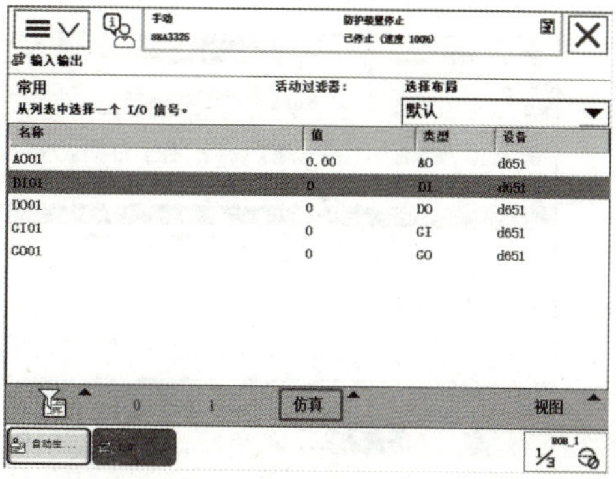

图 3-73 点击仿真

（3）单击“消除仿真”，退出仿真状态（图 3-74）。

（4）选择“GI01”，对组输入信号进行仿真，单击页面下方“仿真”选项（图 3-75）。

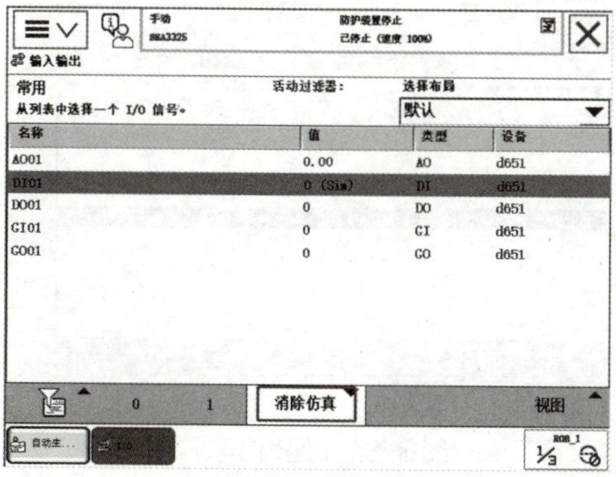

图 3-74 消除仿真

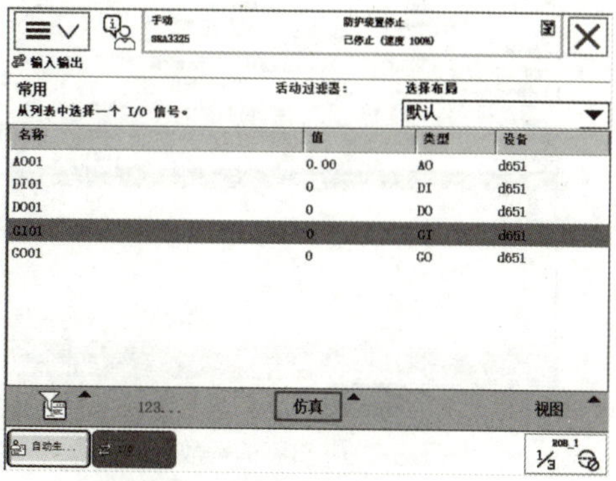

图 3-75 选择仿真信号

（5）单击页面下方“123...”，修改需要仿真的值（0～7），输入数值“6”（图 3-76）。

（6）单击“确定”，返回输入输出页面，可观察仿真结果（图 3-77）。

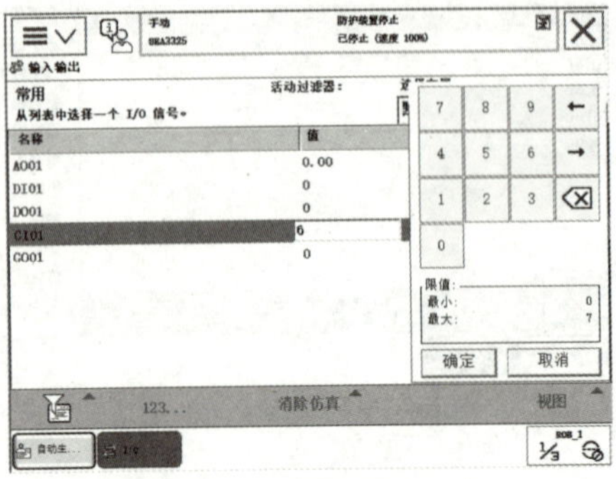

图 3-76　设置仿真数据

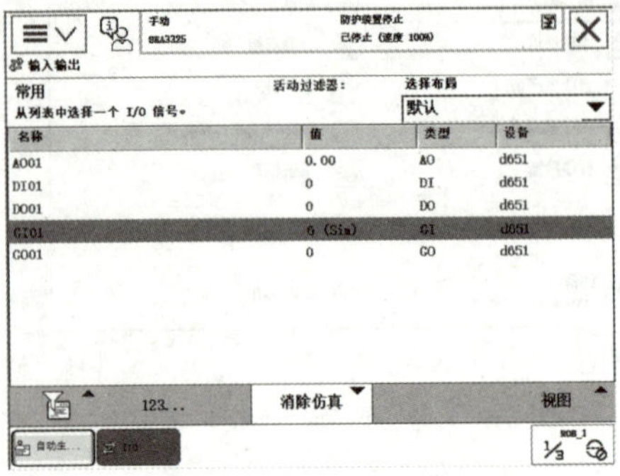

图 3-77　查看仿真结果

（三）对数字输出 / 组输出及模拟输出信号进行强制操作

以所定义的 DO01、GO01 及 AO01 信号为例，对输出信号的强制操作步骤如下：

（1）单击 ABB 主菜单，选择“输入输出”右下角“视图”，勾选“常用显示所有 I/O 信号”，选择“DO01”（图 3-78）。

（2）选择页面下方“1”或“0”，可以对输出值修改，进行强制操作（图 3-79）。

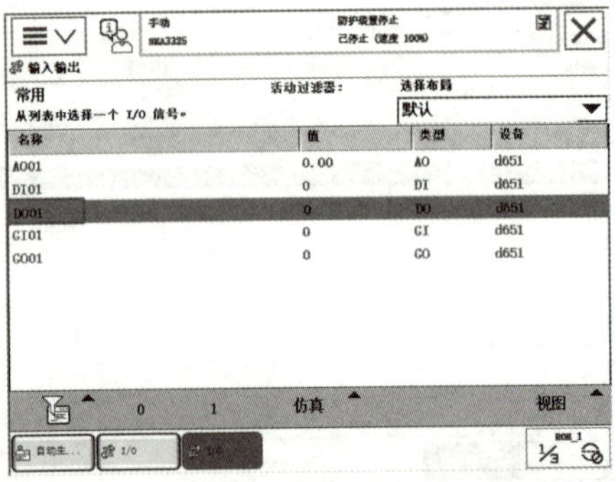

图 3-78　选择信号

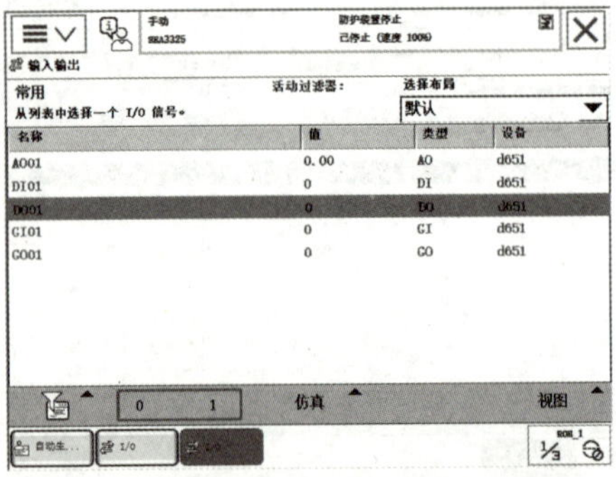

图 3-79　修改信号数据

（3）单击“1”，使 DO01 信号的值强制为“1”，强制操作将改变实际信号的输出（图 3-80）。

（4）选择“GO01”，对组输出信号进行强制操作（图 3-81）。

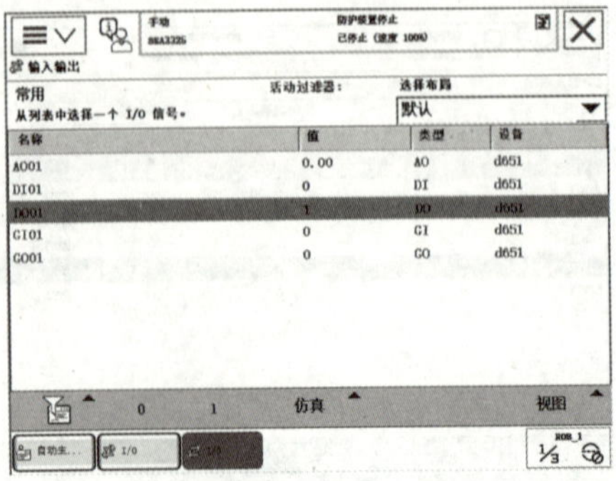

图 3-80　查看信号数据

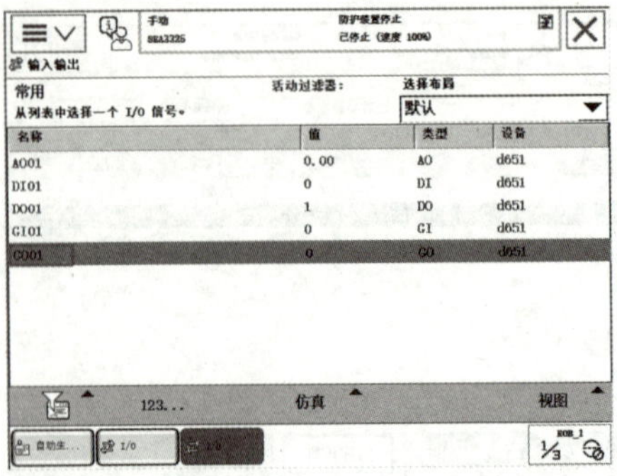

图 3-81　选择信号

（5）单击页面下方“123...”修改需要强制值（0～7），输入数值7（图3-82）。

（6）单击“确定”，返回输入输出页面，可观察强制结果（图3-83）。

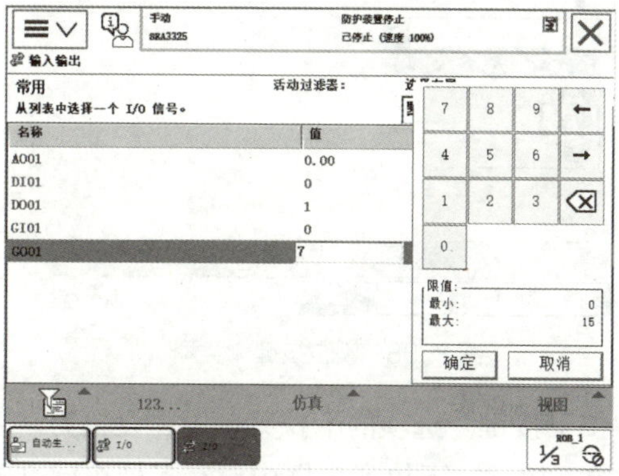

图3-82　修改信号数据

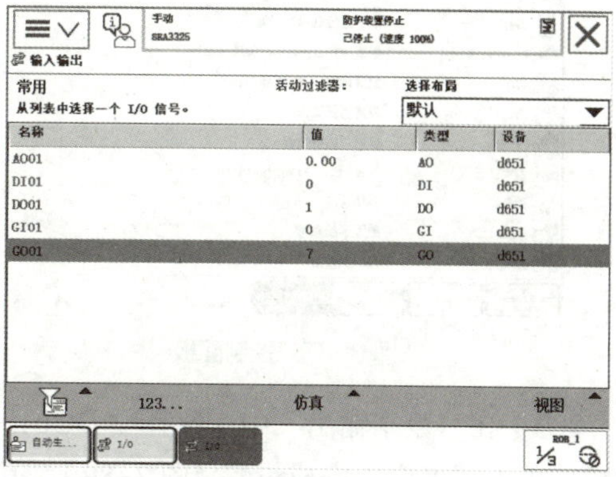

图3-83　查看信号数据

（7）选择模拟信号“AO01”，对其进行强制操作，单击页面下方修改需要“123...”，强制值（0.00～10.00），输入强制值“5.67”（图3-84）。

（8）单击“确定”，返回输入输出页面，可观察强制结果（图3-85）。

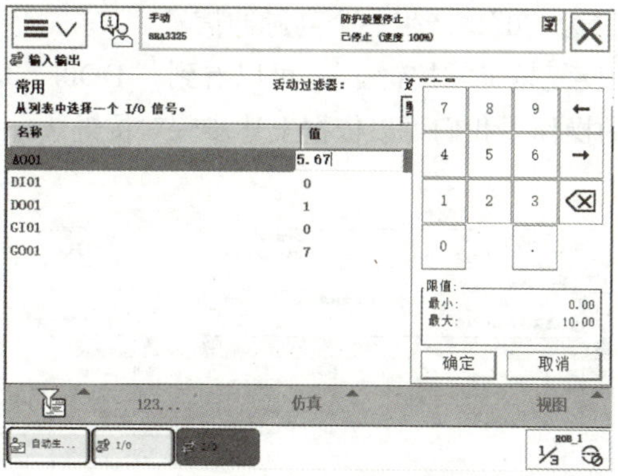

图3-84　修改信号数据

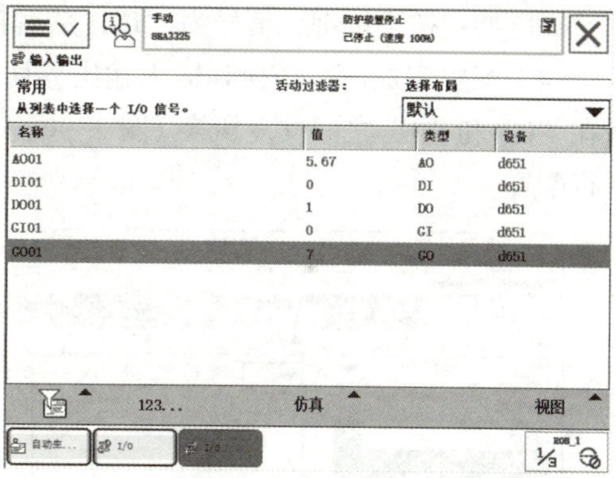

图3-85　查看信号数据

八、使用示教器可编程按钮

示教器上的可编程按钮可以和I/O信号进行关联，以方便对I/O信号进行仿真或强制操作，示教器上的可编程按键如图3-86所示。

图3-86　示教器上的可编程按键

以可编程按键■配置为数字输出信号DO01为例，配置过程如下：

（1）进入ABB主界面，单击选择“控制面板”，进入控制面板界面，如图3-87所示。

（2）单击选择“ProgKey”选项，进入配置界面。在配置界面中，可将可编程按键1～4，设置为机器人的输入、输出、系统信号3种类型。这里选择将按“键1”配置为“输出”（图3-88）。

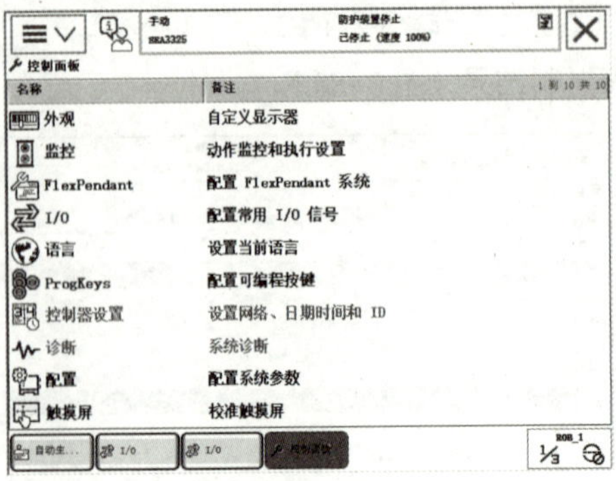

图 3-87　控制面板

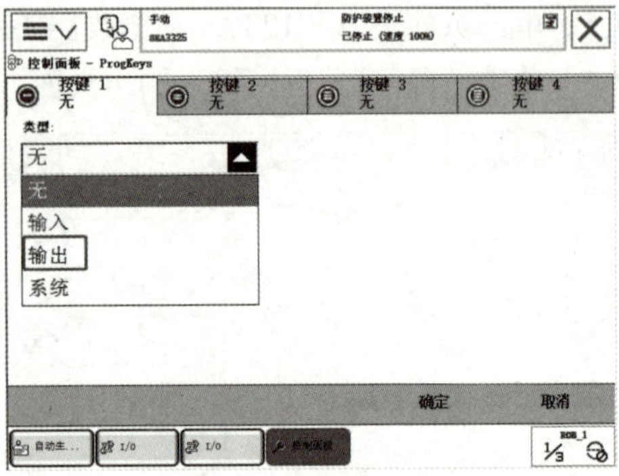

图 3-88　设置按键 1 类型

（3）在“数字输出”中，选择“DO01”，在“按下按键”选项的下拉菜单中，设置为“切换”，单击“确定”完成设置（图 3-89）。其中，“按下按键”下拉列表框中，有多种按键方式可以选择，具体说明如下：

①切换：每按一次按键，信号在 1 和 0 之间切换；设为“1”：按下按键，将信号置位 1；设为“0”：按下按键，将信号置位 0。

②按下 / 松开：长按按键，信号为“1”，松开后信号为“0”。

③脉冲：按下按键，信号为“1”，然后自动重置为“0”，产生一个高脉冲信号。

（4）配置完成后，切换到输入输出界面，手动反复按下“按键 1”，可以看到“DO01”信号在“0”和“1”之间反复切换（图 3-90）。同样的操作，我们可以依据上述步骤对按键 2～4 进行配置。

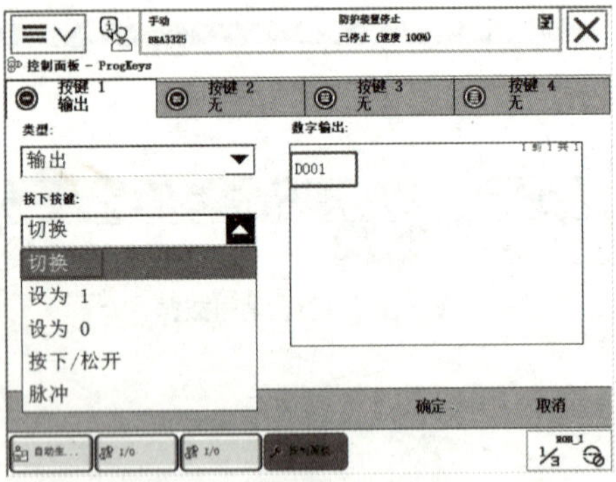

图 3-89　设置按键操作方式

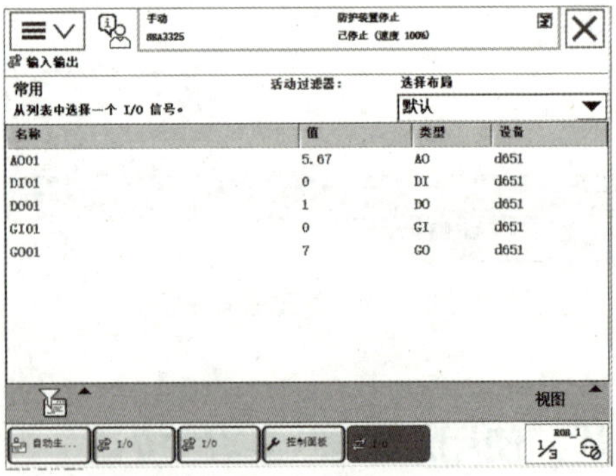

图 3-90　查看信号数据

第三节　配置系统 I/O

ABB 机器人定义了固定的机器人系统输入输出信号，将机器人输入信号与外部数字输入信号进行连接，可实现外部信号对机器人系统的控制，如机器人电机上电、机器人上电并运行、运行机器人程序等；也可以通过机器人系统输出状态信息控制某些外围设备的动作，如气爪的打开关闭，电磁阀的开关，传送带的启停等。

机器人系统输入是指通过外部某个数字输入信号来控制机器人的某种运行状态，机器人系统输出是指通过机器人的某种运行状态控制数字输出信号，从而控制外围某些设备。部分机器人系统输入输出信号见表 3-20 所列。

表 3-20 部分机器人系统输入输出信号

输入信号名称	含义	输出信号名称	含义
Motors On	机器人电机上电	Auto On	处于自动运行状态
Motors On and Start	机器人上电并运行	Backup Error	备份错误报警
Motors Off	机器人电机下电	Backup in Progress	备份进行中状态
Load and Start	载入程序运行	Cycle On	程序运行状态
Interrupt	中断	Emergency Stop	紧急停止状态
Start	运行机器人程序	Execution Error	运行错误报警
Start at main	重新运行机器人程序	Motors Off	电机掉电
Stop	停止运行机器人程序	Motors On	电机上电
System Restart	热起动机器人	Motor Off State	电机掉电指示
Backup	系统备份	Motor On State	电机上电指示

所有系统输入在自动模式下都能起动，但手动模式下，部分系统输入将失去功能。

下面以系统输入“电机起动”Motors On 与数字输入信号 DI01 和系统输出信号“紧急停止状态”Emergency Stop 与数字输出信号 DO01 关联为例，数字 I/O 信号与系统输入输出信号相关联的操作过程如下：

（1）进入 ABB 主界面，单击选择“控制面板”，进入控制面板界面（图 3-91）。

（2）单击选择“I/O”选项，单击“显示全部”进入配置界面，选择“System Input”选项（图 3-92）。

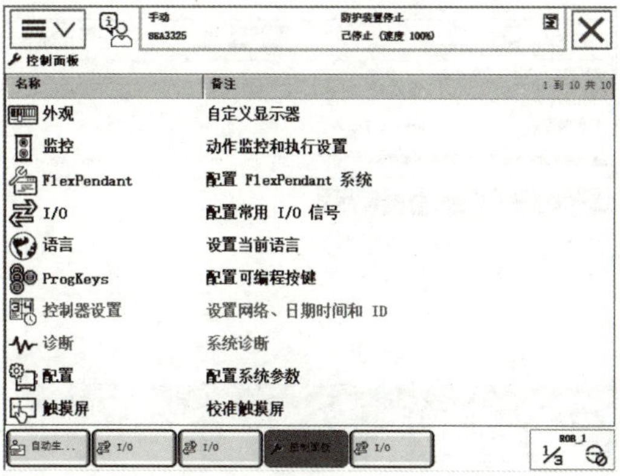

图 3-91 选择“控制面板”

图 3-92 选择“System Input”选项

（3）在弹出的界面中，单击“添加”（图 3-93）。

（4）选择“Signal Name”，单击“确定”（图 3-94）。

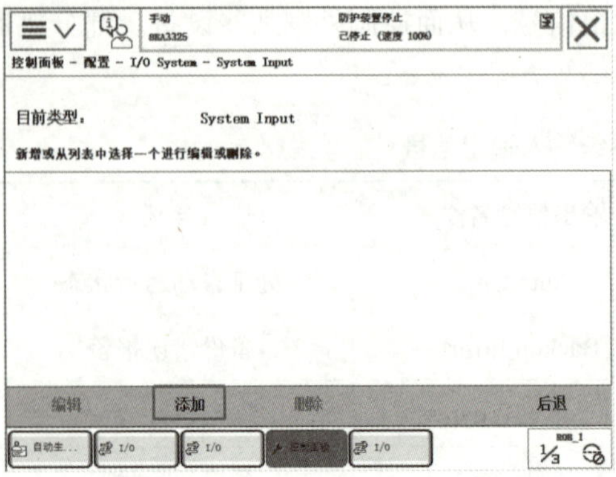

图 3-93　添加系统信号

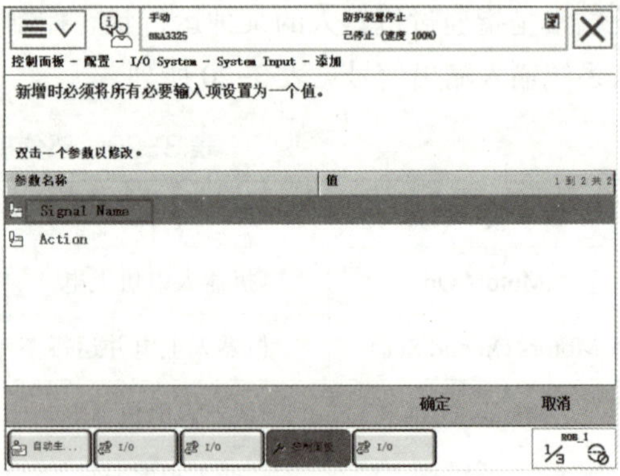

图 3-94　选择“Signal Name”

（5）下拉菜单中，选择输入信号“DI01”，单击“确定”（图 3-95）。

（6）双击“Action”（图 3-96）。

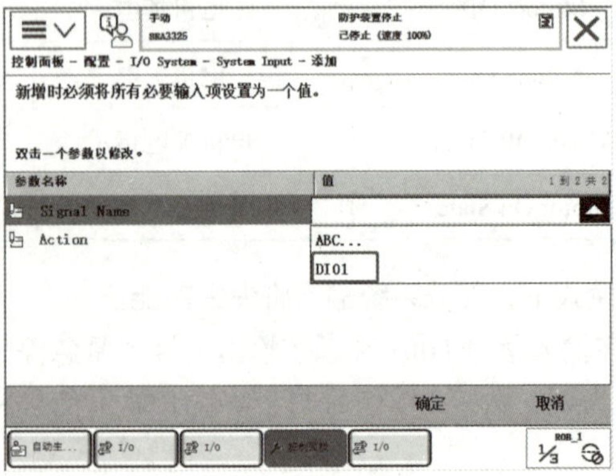

图 3-95　选择输入信号

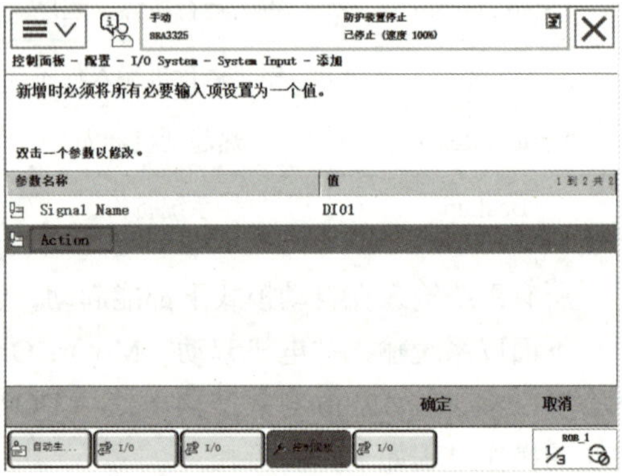

图 3-96　双击“Action”

（7）在弹出的界面中，选择“Motors On”（图 3-97）。

（8）单击“确定”，不重启控制器，可以看到已经关联好的信号（图 3-98）。

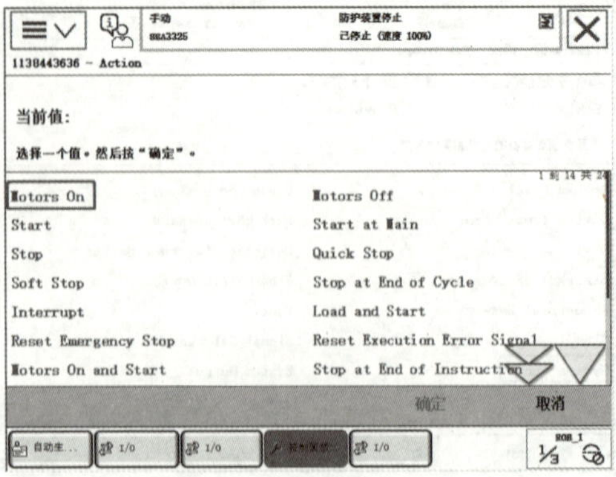

图 3-97　选择“Motors On”

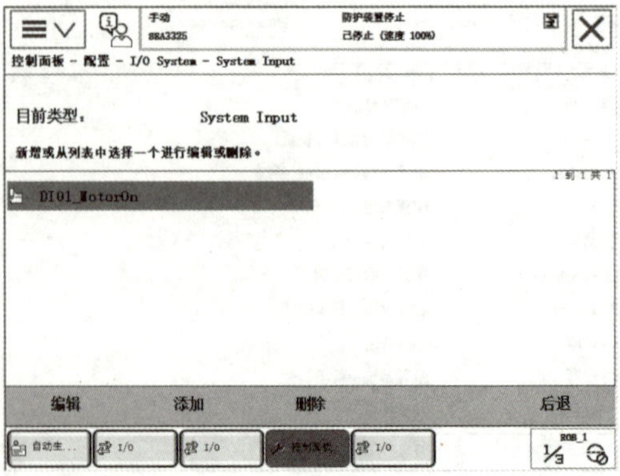

图 3-98　设置完成

（9）重复以上步骤，进入“控制面板”—“配置”，选择“System Output”选项（图 3-99）。

（10）在弹出的界面中，单击“添加”（图 3-100）。

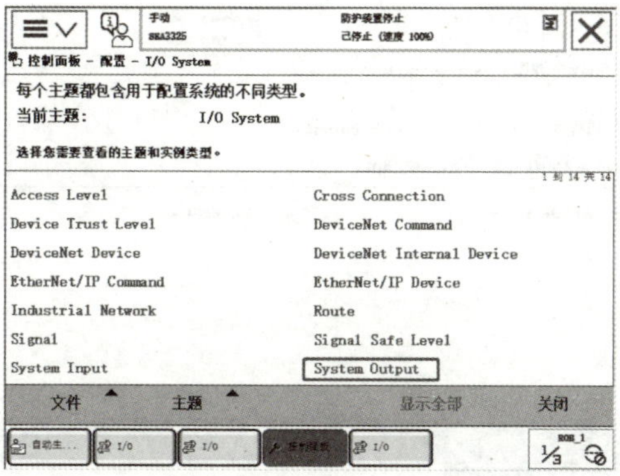

图 3-99 选择“System Output”选项

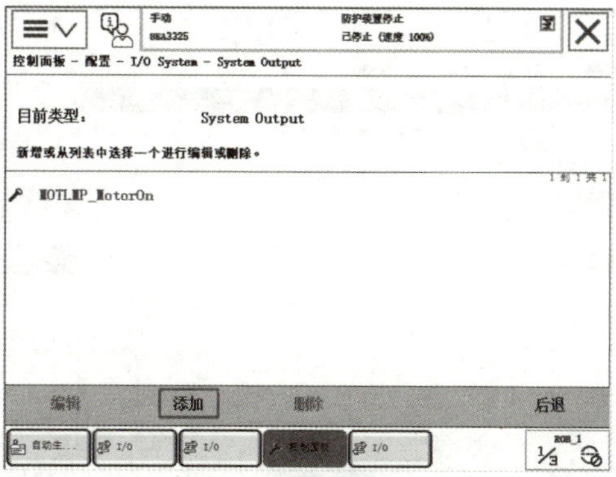

图 3-100 添加信号

（11）选择“Signal Name”，单击“确定”（图 3-101）。

（12）下拉菜单中，选择输入信号“DO01”，单击“确定”（图 3-102）。

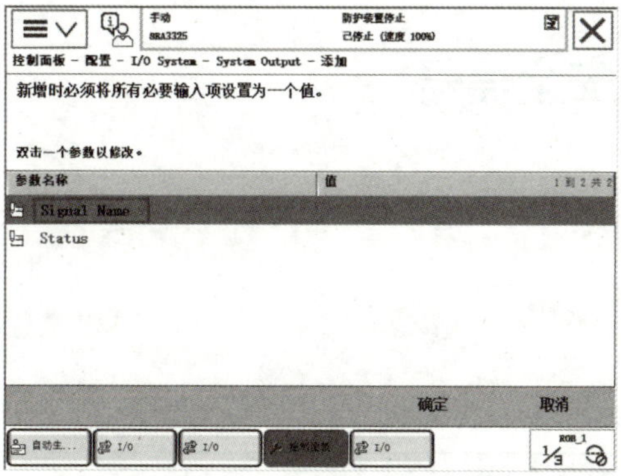

图 3-101 单击“Signal Name”

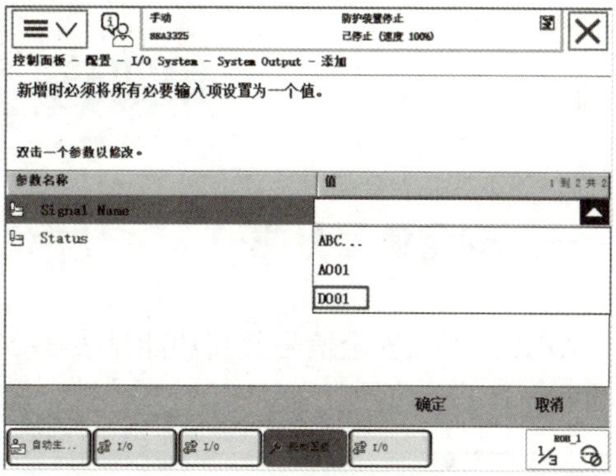

图 3-102 选择信号

（13）单击“Status”（图 3-103）。

（14）选择“Emergency Stop”，单击“确定”（图 3-104）。

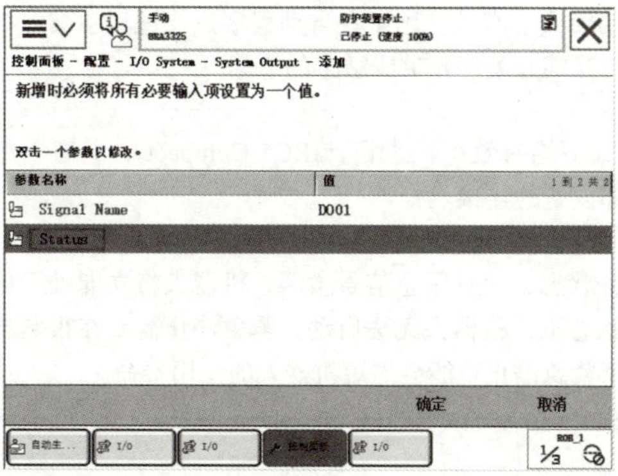

图 3-103 单击“Status”

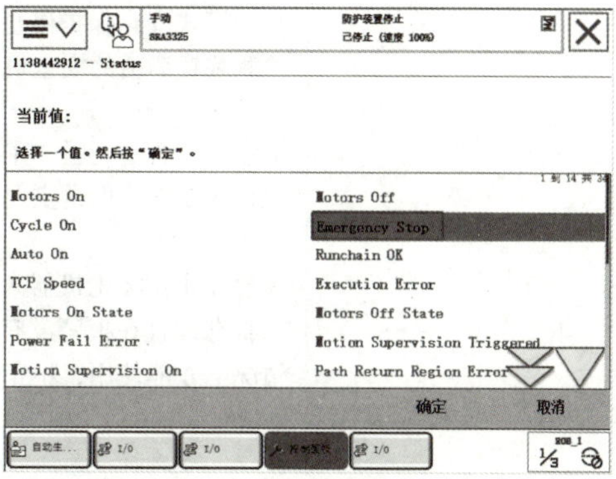

图 3-104 选择“Emergency Stop”

（15）单击“确定”后，在弹出界面选择“是”（图 3-105），重启控制器，重启后关联后的信号生效。

（16）进入“控制面板”—“配置”，选择“System Output”选项，可以查看配置好的信号（图 3-106）。

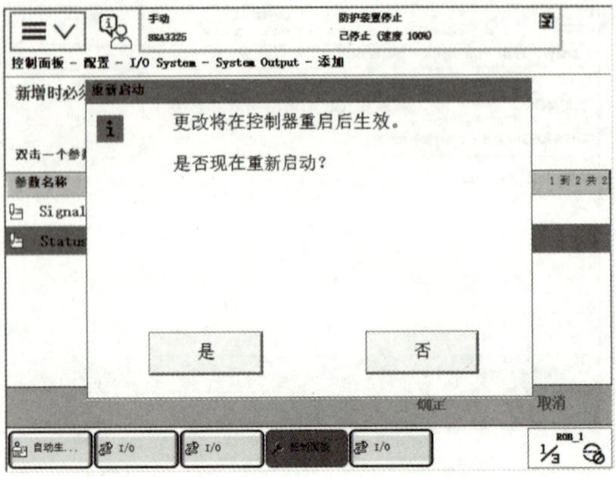

图 3-105　重启控制器

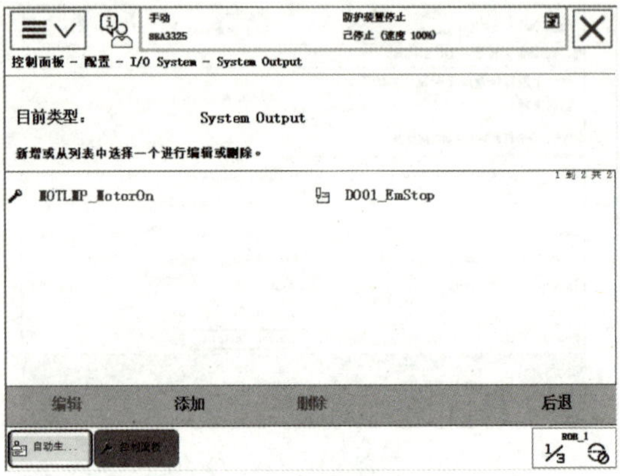

图 3-106　设置完成

第四节　配置安全信号

一、安全信号分类

ABB 机器人安全信号及其功能见表 3-21 所列。

表 3-21　ABB 机器人安全信号及其功能

序号	简称	功能
1	GS	常规模式安全保护停止，在任何模式下均有效，在自动和手动模式下都有效，主要由安全设备激活，如光栅、安全光幕、安全垫等。
2	AS	自动模式安全保护停止，在自动模式下有效，用于在自动程序执行过程中被外在检测装置激活的安全机制，如门互锁开关、光束或敏感的垫等。
3	SS	上级安全保护停止，在任何模式下均有效（不适用于 IRC5 Compact），具有一般停止的功能，但是主要用于外部设备的连接。
4	ES	紧急停止：无论机器人处于何种状态，一旦紧急信号激活，机器人将立即处于停止状态，且在报警没有消除的状态下，机器人无法启动。紧急停止需要在很紧急情况下才能使用，不正确地使用紧急停止可能会缩短机器人的使用寿命。

二、安全信号接线

IRB120 机器人采用 IRC5 型紧凑型控制器，其安全信号位于顶部 XS7、XS8、XS9 接口上（图 3-107）。

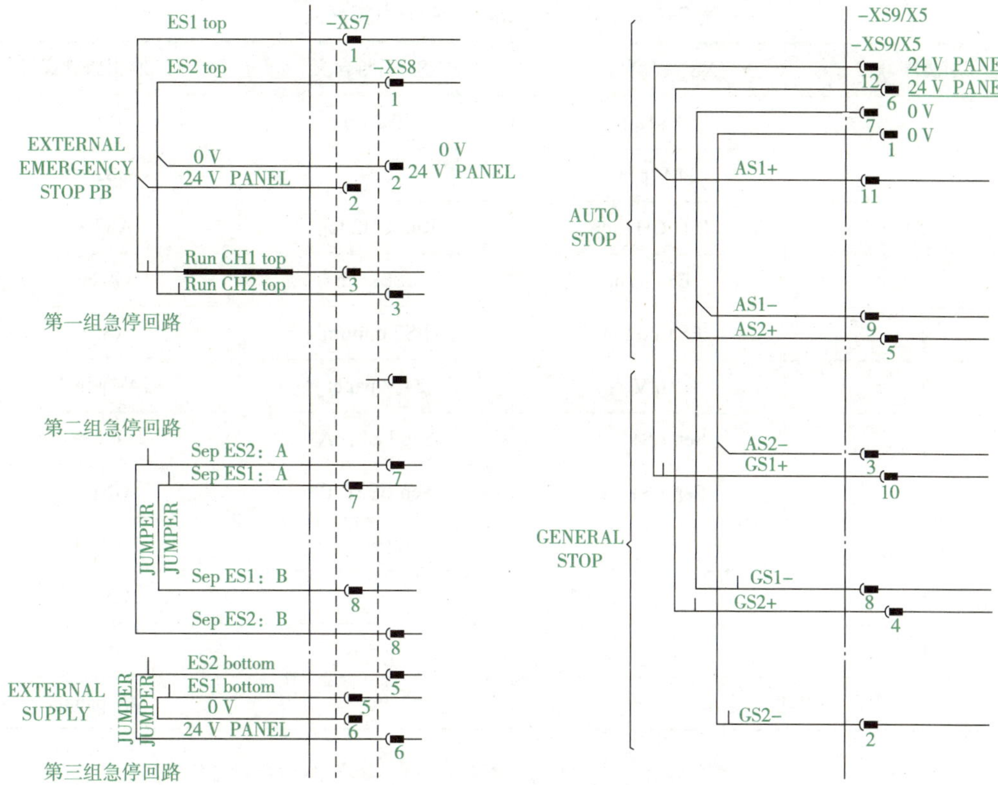

图 3-107 IRB120 机器人控制器安全信号电气图

机器人出厂时安全信号端子默认为短接状态，在使用该功能时可以取下跳线连接线，进行功能接线（图 3-108）。

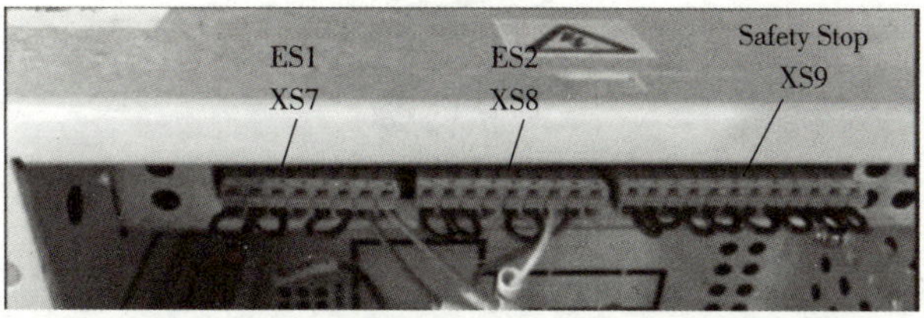

图 3-108 IRB120 机器人安全信号端子图

控制器采用双回路急停保护机制，分别位于 XS7 和 XS8 上。两组回路共同作用，即只有当 XS7 和 XS8 同时接通时才能消除急停，只要两路端子上任何一路断开急停功能即生效。IRB120 机器人 XS7、XS8 接线图如图 3-109 所示。

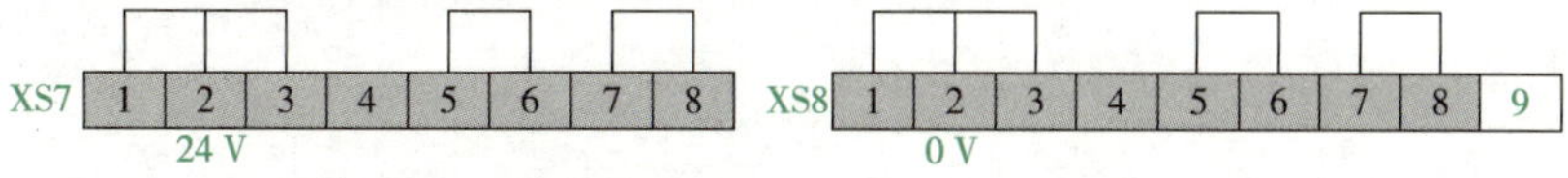

图 3-109 IRB120 机器人 XS7、XS8 接线图

XS7 ～ XS9 各端子引脚含义见表 3-22 所列。

表 3-22　XS7 ~ XS9 各端子引脚含义

引脚序号	XS7 引脚含义	XS8 引脚含义	XS9 引脚含义
1	ES1top	ES2top	0 V
2	24 V panel	0 V	GS2−
3	Run CH1 top	Run CH2 top	AS2−
4	ES1：int	ES2：int	GS2+
5	ES1 bottom	ES2 bottom	AS2+
6	0 V	24 V panel	24V panel
7	Sep ES1：A	Sep ES2：A	0 V
8	Sep ES1：B	Sep ES2：B	GS1−
9	—	—	AS1−
10	—	—	GS1+
11	—	—	AS1+
12	—	—	24V panel

在线测试

扫一扫　测一测

第四章 传感器在机器人中的应用

本章导读

传感器在机器人中的应用

- 机器人常用传感器：传感器和机器人的关系，介绍几种常用工业机器人，机器人常用传感器的种类等
- 机器人常用传感器的应用：传感器与检测系统的关系，传感器的定义、组成、基本特性、触觉传感器，位移速度传感器，机器视觉等
- 机器人定位导航和避障系统：目前比较常用的机器人定位导航和避障技术
- 保护机器人本体和人员的安全：非移动式机器人的一些外部和内部电气安全防护措施
- 传感器故障的分析与解决：机器人传感器出现故障时的分析和解决思路

课程思政　“知其然，且知其所以然”才有可能灵活应用

机器人，顾名思义，就是模仿人类的行为或思想的机械。机器人对外界的感知主要来自外围的传感器，达到“知其然”；然后将感知信号传递给控制器，控制器经过运算和分析从而“知其所以然”；继而再进一步根据感知的信息做出判断和执行相应的程序或动作。

第一节　机器人常用传感器

一、传感器与机器人的关系

随着工业 4.0 技术的发展，在工厂车间里，使用机器人、自动化控制系统已成为提高生产效率和盈利能力的重要途径。在实际应用中，无论是哪种类型的机器人，传感器都是必不可少的。假设机器人控制器是大脑，则传感器就是给大脑提供一切内部和外部信息的感知和检测系统。没有传感器提供的信息，大脑发出的动作行为就存在不确定性和不安全性，即不受监控，机器人将处于危险状态。

传感器可以使机器人拥有视觉、力觉、触觉、嗅觉和味觉等多种感知能力，不仅是外部感知，还可以检测机器人自身的内部工作状态、温度、负载状态，检测和分析电压、电流及其他信息，有效确保和提高机器人自身的安全性、可靠性和灵敏度。由于现代工业对工业机器人的智能化需求不断提高，传感器的功能也在不断升级。

当机器人控制器接收到传感器的反馈信号时，系统处于闭环控制状态，图 4-1 所示为机器人控制系统组成。传感器检测的信号数量和种类越多，机器人对其内部和外部环境掌握的信息就越多，它可完成的工作任务也会更加安全、精准和丰富。

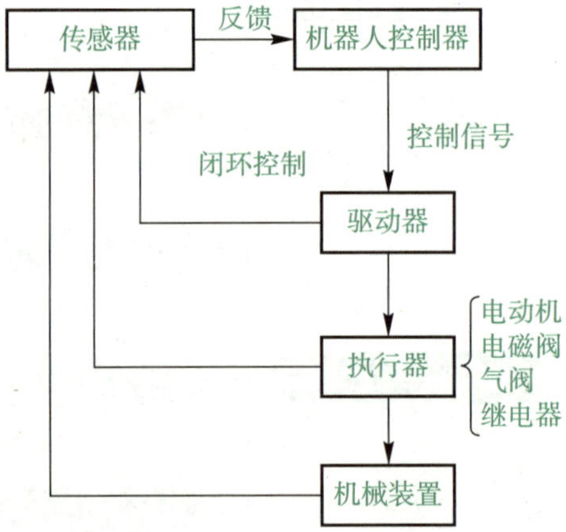

图 4-1　机器人控制系统组成

比如，一台搬运机器人，如果没有对周围环境避障检测的传感器系统，则只能在其工位原地完成搬运，不能远行；如果有避障检测的传感器系统，就能够安心出门，实现远距离搬运；如果再安装上视觉避障传感器系统，就像安装了眼睛，搬运机器人又可实现一些智能功能，如识别周围环境的属性、颜色、特性等。

二、常用工业机器人介绍

（一）搬运机器人

搬运机器人（图 4-2）是指可以进行自动化搬运作业的工业机器人，主要由机器人本体和末端执行器组成。

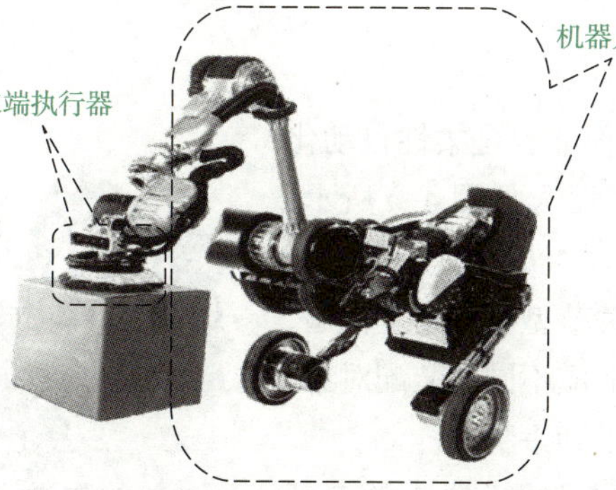

图 4-2 搬运机器人

由于工业机器人具有 3 个或更多可编程的轴，为了适应不同的用途，机器人最后一个轴的机械接口通常是一个连接法兰，可接装不同工具或末端执行器。搬运机器人可根据需要安装不同的末端执行器，从而完成各种不同形状和状态的货物搬运工作。

工业搬运机器人的动作过程比较简单，基本过程是移动→取→移动→放。机器人移动到起始位置，搬运时货物被吸盘或机械手末端夹具提起，悬浮在空中并进行移动，移动到目的位置后停止，放下货物。机器人在移动时需要对周围环境进行检测，并随时检测吸盘或机械手末端夹具的气缸内气体压力，自动识别机械手臂有无载荷，并经控制回路自动调整平衡气缸内的气压，使系统自动处于平衡状态。气动回路还要有防止误操作，掉物和失压保护等连锁保护功能。

（二）焊接机器人

焊接机器人是从事焊接工作的工业机器人，与搬运机器人相比，焊接机器人在工业机器人的末端法兰上接装了焊钳或焊枪，从而能进行焊接、切割或热喷涂等工作。

焊接机器人（图 4-3）系统主要包括机器人本体、末端执行器（焊接设备）、变位机等。其中，变位机也称翻转台，用于将被焊接的工件旋转或移动到最佳的焊接位置，实现焊枪与焊缝之间的距离补偿，提高焊接精度，稳定焊接质量。

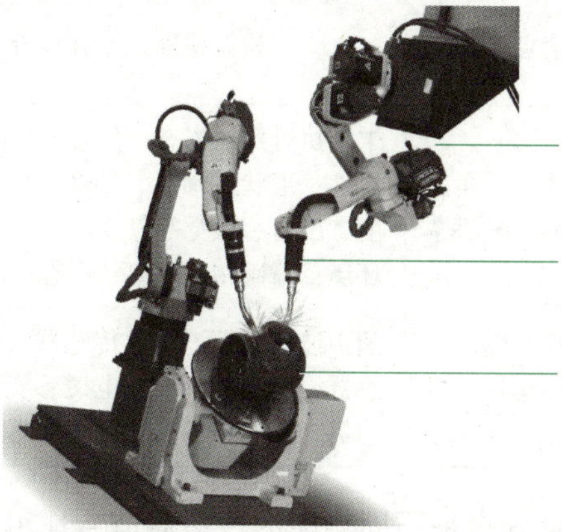

图 4-3 焊接机器人

焊接机器人在工作时，与变位机之间的配合定位尤为重要，需要精度较高的定位系统。

（三）装配机器人

装配机器人能够完成装配作业，是柔性自动化装配系统的核心设备。装配机器人如图 4–4 所示，主要由机器人本体、末端执行器组成。其中，机器人本体的结构类型有水平型、关节型、直角坐标型、多关节型和圆柱坐标型等。为适应不同的装配对象，常将末端执行器设计成各种手爪和手腕等。

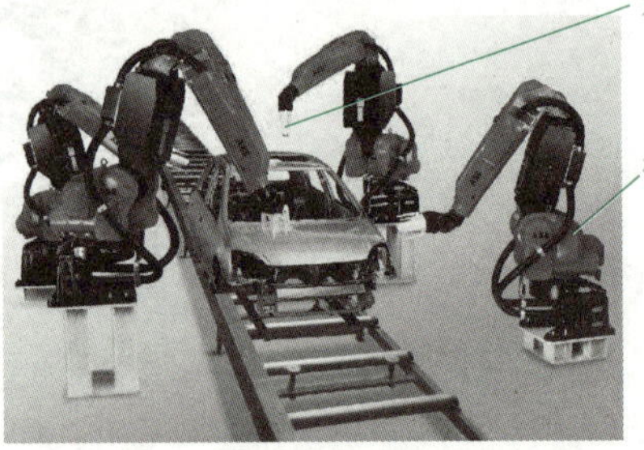

图 4–4　装配机器人

与一般工业机器人相比，装配机器人具有精度高，柔顺性好，工作范围小，能与其他系统配套使用等。装配机器人主要用于仪器仪表、汽车、手表、电焊机、电子元件、家用电器等生产批量大、装配精度要求高的产品装配，具有视觉和触觉传感机构，反应更灵敏，对物体的位置和形状具有一定的识别能力。

三、机器人常用传感器的种类

机器人系统由机器人本体、末端执行器和外围环境组成，传感器的选择和配置是围绕机器人系统的这些组成部分进行的，以实现相应的检测。

工业机器人传感器通常分为两大类：内部传感器和外部传感器。内部传感器主要用于检测机器人本体的状态和参数。外部传感器主要用于检测机器人末端执行器和外围环境的状态和信息，使机器人能够根据外部信息进行判断处理，从而适应环境和具备一定的智能判断能力。信息都可以选择合适的传感器进行检测，并将信息传递给机器人，由机器人自行利用和判断处理。机器人常用传感器的分类见表 4–1 所列。

表 4–1　机器人常用传感器的分类

传感器种类	内部传感器	外部传感器
用途	检测机器人本体内部信息	检测机器人本体以外的环境信息
检测的信息	线位移、角位移、速度、加速度、角速度、方向、电机扭矩、倾斜角、振动等	末端执行器：姿态、位置、速度、压力等； 工件：形状、颜色、特性、尺寸、速度、位置、温度、压力、触觉等； 环境：障碍物、距离、形态、温湿度等
传感器种类	编码器、光电传感器、振动仪、差动变压器应变传感器、力 / 扭矩传感器、电位计、加速度传感器等	超声波传感器、光电传感器、电感传感器、视觉传感器、触觉传感器、电磁感应传感器、弹性应变传感器、压电传感器、热敏传感器、生物传感器等

将视觉、听觉、压觉、热觉、力觉等多种不同功能的传感器适当地组合在一起，形成机器人的感知系统，从而提高机器人的智能化水平，使机器人对环境变化能够做出更加实时、准确、灵活的行为响应。

第二节　机器人常用传感器的应用

一、传感器与检测系统的关系

检测即是测量的意思，测量无处不在。例如，工厂里加工工件时每一个环节都需要测量尺寸、机器人走路要判断距离和速度、买菜要用秤称重量等都属于检测的范畴。现实中，我们需要检测的量都可以作为被测量，把这些被测量分成不同的种类，一般可以分为物理量、化学量和生物量等类型。物理量如速度、力量、温度、亮度、磁场、电压、声强等；化学量如密度、气体成分、PH 值等；生物量如生物酶、抗体、血压等。

正确识别各种被测量，将被测量的信息准确地传递出去，是信息技术不断探寻的目标。信息技术包含检测技术、计算机技术、自动控制技术和通信技术。其中，检测技术是信息技术的四大支柱之一，检测技术主要研究信息的提取、转换和处理，而传感器处于检测系统的第一个环节，用来感知被测量信息，并将被测量的信息转换成适当的电信号，传递给检测系统的下一个环节。可见，传感器在检测系统中处于非常重要的地位。

二、传感器的定义和组成

传感器是能够感受被测量并按照一定规律转换成可用电信号的器件或装置。传感器通常由敏感元件、转换元件和信号变换电路组成（图 4-5）。它实质上是一个将非电量信号转换成电量信号的器件。

图 4-5　传感器的组成部分

例如，电子秤（图 4-6）内部横梁上安装有应变电阻传感器，当电子秤放上物体时，应变电阻传感器的应变片发生形变，导致它的电阻值发生变化，通过转换元件把电阻值的变化转换成电压的变化作为传感器的输出信号，再经过信号变换电路对这个电压信号进行放大、抗干扰等处理，最终输出一个可靠的、满足接收端要求的电信号。在这个过程中，应变片扮演敏感元件的角色，将重量转换成电阻的变化量。这种应变式传感器在机器人中也广泛使用，比如检测机器人的压觉、扭矩等，主要用于力的测量。

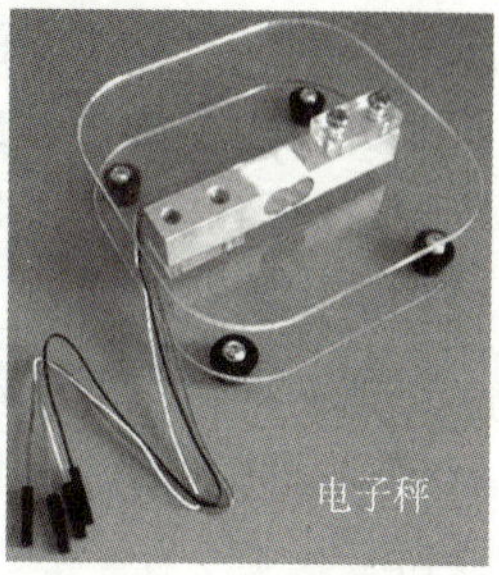

图 4-6　电子秤

三、传感器的基本特性

在选择机器人传感器时，需要根据测量的需要和环境来判断，比如：测量的范围、最小变化量、精度、抗干扰能力、响应速度、重复性等诸多要求，这些要求与传感器本身的基本特性有关。

传感器在输出信号时存在静态特性和动态特性，这些特性是由传感器内部因素（材料、结构等）所决定。只有选择具有良好静态和动态特性的传感器和检测系统，才能保证测量的精准度，实现信号的准确采集。

下面讨论传感器的静态输入—输出特性。静态输入—输出特性是指当传感器输入的被测量不随时间变化或时间变化很慢时，其输出量随输入量变化的关系。传感器静态输入—输出特性曲线如图 4-7 所示，横轴 x 为输入量，纵轴 y 为输出量。

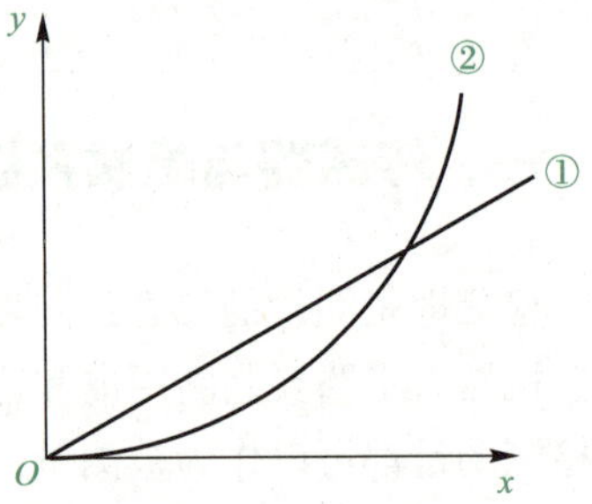

图 4-7　传感器静态输入—输出特性曲线

从图中曲线可观察到，①号传感器静态特性是线性的，②号传感器静态特性是非线性的。通过分析传感器的静态特性图，可以得到传感器的一些性能指标。

（一）灵敏度

1. 定义

灵敏度是指传感器在稳态输出时，输出信号变化量与输入信号变化量之比，用 k 表示，即

$$k=\frac{\mathrm{d}y}{\mathrm{d}x}\approx\frac{\Delta y}{\Delta x} \tag{4-1}$$

式中：Δx——输入量的变化值；

Δy——输出量的变化值。

在特性曲线上某一点的斜率即是传感器在该点的灵敏度。线性传感器的特性曲线为直线，灵敏度为常数。非线性传感器的灵敏度为变化值。传感器的灵敏度如图 4-8 所示，①号传感器的灵敏度为常数，②号传感器的灵敏度在不同位置是不一样的。

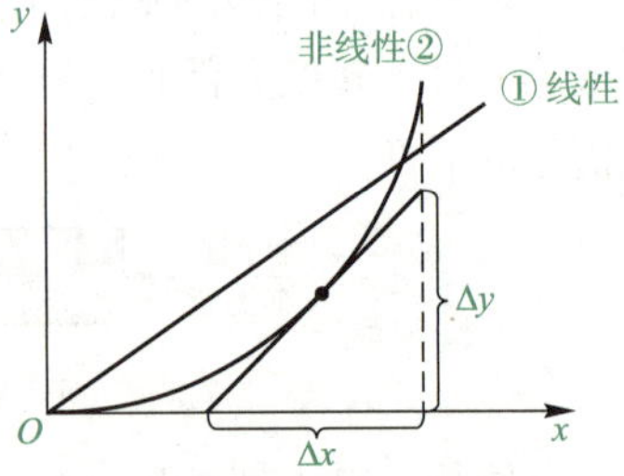

图 4-8　传感器的灵敏度

2. 传感器灵敏度的选择

在选择传感器时，灵敏度要适当为宜，不是越高越好。灵敏度越高，可以识别的被测量的变化量越小，即较小的被测量变化就能引起较大传感器输出，若此时有微小的干扰，也会被识别并放大，测量输出值就不稳定了，导致系统稳定性下降。而要传感器既能在高灵敏度时工作，又要具有一定的线性特性，这就在一定程度上限制了传感器的工作范围。

例如，机器人需要检测货物重量时，如果测重传感器灵敏度过高，当周围环境有震动或有机械抖动时，都会引起货物重量的测量值变化，即测量输出值的变化被放大，测量的稳定性会下降。

（二）非线性度

1. 定义

非线性度是指传感器的实际输出和输入关系对于理想的线性关系的偏离程度。

图 4-9 为传感器非线性度，①为理想的线性关系曲线，②为实际的输出和输入关系曲线，它们之间有一定的偏离 Δy，这个偏离的程度就是非线性度。

2. 非线性度的选择

非线性度越小越好，仪表的静态特性接近于直线，在直线状态下，灵敏度为常数，便于计算，不容易出现误差。现实中，大多数传感器的静态特性是非线性的，一般采用计算机算法来减小检测系统的非线性度。

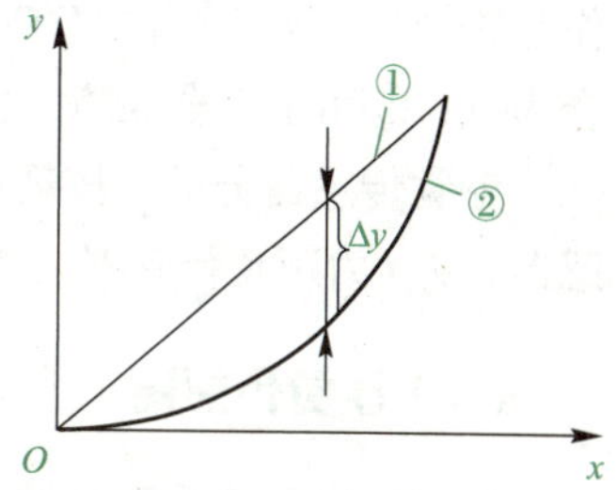

图 4-9 传感器非线性度

(三) 测量范围

1. 定义

测量范围，也称线性范围，是指传感器被测量的最大值和最小值之差。

2. 测量范围的选择

通常选择传感器灵敏度近似为常数、输入输出特性为线性的区间为测量范围（图 4-10）。传感器的线性范围越宽，测量范围就越大，并能保证一定的测量精度。在选择机器人传感器时，首先要看测量范围是否符合要求。事实上，任何传感器都不能保证绝对的线性，其线性也是相对的。当测量精度相对较低时，非线性度较小的传感器可以在一定范围内近似视为线性，这将给测量带来极大的便利。

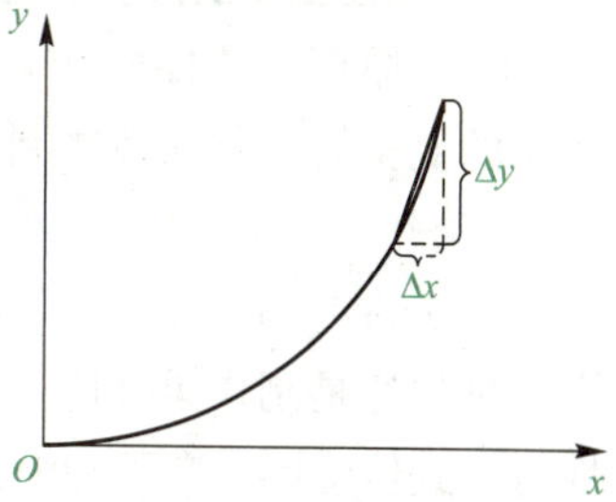

图 4-10 传感器测量范围

(四) 分辨力

1. 定义

传感器分辨力是指传感器可能感受到的输入量的最小变化量的能力，是有量纲的值。用分辨力除以仪表的满量程，就是仪表的分辨率。

当输入量的变化小于分辨力时，传感器的输出不会发生变化。在使用中，数字仪表的分辨力通常指该仪表所能显示的最后一位的最小数值，例如，数字仪表显示值是 12.36，则它的分辨力是 0.01。

2. 分辨力的选择

要根据具体的测量需求来选择分辨力，例如，选择位移传感器时，如果用在扫地机上面，则可以选择一个分辨力较低的传感器；当要用在装配机器人上时，分辨力要求就高多了，往往需要检测出 1 mm 甚至更小的位移。

四、触觉传感器

触觉传感器，也称为电子皮肤，因为它是机器人模仿人的皮肤触觉功能的传感器。人的皮肤遍布全身，能感知温度、湿度、受力、疼痛、物体的性质等，但由于现代科技的局限性，机器人还很难完全实现这些功能。若想让机器人具有更加接近人的触觉，还需要在敏感材料、检测技术的开发和应用方面不断创新，实现突破。

触觉传感器主要用于：①探测接触物的属性，如光滑度、硬度、温度等，使机器人具有一定的识别功能；②使动作更加适合接触物，比如感知机械手与接触物之间的接触力，以判定动作是否合适，动作不能过于强硬，也不能过于柔弱，包括抓力、推力、拉力、压力等，都要适合为宜；③用于安全保障，如碰撞、限位等。

触觉传感器分类：按现代的技术水平，机器人触觉传感器主要分为压觉传感器、接触觉传感器、力/力矩觉传感器、滑觉传感器等。

（一）压觉传感器

当人的皮肤感受到机械性压力后，会发出一股神经波被人感知；压力越大，波的压强越高。而压觉传感器在压力作用下会产生电信号，并可以进行量化检测。下面介绍两种压觉传感器：柔性应变式传感器和电容式压力传感器。

1. 柔性应变式压觉传感器

（1）原理。柔性应变式压觉传感器是利用应变效应的原理，即弹性材料的电阻率随压力大小的变化而变化的性质制成，并把接触面上的压力信号转变为电信号。主要用于测量受力的大小。

（2）材料和优点。对于半导体传感器而言，材料的柔韧性和可拉伸性在力的作用下不会产生物理损坏是制作柔性应变式传感器的关键。相比于传统的由金属材料制作的传感器而言，柔性应变式传感器具有可伸缩性、应变范围大等优点。

（3）组成。柔性应变式压觉传感器由敏感材料、活性层和电极材料组成。对于柔性传感器，敏感材料是决定其弹性形变性能的关键因素。传统压阻传感器通常以硅或氧化硅等作为敏感材料，而柔性传感器需要更高柔韧性的敏感材料。导电合成橡胶——一种聚合物材料，是常用的触觉传感器敏感元件，它是在硅胶中添加了导电颗粒或半导体材料，使其具备导电功能。在外力刺激下，柔性应变式传感器的电极与电极之间以及电极与活性层之间的接触电阻发生变化，并产生有效的电流输出信号。

（4）应用。柔性应变式触觉传感器往往做成压感阵列（图 4-11），即把两层导电合成橡胶做成胶线，并互相交叉形成网状交叉阵列。当施加压力时，导电橡胶发生形变，接触面积改变导致电阻变化，从而改变了输出信号。这种传感器往往用于机器人的手指指尖、皮肤等，感知受力的大小。

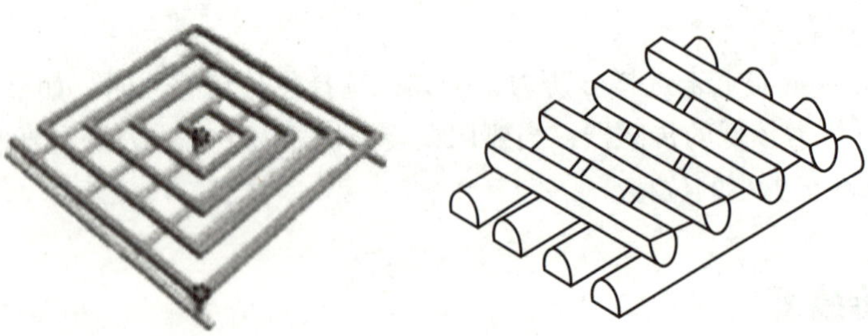

图 4-11　压感阵列

2. 电容式压觉传感器

（1）原理。电容式压觉传感器是早期普遍使用的触觉传感器之一，利用被测物体受压时产生微小形变，从而改变电容量的原理，即

$$C=\frac{\varepsilon A}{d} \tag{4-2}$$

式中：C——电容值；

ε——极板间介质的介电常数；

A——电容两个极板的正对面积；

d——两个极板的间距。

（2）结构和应用。把电容的两个极板做成行和列重叠的阵列结构，行列间夹着弹性介质，形成触觉传感器。当传感器的行列交叉点受压力而变形时，弹性介质受力而变形，导致电容发生改变，通过转换电路可输出与电压成一定关系的电信号。电容式压觉传感器属于变极距型电容式传感器，采用差动电容式压觉传感器可得到更高的灵敏度。

（二）力觉传感器

工业机器人在进行搬运、焊接、装配、移动等作业时，要实时进行力的测量。力的测量主要体现在机器人的关节、手指位置，如手关节、指尖、腕关节、臂关节、膝关节等，这些力的测量区别于前面讲述的触觉的测量，主要侧重于机器人所受重力、扭矩等。

下面将介绍 2 种力觉传感器，分别是应变式关节力传感器和腕部多维力传感器。

1. 应变式关节力传感器

（1）功能。应变式关节力传感器主要用于检测机器人关节的受力情况，起到过载保护的作用。

（2）原理。应变式关节力传感器基于应变效应的原理。

（3）材料和结构。采用应变片作为弹性敏感元件，将专用的测力 / 扭矩的应变片粘贴在被测弹性物体表面，并组成应变电桥电路，以提高灵敏度和减小温漂。当被测弹性物体受力产生形变时，应变片也会伸缩变形，应变片电阻随之改变，使应变电桥的输出电信号改变，将该应变电信号放大并转换后，输出给控制器、显示系统等。

图 4-12 为四臂全桥电路，优点是灵敏度高、抗温漂性能好。在传感器的应用中，使用的应变片数量越多，其优点越明显。

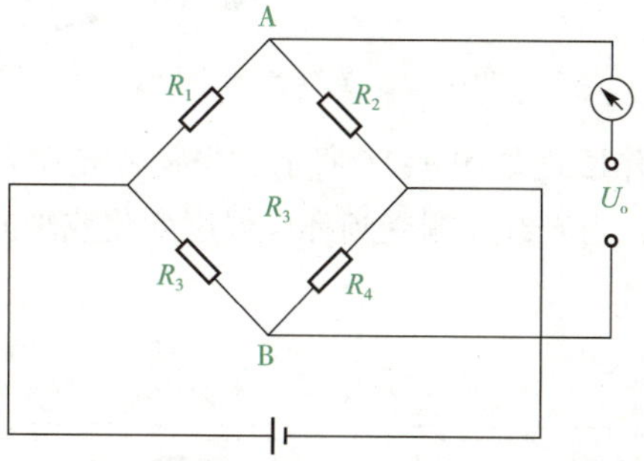

图 4-12　四臂全桥电路

（4）机器人关节力传感器的安装如图 4-13 所示。机器人关节的驱动通常由伺服电机和谐波减速器完成，伺服电机与谐波减速器相连，谐波减速器与关节上的连杆相连。伺服电机通过谐波减速器带动关节上的连杆运动。若想检测关节上的受力大小，需要将传感器安装在驱动系统与负载之间，即安装在谐波减速器和连杆之间。

机器人的关节受力形式可以分为两类：一类是关节正向的垂直挤压之力，另一类是关节旋转时的扭力。在测量机器人关节受力大小时，需要选择合适的传感器弹性材料，并设计出灵敏度高、稳定性好、抗干扰、分辨率高、承载能力强的材料结构。

图 4–14 为圆环式弹性体结构的关节力觉传感器。弹性圆环内部和外侧都均匀间隔打上安装孔，内部安装孔连接谐波减速器，外部安装孔连接关节的负载。将应变片粘贴在内部和外部安装孔之间的连接体上，应变片随着连接体受力变形而产生形变，这个弹性体结构更适合测量剪切的扭力，结构坚固，稳定性好，承载力强。

图 4–13　机器人关节力传感器的安装

图 4–14　圆环式弹性体结构的关节力觉传感器

2. 腕部多维力传感器

腕部多维力传感器用于机器人腕力的测量。传统的力觉传感器主要有电阻应变式、电容式等。然而，这些传感器的抗电磁干扰能力和抗高温高压能力比较差，往往无法在复杂的环境中正常使用。光纤光栅传感器能克服以上传感器的缺点。

（1）定义。光纤布拉格光栅（FBG），即在纤芯内形成的空间相位周期性分布的光栅，其作用就是在纤芯内形成一个窄带的（透射或反射）滤波器或反射镜。

（2）优点。光纤光栅作为一种新型的传感器元件，能够测量应变、温度、位移，被广泛地应用于应力、温度等检测领域(图 4–15)，与电阻式、电容式等传统传感器相比，光纤光栅传感器具有体积小、抗电磁干扰、耐腐蚀、耐高温的优点，且能在复杂环境中工作。

图 4–15　光纤光栅传感器

（3）光纤光栅传感器工作原理如图 4–16 所示。当宽带光在光纤光栅中传播时，满足特定条件的波长将会被反射回来；当光纤光栅受到环境温度变化或轴向应变作用时，该反射波长会发生漂移，产生有规律的变化。

图 4–16　光纤光栅传感器工作原理

（4）结构。根据机器人腕部受力的应用需求，选择一种十字梁结构的腕部多维力传感器（图 4–17），该传感器由两个圆环和一个十字型的连接梁组成，将 FBG 1 ～ 4 粘贴在十字梁上，作为测量应力的光栅，测量十字梁的形变；FBG 5 为温度补偿光栅，用来检测温度的变化。

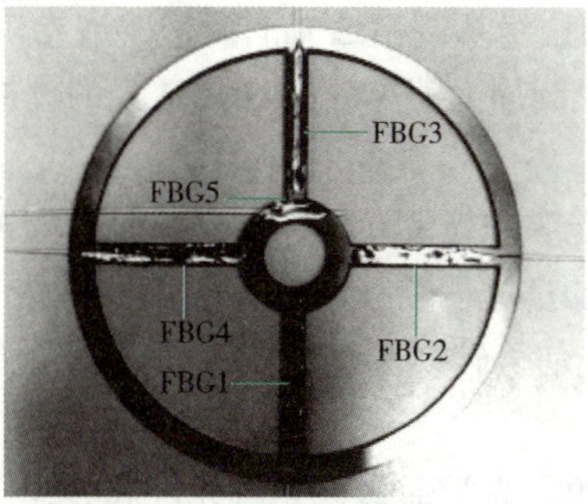

图 4-17 十字梁结构的光纤光栅传感器

（5）应用。当传感器的外环因机器人的手腕受力弯曲而受到压力时，与该位置相连的两个梁将发生形变，进而使粘贴上的 FBG 因剪应力形变而发生中心波长漂移。每个梁形变的大小与传感器受力的大小和位置有关，因此可以根据 FBG 中心波长的漂移量得出机器人腕部的受力情况。

五、位移 / 速度传感器

机器人的每一次运行都离不开位置和速度的实时检测，其运动的准确性取决于位置检测的精度和运动系统的响应速度，下面介绍实现机器人的位置和速度检测的传感器。

在机器人本体上有多个轴需要运动，每个轴运动都要对角位移进行精确的测量，并将位移信号实时反馈给机器人控制器，以便控制器进行运动控制。位置 / 速度传感器通常安装在机器人每个轴的驱动电机（伺服电机）的末端，传感器的轴与驱动电机的轴一起转动。

在工业机器人的应用领域里，绝大多数位移 / 速度传感器都采用旋转编码器，最常用的就是光电旋转编码器（图 4-18）。下面就重点介绍光电旋转编码器。

图 4-18 光电旋转编码器

（一）光电旋转编码器

图 4-19 为光电旋转编码器内部结构，光电旋转编码器的工作原理是通过光电效应，将角位移形成的光信号转换成周期性的电信号，输出一串电脉冲。

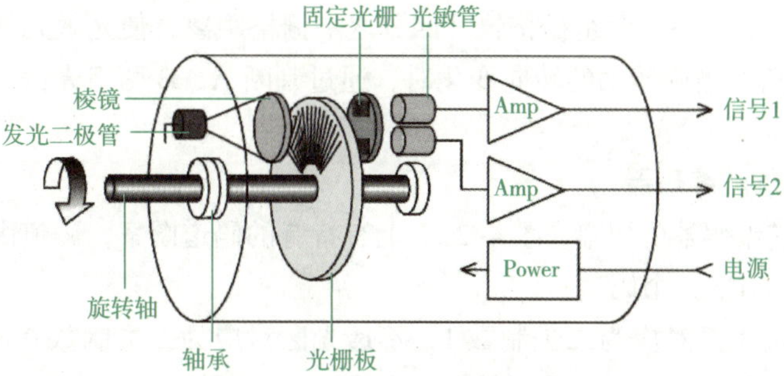

图 4-19 光电旋转编码器内部结构

在光电码盘（即光栅板）的边缘切割出透光的栅格，透光栅格在码盘圆周上分布的数量从几百个到几千个，这样整个码盘圆周上就等分成 N 个透光的栅格。编码器的分辨率则由这些透光栅格的数量决定。

在光电码盘两侧分别安装光源和光敏元件，当光电码盘随被测轴一起转动时，在光源（如 LED 光）的照射下，通过码盘的透光栅格形成一亮一灭的光信号，光信号照射到光敏元件上，光敏元件（如光敏三极管）把光信号转换成电脉冲信号，通过转换电路进行转换，最后输出给控制系统。

光电旋转编码器主要由光源、光学通道、光敏元件和转换电路组成（图 4–20）。其中，光学通道指的就是光电码盘，产生光脉冲；光敏元件（如光敏三极管）的主要作用是将光信号转换成电信号，实现光电转换。

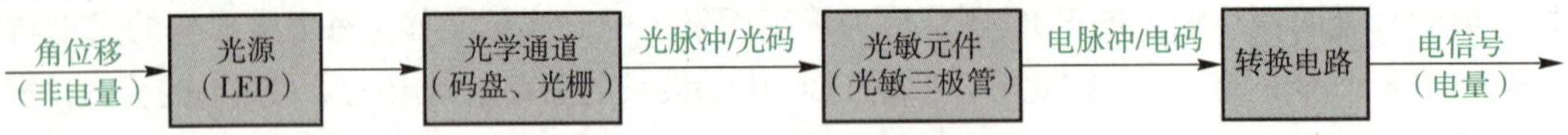

图 4–20　光电旋转编码器的组成框图

（二）光电旋转编码器的分类和比较

光电旋转编码器分为增量型和绝对型 2 种基本类型，两者的主要区别是码盘结构不同。

1. 增量型光电旋转编码器

增量型光电旋转编码器的码盘如图 4–21 所示。增量型光电旋转编码器转动时输出的是电脉冲，再用外部计数设备通过累加电脉冲数量来计算码盘旋转的角位移，当编码器不动或停电时，依靠计数设备的内存来记住位移。

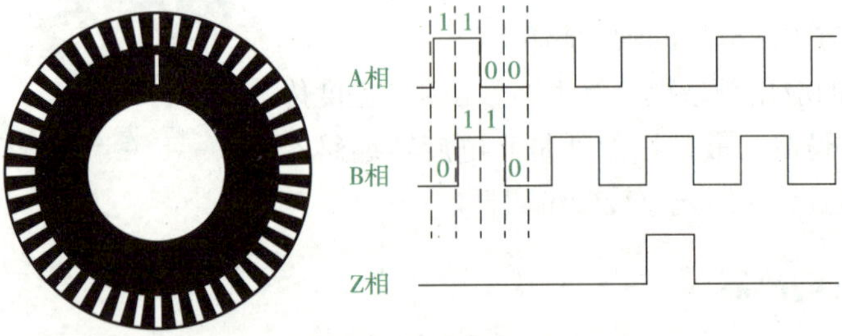

图 4–21　增量型光电旋转编码器的码盘

为了判别被测转轴的旋转方向，需要在码盘和光源之间增加一个光栅板，上面刻有 A、B 两组与码盘间隙一样的栅格，两组栅格错开四分之一栅格距离，使光敏元件受光照的信号在相位上相差 90° 电度角。当旋转轴的转向变化时，通过判断 A、B 两组光信号的前后顺序变化即可判断旋转方向。

2. 绝对型光电旋转编码器

绝对型光电旋转编码器的码盘（图 4–22）上有特有的码道图案，码道由透光区和不透光区组成，一个光敏元件对准一个码道。

假设码盘上的透光区对应为二进制数 1，不透光区对应为二进制数 0，则此时码盘上每个码道对应的光敏元件所读出来的二进制数即组合成为此位置的码盘数——一个格雷码，并具有唯一性。编码器旋转到不同的角度，就会输出不同的二进制格雷码，通过这些二进制数就可判断码盘的绝对位置。

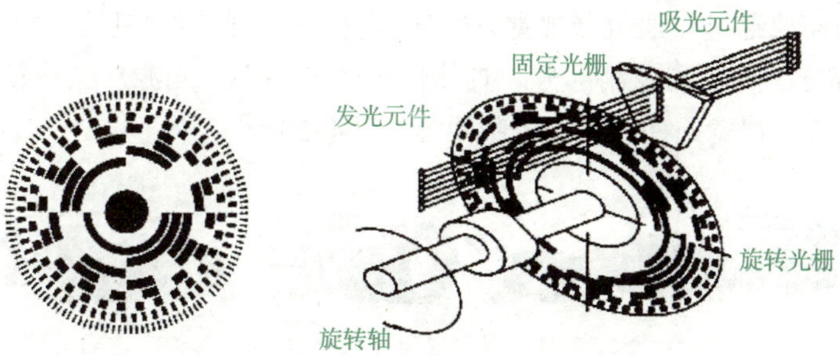

图 4-22 绝对型光电旋转编码器的码盘

3. 两种光电旋转编码器的对比选择

增量型光电旋转编码器的优点是结构简单，性价比高，分辨率高。它的缺点是无法直接读出轴的绝对位置信息，采用的是相对编码，容易出现累积误差，掉电后数据会丢失，需要重新复位。

绝对型光电旋转编码器的优点是机械位置决定了每个旋转位置都是唯一的，它无须记忆，不需要参考点，而且不用一直计数，什么时候需要知道位置，什么时候去读它的位置即可，没有累积误差，不需要复位处理，断电后位置信息不会丢失，抗干扰能力强，数据的可靠性大大提高。它的缺点是为了提高分辨率和精度，需要不断提高码道的数量，使码盘的体积变大，增加了制作成本和难度，也造成了价格较贵。

由于绝对型光电旋转编码器价格偏高，如果对位置没有严格的要求时可以选用增量型光电旋转编码器，增量型光电旋转编码器也是工业上常用的编码器。

总之，光电旋转编码器在电机的控制中提供三方面的信号，第一，提供电机的旋转方向；第二，通过计数提供速度反馈数据；第三，通过电动机角位移信号提供位置反馈数据。可见，利用光电旋转编码器的信号，电动机可以实现速度闭环控制。

由于机器人本体使用的电机大部分是伺服电动机，所以配套使用的编码器都是伺服电机编码器，也分为增量型和绝对型。

六、机器视觉和视觉传感器

（一）机器视觉在制造业中的应用

近几年来，机器视觉的应用呈爆炸式增长，尤其对制造业，机器视觉扮演着越来越重要的角色。企业应用机器视觉系统代替人类去完成检验、识别、定位工作，机器视觉在人工智能以及深度学习算法的辅助之下，能够帮助企业有效地减少产品故障，提升工作效率，提高精度要求。这种视觉模型、控制器和机器人技术结合之后，可以监控制造业生产供应链内发生的所有情况，从装配到物流，这期间需要人工互动的需求减少，从而就避免了手动程序造成的失误，可以让企业员工能够专注于更高层次的生产活动。因此，机器视觉对于制造业的重要性是不言而喻的，它将制造业的发展带来一次飞跃性的变革。

（二）机器视觉系统

利用机器代替人眼进行识别和测量的能力被称为机器视觉，也就是用机器来实现对客观三维世界的识别。

这种视觉能力需要通过搭建机器视觉系统来实现。一个典型的机器视觉系统包括图像获取部分、图像处理部分、判断和控制部分。具体使用的产品有：光源、工业镜头、工业摄像机、图像采集卡、计算机、视觉处理软件、控制器等（图 4-23）。

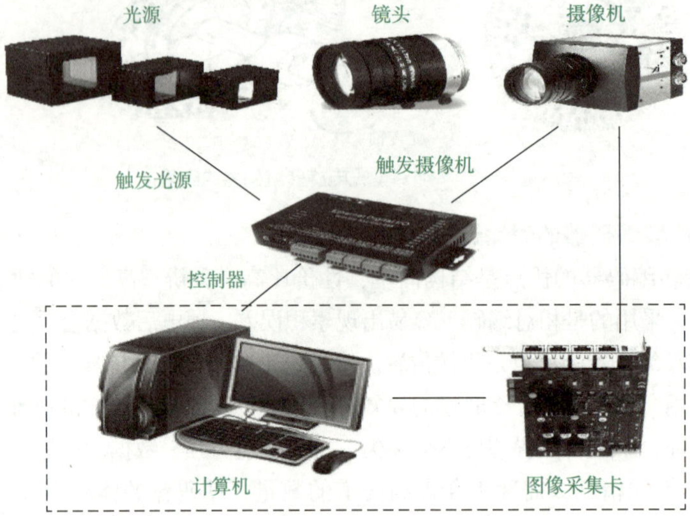

图 4-23　机器视觉系统的组成

1. 光源

视觉技术其实是光的一种再现，用摄像机镜头可以摄取多少图像信息，主要取决于目标物体有多少光反射进镜头中。

在机器视觉应用系统中，好的光源与照明方案往往是整个系统成败的关键，起着非常重要的作用，并不是简单的照亮物体而已。经过实践总结，LED 光源显色性好，光谱范围宽，能覆盖可见光的整个范围，且发光强度高，稳定时间长，节能、价格逐年降低，在机器视觉领域正得到越来越广泛的应用。

由于光源的数量、位置、角度、被照射物体的性质都会影响光的反射和投射效果，在实际运用中还要进行综合分析和选择。

2. 镜头

在视觉系统中，镜头主要用来进行光束的调控，可以通过调节镜头的光圈和焦距来实现调控目的（图 4-24）。镜头里最主要的结构是包含了小孔成像里的那个小孔，小孔即是光圈，调节光圈大小可以调节进入光圈的光线的数量，从而使相机里的感光元件得到不同的光亮度；镜头另一个功能是可以调节小孔与相机里的感光元件之间的距离，即焦距，焦距越小，视角就越宽，能看到的图像就越多，短焦距的镜头也叫作广角镜头。

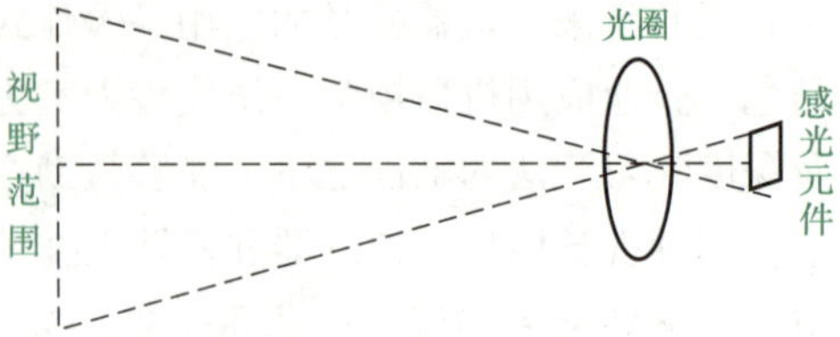

图 4-24　镜头调控光束

为了更好地抓取到不同的对象，我们要选用不同的镜头进行图像收集工作，如标准镜头、长焦和广角镜头等。

3. 工业摄像机

数码摄像机是典型的视觉获取装置，为了获取到二维或三维的空间图像，可以配置成单目视觉、双目立体视觉、多目视觉、全景视觉和混合视觉系统。

工业摄像机区别于普通数码相机，它的拍摄速度、图片质量远高于普通数码相机。工业摄像机是机器视觉系统的核心部分，其原理与普通数码相机相同。工业摄像机里最主要的器件是图像传感器，图像传感器能将其感光面上的光图像信息转换成电信号，是一种高集成度的半导体光电传感器。现在市面上应用最普遍的是电荷耦合元件（CCD）图像传感器和互补金属氧化物半导体（CMOS）图像传感器，它们都是利用硅的光电效应原理作为基本光电转换方法，只是采取了不同的电信号传递和读取方式。

下面分别来了解一下这两种图像传感器。

（1）CCD的结构、工作原理和分类。CCD是一种电荷耦合器件，它是以电荷作为信号并以电荷包的形式存储和传递电信息的半导体表面器件，具有光电转换、电荷存储、电荷转移和电荷信号读出的功能。

①光电转换、电荷存储过程。CCD就是由大量按一定规律排列的金属氧化物半导体（MOS）电容器组成的阵列，它的基本单元是MOS电容器，即光敏元，一个光敏元可感应出一个像素点，如果测量中要显示出1024×768个像素点，就需要同样数量的光敏元。

图4-25为CCD的结构，MOS电容器是由金属极板、SIO_2氧化物、P型或N型硅衬底三层物质组成，给金属极板通电，当光线照射到MOC电容器的硅衬底上时，它会产生电子—空穴对（光生电荷），电子被金属极板吸引存储在势井区（SIO_2氧化物与硅衬底接触面之间），入射光越强，产生的电荷数量越多，被吸引到势井区的电子就越多。此时的势井就像一个充电的电容，里面存储着电荷，被称为电荷包。因此，势井中的电子数量可以反映光照的强弱和图案的明暗程度，实现了光信号向电信号的转换。当光照停止时，由于势井的作用，电荷在一定时间内也不会消失，实现了对光照的记忆。

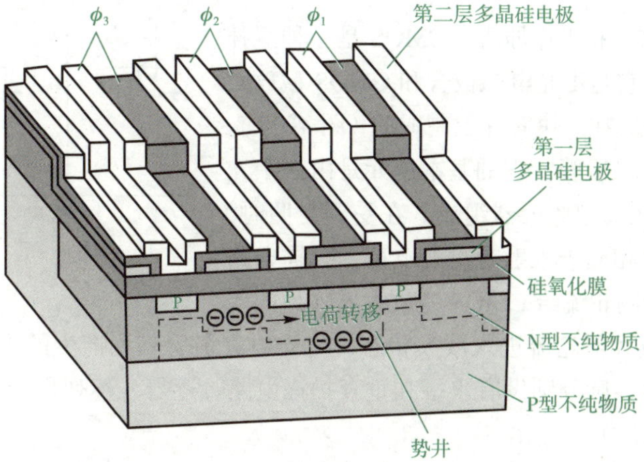

图4-25 CCD的结构

②电荷转移过程。在CCD芯片上，同时还集成着电荷转移电路，其转移的原理是通过在金属电极上施加不同的电压实现电荷转移。通过三相时钟脉冲控制各个金属电极上电压的变化，在半导体表面形成不同的势井，如果右边产生更深的势井，左边形成阻挡势井，则电荷包

里的电荷自左向右做定向运动，在时钟脉冲的控制下以一定速度逐位、逐行地以串行方式将模拟脉冲信号输出到一端。

③电荷的输出过程。CCD 里电荷的生成、存储、转移和输出如图 4-26 所示，它实际上是在 CCD 阵列的末端衬底上制作的一个输出二极管，当输出二极管加上反向偏压时，转移到终端的电荷在时钟脉冲作用下移向输出二极管，被二极管的 PN 结所收集，在负载 R 上形成脉冲电流 I，输出电流的大小与信号电荷的大小成正比，并通过负载电阻 R 转换成信号电压 U_o 输出。

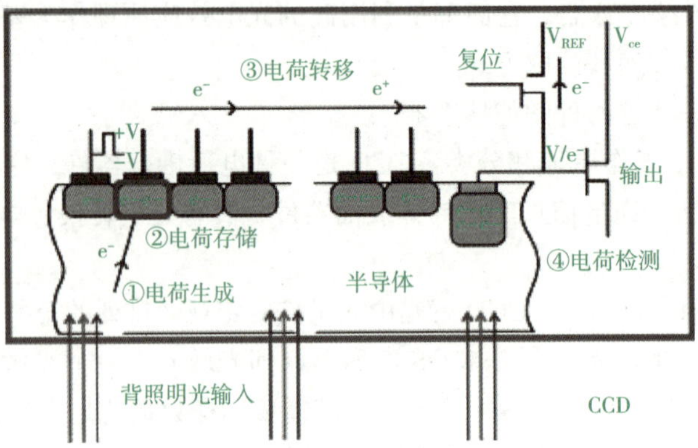

图 4-26　CCD 里电荷的生成、存储、转移和输出

④ CCD 图像传感器分类。CCD 图像传感器可以分为线阵式和面阵式两大类。

线阵 CCD 摄像机一次只能获得图像的一行信息，被拍摄的物体必须以直线形式从摄像机前扫描过，才能获得完整的图像。它主要用于检测条状、筒状产品，例如，布匹、钢板、纸张等，传真和光学文字识别领域。

面阵 CCD 摄像机可以一次获得整幅图像的信息，主要用于摄像领域。

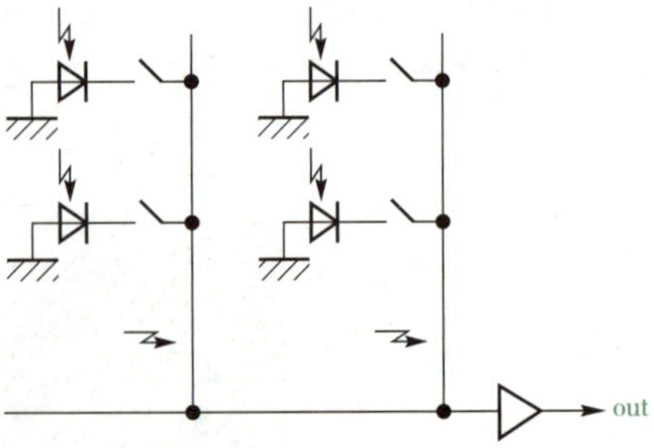

图 4-27　CMOS 的结构

（2）CMOS 的结构和工作原理。CMOS 是一种互补金属氧化物半导体，它是由光电二极管和 CMOS 型放大器阵列、扫描电路集成在一块芯片上制成的（图 4-27）。它的光敏元件是光电二极管，它的基本单元是由一个光电二极管和一个 CMOS 型放大器组成。在受到光照时，光电二极管阵列产生相应于入射光量的电荷。扫描电路以时钟脉冲的时间间隔轮流给 CMOS 型放大器阵列的各个栅极加上电压，放大器轮流进入放大状态，将光电二极管阵列产生的光生电荷放大并输出。如果是二维像素矩阵，则分别设有水平和垂直扫描电路，逐行、逐列进行扫描放大，将面阵上各个像素点的电荷依次放大输出。

（3）CCD 与 CMOS 比较。CCD 传感器在灵敏度、分辨率、噪声控制等方面都优于 CMOS 传感器，但由于 CCD 需在同步信号控制下由 3 组不同的电压脉冲相配合，一位一位地转移电荷信息，整个电路较为复杂而且速度较慢。

CMOS 传感器具有输出信息速率快、低成本、低功耗、集成度高等特点。随着 CCD 与 CMOS 传感器技术的进步，两者的差异有逐渐缩小的态势。例如，CCD 传感器一直在功耗上做改进，以应用于移动通信市场；CMOS 传感器则在改善分辨率与灵敏度方面的不足，以应用于更高端的图像产品。

4. 图像采集卡

图像采集卡通常以插卡的形式安装在计算机里，通过图像采集卡将摄像机输出的模拟量图像信号传送到计算机，供计算机处理、存储、显示和传输等使用。其主要功能如下：

（1）实现 A/D 转换，将摄像机输出的模拟量图像信号放大，并转换成数字量信号。

（2）控制摄像机，它可以控制摄像机的一些参数，比如触发信号，曝光 / 积分时间，快门速度、重置拍照、定时拍照等。

（3）控制总线接口，完成数字图像数据的传输。

（4）视觉处理软件。在计算机里，用视觉处理软件能够完成输入图像数据的处理，通过一定的运算得出结果，这个输出的结果可能是正确 / 错误信号、坐标位置、字符串等。

常见的机器视觉软件以 C/C+ + 图像库，Active X 控件，图形式编程环境等形式出现，可以是专用功能的，也可以是通用的。

（5）控制器（包括 I/O、运动控制、电平转换等）。视觉处理软件完成图像分析后，将分析结果通过控制器传递给生产控制系统，完成对生产过程的控制，例如，检验、识别和定位等。

（三）视觉传感器与机器视觉系统

视觉传感器是一个独立的设备，它包括视觉照明、镜头、摄像头、模数转换器、图像处理器、图像存储器等，同时具备图像分析功能，显示所拍摄物体的关键数据。

表面看起来，视觉传感器跟机器视觉系统的组成很相似，但它们在应用上有很大区别。

视觉传感器实质上是一个集成化的简易的机器视觉系统。视觉传感器适合做简单的质量控制应用，包括存在 / 不存在验证、匹配、标签检查、验证物体的正确颜色或阴影等。使用视觉传感器最好的应用是模式匹配检查，因为它只需简单捕获正确条件的图像。当传感器检测到不匹配的零件时，传感器会输出失败信息发送到生产线，产品将被拒收。

而机器视觉系统能完成更为复杂的工作，例如，在自动化工厂中引导机器人焊接零件。视觉传感器投入成本低，安装调试简便，不需要大量培训即可完成设置和配置。但是机器视觉系统需要较多的专业知识，并需要投入大量时间和资金才能完成配置、安装和培训。在选择时，还是要根据具体需要、资金投入、人员配备等方面来做决定。

第三节　机器人定位导航和避障系统

随着传感技术、智能技术和计算技术等不断提高，智能移动机器人在生产和生活中扮演着越来越重要的角色。如何让机器人在复杂多变的环境中能够安全高效自主导航移动，是我们不断要探索的技术课题。移动机器人的自主定位、导航与避障的方法都是核心问题，下面我们来介绍几种目前主要的机器人定位导航技术。

目前主要的机器人定位导航技术包括：视觉导航定位技术、超声波导航定位技术、GPS 全球定位、光反射导航定位技术、即时定位与地图构建（SLAM）技术。

一、视觉导航定位技术

视觉导航定位系统的工作原理就是对机器人周边的环境进行光学处理，先用摄像头进行图像信息采集，然后将它反馈到一个由神经网络和统计学方法构成的学习子系统，再由学习子系统将采集到的图像信息和机器人的实际位置联系起来，完成机器人的自主导航定位功能。

机器人视觉导航定位系统，利用的就是机器视觉技术，由单目视觉向基于多个镜头的多目3D视觉引导系统发展。

二、超声波导航定位技术

超声波，又称为超声雷达，其定位的原理是：从发射端发出频率大于20 KHz的超声波到目标物，然后由接收端接收目标物的反射波，根据发送与接收的时间差、声速来计算目标物与发射接收端之间的距离（图4-28）。

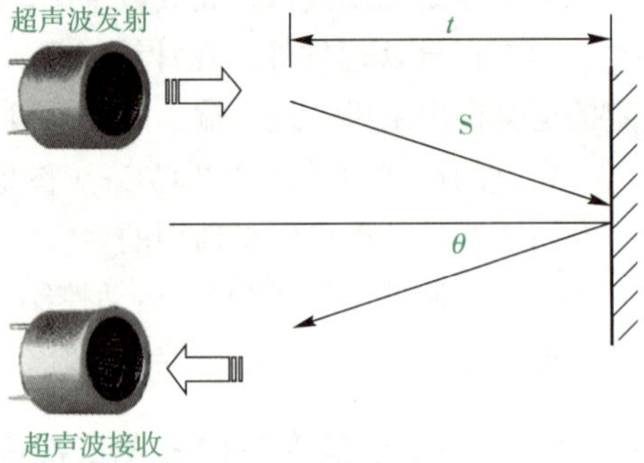

图4-28　超声波测距原理

其目标物与发射接收端之间的距离，即

$$S \cdot \cos\theta = \frac{t}{2}v \tag{4-3}$$

式中：t——超声波发射和接收的时间差；

v——超声波在介质中的传播速度。

最常用的发射频率是40 KHz。使用超声波定位，一般精度在1～3 cm之间，探测适用范围在0.2～10 m之间。

由于超声波传感器具有成本低廉、采集信息速率快、距离分辨率高等优点，长期以来被广泛应用到移动机器人的导航定位中。

三、GPS全球定位系统

GPS是指利用GPS卫星，向全球各地全天候、实时性地提供三维位置、三维速度等信息的一种无线电导航定位系统。

如今，在智能机器人的导航定位技术应用中，一般采用伪距差分动态定位法，用基准接收机和动态接收机共同观测4颗GPS卫星，按照一定的算法即可求出某时某刻机器人的三维位置坐标。这种差分动态定位消除了卫星时钟误差，对于在距离基准站1 000 km的用户，可以消除卫星时钟误差和对流层引起的误差，因而可以显著提高动态定位精度。

四、光反射导航定位技术

典型的光反射导航定位方法主要是利用激光或红外传感器来测距。激光和红外都是利用光反射技术来进行导航定位的。

激光全局定位系统一般由激光器旋转机构、反射镜、光电接收装置和数据采集与传输装置等组成。虽然红外传感定位同样具有灵敏度高、结构简单、成本低等优点，但因为它们角度分辨率高，而距离分辨率低，因此在移动机器人中，常用作接近传感器，探测临近或突发运动障碍的情况，便于机器人紧急停止。

五、SLAM 技术

SLAM 技术，即时定位与地图构建，主要用于研究机器人移动的智能化。对于完全未知的周边环境，配备激光雷达等核心传感器后，SLAM 技术可以帮助机器人构建环境地图，助力机器人的自主行走。

（一）应用领域

目前，SLAM 技术被广泛运用于机器人、无人机、无人驾驶、AR/VR 等领域，依靠传感器可实现机器人的自主定位、建图、路径规划等功能。

（二）设计思路

SLAM 技术也是模仿人类的思维模式。当我们要开车或步行到达某一目的地时，不断需要做的几个动作：

（1）观察和分析周围环境，记住他们的特征信息，判断所在位置。

（2）在大脑中建立所在位置空间影像。

（3）规划行进方向和路线。一边行进一边判断周围空间是否安全，是否正确，及时调整行进路线，不断获取新的位置特征，并且校正自己头脑中的地图模型，根据自己前一段时间行走获得的位置特征，确定自己的新位置。不断对比空间影像和位置以及是否到达目的地。

（三）SLAM 技术的三个步骤

（1）定位：机器人判断自己在环境中的位置。

（2）建图：机器人在定位的同时建立环境地图。其基本原理是运用概率统计的方法，通过多特征匹配来达到定位和减少定位误差。

（3）规划路径：对比目标位置与所在位置的关系，根据环境地图，计算行进路径。

（四）SLAM 系统流程

以视觉 SLAM 为例，视觉 SLAM 系统组成图 4-29 所示，整个 SLAM 系统大概可以分为前端和后端，一般分为几个模块：数据采集、前端视觉里程计、后端优化、建图、闭环检测。

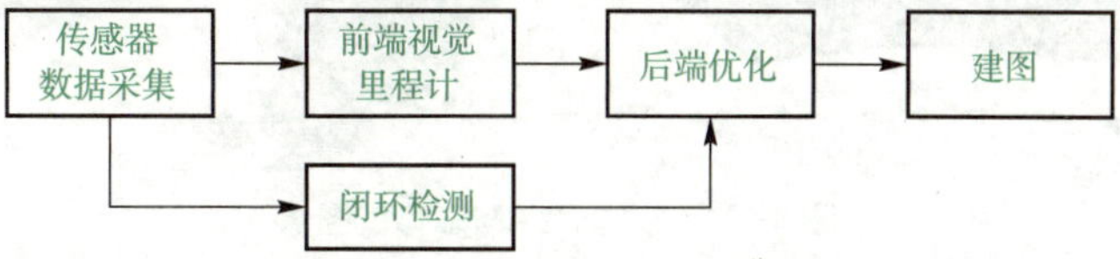

图 4-29 视觉 SLAM 系统组成

（1）传感器数据采集：在视觉 SLAM 中主要为相机图像信息的读取和预处理。

（2）前端视觉里程计：主要用于不同时刻间移动目标相对位置的估算，是对视觉输入的姿态估计，研究帧与帧之间变换关系。先提取每帧图像特征点，利用相邻帧图像，进行特征点匹配，得到一个位置信息（位置和姿态）。

（3）后端优化：主要用于优化视觉里程计带来的累计误差，后端接受不同时刻视觉里程计测量的相机位姿，以及闭环检测的信息，对它们进行优化，得到全局一致的轨迹和地图。

（4）闭环检测：指机器人在地图构建过程中，判断机器人是否到达过先前的位置。如果检测到轨迹闭环，会把信息提供给后端进行处理。

（5）建图：根据估计的轨迹，建立与任务要求对应的地图。

（五）SLAM 技术分类

目前用在 SLAM 上的传感器主要分两大类，激光雷达和摄像头。主流的 SLAM 技术大致分为激光 SLAM 和视觉 SLAM（VSLAM）两类。

（1）激光 SLAM。激光雷达的原理是：发射器发出持续时间很短的激光脉冲，接收器接收返回的信号，根据入射波与反射波的时间差，计算出与目标的实际距离。

图 4-30　激光雷达采集的图像

激光雷达采集到的物体信息呈现出一系列分散的、具有准确角度和距离信息的点，被称为点云（图 4-30）。通常，激光 SLAM 系统通过对不同时刻两片点云的匹配与比对，计算激光雷达相对运动的距离和姿态的改变，此时完成了对机器人自身的定位。激光 SLAM 采用 2D 或 3D 激光雷达，2D 激光雷达一般用于室内机器人上（如扫地机器人），而 3D 激光雷达一般使用于无人驾驶领域。

激光雷达的出现和普及使测量更快更准，信息更丰富，它的误差模型简单，在强光直射以外的环境中运行稳定，点云的处理也比较容易。同时，点云信息本身包含直接的几何关系，使得机器人的路径规划和导航变得直观。激光 SLAM 理论研究也相对成熟，落地产品更丰富。

（2）视觉 SLAM（VSLAM）。视觉 SLAM 获取的是摄像机里的图像信息，它可以从环境中获取海量的纹理信息，拥有超强的场景辨识能力（图 4-31）。

图 4-31　视觉 SLAM 获取的图像

视觉 SLAM 的优点是能获取丰富的纹理信息。例如，两块尺寸相同内容却不同的广告牌，基于点云的激光 SLAM 算法无法区别它们，而视觉则可以轻易分辨。这带来了重定位、场景分类上无可比拟的巨大优势。同时，视觉信息可以较为容易地被用来跟踪和预测场景中的动态目标，如行人、车辆等，对于在复杂动态场景中的应用是至关重要的。

大多数视觉传感器是基于相机，按照工作方式的不同，相机分为单目相机、双目相机和深度相机。

单目相机拥有一个摄像头，记录二维的空间信息，通过采集环境的图像信息，再运用视觉几何原理获得机器人的位姿变换。单目相机由于结构问题，在三维空间或静态空间中无法获取到距离信息，容易产生误差，但其结构简单、成本低的优势备受初学者关注。

双目相机有两个摄像头，类似人的双眼判断距离，解决了单目相机易产生误差的问题，但计算量较单目相机有所加大。由于双目相机测量环境深度信息的距离有限，双目视觉 SLAM 往往不适合在大场景下工作。

深度相机则运用了红外传感器技术，类似激光雷达通过发射并返回光来判断距离，相比于单目、双目相机，深度相机更容易获得环境的深度信息。其操作流程简洁，但成本高、搭载困难，使得其应用场景有限，更适合室内的定位和导航，故深度相机目前还存在诸多局限。

基于三维视觉的 VSLAM 越来越显主流。在机器人、VR/AR/MR、汽车 /AGV 自动驾驶等领域，都会得到深入的发展，同时也会出现越来越多的细分市场等待挖掘。

（3）融合激光 + 视觉的 SLAM。总体来说，从应用场景上来看，视觉 SLAM 的应用场景要丰富很多。视觉 SLAM 在室内 / 外环境下均能开展工作，但是对光的依赖程度高，在暗处或者一些无纹理区域是无法进行工作的。

激光雷达测量距离速度快而准确，适合在强光直射以外的环境中运行，反馈信息本身包含直接的几何关系，使得机器人的路径规划和导航变得更加直观。激光 SLAM 目前主要被应用在室内，用来进行地图构建和导航工作。

激光 SLAM 和视觉 SLAM 各具特长，单独使用都有其局限性，而融合使用则可能具有巨大的潜力，多传感融合已是趋势之一。例如，用激光雷达进行导航，视觉摄像头作为辅助定位已经是工业场景下移动机器人企业的主流选择。

图 4-32 为融合激光 + 视觉的 SLAM 的机器人，在国内，某些品牌的送餐机器人、服务机器人采用了高精度 SLAM 技术，利用深度相机融合毫米级激光雷达，构成了 SLAM 算法的主要感知部件，通过算法生成带有三维信息的高精度地图。

图 4-32　融合激光＋视觉的 SLAM 的机器人

第四节　保护机器人本体和人员的安全

工业机器人在国内生产企业的应用越来越广泛，其安全问题也备受关注。机器人运行的三原则里，第一条是机器人不应伤害人类，第三条是机器人要保护好自己。可见，安全运行是一切动作的前提，人与机器人要想安全友好相处，安全防护设计是重中之重。

在企业里，机器人通常分为移动式和非移动式两大类，由于它们的活动空间差异较大，在安全防护设计上也有很大不同。

移动机器人通常完成搬运、码垛、运输等工作，其活动空间大，与人的活动有交互性，需要快速灵活有效的避障防护措施，通常采用机器视觉、超声波测距、光反射测距等方式实现。

非移动机器人就是通常所说的工业机器人，一般固定在机架上，主要完成工位上的取放、装配、焊接、喷涂等工作，其活动空间比较固定。

根据工作环境和交互性要求的不同，工业机器人的防护方法有不同的选择。

机器人的安全防护一般分为机械安全防护、电气安全防护和网络安全防护 3 大类，涉及机器人设计的各个方面。安全保护面向不同的对象，一是保护机器人本体，二是保护机器人周边的事物。下面讨论非移动机器人的一些外部和内部安全防护措施。

一、工作区外围防护

首先，非移动机器人要做好外围防护，防止人员误入危险工作区。通过机械结构提供安全保障是机器人设计中较为基础的思路，一般具有限位、急停等功能，常见的外围安保措施有安全防护笼、防护门和安全光栅（图 4–33）。

图 4–33　防护笼和安全光栅

为了确保操作人员的安全，工业机器人往往被“关”在防护笼里。如果需要入内，防护门会开启，让技术人员进入维护。而在机器运行时，互锁机制会阻止人员开门。假如防护门在本不应开启的情况下打开，集成开关或传感器会检测到这一状态，停止机器人启动或运行，并给出报警信号。

在一些小型机器人的周围，也可以采用安全光栅替代防护笼或防护门实现防护，优点是节省空间，操作方便。

图 4-34 为安全光栅，安全光栅属于光电式传感器，有遮断式和反射式。一对光栅有一个发射器和一个接收器，工作原理是发射器发出红外光，接收器接受红外光，形成光保护屏障，当有物体遮断红外光时会发出信号，控制机器人停止运行。工业机器人一般需要一套或几套安全光栅，在机器人外围形成一个有着安全保护作用的光幕，因此也叫安全光幕。

图 4-34 安全光栅

安全光栅是应用较广泛的安全装置，通常被安装在工作区出入口。在选择安全光栅时，需要根据要防护范围和防护物体的尺寸大小选择红外管的对数和对射距离，在相同长度的光栅上，红外管的数量越多，可检测的密度越高，安全防护效果越好。通常用安全光栅防止人体或异物进入危险工作区域，保护人体或机器人不受伤害。

二、工作区内部安全避障

做好外围防护以后，还要考虑工作区域内部的安全。

对于非移动式的工业机器人而言，其机架位置固定不动，只要保证机器人末端执行器与周围环境的相对距离在安全范围内，则可以避免碰撞，这就需要机器人能够通过轨迹规划以实现避障。我们可以利用机器视觉系统，在工作区域设置多台摄像机，通过差分图像法对摄像机采集的图像进行处理，用来检测障碍物的位置。当检测到障碍物时，综合考虑机器人与人的位置、速度等因素，改变机器人的运动路径，实现机器人的高效避障，确保人员安全。

在很多中小型企业里，人机混合操作的需求越来越广泛，机器视觉系统可以大大提高车间的生产工作效率，由于其周围工作环境复杂，对机器人的安全性设计提出了更高的要求。

实际上，机器人身上还配备有多种保护装置，例如，断气保护装置、低压报警装置、误操作保护装置、增压装置、承重极限保护装置、刹车装置等，这些装置分工明确，充分保障着机器人的安全运行。我们在实际操作时，只要认真按照安全规范进行，就会避免事故的发生。

第五节 传感器故障的分析与解决

传感器是控制系统的“神经网络”，它一旦出现问题，可能会导致整个系统混乱，当它传递给控制器的信号出现异常时，机器人通常会执行报警程序，并提示错误信息，便于我们找到故障原因。但也有很多故障是没有确切提示的，这种没有提示的故障通常是不太好解决的，除了要具备专业知识，还要有清晰的思路和足够的耐心。下面介绍传感器发生故障时的分析思路和解决方案。

一、判断故障点

首先要找到是哪里出了问题。分清故障是出现在机器人本体还是机器人外围设备，往往它们之间互相影响，例如，机器人突然出现定位不准的现象，可能是机器人本体的位移传感器出现问题，也可能是定位导航系统的问题。需要提示的一点是，机器人本体传感器出现问题的情况较少，所以往往先从外部传感器查找原因。

二、看外观

查看对应的机器人外部传感器是否有变形、损坏或偏移，这是最容易出现的传感器故障原因，因为外部传感器容易被周围运动的机械或人体触碰到，或是受到环境的影响（如温度、湿度等）出现故障。外部没有明显问题时，再观察机器人本体是否有损伤或机器人动作是否严重超限。例如，机器人外部轴上的极限传感器，如果采用磁电式传感器时，一旦传感器或金属片受到撞击出现偏移，当金属片与传感器接近时，超出了正常感应范围，就会出现无信号的现象，此时机器人不会发出报警信号，处于危险之境。所以，机器人的极限传感器往往和位移传感器配合使用，防止一个传感器故障引起大的事故发生。

此外，如果装配机器人突然无法正确识别形状和颜色，出现识别错误，可能是有人改动了视觉摄像镜头的光圈、焦距或镜头的镜片被弄脏了，这种故障往往不需要请专业的维修人员，自己就能快速解决。

三、检查周围环境

为防止不是因为传感器本身故障而导致的传感器误判，要首先对怀疑的传感器部位进行外部检查，看是否有短路、断路、脏污、脱开、连线、水泡、腐蚀、氧化、接触不良等情况。

图 4-35　扫地机器人

例如，扫地机器人（图 4-35）偶尔会出现防跌落失效或失灵现象，首先要了解防跌落传感器，它通常用的是超声波传感器，依靠反射波的信号进行距离测量，当超过限定高度值时，传感器就会向控制器发送信号，控制器发布转向命令，改变扫地机器人前进方向，从而实现防止跌落的目的。

扫地机器人出现防跌落失效或失灵的可能有以下几个原因：

（1）首先确定台阶高度必须在机器人的安全工作高度。

（2）检查机器人底部的传感器是否太脏或有遮挡物，机器人对反光较强的地方可能导致防跌功能变差。

（3）检查机器是否在强光下工作，强光环境会影响机器的正确判断。正确的使用方法和平时的及时维护直接影响着机器人的工作状态。

（4）检查外部电源、接地及线路导通情况，为防止有源传感器由于没有供电而导致不能正常工作的情况发生，要首先对外部电源进行检查。

（5）检查输出信号。输出信号检查主要是将传感器连接到外部正常的线路中，或是额外提高传感器工作条件，来对传感器输出信号进行检查。在检查中，即便传感器本身电阻正常，输出的信号也不一定正常。因此，无论是有源传感器，还是无源传感器，都需要在模拟工作状况下进行输出信号检查，而不是简单测量传感器电阻。需要说明的是，无源传感器必须在正确供给工作电源的情况下，才可以对传感器输出信号进行检测。输出信号的检查可以使用万用表的电压挡或电流挡进行，若要更精确地判断出信号，可以使用示波器来进行。

对传感器进行以上检查后，可以基本判断传感器的状况。如需更换传感器时，要严格按照操作规程操作，切忌蛮干，要关闭操作开关，且不可带电操作，否则容易损坏其他电子部件。拆卸和安装时要轻拿轻放，以免磕碰损坏。

在线测试

扫一扫　测一测

第五章

建立机器人编程环境

本章导读

- 建立机器人编程环境
  - 工业机器人的安全启动：工业机器人安全使用环境、常见表示和安全操作方法，可以正确开启工业机器人
  - 配置ABB示教器：示教器的基本结构和各操作界面功能，可以正确使用示教器，并实现常用功能的配置
  - 机器人坐标系：工业机器人的各类坐标系，可以识别和选择坐标系
  - 手动操纵工业机器人：工业机器人各类运行模式，可以手动操纵工业机器人，并进行快捷设置
  - 管理工具坐标系：工业机器人TCP设定方法，可以正确定义工具坐标数据（tooldata）
  - 管理工件坐标系：工业机器人的工件坐标系与坐标建立，可以正确定义工件坐标数据（wobjdate）
  - 管理有效载荷数据：工业机器人的有效载荷数据，可以正确配置有效载荷（loaddata）

课程思政　　全方位、多视角优化选择工业机器人编程方法

机器人编程技术的发展日新月异，降低编程难度、减少编程工作量、提高编程效率、实现编程的自适应性，从而提高生产效率，始终是机器人编程技术发展所追求的目标。工业机器人的编程方法分为3种，因此要根据实际情况，一切从实际出发，进行编程方法的选择。

第一节 工业机器人的安全启动

一、工业机器人的使用要求

工业机器人是综合应用计算机、自动控制、自动检测及精密机械装置等高新技术的产物，是技术密集度及自动化程度很高的典型机电一体化加工设备。使用工业机器人的优越性愈加明显，不仅精度高、产品质量稳定，而且自动化程度极高，可大大减轻工人的劳动强度和提高生产率。

此外，工业机器人可完成一般人工操作难以完成的精密工作，如激光切割、精密装配等，因此其在自动化生产中的地位越来越重要。但是，工业机器人能否达到以上所述的优点，还要看操作者在生产中能不能恰当、正确地使用。

下面从操作者的角度来叙述工业机器人使用中应注意的事项，以保证工业机器人的优越性得以充分发挥，减小工业机器人因不当操作而损坏的概率。

（一）遵循正确的操作规程

操作规程既是保证操作人员安全的重要措施之一，也是保证设备安全、产品质量等的重要措施。使用者在初次进行操作时，必须认真地阅读设备提供商提供的使用说明书，按照操作规程正确操作。

（1）使用前确保机器人本体、控制柜、示教盒及各附件连接电缆的外观良好；

（2）设备启动前确保机器人紧固于底座，底座紧固于地板；

（3）机器人运动之前先确保控制柜及示教器上的急停开关起作用；

（4）遵守设备上的危险、警告、注意、强制、禁止标志；

（5）任何人未经操作人员同意不得进入机器人工作范围；

（6）有人员进入机器人工作范围必须有操作人员陪伴，保证机器人处于停止且使能切断状态；

（7）设备启动时依照正常的顺序对设备进行开机、关机；

（8）设备启动前一定要确认机器人工作范围内无干涉；

（9）机器人运行过程中，一旦有未经许可的人员靠近机器人，必须立即按下急停按钮，切断电源开关；

（10）因工作需要，对设备进行相应的改造时，需联系设备供应商，作相应的确认；

（11）设备运作过程中，出现任何异常，应停止工作，记录异常情况，并知会设备供应商，确认是否可继续工作。

（12）工业机器人在第一次使用或长期没有使用时，应先慢速手动操作其各轴进行运动，如有需要时，还要进行机械原点的校准。

（二）工业机器人安全注意事项

1. 关闭总电源

在进行机器人的安装、维护和保养时切记要将总电源关闭。带电作业可能会导致性命后果，如不慎遭高压电击，可能会导致心跳停止、烧伤或其他严重伤害。

2. 与机器人保持足够安全距离

在调试与运行机器人时，它可能会执行一些意外的或不规范的操作。并且，所有的运动都会产生很大的力量，从而严重伤害个人或损坏机器人工作范围内的任何设备。所以时刻警惕与机器人保持足够的安全距离。

3. 静电放电危险

静电放电是电势不同的两个物体间的静电传导，它可以通过直接接触传导，也可以通过感应电场传导。搬运部件或部件容器时，未接地的人员可能会传导大量的静电荷。这一放电过程可能会损坏敏感的电子设备。所以在有此标示的情况下，要做好静电放电防护。

4. 紧急停止

紧急停止优先于任何其他机器人的控制操作，它会断开机器人电动机的驱动电源，停止所有运转部件，并切断机器人系统控制且存在潜在危险的功能部件的电源。出现下列情况时请立即按下任意紧急停止按钮：

（1）机器人运行中，工作区域内有工作人员。

（2）机器人伤害了工作人员或损伤了机器设备。

5. 灭火

当电气设备（如机器人或控制器）起火时，应使用二氧化碳灭火器，切勿使用水或泡沫进行灭火。

6. 工作中的安全

机器人速度快，但是其质量和力度很大，运动中的停顿或停止都会产生危险。即使可以预测运动轨迹，但外部信号有可能改变操作，会在没有任何警告的情况下，产生预想不到的运动。因此，当进入保护空间时，务必遵循所有的安全条例。

（1）如果在保护空间内有工作人员，请手动操作机器人系统。

（2）当进入保护空间时，请准备好示教器 Flexpendant，以便随时控制机器人。

（3）注意旋转或运动的工具，例如，旋转台，丝车转台，翻转手爪等。确保在接近机器人之前，这些设备已经停止运动。

（4）注意加热棒和机器人系统的高温表面，机器人的电动机长期运行以后温度很高。

（5）注意手指并确保夹好丝饼。如果手指打开，丝饼会脱落并导致人眼伤害，手指非常有力，如果不按照正确的方法操作，也会导致人员伤害。

（6）注意液压、气压系统及带电部件。即使断电，这些电路上残余电量也很危险。

7. 示教器的安全

示教器是一种高品质的手持式终端，它配备了高灵敏度的一流电子设备。为避免操作不当引起的故障或损害，请在操作时遵循以下说明：

（1）小心操作。不要摔打、抛掷或重击示教器。这样会导致破损或故障。在不使用该设备时，将它挂到专门存放它的支架上，以防意外掉地上。

（2）示教器的使用和存放应避免被人踩踏电缆。

（3）切勿使用锋利的物体（例如，螺钉旋具或笔尖）操作触摸屏，这样可能会使触摸屏受损。应用手指或触摸笔（位于带有 USB 端口的示教器的背面）区操作示教器触摸屏。

（4）没有连接 USB 设备的时候务必盖上 USB 端口保护盖。如果端口暴露到灰尘中，那么它会中断或发生故障。

8. 手动模式下的安全

在手动减速模式下，机器人只能减速（250 mm/s 或更慢）操作（移动）。只要在安全保护空间之内工作，就应始终以手动速度进行操作。

手动模式下，机器人以程序预设速度移动。手动全速模式应仅用于所有人员都位于安全保护空间之外时，而且操作人员必须经过特殊训练，熟知潜在危险。

9. 自动模式下的安全

自动模式用于在生产中运行机器人程序。在自动模式操作情况下，常规模式停止（GS）机制、自动模式停止（AS）机制和上级停止（SS）机制都将处于活动状态。

（1）GS 机制在任何操作模式下始终有效。

（2）AS 机制仅在系统处于自动模式时有效。

（3）SS 机制在任何操作模式下始终有效。

二、工业机器人常见标识

ABB 工业机器人常见标识分为安全信号和安全标志两大类，其中，安全信号是为指明危险等级和危险类型，通过简要描述操作及维修人员示排除险情时会出现的情况，而设计出来的一组图标，可以指导操作及维修人员通过图标提示来确定防护级别；安全标志是单独或者成组粘贴在示教器及控制柜上，包含工业机器人重要信息的一组图标，可以为操作及维修人员在使用设备前提供必要的操作提示。

工业机器人常见安全信号及安全标志见表 5-1 所列。

表 5-1　工业机器人常见安全信号及安全标志

标识	说明	标识	说明
	危险		警告
	电击		小心
	静电		注意
	提示		产品手册

续表

标识	说明	标识	说明
	拆卸前看手册		不能拆卸
	轴范围大		释放制动闸
	拧松螺栓有倾翻的风险		意外移动
	高温灼伤		挤压伤害
	润滑油		储能
	压力		手柄

三、工业机器人的启动

工业机器人实际操作的第一步就是开机，在开机前必须首先对工业机器人进行检查，检查设备是否都处于默认安全状态，确认机器人工作范围内、各个气缸行程范围内是否有杂物，工业机器人末端操作器及其他配套设备是否工作正常。

检查确认没有问题后，就可以开始启动工业机器人进行工作了。开启工业机器人只要将机器人控制柜上的总电源旋钮从 OFF 扭转到 ON 即可，具体步骤如下：

（1）打开电气控制柜，向上拨动闭合设备电源开关（图 5–1）。

（2）将控制器开关旋钮由 OFF 旋转至 ON 的位置（图 5–2）。

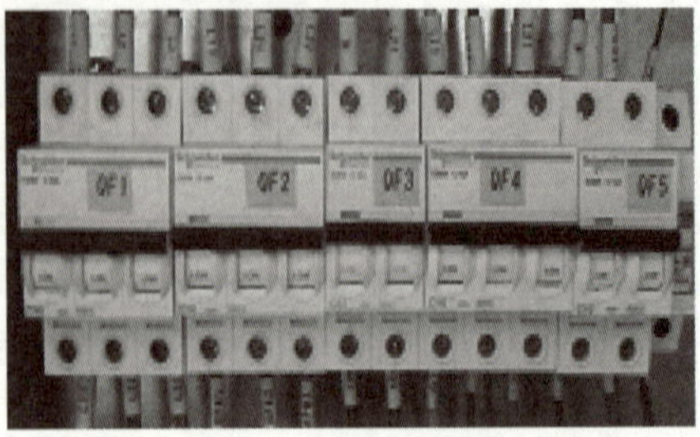

图 5–1　打开电源开关

图 5–2　旋转控制器开关

第二节　配置 ABB 示教器

示教器是工业机器人系统中重要的人机交互部件，可以提供人机交互界面，编写程序，示教机器人的工作轨迹及参数设定，是进行机器人的手动操作、程序编写、参数配置以及监控用的手持装置（图 5-3）。用户可以使用示教器进行在线编程，也可以使用集成软件进行离线编程。

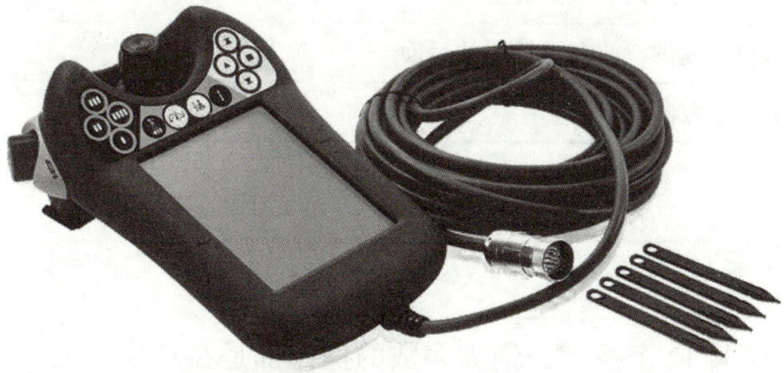

图 5-3　ABB 示教器

工业机器人的现场编程一般通过示教操作实现，它对操作单元的移动性能和手动性能的要求较高，但其显示功能一般不及数控系统，因此，机器人的操作单元以手持式为主，习惯上称之为示教器。

在电气控制柜中，示教器是用于工业机器人操作、编程及数据输入 / 显示的人机界面。为了方便使用，示教器一般为可移动式悬挂部件，其他控制部件通常统一安装在电气控制柜内。

传统的示教器由显示器和按键组成，操作者可通过按键直接输入命令操作。目前常用的示教器为菜单式，它由显示器和操作菜单键组成，操作者可通过操作菜单选择需要的操作。先进的示教器使用了与目前智能手机同样的触摸屏和图标界面，这种示教器的最大优点是可直接通过 Wi-Fi 连接控制器和网络，从而省略了示教器和控制器间的连接电缆。智能手机型操作单元使用灵活方便，是适合网络环境下使用的新型操作单元。

一、示教器结构

工业机器人示教器是工业机器人的主要组成部分，通过示教器可以实现对工业机器人的手动操作、参数配置、编程及监控等操作。目前，工业机器人的编程还没有统一的国际标准，因此示教器的设计与研究均由各厂家自行研制。图 5-4 为示教器的主要组成部分，示教器主要组成部分说明见表 5-2 所列。

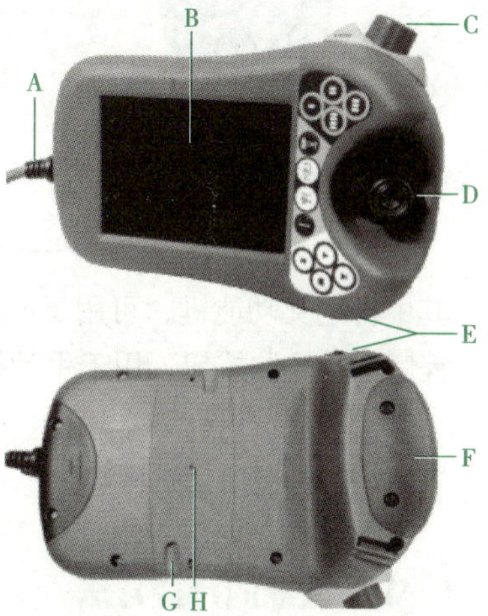

A— 连接电缆；B—触摸屏；C—急停开关；D—手动控制杆；E—USB 接口；F—使能器按钮；G—触摸笔；H—复位按钮。

图 5-4　示教器的主要组成部分

表 5-2　示教器主要组成部分说明

标号	说明
A	连接电缆
B	触摸屏，进行人机交互
C	急停开关，当发生紧急情况时按下可起到安全保护作用
D	手动控制杆，可以手动操纵机器人
E	USB 接口，将 USB 存储器连接到 USB 接口可以读取或保存文件
F	使能器按钮，保证操纵人员人身安全
G	触摸笔，随示教器提供，放在示教器的后面
H	复位按钮，重置示教器

二、示教器功能介绍

示教器的功能键区共 12 个按键，绝大多数的操作都是在触摸屏上完成的，同时也保留了必要的按钮与操作装置。图 5-5 为示教器的功能键，示教器硬件按钮说明见表 5-3 所列。

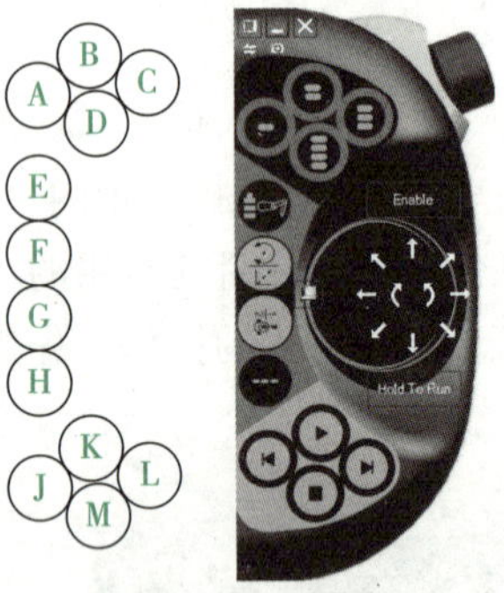

图 5-5　示教器的功能键

表 5-3　示教器硬件按钮说明

标号	说明
A～D	自定义功能按钮，1-4
E	切换机械单元
F	切换运动模式，重定向或线性
G	切换运动模式，轴 1-3 或轴 4-6
H	切换增量模式
J	步退按钮。按下此按钮，可使程序后退至上一条指令
K	启动按钮。开始执行程序
L	步进按钮。按下此按钮，可使程序前进至下一条指令
M	停止按钮。停止程序执行

其中自定义功能键，可用于配置常用功能；切换键用于操作机器人时快速改变坐标系等设置；程序运行控制按钮，用于手动操纵或自动运行时的程序启停等控制。

三、示教器的操作

（一）示教器的持握方法

示教器是一种高品质的手持式终端，它配备了高灵敏度的一流电子设备，在操作时要避免示教器因操作不当引起损害。使用示教器时要采用正确的持握姿势，防止示教器摔落或发生碰撞。持握方法是左手握示教器，将四指按在使能器按钮上，右手可进行屏幕和按钮操作

（图 5-6）。

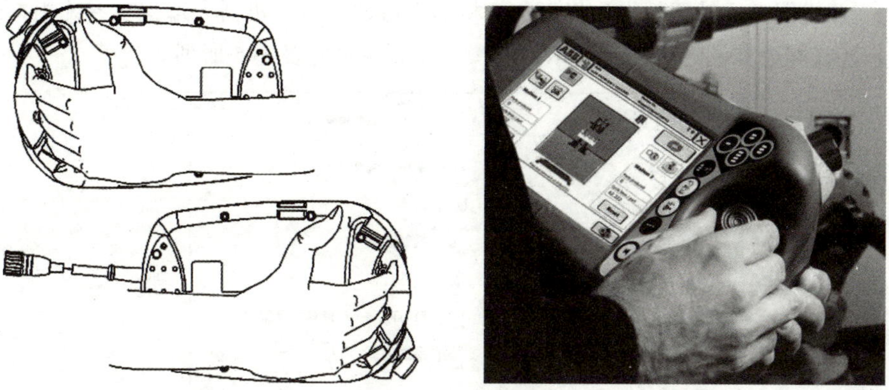

图 5-6 示教器的握姿

注意：示教器是按照人体工程学进行设计的，同时适合左手操作者操作，只要在屏幕中进行切换就能适应左手操作者的操作习惯。

（二）示教器的界面认识

1. 示教器主界面

上电后的示教器的主界面如图 5-7 所示，示教器主界面说明见表 5-4 所列。

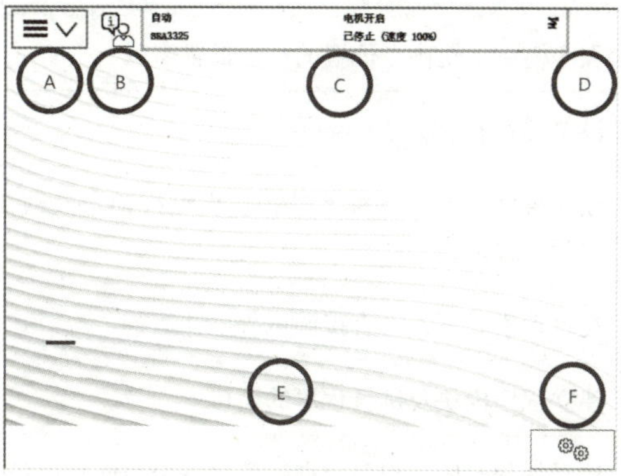

图 5-7 上电后的示教器的主界面

表 5-4 示教器主界面说明

标号	说明
A	ABB 菜单
B	操作员窗口，显示来自机器人程序的消息，程序需要操作员做出某种响应以便继续时往往会出现此情况
C	状态栏，显示与系统状态有关的重要信息，如操作模式、电机开启 / 关闭、程序状态等
D	关闭按钮。单击此按钮将关闭当前打开的视图或应用程序
E	任务栏。通过 ABB 菜单可以打开多个视图，但一次只能操作一个。任务栏显示所有打开的视图，并可用于视图切换
F	快速设置菜单。包含对微动控制和程序执行进行的设置

2. 示教器操作界面

ABB 工业机器人示教器的操作界面包括机器人参数设置、机器人编程及系统相关设置等功能。示教器操作界面如图 5-8 所示，示教器操作界面说明见表 5-5 所列。

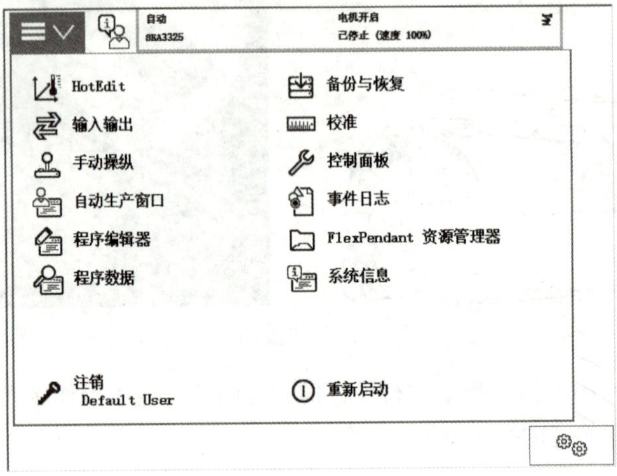

图 5-8　示教器操作界面

表 5-5　示教器操作界面说明

名称	说明
HotEdit	程序模块下轨迹点位置的补偿设置窗口
输入输出	设置及查看 I/O 视图窗口
手动操纵	动作模式设置、坐标系选择、操纵杆锁定及载荷属性的更改窗口，也可显示实际位置续表
自动生产窗口	在自动模式下，可直接调试程序并运行
程序编辑器	建立程序模块及例行程序的窗口
程序数据	选择编程时所需程序数据的窗口备份与恢复可备份和恢复系统
校准	进行转数计数器和电机校准的窗口
控制面板	进行示教器的相关设定
事件日志	查看当前系统出现的各种提示信息
FlexPendant 资源管理器	查看当前系统的系统文件
系统信息	查看控制器及当前系统的相关信息

3. 控制面板

ABB 工业机器人的控制面板可以对机器人和示教器进行相关功能设定（图 5-9），控制面板说明见表 5-6 所列。

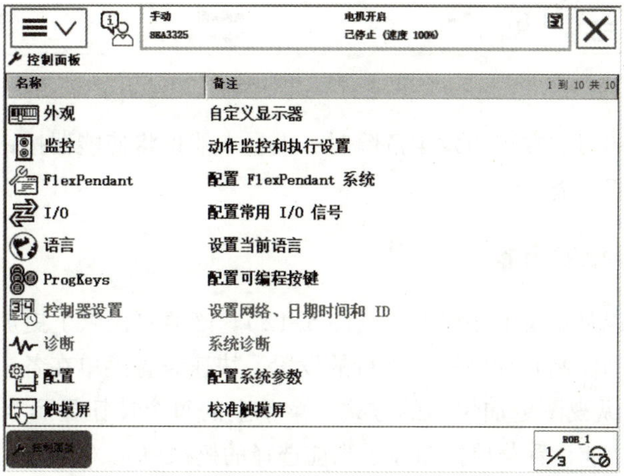

图 5-9　控制面板

表 5-6　控制面板说明

名称	说明
外观	可自定义显示器的亮度和设置左、右手操作方式
监控	可自定义显示器的亮度和设置左、右手操作方式
FlexPendant	示教器操作特性的设置
I/O	配置常用 I/O 信号，在输入输出选项中显示
语言	控制器当前语言的设置
ProgKeys	为指定输入输出信号配置快捷键
日期和时间	控制器日期和时间的设置
诊断	创建诊断文件
配置	系统参数设置
触摸屏	触摸屏重新校准

（三）使能器按钮的功能

使能器按钮位于示教器手动操作遥杆的右侧，是为保证操作人员进行工业机器人操作时的人身安全而设置的。只有在按下使能器按钮，并保持电机开启的状态时，才可以对机器人进行手动操作与程序调试。

使能器按钮的使用方法为：使能器按钮分为两挡，在手动状态下第一挡按下去，机器人将处于电机开启状态（图 5-10）；第二挡按下去以后，机器人会处于防护装置停止状态（图 5-11）。

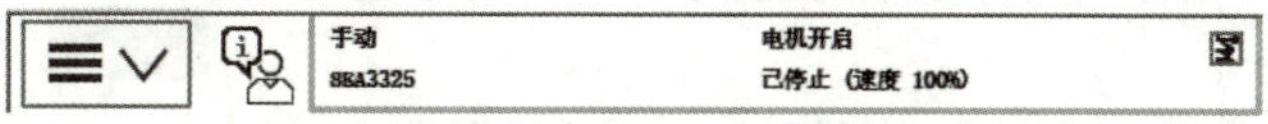

图 5-10　电机开启

图 5-11　电机关闭

使能器按钮设计的目的在于当发生危险时，人会本能地将使能器按钮松开或按紧，机器人则会马上停下来，保证安全。

（四）快速设置菜单的功能

快速设置菜单可以从触屏右下角打开（图 5-12）。该菜单提供了更加完整的设置内容。快速设置菜单包含对微动控制和程序执行进行的设置。快速设置菜单在各个微动属性之间切换时提供了比使用手动操纵视图更加快捷的方式。菜单上的每个按钮显示当前选择的属性值或设置。在手动模式中，快速设置菜单按钮显示当前选择的机械单元、运动模式和增量大小。

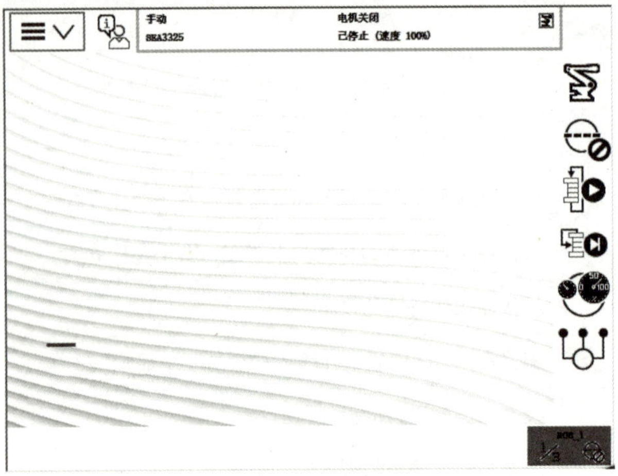

图 5-12　快速设置菜单

1. 机械装置页面

快速设置菜单中的机械装置页面显示了当前的机械单元、工具坐标系、工件坐标系、操纵杆速率、坐标系选择、动作模式的选择（图 5-13）。

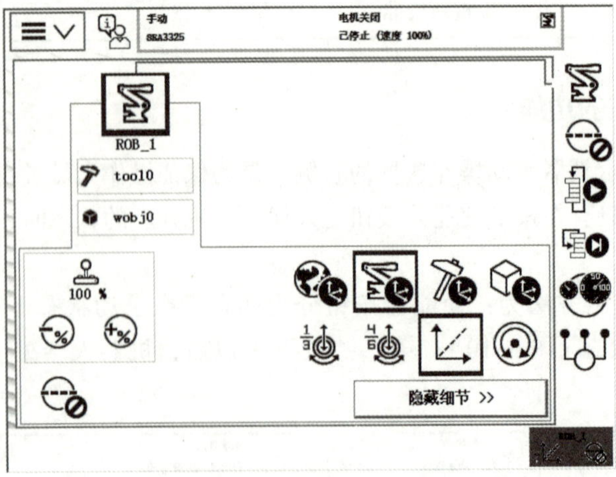

图 5-13　机械装置页面

2. 增量设置页面

快速设置菜单中的增量设置页面可选择手动操纵需要的增量（图 5-14）。采用增量移动对机器人进行微幅调整，可非常精确地进行定位操作。控制杆偏转一次，机器人就移动一步。如果控制杆偏转持续 1 s 或数秒钟，机器人就会持续移动（速率为每秒 10 步）。默认模式为无增量模式，此时当控制杆偏转时，机器人将会持续移动，在无增量模式下摇杆的操纵幅度与机器人的运动速度相关，幅度越大则机器人运动速度越快，幅度越小则机器人运动速度小。因此，在操作不熟悉的情况下，可以先使用增量模式进行运动。

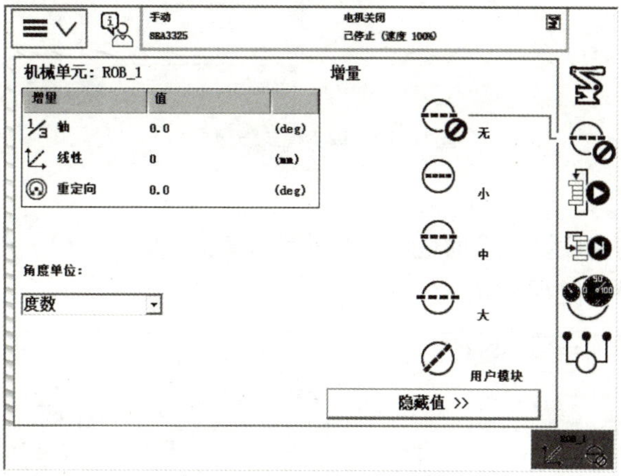

图 5-14 增量设置页面

3. 运行模式设置页面

快速设置菜单中的运行模式设置页面可以定义程序执行一次就停止，也可以定义程序持续循环运行（图 5-15）。

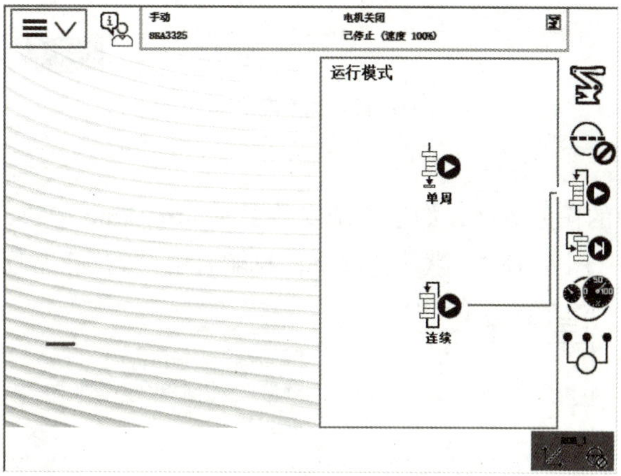

图 5-15 运行模式设置页面

4. 单步模式设置页面

快速设置菜单中的单步模式设置页面可以定义逐步执行程序的方式（图 5-16）。步进入表示单步进入已调用的例行程序并逐步执行程序。步跳出表示执行当前例行程序的其余部分，然后在例行程序中的下一指令处（即调用当前例行程序的位置）停止，此指令无法在 Main 例行程序中使用。跳过表示一步执行调用的例行程序；下一步行动表示步进到下一条运动指令。

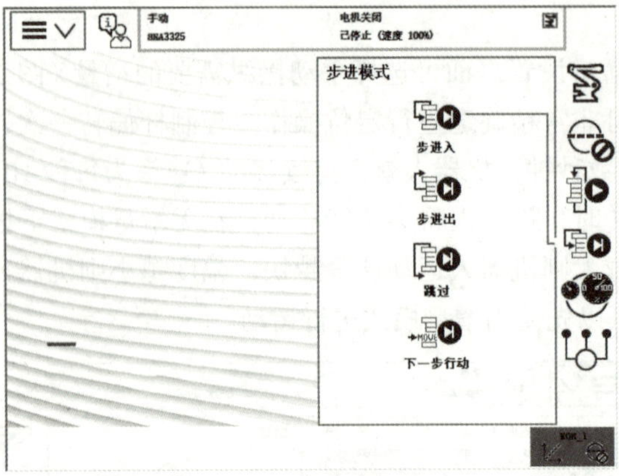

图 5-16　单步模式设置页面

5. 速度设置页面

快速设置菜单中的速度设置页面适用于当前操作模式（图 5-17）。在自动模式下降低速度，那么更改模式后该设置也仍然保留。

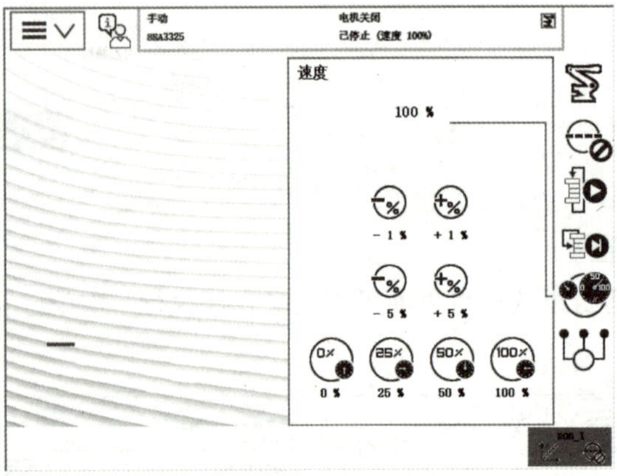

图 5-17　速度设置页面

6. 任务页面

在快速设置菜单中的任务页面，如果系统安装了 Multitasking 选项，则可以包含多个任务，否则仅可包含一个任务（图 5-18）。默认情况下，只能启用 / 停用正常任务。

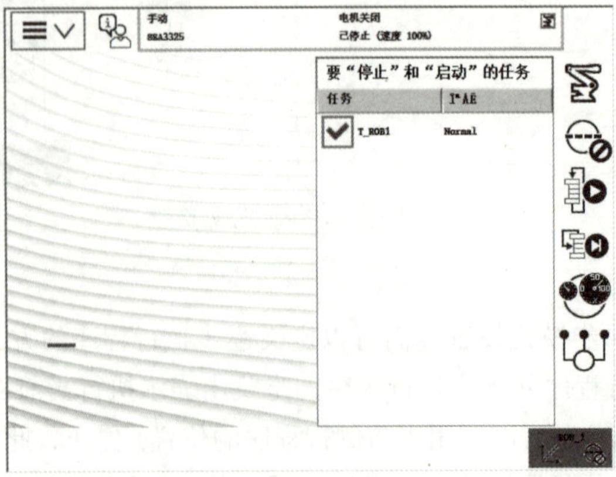

图 5-18　任务页面

四、示教器的基本操作与设定

（一）设置示教器显示语言

示教器出厂默认设置的显示语言为英语，为了方便操作，可以将默认的显示语言设定为中文，具体操作步骤如下：

（1）单击“ABB”按钮，在弹出的窗口中选择“Control Panel”（控制面板）（图 5–19）。

（2）选择“Language”（语言）（图 5–20）。

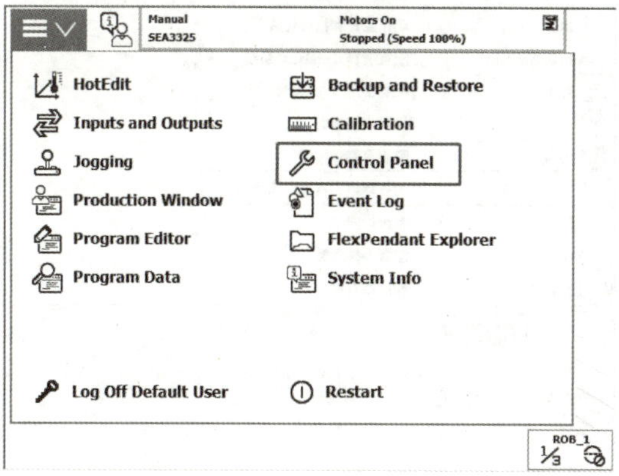

图 5–19　选择“Control Panel”

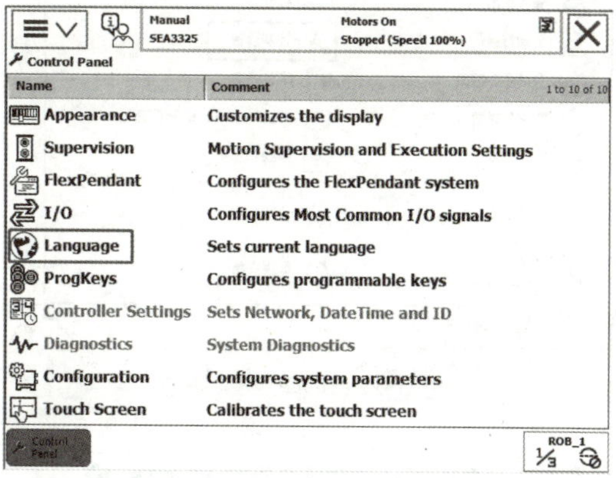

图 5–20　选择“Language”

（3）选择“Chinese”（中文）并单击“OK”（图 5–21）。

（4）弹出是否重启对话框，单击“Yes”按钮后系统重启（图 5–22）。

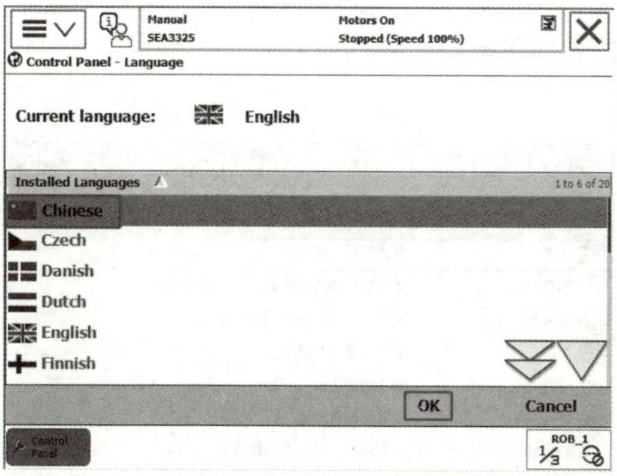

图 5–21　设置语言种类

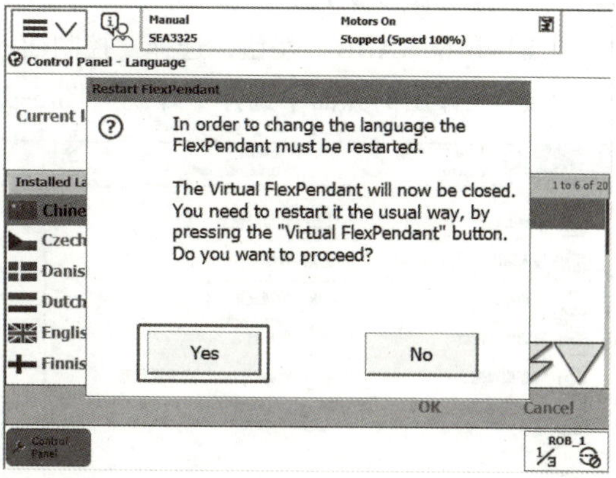

图 5–22　重启控制器

重启后，单击“ABB”按钮将看到示教器菜单已切换为中文界面。语言切换后，触摸屏按钮、菜单、对话框都将以新的语言显示，而机器人程序指令、变量、系统参数、I/O 信号不受影响。

（二）设置工业机器人系统时间

设置正确的工业机器人系统时间可以方便操作者或维修人员进行文件的管理和故障的查阅

与管理，因此在进行各种操作之前应该尽快将工业机器人的系统时间设置为本时区时间。具体操作步骤如下：

（1）在示教器的触摸屏上，单击“ABB”按钮。

（2）在弹出的主界面中选择“控制面板”（图 5–23）。

（3）进入控制面板选项卡后，选择“控制器设置”选项，进行时间和日期的修改（图 5–24）。

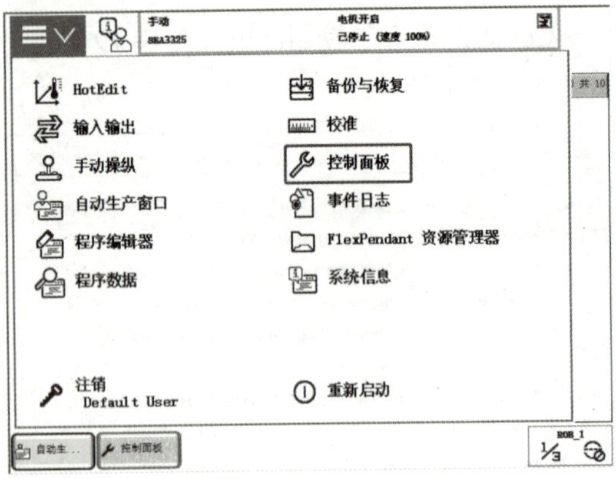

图 5–23　选择“控制面板”

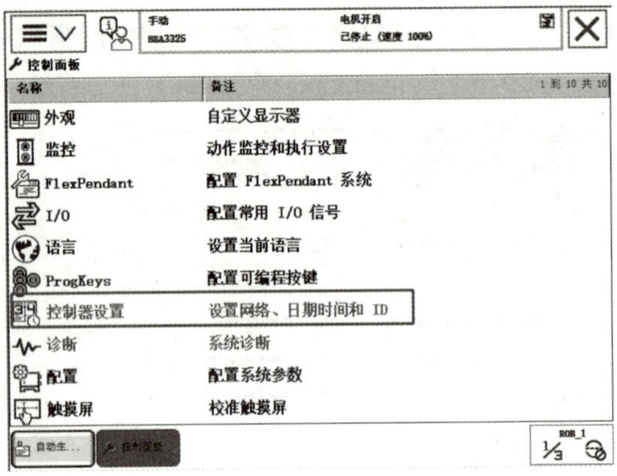

图 5–24　选择“控制器设置”

（三）设置示教器屏幕方向和亮度

示教器出厂默认的操作姿势为左手握持设备，右手进行操作。示教器屏幕的默认显示方向适合于右手操作者。左手操作者在使用示教器时，可以将示教器屏幕的方向旋转 180° 以方便操作。具体操作步骤如下：

（1）单击“ABB”按钮，选择“控制面板”选项（图 5–25）。

（2）在弹出的界面中选择“外观”（图 5–26）。

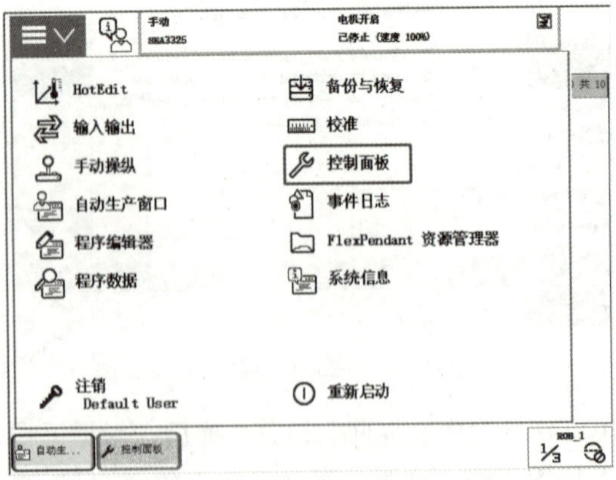

图 5–25　选择“控制面板”

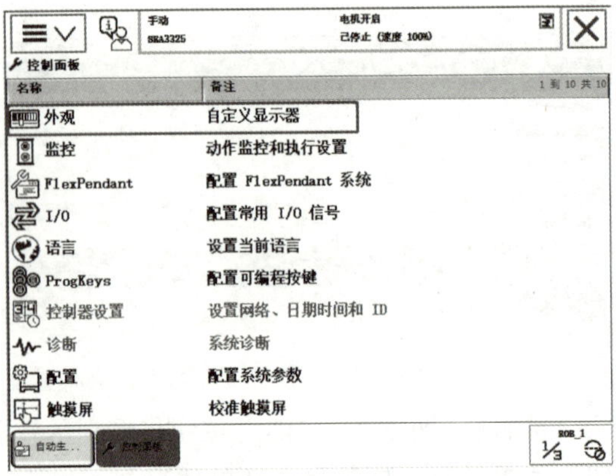

图 5–26　选择“外观”

（3）进入外观设置界面后选择“向右旋转”（图 5–27）。单击“OK”，即可完成屏幕方向的重新设定。

（4）同样在该界面下，单击“+”或“–”可以对示教器屏幕亮度进行调整（图 5–28）。

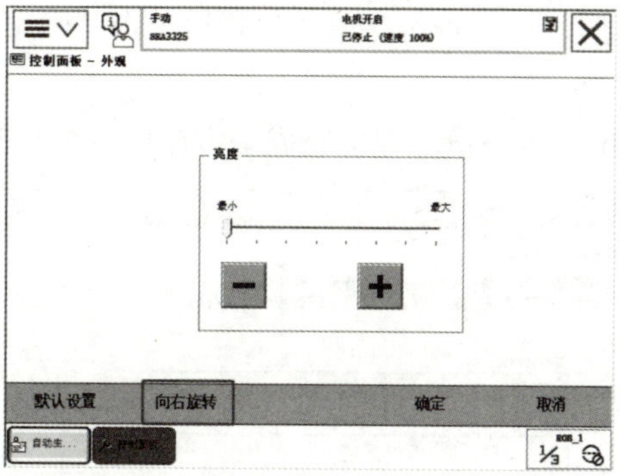

图 5-27 旋转界面

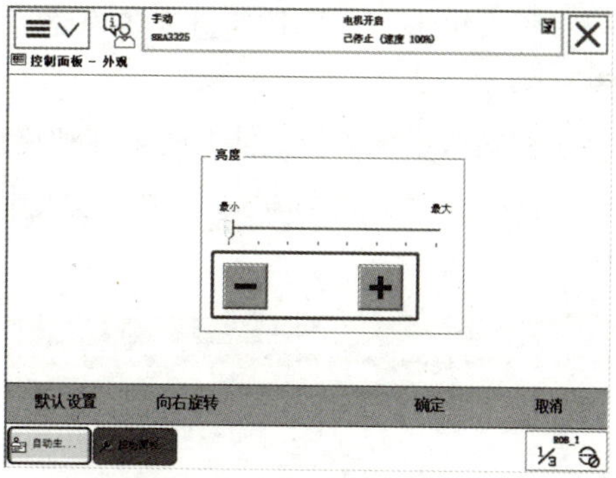

图 5-28 调整屏幕亮度

(四) 数据的备份与恢复

1. 数据备份

对工业机器人的数据进行备份，可以在系统出现错乱或者重新安装系统以后，通过备份将机器人恢复到备份时的状态。数据备份的对象是所有正在系统内存运行的 RAPID 程序和系统参数。数据备份的操作步骤如下：

（1）在示教器“ABB”主界面中选择“备份与恢复”(图 5-29)。

（2）在“备份与恢复”界面中选择“备份当前系统 ...”(图 5-30)。

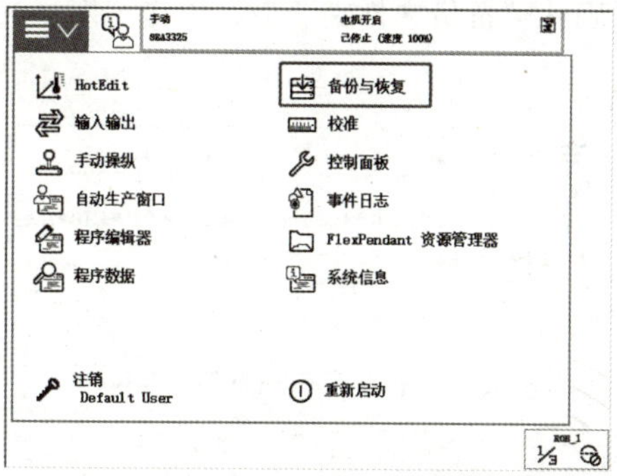

图 5-29 选择“备份与恢复”

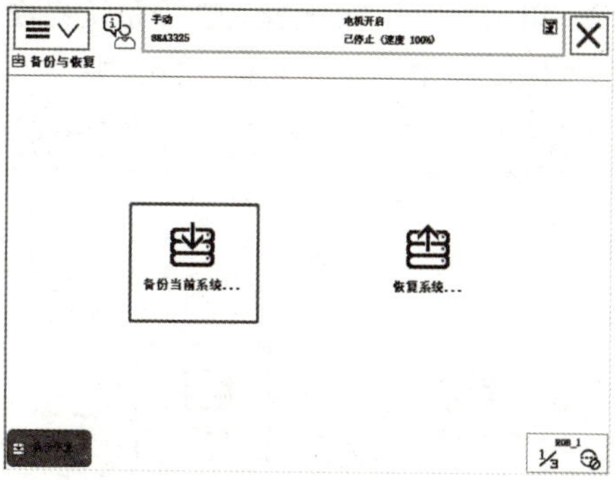

图 5-30 选择“备份当前系统 ...”

（3）图 5-31 为备份当前系统，单击“ABC...”按钮，输入备份文件名（图 5-32）。

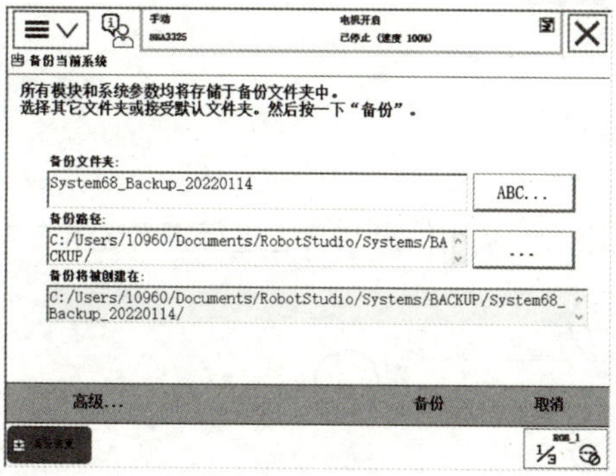

图 5-31 备份当前系统

图 5-32 输入备份文件名

（4）再次单击“...”按钮进入备份路径选择界面，选择备份存放的位置后单击“确定”按钮（图 5-33）。

（5）在确认系统备份文件夹的名称和路径后，单击“备份”即可完成备份操作（图 5-34）。

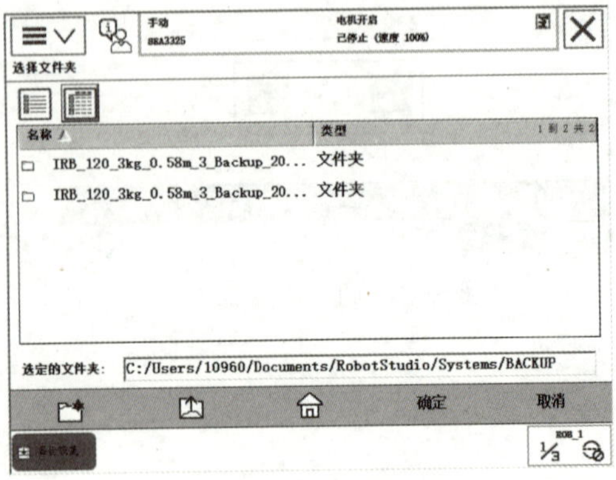

图 5-33　设置保存位置

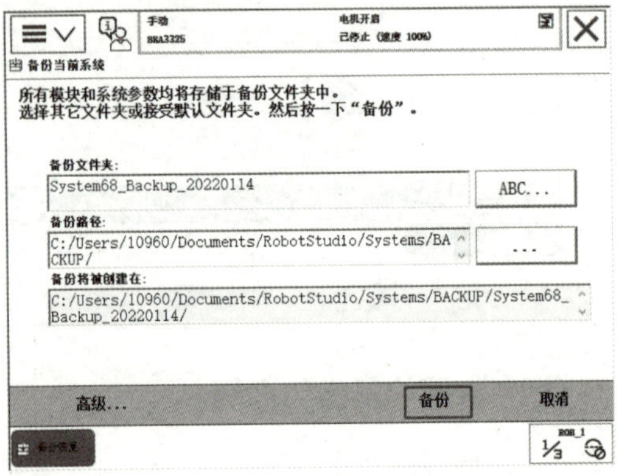

图 5-34　完成备份

2. 数据恢复

操作人员对于指令和参数的修改不满意或者程序系统已损坏，可以通过数据恢复功能在第一时间对系统进行恢复。数据恢复的操作步骤如下：

（1）在备份与恢复界面中单击“恢复系统 ...”（图 5-35）。

（2）单击“...”按钮进入恢复系统界面，选择确认“备份文件夹”后，单击“恢复”即可完成数据恢复操作（图 5-36）。

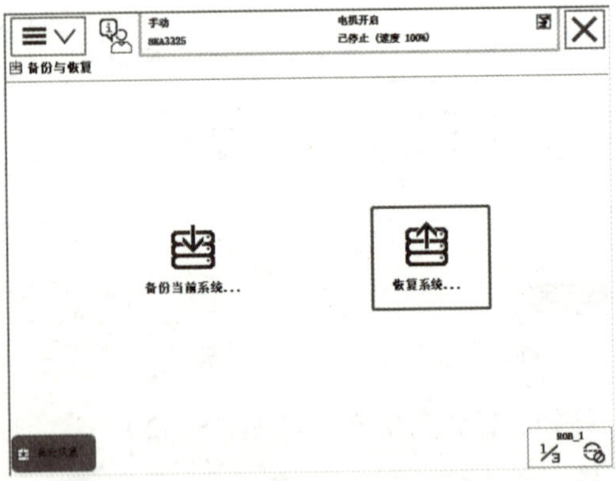

图 5-35　选择“恢复系统 ...”

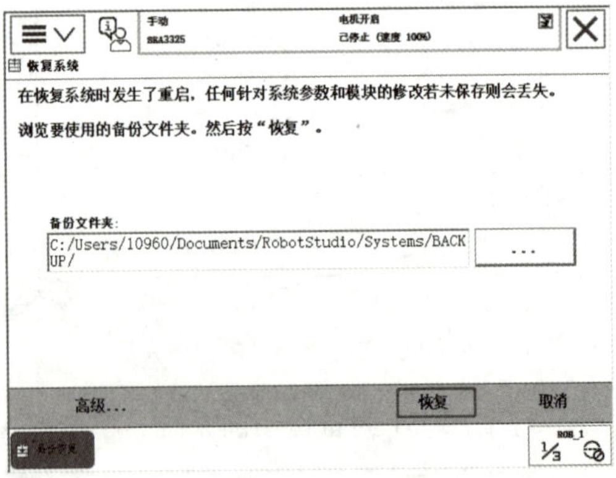

图 5-36　选择“备份文件夹”

（五）工业机器人常用信息和日志的查看

通过示教器界面上的状态栏可以对 ABB 工业机器人的常用信息和日志进行查看（图 5-37）。

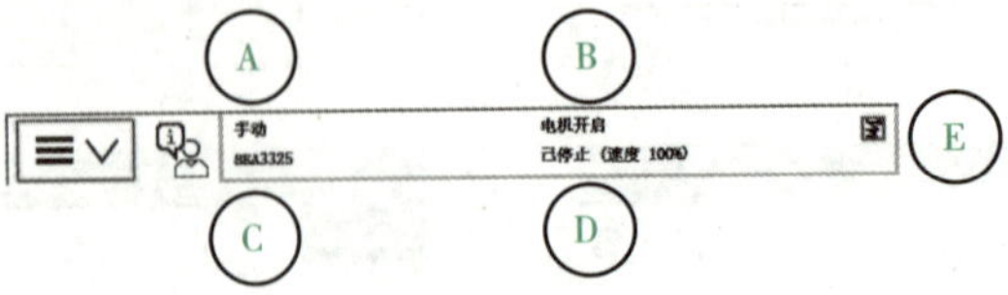

图 5-37　示教器状态栏

状态栏内容说明见表 5-7 所列。

表 5-7 状态栏内容说明

标号	说明
A	机器人的状态：手动、全速手动和自动
B	机器人的系统信息
C	电机状态
D	程序运行状态
E	当前机器人或外轴使用状态

单击窗口上的状态栏，可以查看工业机器人的事件日志（图 5-38）。

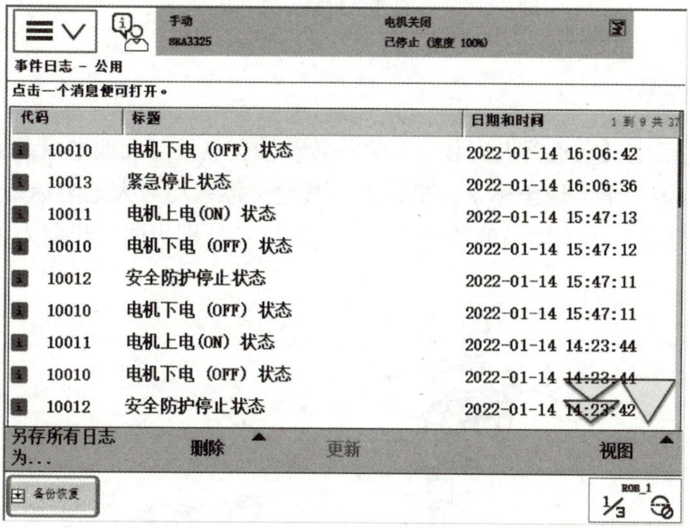

图 5-38 工业机器人的事件日志

第三节 机器人坐标系

一、工业机器人常用坐标系

坐标系从一个称为原点的固定点通过轴定义平面或空间，机器人目标和位置通过沿坐标系轴的测量来定位。在机器人系统中可使用若干坐标系，每一坐标系都适用于特定类型的控制或编程。

ABB 工业机器人的常用坐标系主要包括大地坐标系、基坐标系、工件坐标系和工具坐标系（图 5-39）。

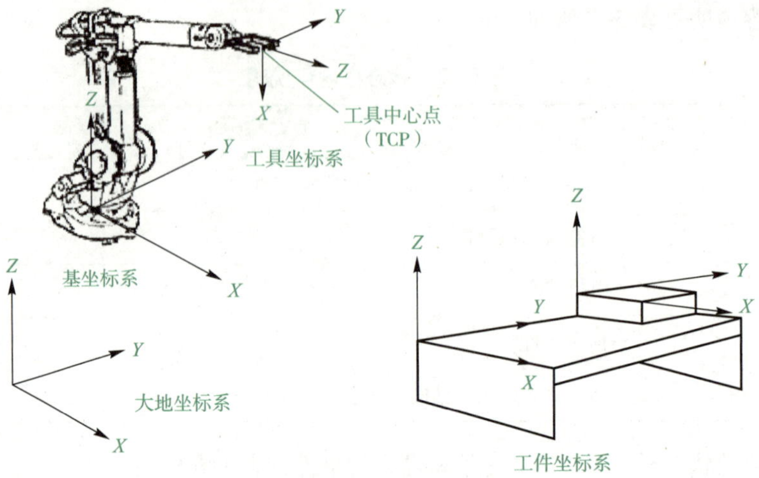

图 5-39　ABB 工业机器人的常用坐标系

（一）大地坐标系

大地坐标系一般定义在机器人安装面与第一转动轴交点处。大地坐标系由机器人系统自定义，每个机器人自带一个大地坐标系，机器人中其他坐标系均与大地坐标系直接或间接相关。图 5-40 为大地坐标系与极坐标系的关系，其中，A 与 C 分别为两台机器人的基坐标系，B 为大地坐标系。

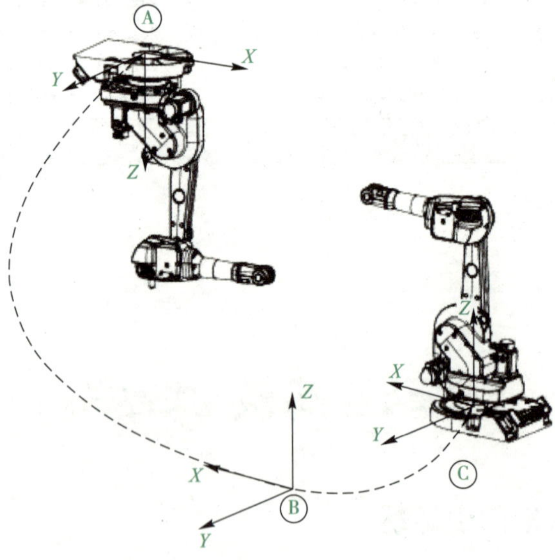

图 5-40　大地坐标系与极坐标系的关系

大地坐标系在工作单元或工作站中的固定位置有其相应的零点，这有助于处理若干个机器人或由外轴移动的机器人。在默认情况下，大地坐标系与基坐标系是一致的。

（二）基坐标系

机器人的基坐标系位于机器人基座，它是最方便于机器人从一个位置移动到另一个位置的坐标系。因此，基坐标系是机器人其他坐标系的参照基础，是机器人示教与编程时经常使用的坐标系之一（图 5-41）。通常情况下，工业机器人的基坐标系与大地坐标系重合。在线性运动模式下，工业机器人默认使用基坐标系，操纵杆向前和向后使机器人沿 *X* 轴移动；操纵杆向两侧使机器人沿 *Y* 轴移动；旋转操纵杆使机器人沿 *Z* 轴移动。

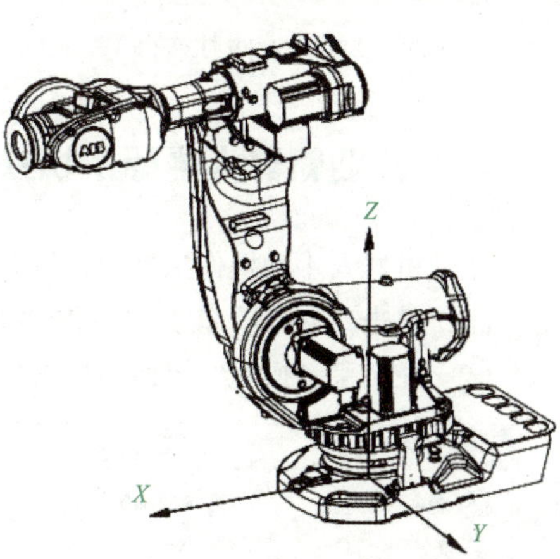

图 5-41 基坐标系

（三）工件坐标系

工件坐标系是用户自定义的坐标系，其定义位置根据加工工件的实际情况进行确定，即定义工件相对于大地坐标系（或其他坐标系）的位置。因此，工件坐标系必须定义两个框架：用户框架（与大地基座相关）和工件框架（与用户框架相关）。机器人可以拥有若干工件坐标系，或者表示不同工件，或者表示同一工件在不同位置的若干副本。

工件坐标系主要在机器人手动操纵和编程过程中使用，用户编程时就是在工件坐标系中创建目标和路径。这样带来很多优点：

（1）重新定位工作站中的工件时，用户只需更改工件坐标系的位置，所有路径将即刻随之更新。

（2）允许操作以外轴或传送导轨移动的工件，因为整个工件可连同其路径一起移动。

图 5-42 为工件坐标系，A 是机器人的大地坐标，为了方便编程，给第一个工件建立了一个工件坐标 B，并在这个工件坐标 B 中进行轨迹编程。

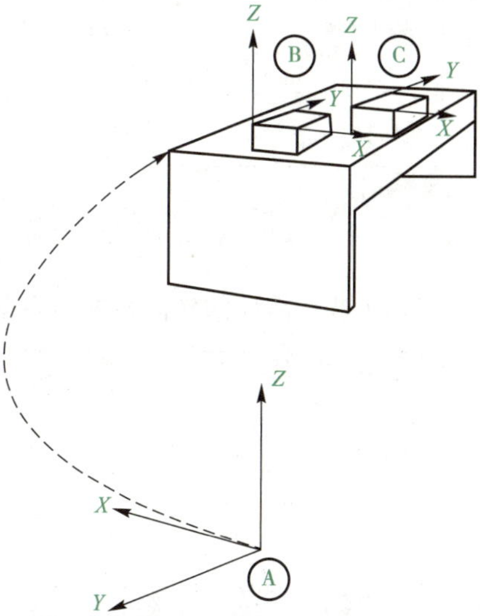

图 5-42 工件坐标系

（四）工具坐标系

工具坐标系（图 5-43）是原点位于机器人末端的工具中心点处的坐标系。工具坐标系常被缩写为 TCPF，工具坐标系中心缩写为 TCP。

执行程序时，机器人就是将 TCP 移至编程位置。这意味着，如果用户要更改工具（以及工具坐标系），机器人的移动将随之更改，以便新的 TCP 到达目标。因此，所有机器人在手腕处都有一个预定义工具坐标系，即机器人六轴法兰盘原点处的坐标系，该坐标系被称为 tool0。实际加工工作中，不同的工具需要建立不同的工具坐标系，新的工具坐标系是在预定义工具坐标系 tool0 上进行偏移得到的。微动控制机器人时，如果用户不想在移动时改变工具方向

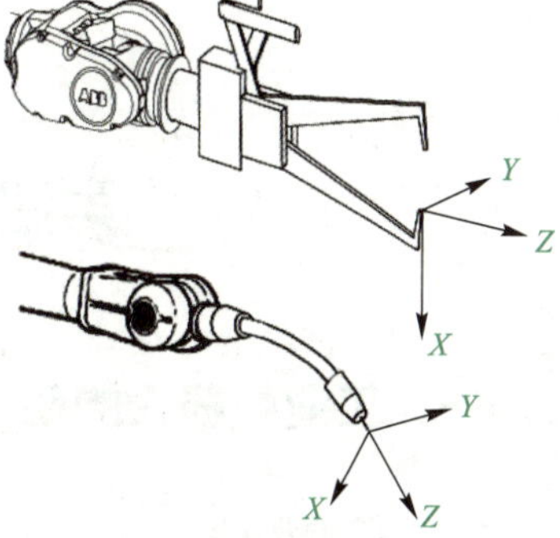

图 5-43 工具坐标系

（例如，移动锯条时不使其弯曲），工具坐标系就显得非常有用。

二、工业机器人坐标系切换

工业机器人手动操作工程中坐标系切换步骤如下：

（1）单击“ABB”按钮，单击“手动操纵”(图 5-44)。

（2）在“手动操纵”界面中单击“坐标系”，进入坐标系选择界面（图 5-45）。

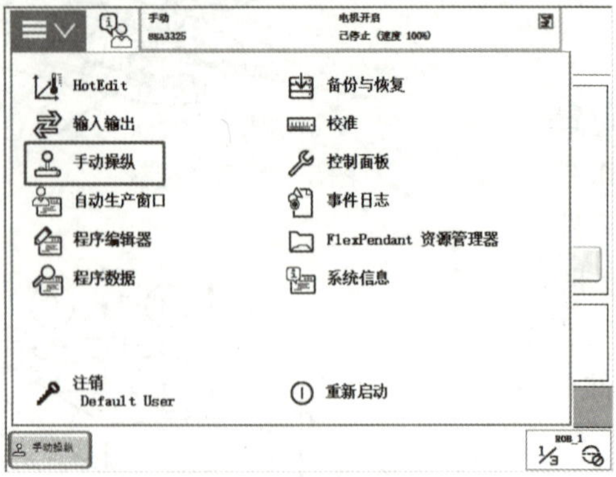

图 5-44　单击“手动操纵”

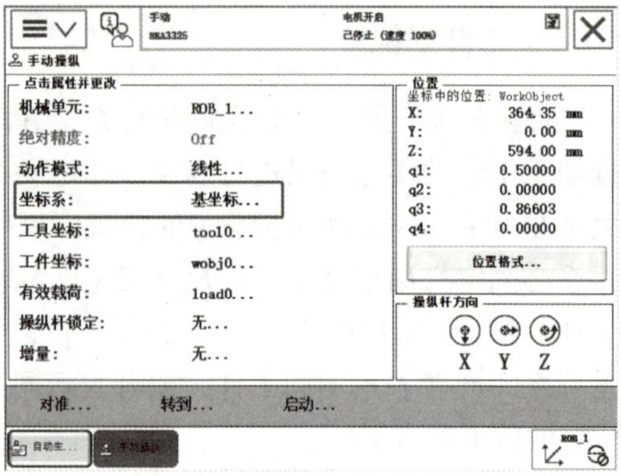

图 5-45　单击“坐标系”

（3）选择需要的坐标系类型后单击“确定”按钮即可完成坐标系切换的操作（图 5-46）。

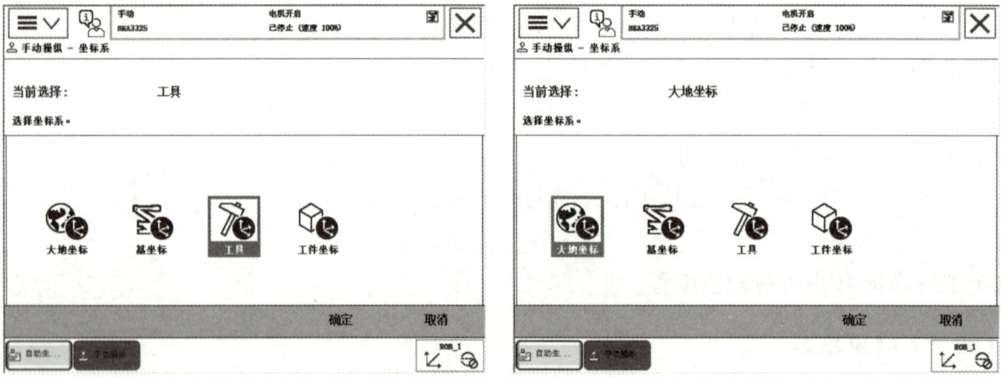

图 5-46　选择坐标系

第四节　手动操纵工业机器人

一、工业机器人的动作模式

（一）单轴运动

6 轴工业机器人通过伺服电动机分别驱动机器人本体上的 6 个关节轴的运动方式称为单轴

运动。在单轴运动模式下，每次只有一个关节轴发生运动（图 5-47）。单轴运动常用于机器人安装与调试或一些特别的场合中，使用单轴运动模式可以方便准确地控制工业机器人各关节轴单独运动。例如，在进行转数计数器更新时，可以用单轴运动的手动操纵；机器人出现机械限位和软件限位，也就是超出移动范围而停止时，可以利用单轴运动的手动操纵，将机器人移动到合适的位置，使用单轴运动进行粗略的定位和比较大幅度的移动会更方便快捷。

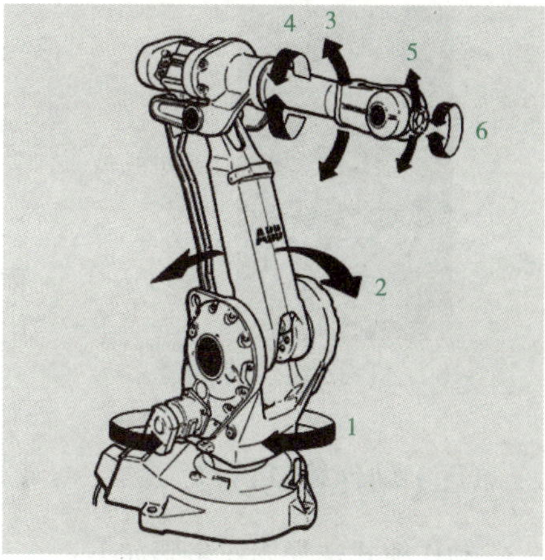

图 5-47　6 轴工业机器人 1-6 轴对应的关节示意图

（二）线性运动

工业机器人的线性运动是指安装在机器人第六轴法兰盘上工具的 TCP（工具坐标系中心点）在空间中做线性运动（图 5-48）。线性运动时，选定的坐标系将直接决定工业机器人的运动方向，移动的幅度较小，适合较为精确的定位和移动。

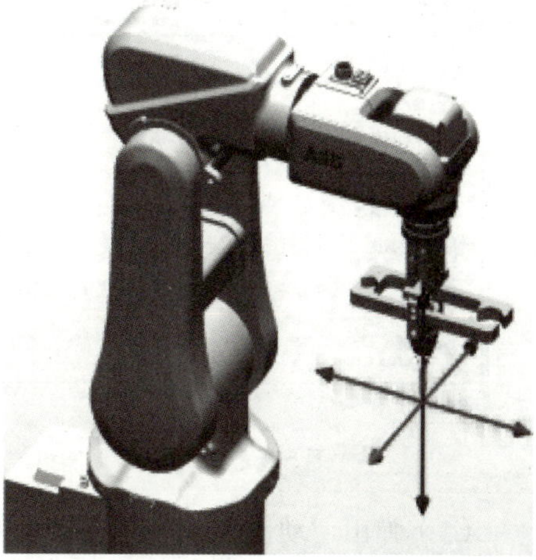
图 5-48　机器人线性运动

（三）重定位运动

工业机器人的重定位运动是指机器人第六轴法兰盘上的工具 TCP 在空间中绕着工具坐标系旋转的运动，也可理解为机器人绕着工具 TCP 做姿态调整的运动（图 5-49）。重定位运动手动操纵是全方位的移动和调整，适合于定点时的姿态调整。

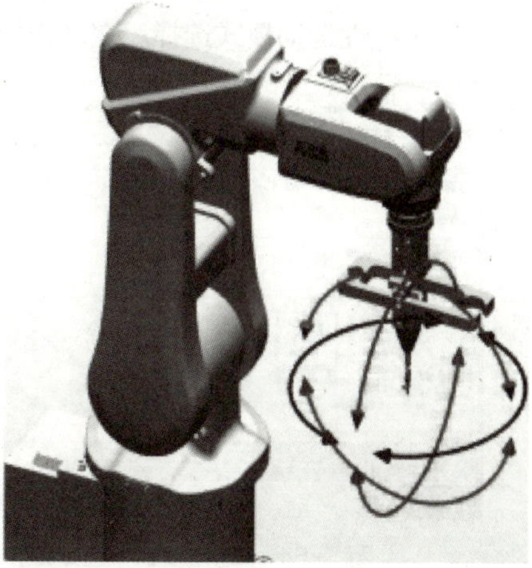
图 5-49　机器人重定位运动

二、动作模式的切换

（一）操纵前准备

在进行工业机器人手动操纵之前，需要做好以下准备工作：

（1）确定机器人状态钥匙已切换为“手动限速模式”（图 5-50）。

（2）确定电机上电状态正常，且机器人状态已经切换为“手动”（图 5-51）。

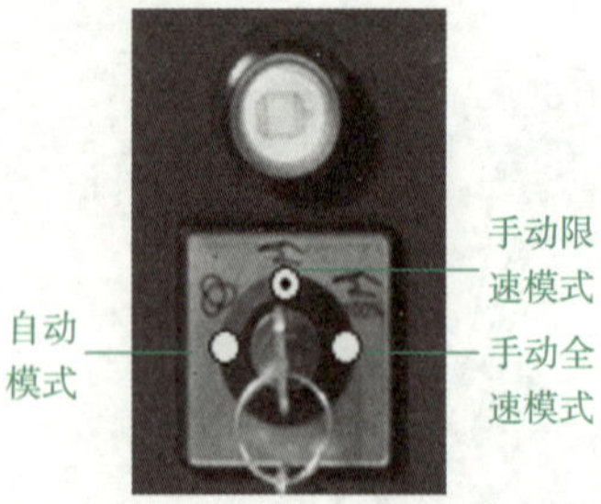

图 5-50　机器人状态钥匙位置

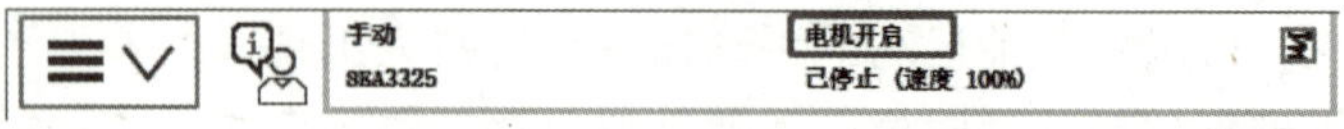

图 5-51　工业机器人手动状态

（二）动作模式选择

动作模式选择操作步骤如下：

（1）单击“ABB”按钮，单击“手动操纵”（图 5-52）。

（2）在手动操纵界面中单击“动作模式”（图 5-53）。

图 5-52　单击“手动操纵”

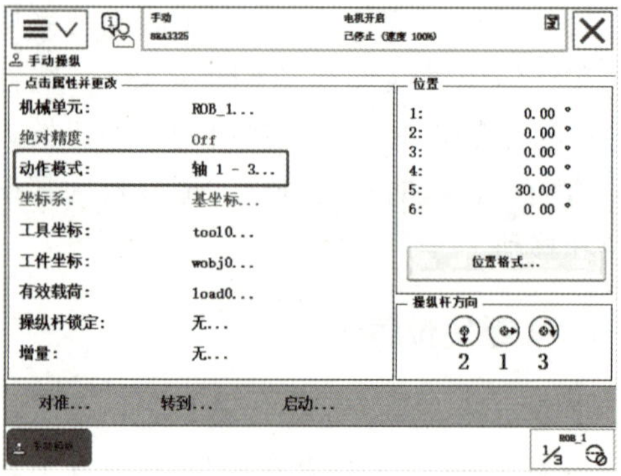

图 5-53　单击“动作模式”

（3）弹出“动作模式”选择界面（图 5-54），根据工业机器人的运动需求选择合适的动作模式后，单击“确定”按钮。

（4）单轴运动模式选择。在动作模式界面下选择“轴 1-3”或者“轴 4-6”，可以分别实现轴 1-3 和轴 4-6 的单轴操纵。

（5）线性运动模式选择。在动作模式界面下选择“线性”模式，单击“确定”按钮（图 5-55）。

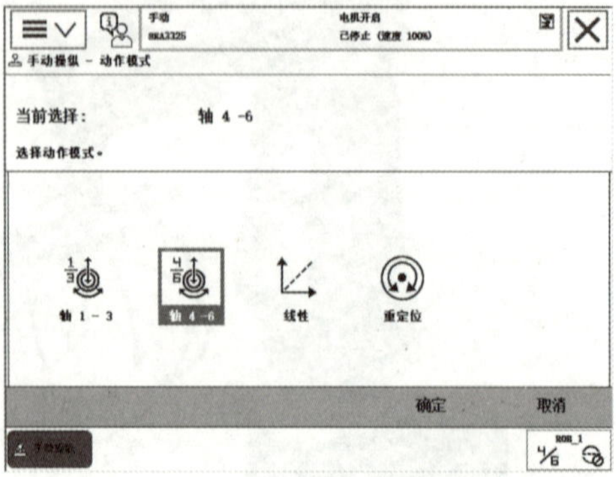

图 5-54　“动作模式”选择界面

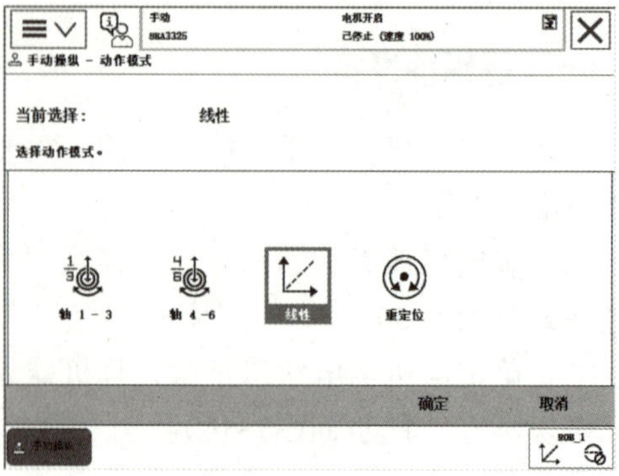

图 5-55　选择“线性”模式

（6）在手动操纵界面下单击“工具坐标”（图 5-56），选择合适的工具坐标系后单击“确定”按钮（图 5-57）。

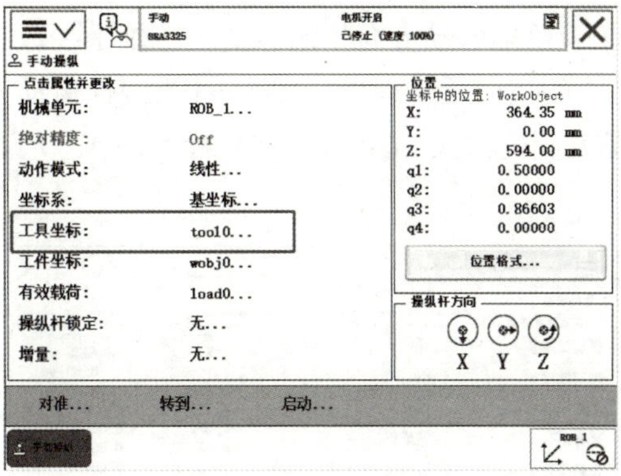

图 5-56 单击“工具坐标”

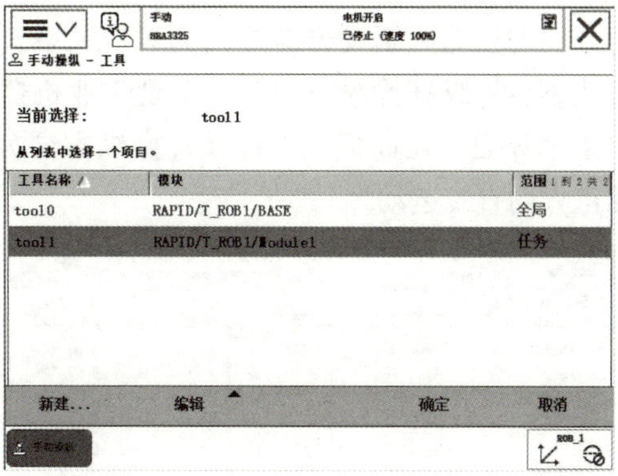

图 5-57 选择“工具坐标系”

（7）重定位运动模式选择。在动作模式界面下选择“重定位”模式，单击“确定”按钮（图 5-58）。在手动操纵界面下单击“坐标系”，在弹出的坐标系界面上选择“工具”后单击“确定”按钮（图 5-59）。

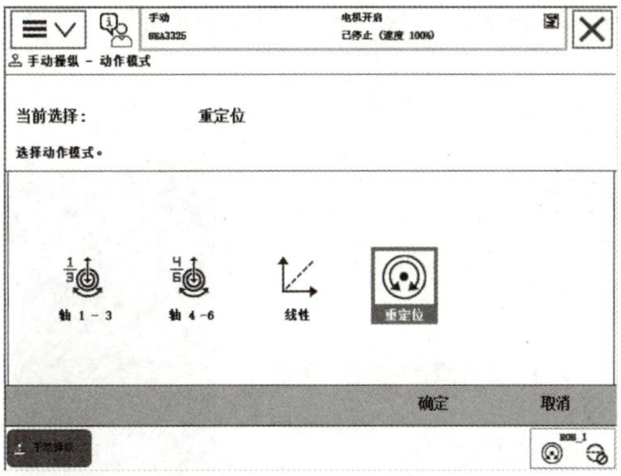

图 5-58 选择“重定位”模式

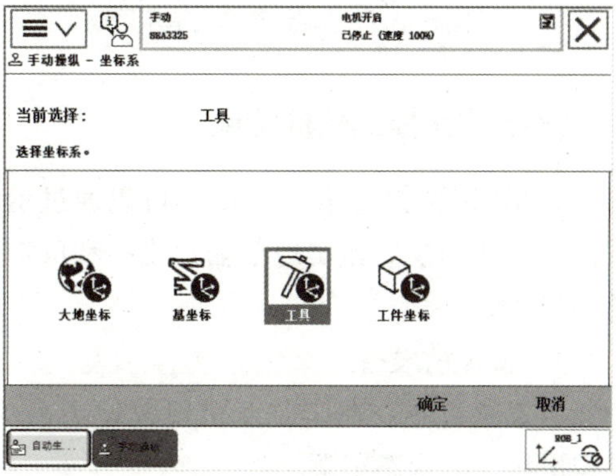

图 5-59 选择“工具”

（8）在“手动操纵”界面下单击“工具坐标”（图 5-60），选择合适的工具坐标系后单击“确定”按钮（图 5-61），手动操作操纵杆，可以观察该设置下的重定位模式运动。

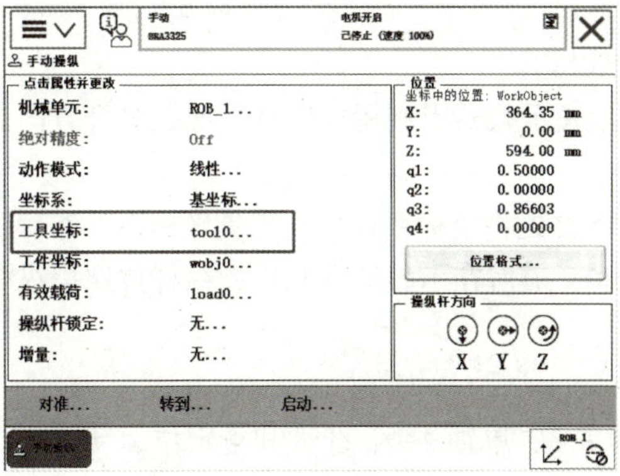

图 5-60 单击“工具坐标”

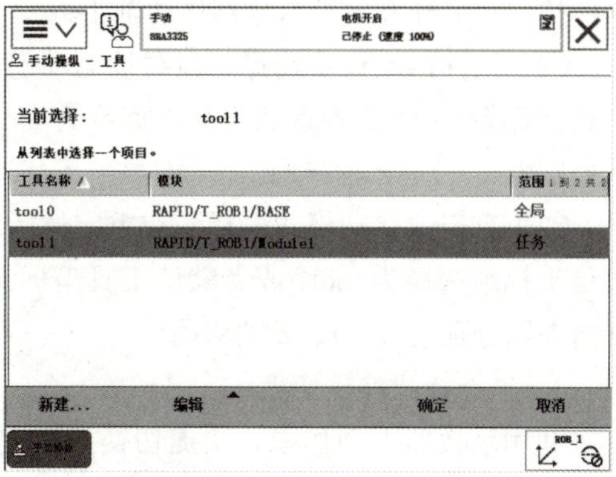

图 5-61 选择“工具坐标系”

（三）运动方向判断

手动操纵界面右下角的“操纵杆方向”功能用于提示操作者在当前运动模式下，控制杆移动方向与机器人运动方向之间的对应关系。图 5-62 为单轴运动方向指示界面中单轴 1-3 运动模式下，操纵杆操纵方向分别实现工业机器人轴 1-3 的正向旋转运动。图 5-63 为线性运动方向指示界面，在此模式下操纵杆操纵方向分别实现工业机器人 TCP 沿选定坐标系的 *X*、*Y*、*Z* 轴正方向直线运动。

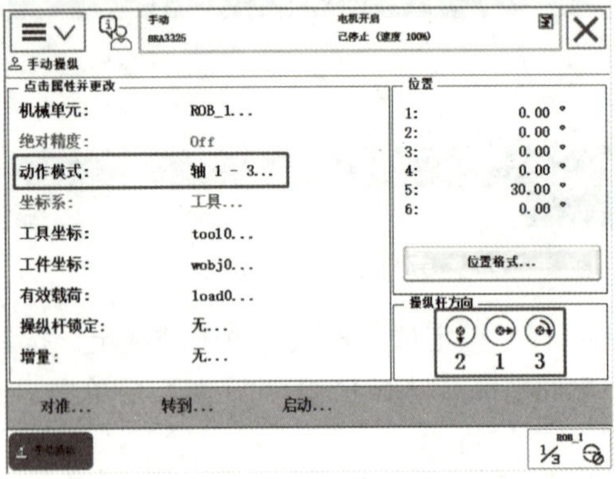

图 5-62　单轴运动方向指示界面

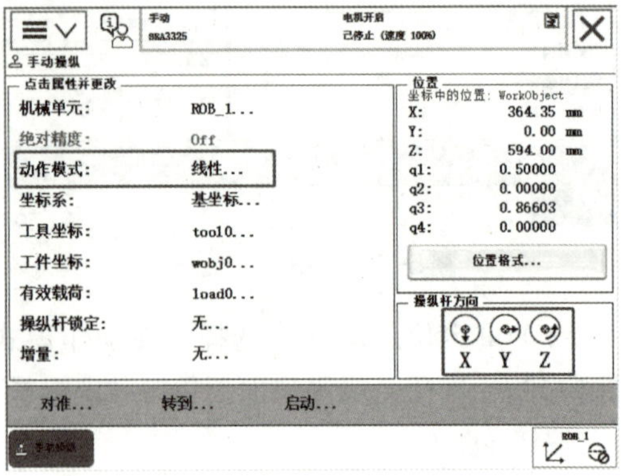

图 5-63　线性运动方向指示界面

（四）动作模式快捷切换

在手动操纵工业机器人时，可以通过示教器上的动作模式快捷切换按钮实现单轴、线性和重定位运动模式的切换（图 5-64）。

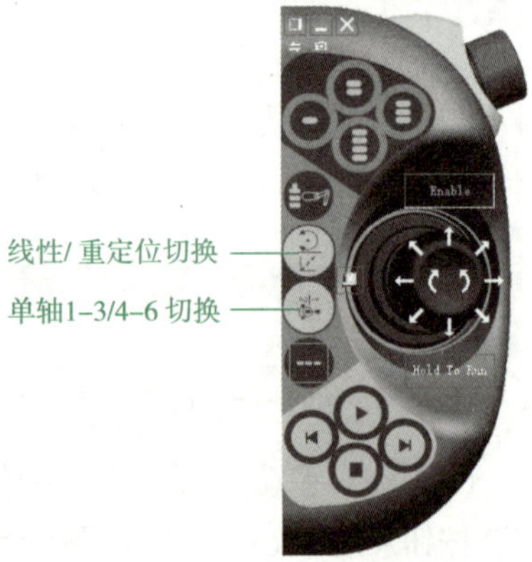

图 5-64　示教器动作模式快捷切换按钮

1. 操纵前准备

启动前检查：确定工业机器人处于手动限速状态；确定电机上电状态正常。

2. 动作模式选择

（1）单轴运动模式选择。在单轴运动模式下分别选择轴 1-3 和轴 4-6 的动作模式，然后在示教器上利用操纵杆按照操纵杆方向提示分别移动轴 1-6。

（2）线性运动模式选择。在线性运动模式下将选择工具坐标系 tool1 或者默认工具坐标系为 tool0，然后在示教器上利用操纵杆按照操纵杆方向提示分别沿 *X*、*Y*、*Z* 轴移动。

（3）重定位运动模式选择。在重定位运动模式下首先将坐标系选择为工具坐标系，然后将工具坐标系选择为 tool1 或者默认工具坐标系为 tool0，最后在示教器上利用操纵杆按照操纵杆方向提示分别沿 *X*、*Y*、*Z* 轴移动。

3. 动作模式快捷切换

利用示教器上动作模式快捷切换按钮进行单轴 1-3、单轴 4-6、线性和重定位运动模式切换，并操纵工业机器人运动。

三、转数计数器更新操作

工业机器人的转数计数器用独立的电池供电，以记录各个轴的数据。如果示教器提示电池没电，或者机器人在断电情况下手臂位置移动了，这时候需要对转数计数器进行更新，否则机器人运行位置会不准。

ABB 机器人 6 个关节轴都有一个机械原点的位置。转数计数器的更新就是将机器人的各个轴停到机械原点，把各轴上的刻度线和对应的槽口对齐，然后在示教器进行校准更新。

通常以下的情况，需要对机械原点的位置进行转数计数器更新操作：

（1）更换伺服电机转数计数器电池后。

（2）当转数计数器发生故障，修复后。

（3）转数计数器与测量板之间断开过。

（4）断电后，机器人关节轴发生了位移。

（5）当系统报警提示“10036 转数计数器未更新”时。

使用手动操纵让 ABB 工业机器人各关节轴运动到机械原点刻度位置的顺序是 4 → 5 → 6 → 1 → 2 → 3。

图 5-65 为 IRB120 型号 ABB 机器人 6 轴机械原点的姿态。图 5-66 ～图 5-71 分别为 IRB120 型号 ABB 机器人 6 个轴的机械原点刻度位置。校准时需要将每个轴两边的机械原点刻度中心对准。其他型号机器人的机械原点刻度位置请参考随机说明书。

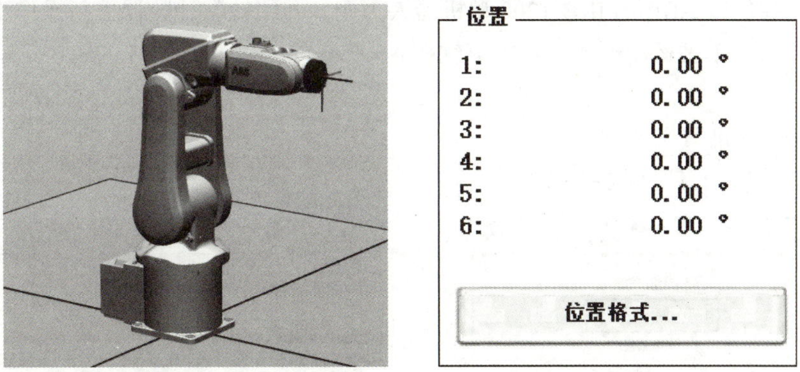

图 5-65　IRB120 型号 ABB 机器人 6 轴机械原点的姿态

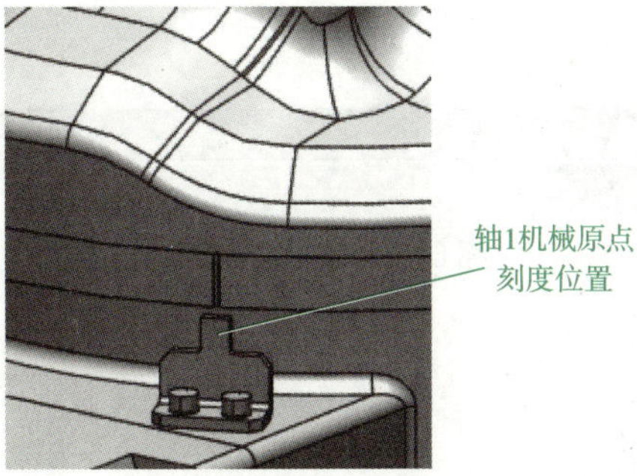

图 5-66　轴 1 机械原点刻度位置

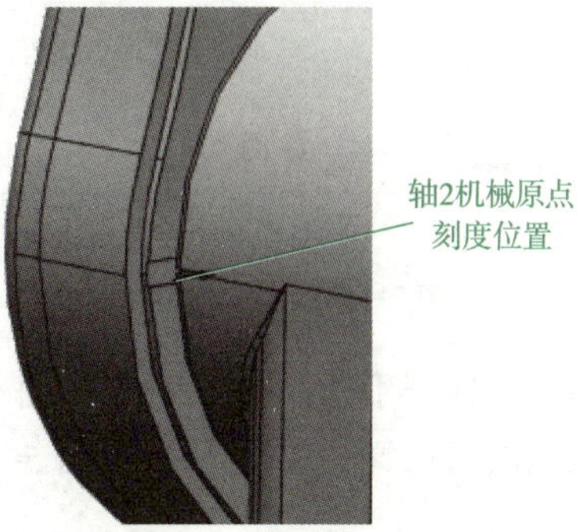

图 5-67　轴 2 机械原点刻度位置

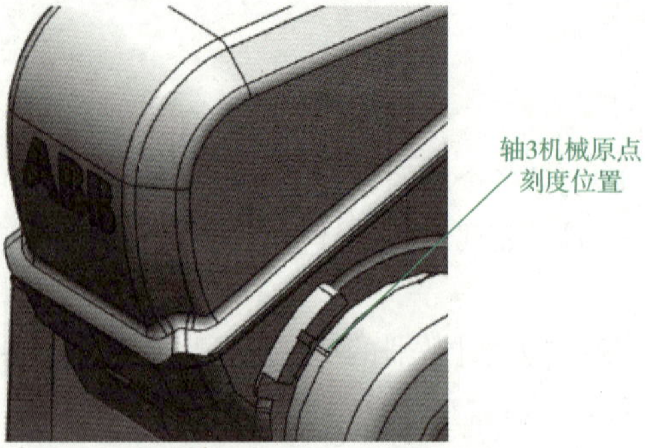

图 5-68　轴 2 机械原点刻度位置

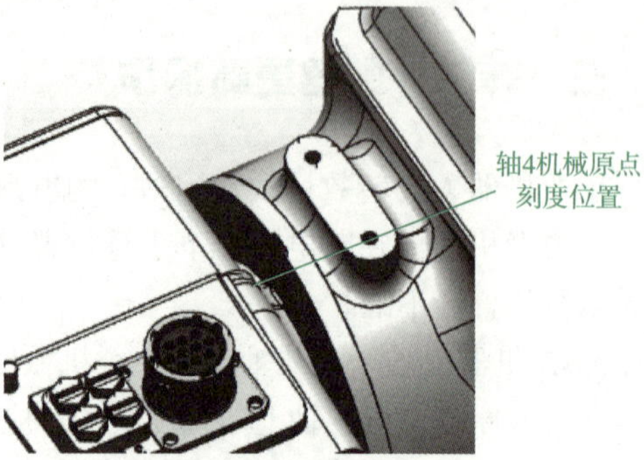

图 5-69　轴 4 机械原点刻度位置

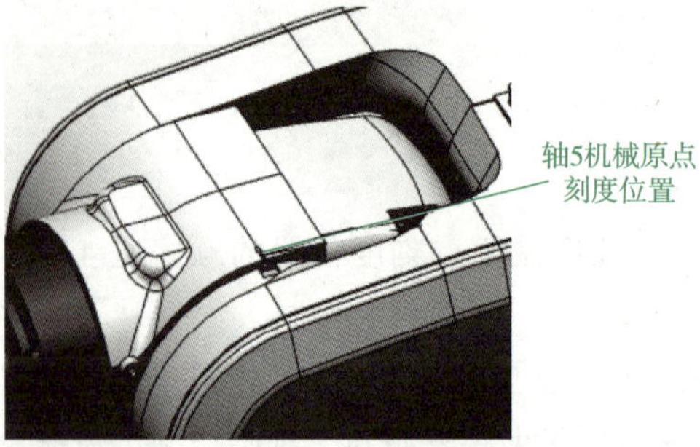

图 5-70　轴 5 机械原点刻度位置

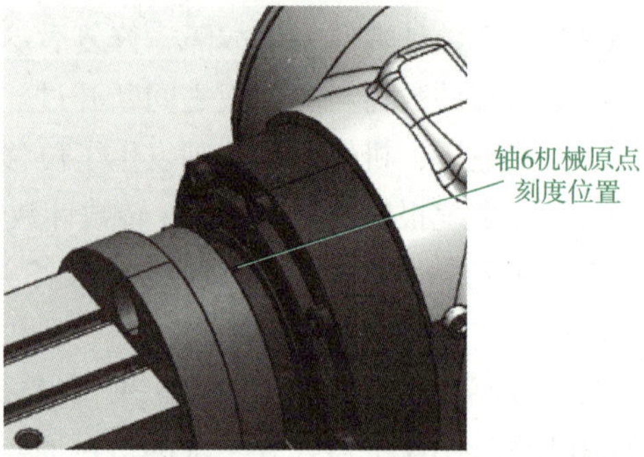

图 5-71　轴 6 机械原点刻度位置

接下来，我们以 ABB 的 IRB 1200 型机器人为例，介绍转数计数器更新操作步骤。在手动操纵菜单中，采用单轴运动模式，将关节轴按 4 → 5 → 6 → 1 → 2 → 3 的顺序运动到机械原点的刻度位置。

（1）单击“校准”(图 5-72)。

（2）单击“ROB_1”(图 5-73)。

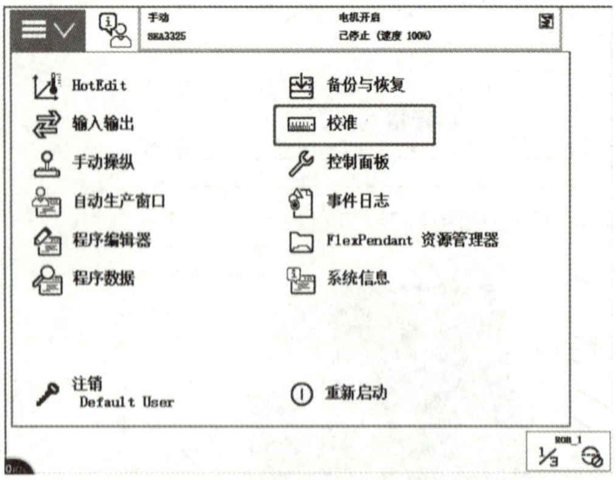

图 5-72　选择“校准”

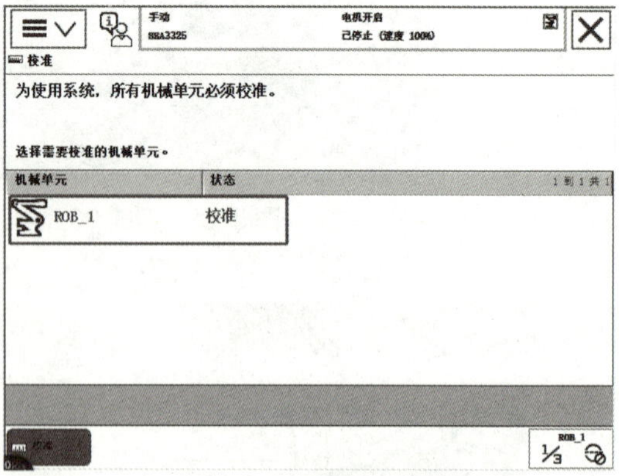

图 5-73　选择“ROB_1”

（3）选择“手动方法（高级）”(图 5-74)。

（4）然后选择“校准 参数”(图 5-75)。

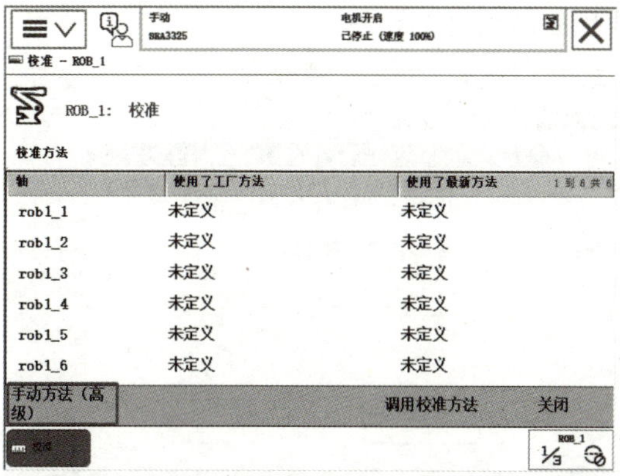

图 5-74 选择“手动方法（高级）”

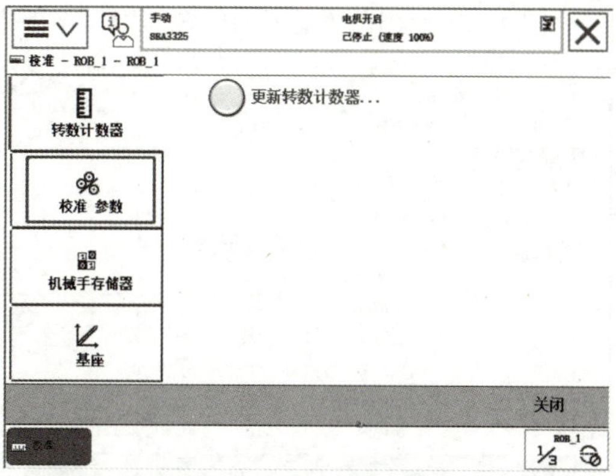

图 5-75 选择“校准 参数”

（5）选择校准参数下的“编辑电机校准偏移”(图 5-76)。

（6）在弹出的对话框中单击“是”按钮，确认更改校准偏移值（图 5-77）。

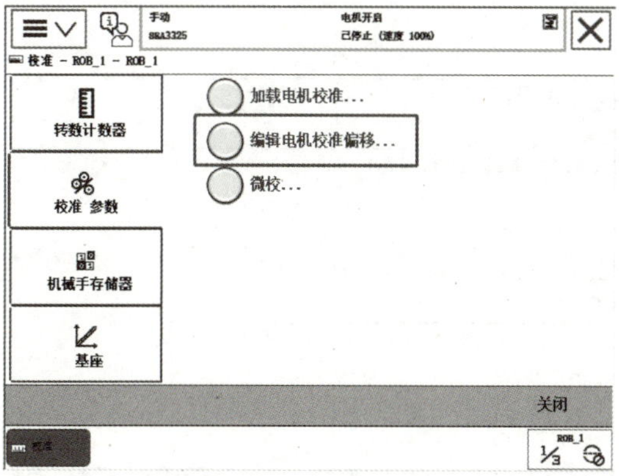

图 5-76 选择“编辑电机校准偏移”

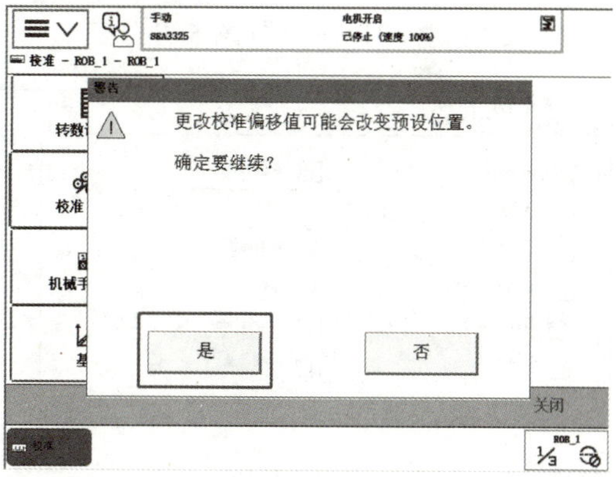

图 5-77 确认更改校准偏移值

（7）将机器人本体上电机校准偏移记录下来（图 5-78）。

（8）在编辑电机校准偏移中输入刚从机器人本体记录的电机校准偏移数据（图 5-79）。

1200-501374	
Axis	Resolver values
1	4.3613
2	3.8791
3	3.4159
4	2.1185
5	2.3283
6	0.6529

图 5-78 机器人本体上电动机校准偏移

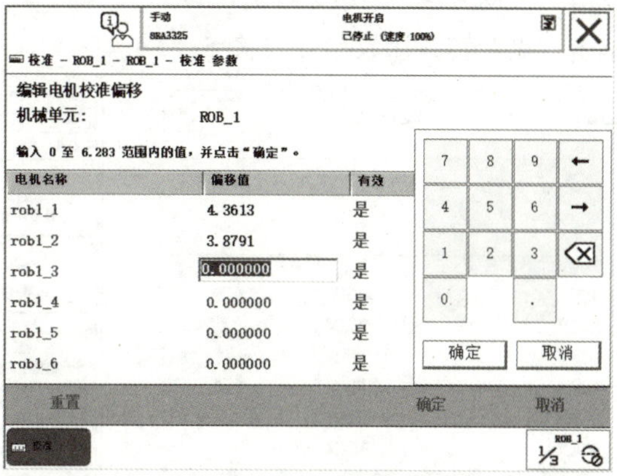

图 5-79 编辑电机校准偏移数据

（9）全部输入完成后，单击“确定”按钮（图 5-80），如果示教器中显示的数值与机器人本体上的标签数值一致，则无须修改，直接单击“取消”按钮退出。

（10）在弹出的对话框中单击“是”按钮，完成控制器重启（图 5-81）。

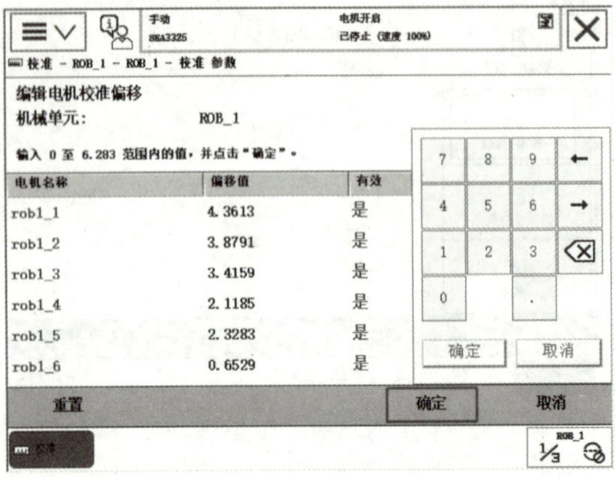

图 5-80　偏移量校准完成

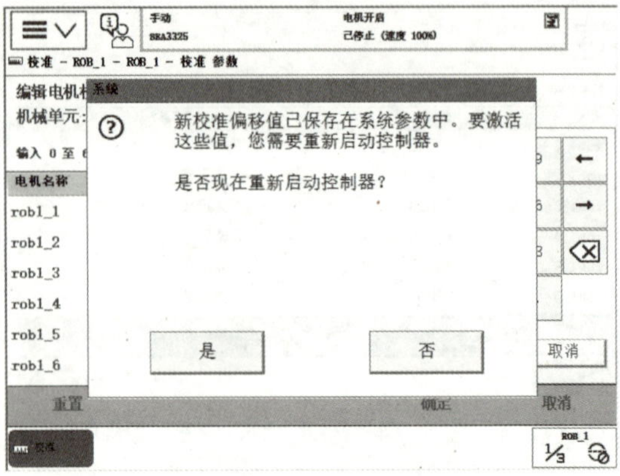

图 5-81　确认重启控制器

（11）重启控制器后，在 ABB 操作界面中选择“校准”（图 5-82）。

（12）选择“ROB_1”（图 5-83）。

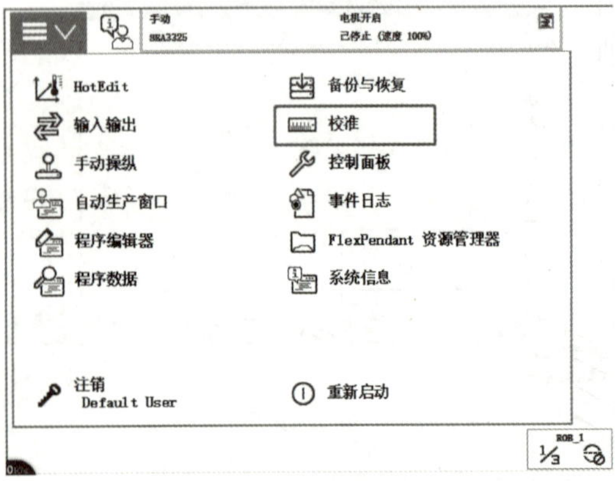

图 5-82　选择“校准”

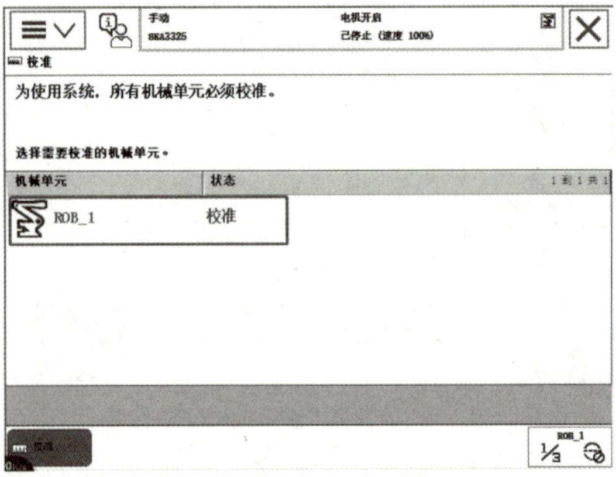

图 5-83　选择“ROB_1”

（13）单击“手动方法（高级）”（图 5-84）。

（14）单击“更新转数计数器...”（图 5-85）。

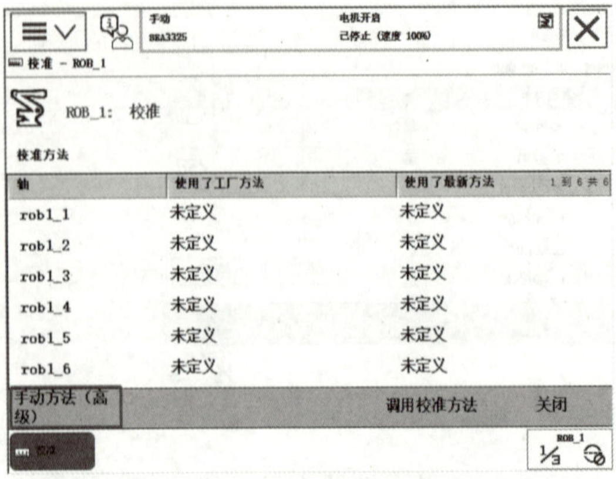

图 5-84　选择“手动方法（高级）”

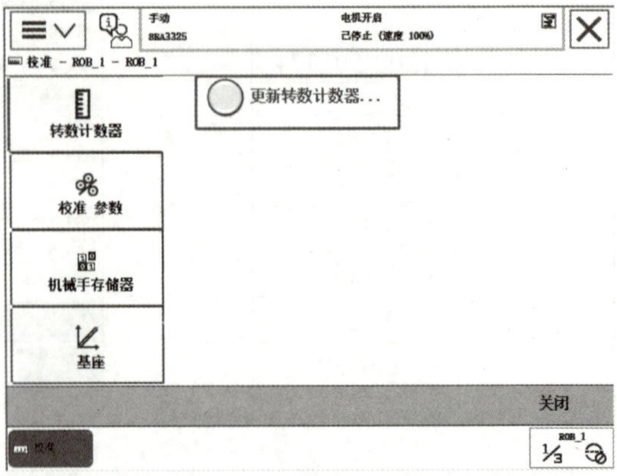

图 5-85　选择“更新转数计数器...”

（15）在弹出对话框中单击“是”按钮（图 5-86）。

（16）勾选所要更新转数计数器的机械单元名称（图 5-87）。

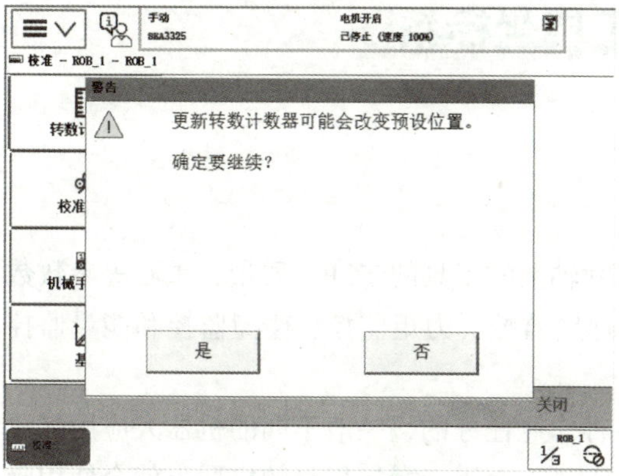

图 5-86 确定更新

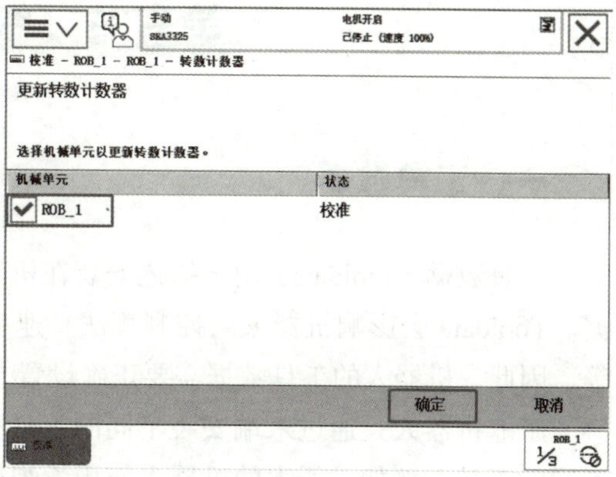

图 5-87 勾选机械单元名称

（17）单击“全选”，然后单击“更新”（如果机器人由于安装位置的关系，无法 6 个轴同时到达机械原点刻度位置，则可以逐一对关节轴进行转数计数器更新）（图 5-88）。

（18）在弹出窗口中单击“更新”按钮（图 5-89）。

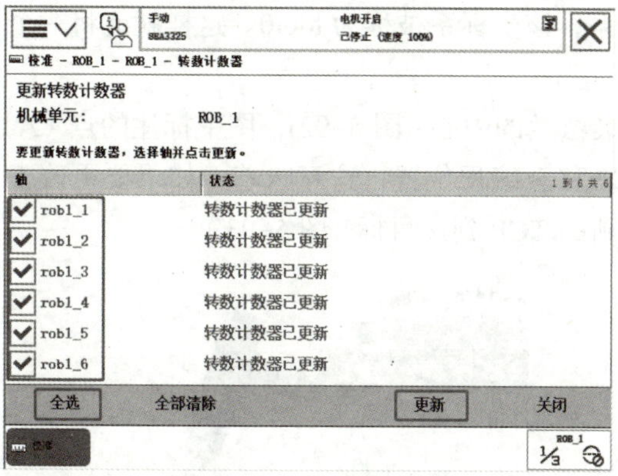

图 5-88 更新转数计数器

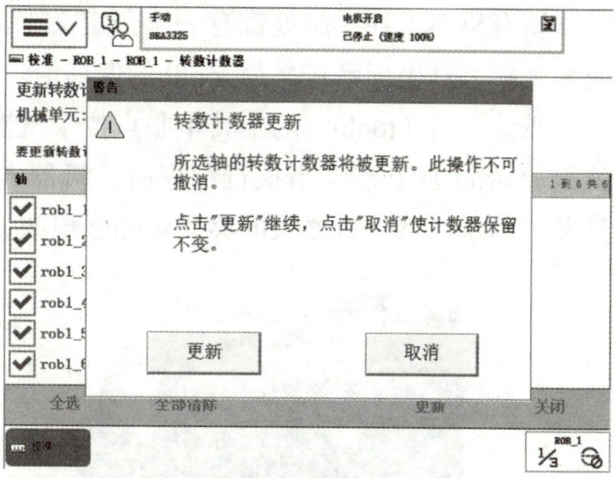

图 5-89 确认更新

（19）等待系统完成更新工作（图 5-90）。

（20）当显示转数计数器更新已成功完成时，单击“确定”更新完毕（图 5-91）。

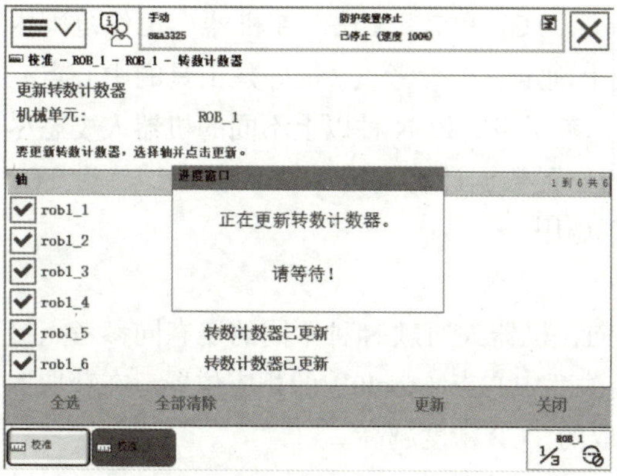

图 5-90 更新等待

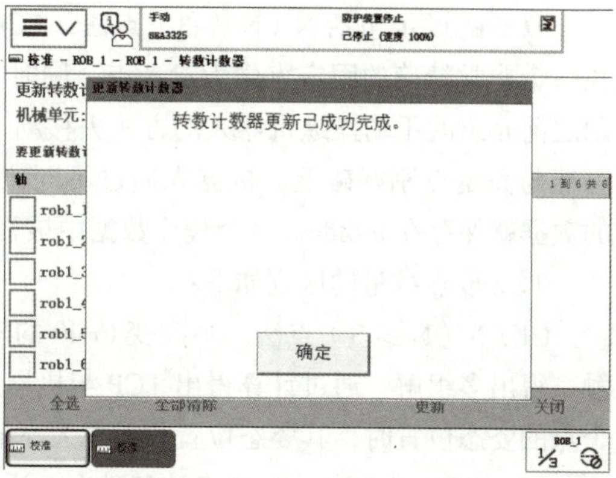

图 5-91 更新完成

第五节 管理工具坐标系

一、工具数据

工具数据（tooldata）用于描述安装在机器人第六轴上的工具的 TCP、质量、重心等参数数据。Tooldata 会影响机器人的控制算法、速度与加速度监控、力矩监控、碰撞监控和能量监控等，因此，机器人的工具数据需要正确设置。

工业机器人是通过末端安装不同的工具完成各种作业任务的，一般不同的机器人应用配置不同的工具，例如，弧焊的机器人使用弧焊枪作为工具，而用于搬运板材的机器人就会使用吸盘式的夹具作为工具。

二、TCP 的设定原理

所有机器人在手腕处都有一个预定义工具坐标系，该坐标系被称为 tool0。这样就能将一个或多个新工具坐标系定义为 tool0 的偏移值。

默认工具（tool0）的工具中心点位于机器人安装法兰的中心 (图 5-92)，图中标注的点（A）就是原始的 TCP 点。当执行程序时，机器人将 TCP 移至编程位置，这意味着，如果要更改工具及工具坐标系，机器人的移动将随之更改，以便新的 TCP 到达目标（图 5-93）。

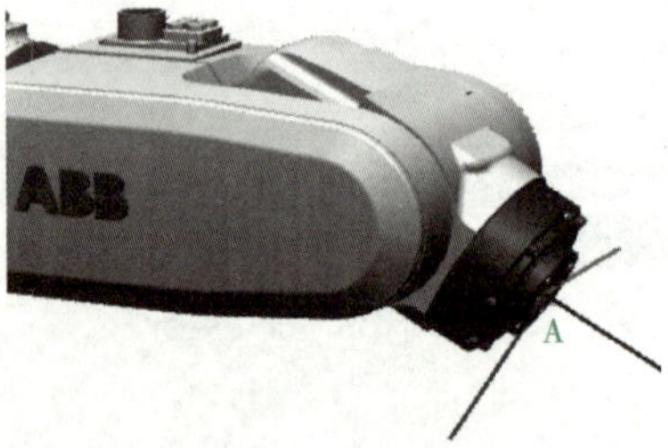

图 5-92 机器人原始的 TCP

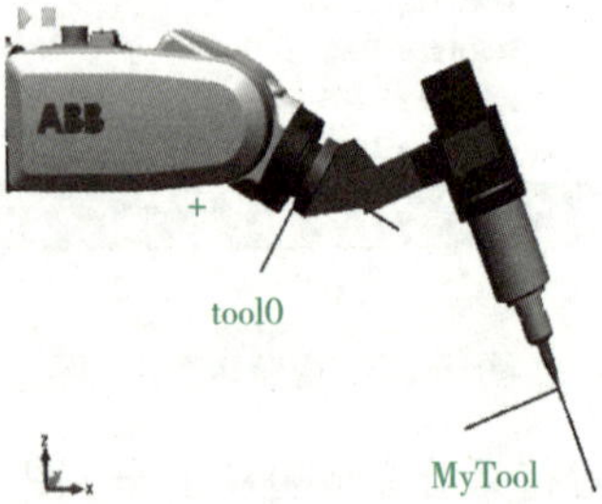

图 5-93 弧焊机器人的 TCP

TCP 的设定包括 N（N ≥ 3）点法，TCP 和 Z 法，TCP 和 Z、X 法。在机器人工作范围内找一个非常精确的固定点作为参考点，同时在工具上确定一个参考点（最好是工具的中心点）。用之前介绍的手动操纵机器人的方法去移动工具上的参考点，以 N 种以上不同的机器人姿态尽可能与固定点刚好碰上。机器人通过不同位置点的位置数据计算求得 TCP 的数据，然后 TCP 的数据就保存在 tooldata 这个程序数据中被程序进行调用。

TCP 取点数量的区别如下：

（1）N（N ≥ 3）点法。不改变 tool0 的坐标方向，机器人通过 N 种不同的姿态同参考点接触，得出多组解，通过计算得出 TCP 与机器人安装法兰中心点（tool0）的相应位置，在获取 N 个点的姿态位置时，其姿态位置相差越大，最终获取的 TCP 精度越高。

（2）TCP 和 Z 法。在 N 点法基础上，通过 Z 点与参考点连线以改变 tool0 的 Z 方向。

（3）TCP 和 Z、X 法。同样是在 N 点法基础上，通过 X 点与参考点连线以改变 tool0 的 X 方向，Z 点与参考点连线以改变 tool0 的 Z 方向。这种标定方法精度最高，因此，在焊接应用中最为常用。

三、弧焊机器人 TCP 设定方法

（1）在 ABB 菜单中选择“手动操纵”(图 5-94)。

（2）在手动操作界面内选择“工具坐标”(图 5-95)。

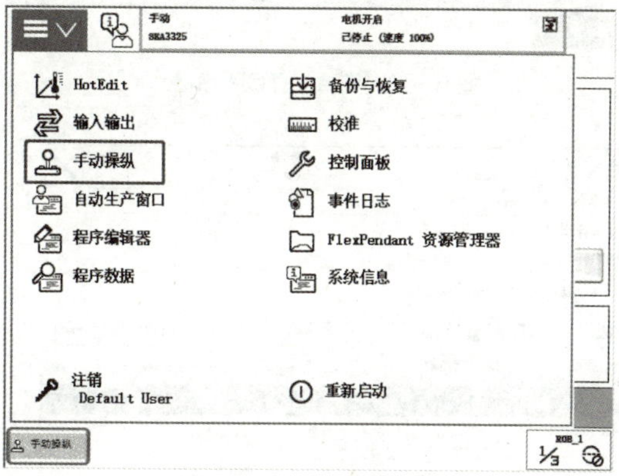

图 5-94　选择“手动操纵”

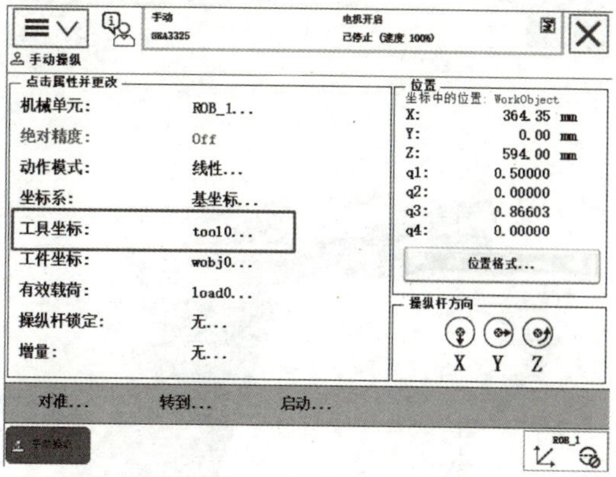

图 5-95　选择“工具坐标”

（3）单击右下角“新建”按钮（图 5-96）。

（4）对工具数据属性进行设定后，单击“确定”按钮（图 5-97）。

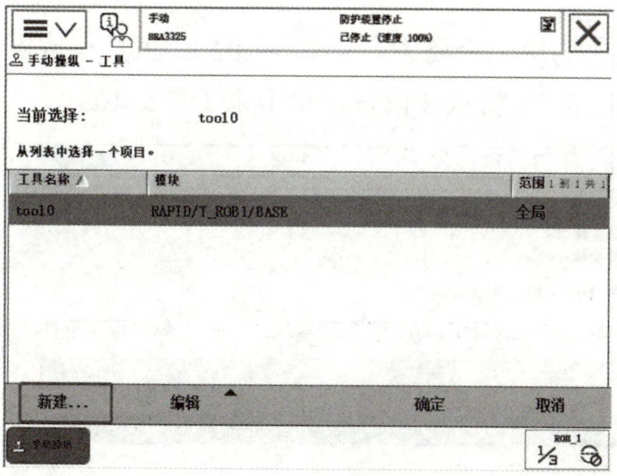

图 5-96　新建工具坐标

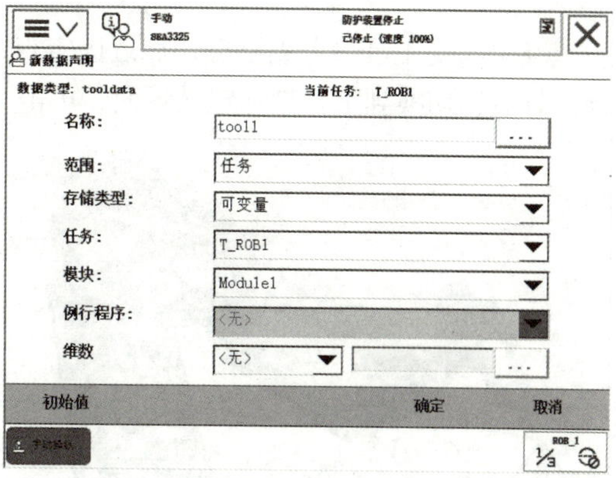

图 5-97　设置工具数据属性

（5）选中新建的“tool1”后，单击“编辑”菜单中的“定义 ...”选项（图 5-98）。

（6）选择“TCP 和 Z，X”，使用 TCP 和 Z、X 法，基础点数 N=4 来设定 TCP（图 5-99）。

（7）通过示教器选择合适的手动操纵模式，按下使能键，操作手柄使工业机器人的工具参考点靠上固定点，将图 5-100 所示的机器人姿态作为第一个姿态点。选择“点 1”，单击“修改位置”，将点 1 位置记录为当前点位置（图 5-101）。

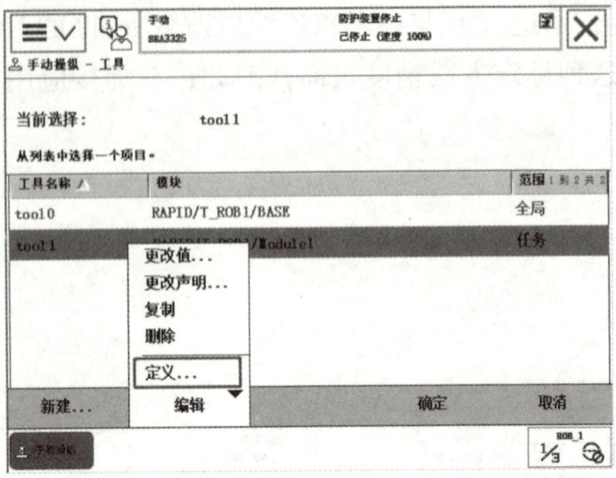

图 5-98　定义工具坐标

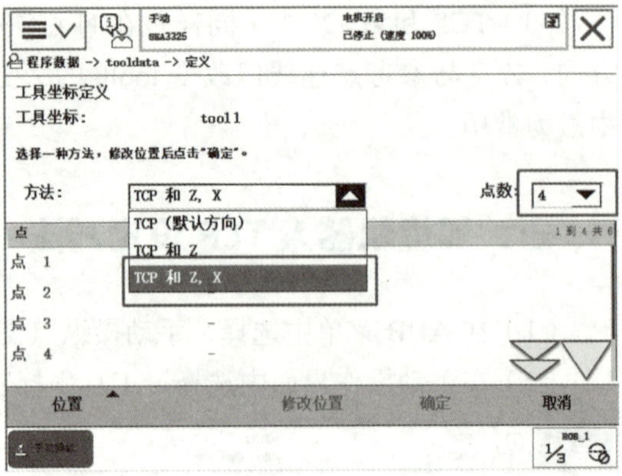

图 5-99　选择"TCP 和 Z，X"

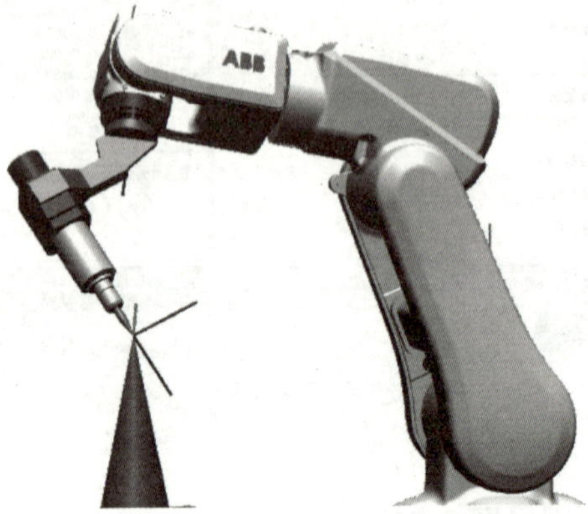

图 5-100　第一个姿态点

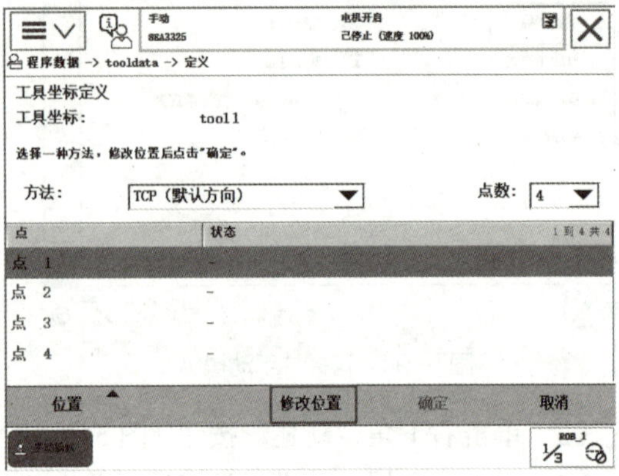

图 5-101　记录点 1 位置

（8）改变工具参考点姿态，靠近固定点，将其作为第二个姿态点（图 5-102），工具点位置确定好后，切换到工具坐标定义界面，单击"修改位置"，将点 2 位置记录下来（图 5-103）。

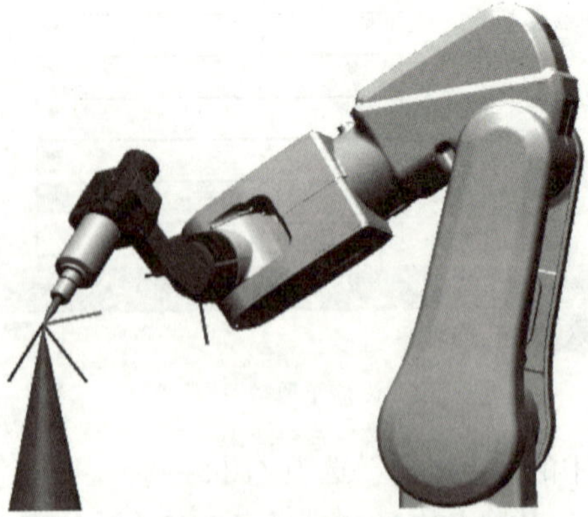
图 5-102　第二个姿态点

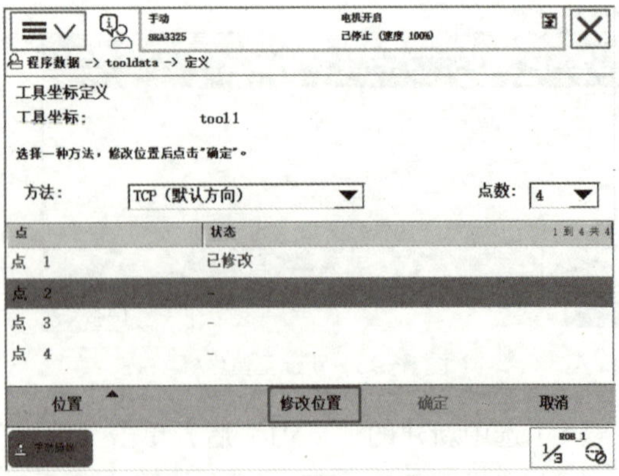

图 5-103　记录点 2 位置

（9）工具参考点变换姿态靠上固定点，将其作为第三个姿态点（图 5-104），再次切换到工具坐标定义界面，单击"修改位置"，将点 3 位置记录下来（图 5-105）。

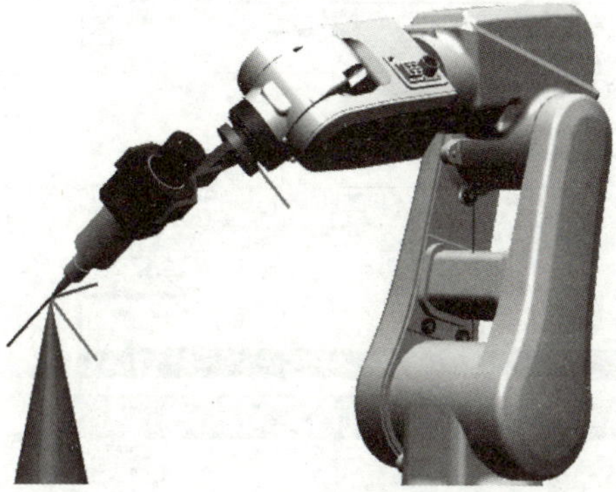
图 5-104 第三个姿态点

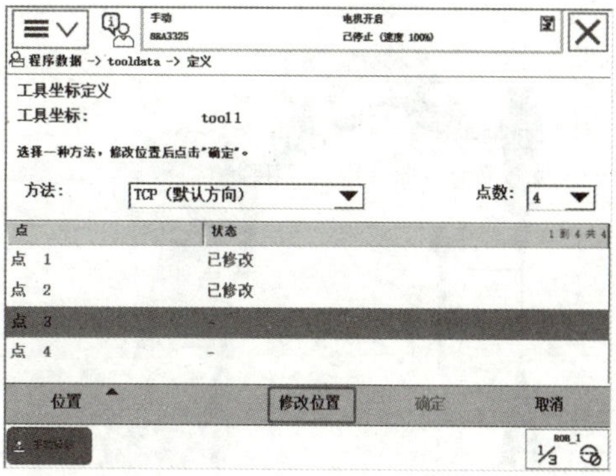

图 5-105 记录点 3 位置

（10）调整机器人以图 5-106 所示的垂直姿态靠近固定点，将此工具点位置作为第四个姿态点，切换到工具坐标定义界面，选择“点 4”，单击“修改位置”，将点 4 位置记录下来（图 5-107）。

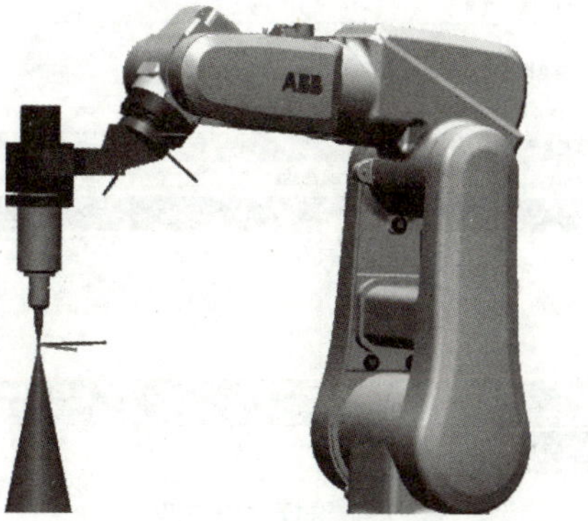

图 5-106 第四个姿态点

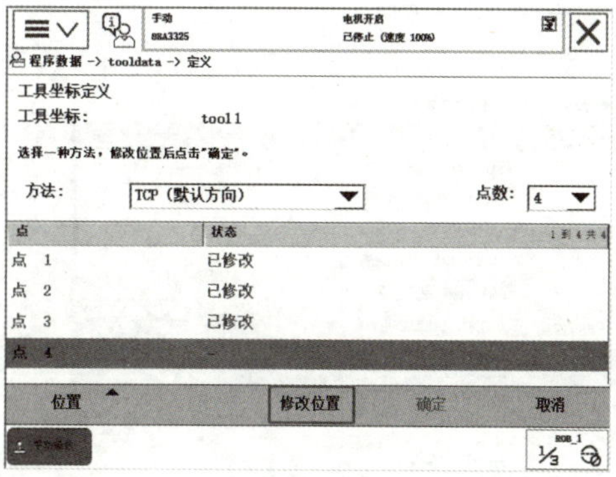

图 5-107 记录点 4 位置

（11）操控机器人使工具参考点以点 4 的姿态从固定点移动到工具 TCP 的 X 正方向（图 5-108），以次姿态作为延伸器点 X，单击“修改位置”完成修改（图 5-109）。

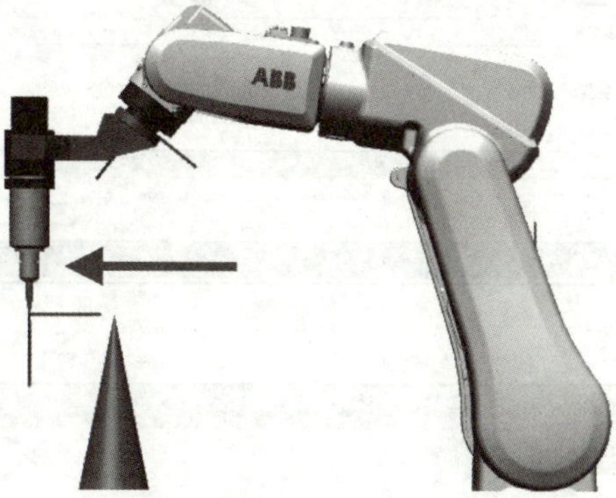

图 5-108 X 正向移动姿态点

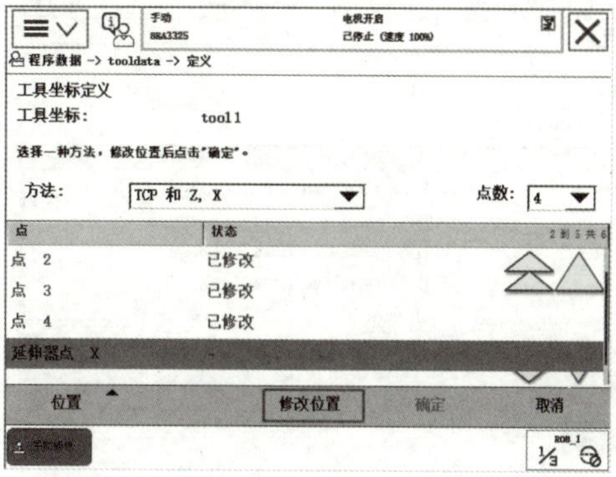

图 5-109 记录延伸器点 X 位置

（12）继续操控机器人使工具参考点再次以点 4 的姿态从固定点移动到工具 TCP 的 Z 正方向（图 5-110），以次姿态作为延伸器点 Z，单击“修改位置”完成修改，再单击“确定”按钮完成设定（图 5-111）。

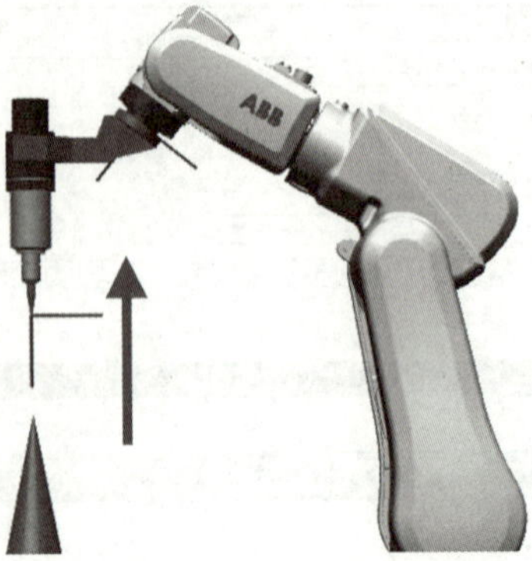

图 5-110　Z 正向移动姿态点

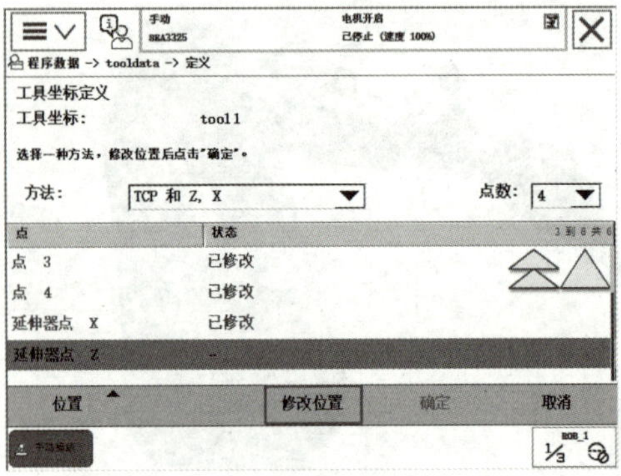

图 5-111　记录延伸器点 Z 位置

（13）弹出误差确认界面，数值越小越好，但也要以实际验证效果为准（图 5-112）。

（14）回到上一级菜单，再次选中“tool1”，然后打开编辑菜单选择“更改值 ...”（图 5-113）。

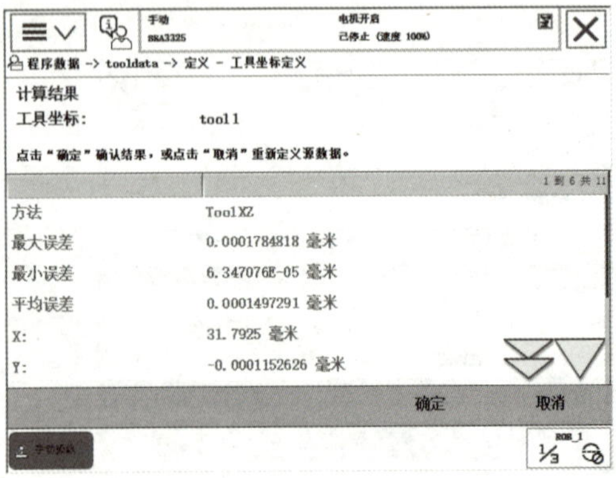

图 5-112　确认误差值

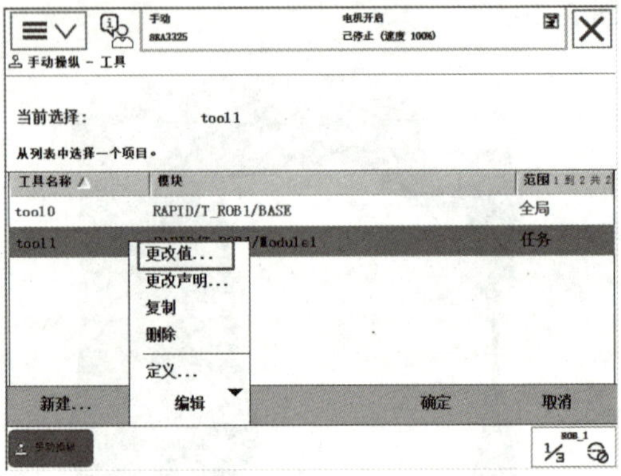

图 5-113　选择“更改值 ...”

（15）弹出工具坐标数据编辑界面（图 5-114）。

（16）根据实际情况设定工具的质量 mass，单位为 kg（图 5-115）。

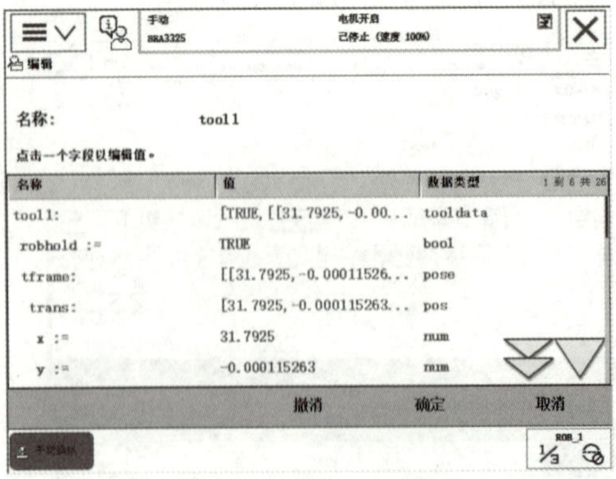

图 5-114　工具坐标数据编辑界面

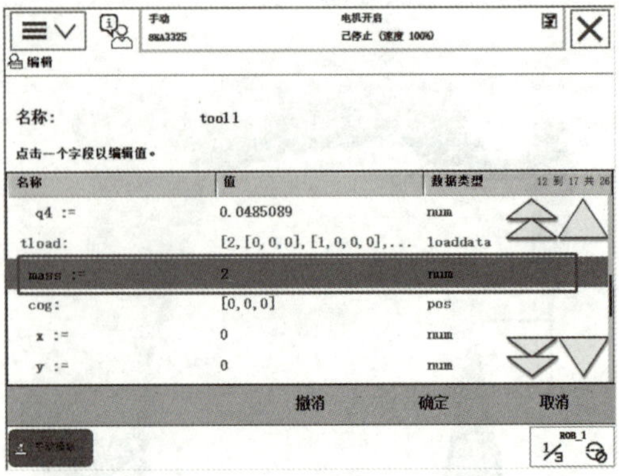

图 5-115　设定工具的质量 mass

（17）根据选用工具的实际情况进行中心位置数据的设定，工具中心给予 tool0 的偏移值，在图 5-116 所示的界面中输入数据，单位为 mm，然后单击“确定”按钮（图 5-117）。

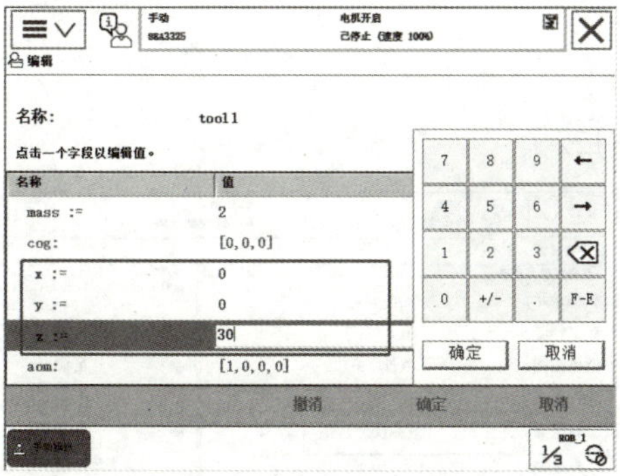

图 5-116　设定中心位置数据

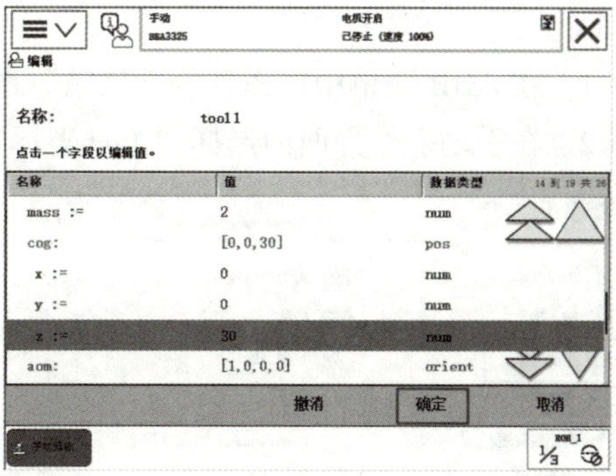

图 5-117　设置完成

（18）选中 tool1，单击“确定”按钮（图 5-118）。

（19）动作模式选定为“重定位”，坐标系统选定为“工具”，工具坐标选定为 tool1（图 5-119）。

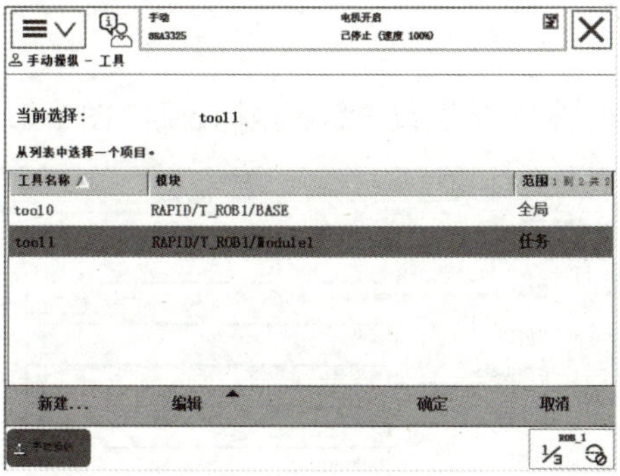

图 5-118　选择新建工具坐标

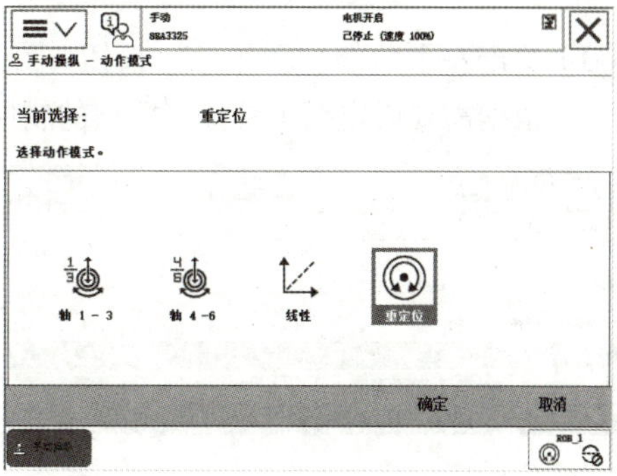

图 5-119　选择重定位运动模式

（20）使用摇杆将工具参考点靠上固定点，然后在重定位模式下手动操纵机器人。如果 TCP 设定精确，可以看到工具参考点与固定点始终保持接触，而工业机器人工具会根据重定位操作改变姿态（图 5-120）。

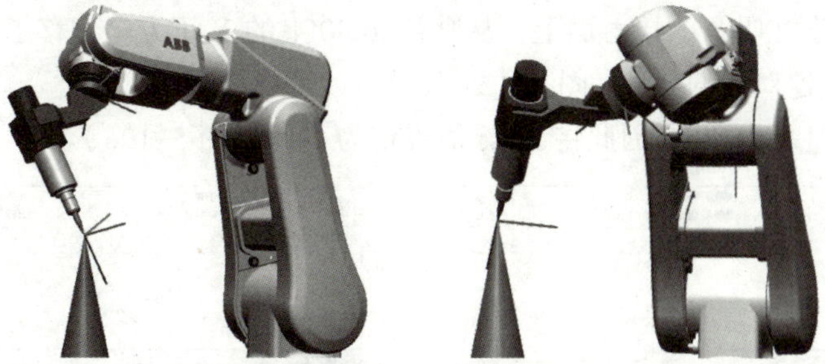

图 5-120　验证新建工具坐标

四、搬运机器人 TCP 设定方法

以搬运薄板的真空吸盘夹具为例，质量是 20 kg，重心在默认 tool0 的 Z 的正方向偏移 200 mm，TCP 点设定在吸盘的接触面上，从默认 tool0 上的 Z 方向偏移了 350 mm。其设定步骤如下：

（1）在 ABB 菜单中选择“手动操纵”（图 5-121）。

（2）在手动操作界面内选择“工具坐标”（图 5-122）。

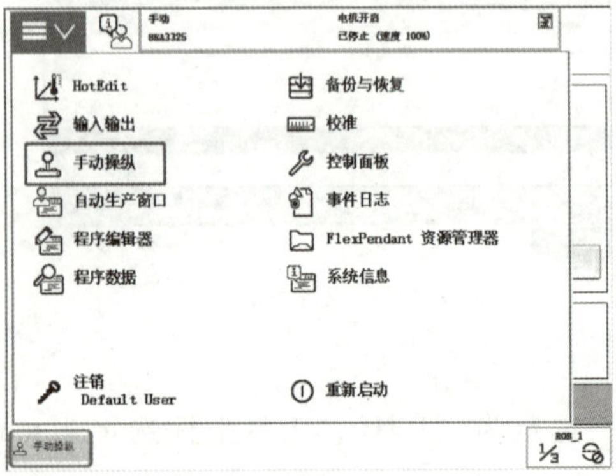

图 5-121　选择“手动操纵”

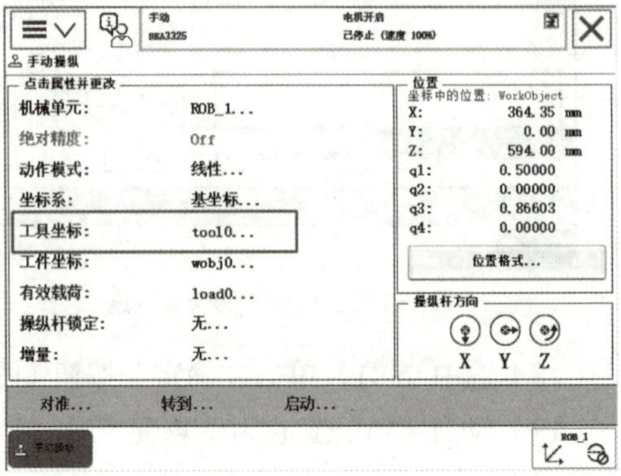

图 5-122　选择“工具坐标”

（3）单击左下角的“新建 ...”按钮（图 5-123）。

（4）根据需要设定新工具坐标数据的属性，单击“初始值”设置新建坐标数据（图 5-124）。

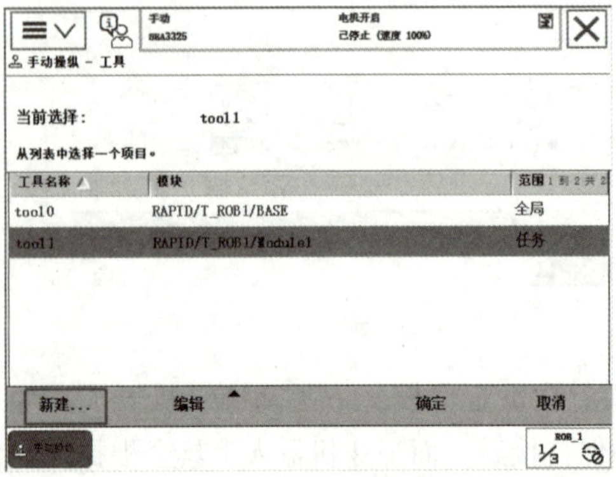

图 5-123　新建工具坐标

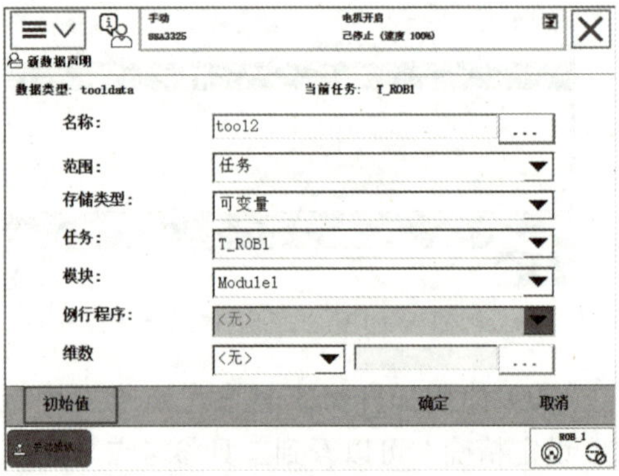

图 5-124　单击“初始值”

（5）TCP 点设定在吸盘的接触面上，从默认 tool0 上的 X 正方向偏移了 100 mm，Z 正方向偏移了 180 mm，设定对应的数值（图 5-125）。

（6）此工具质量是 10 kg，因此将 mass 值设定为“10”（图 5-126）。

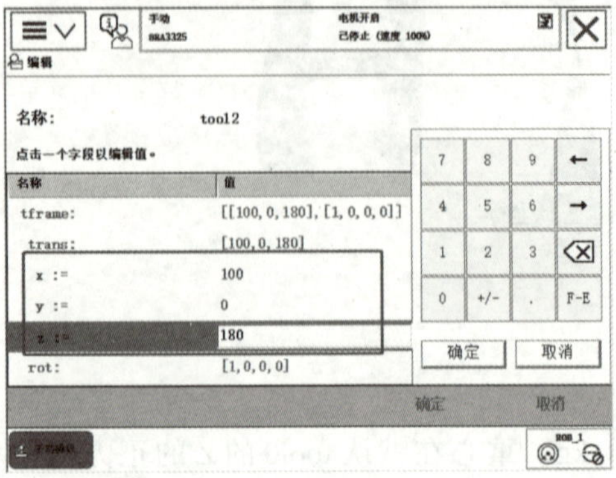

图 5-125　设定偏移数值

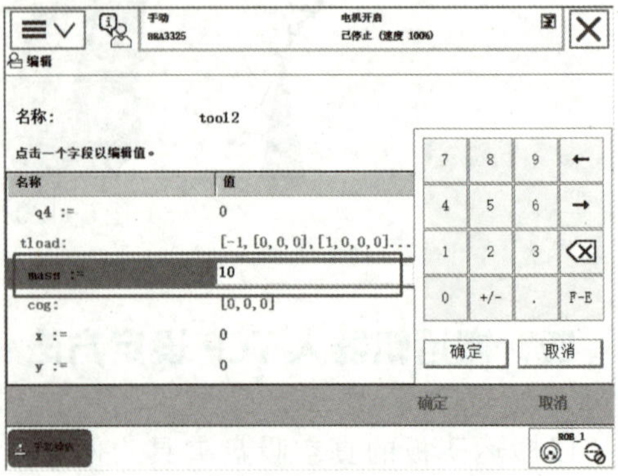

图 5-126　设定工具的质量 mass

（7）工具中心在默认 tool0 的 X 正方向偏移 40 mm，Z 的正方向偏移 100 mm，然后单击“确定”按钮，设定完成（图 5-127）。

（8）选中“tool2”，单击“确定”按钮（图 5-128）。

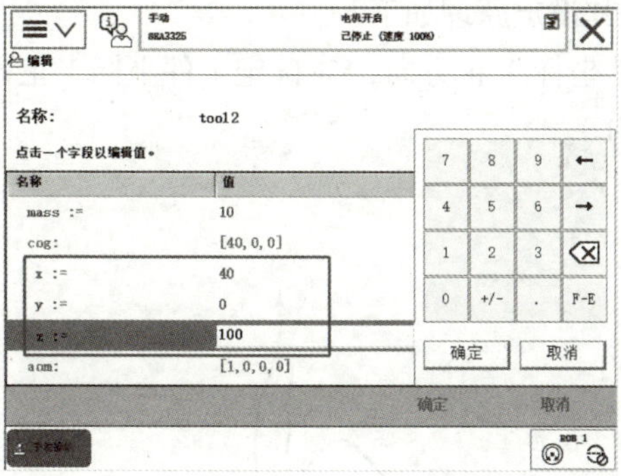

图 5-127　设定工具中心数据

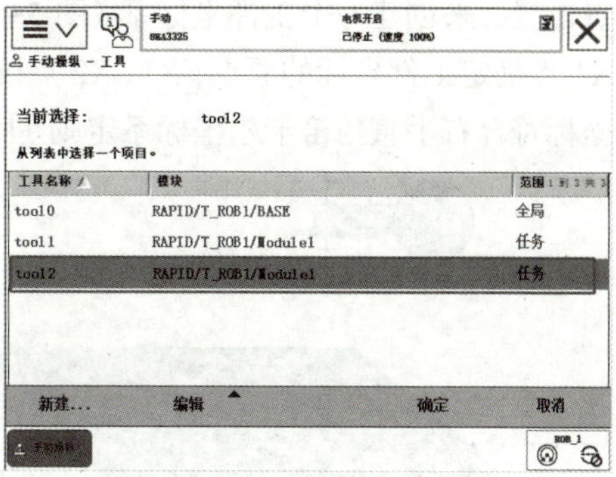

图 5-128　完成设置

第六节　管理工件坐标系

一、工件数据

工件数据（wobjdata）用于描述机械臂焊接、处理、于其内部移动等的工件。如果在定位指令中定义工件，则位置将基于工件的坐标。使用的工件数据可以在机械臂装置改变后，迅速重新使用程序。还可对工件附着过程中的变化进行补偿。如果使用固定工具或协调外轴，则必须定义工件，因为路径和速率随后将与工件而非 TCP 相关。

工件坐标对应工件，它定义工件相对于大地坐标（或其他坐标）的位置，其目的是使机器人的手动运行以及编程设定的位置均以该坐标系为参照。机器人可以拥有若干工件坐标系，或者表示不同工件，或者表示同一工件在不同位置的若干副本。机器人在出厂时有一个预定义的工件坐标系 wobj0，默认与基坐标系一致。

对机器人进行编程时就是在工件坐标中创建目标和路径，这带来很多优点：

（1）重新定位工作站中的工件时，只需要更改工件坐标的位置，所有路径将即刻随之更新。

（2）允许操作以外轴或传送导轨移动的工件，因为整个工件可连同其路径一起移动。

图 5-129 为坐标偏移示意图，如果在工件坐标 B 中对 A 对象进行了轨迹编程，当工件坐标的位置变化成工件坐标 D 后，只需在机器人系统重新定义工件坐标 D，则机器人的轨迹就自动更新到 C，不需要再次轨迹编程。因 A 相对于 B，C 相对于 D 的关系是一样，并没有因为整体偏移而发生变化。

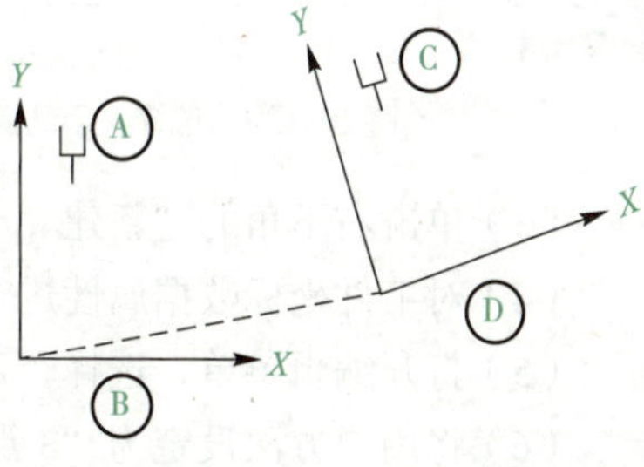

图 5-129　坐标偏移示意图

二、工件坐标系的设定原理

工件坐标系设定时，通常采用三点法。只需在对象表面位置或者工件边缘角位置上，定义三个点位置，来创建一个工件坐标系（图 5-130），其设定原理如下：

X1 点确定工件坐标的原点，X1、X2 点确定工件坐标 *X* 正方向，Y1 确定工件坐标 *Y* 正方向。工件坐标符合右手直角笛卡尔坐标系定则（图 5-131）。

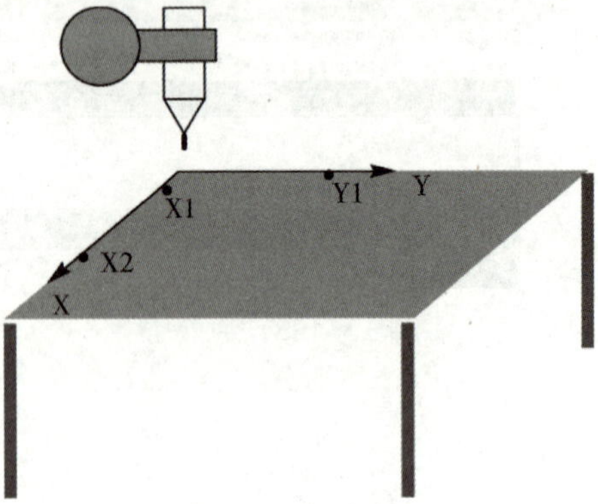

图 5-130 坐标系建立

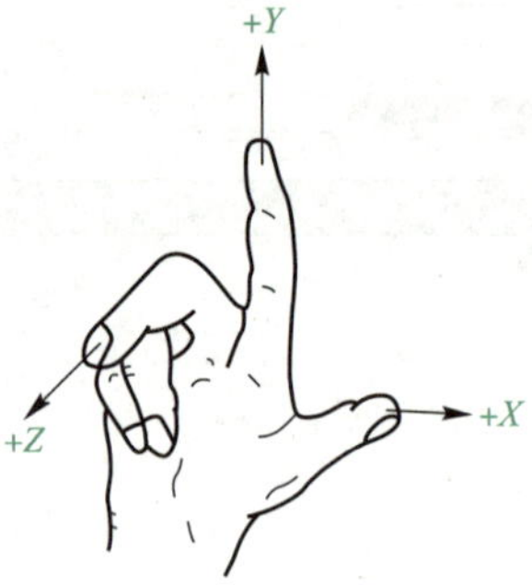

图 5-131 右手直角笛卡尔坐标系定则

三、工件坐标系的设定方法

建立工件坐标系的操作步骤如下：

（1）在 ABB 菜单中选择“手动操纵”（图 5-132）。

（2）在手动操作界面内选择“工件坐标”（图 5-133）。

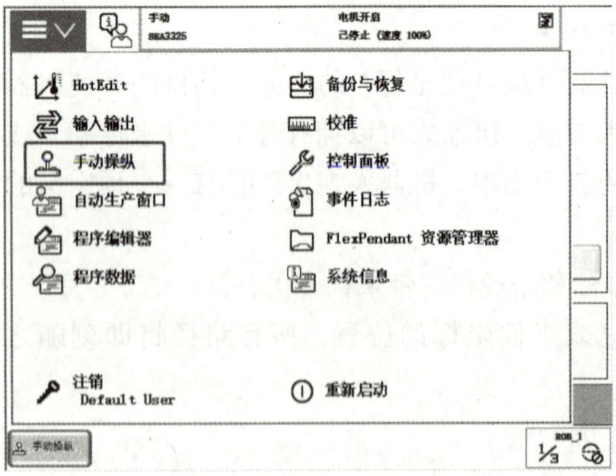

图 5-132 选择“手动操纵”

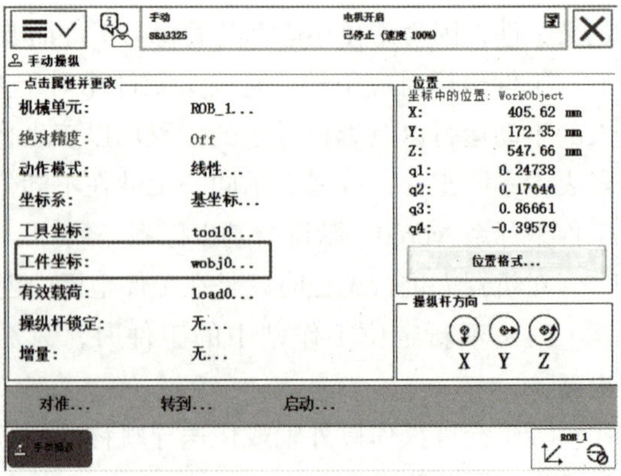

图 5-133 选择“工件坐标”

（3）单击右下角的“新建 ...”按钮（图 5-134）。

（4）对工件坐标数据属性进行设定后，单击“确定”按钮（图 5-135）。

（5）打开编辑菜单，选择“定义 ...”（图 5-136）。

（6）将用户方法设定为“3 点”（图 5-137）。

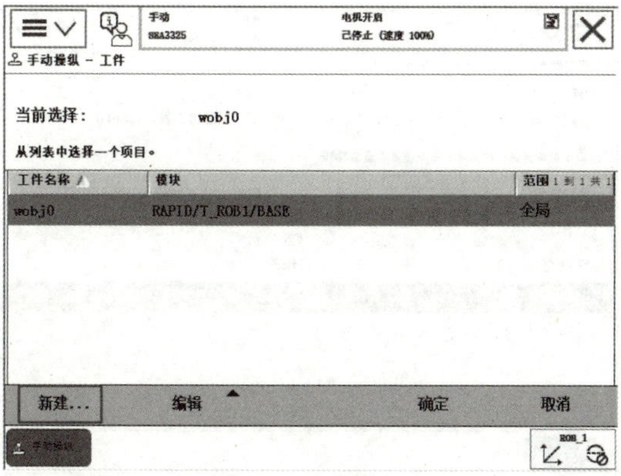

图 5-134 新建工件坐标

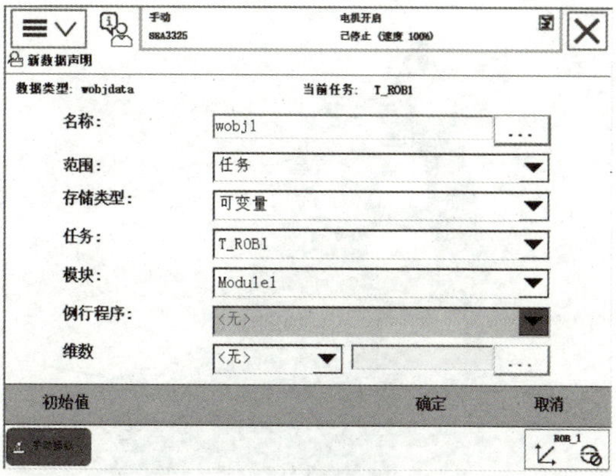

图 5-135 设置工作坐标数据属性

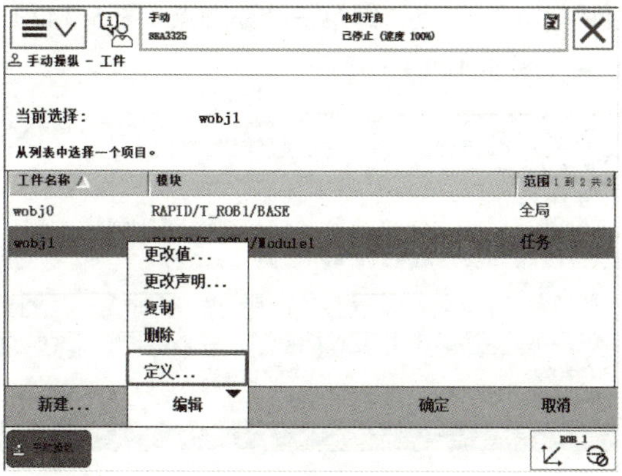

图 5-136 定义工件坐标

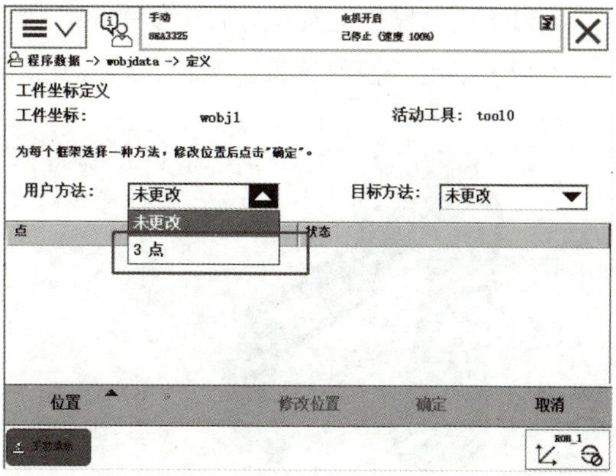

图 5-137 选择“3 点法”

（7）手动操纵机器人的工具参考点靠近定义工件坐标的 X1 点，即第一个姿态点（图 5-138）。

（8）单击“修改位置”按钮，将 X1 点记录下来（图 5-139）。

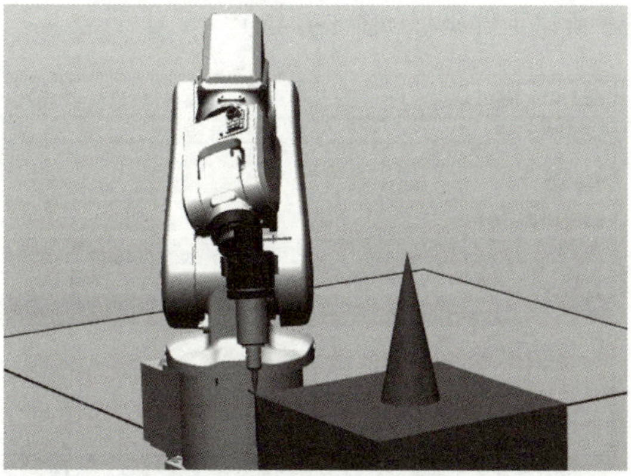

图 5-138 第一个姿态点

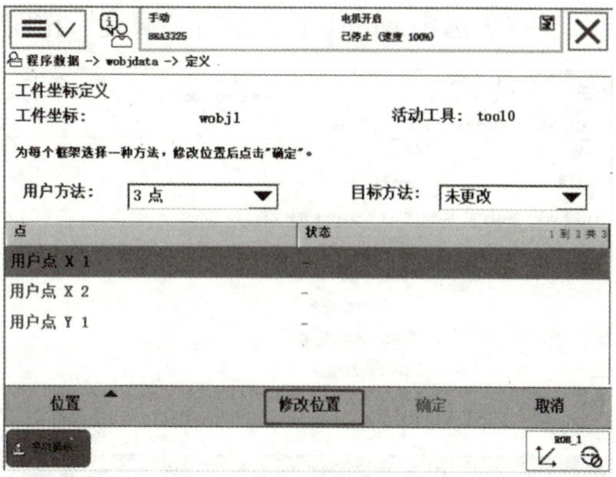

图 5-139 记录用户点 X1 位置

（9）手动操纵机器人的工具参考点靠近定义工件坐标的 X2 点，即第二个姿态点（图 5-140）。

（10）单击“修改位置”按钮，将 X2 点记录下来（图 5-141）。

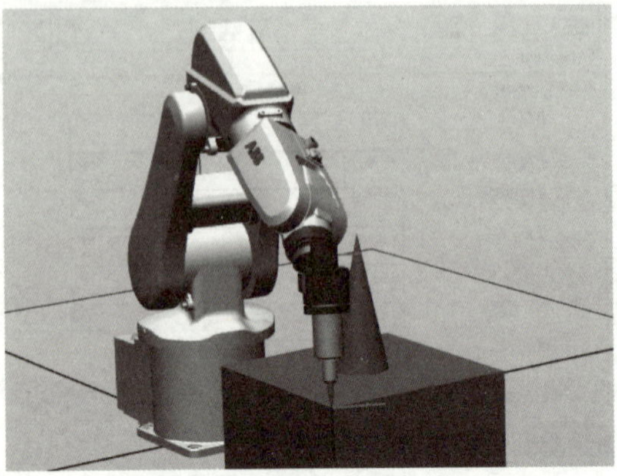

图 5-140　第二个姿态点

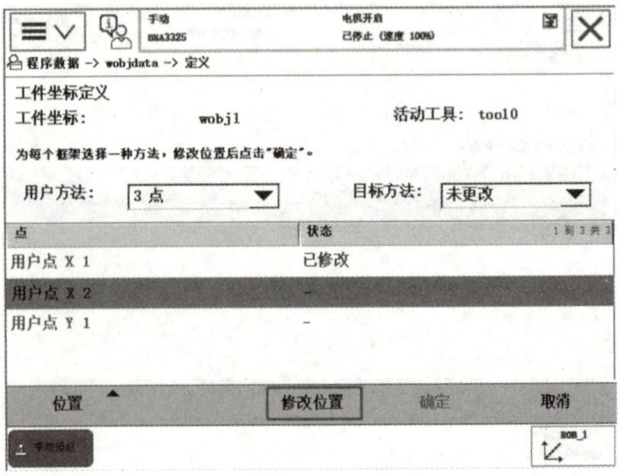

图 5-141　记录用户点 X2 位置

（11）手动操作机器人的工具参考点靠近定义工件坐标的 Y1 点，即第三个姿态点（图 5-142）。

（12）单击“修改位置”按钮，将 Y1 点记录下来（图 5-143）。

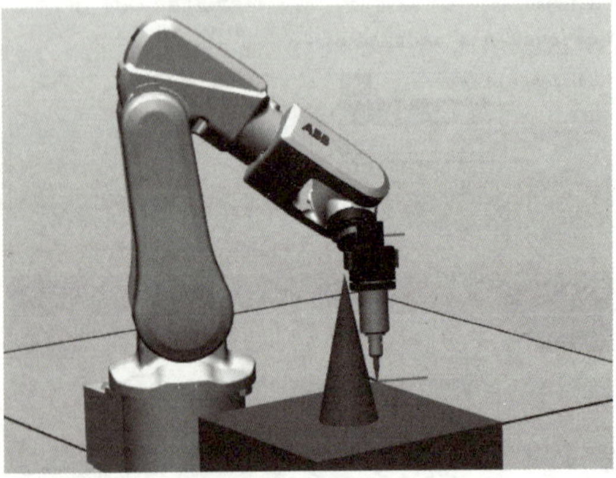

图 5-142　第三个姿态点

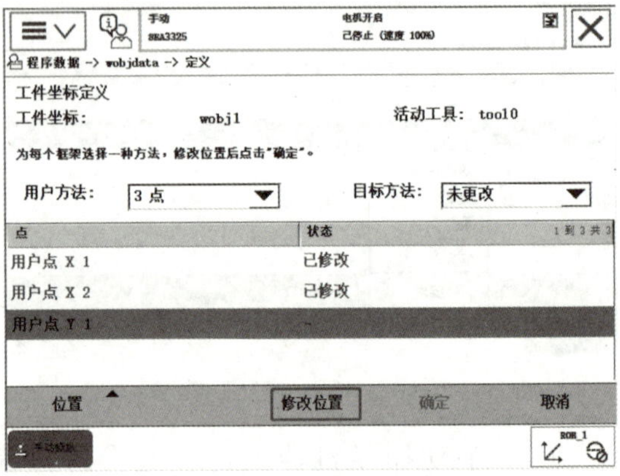

图 5-143　记录用户点 Y1 位置

（13）对自动生成的工件坐标数据进行确认后，单击“确定”按钮（图 5-144）。

（14）选中 wobj1 后，单击“确定”按钮，查看新建工件坐标（图 5-145）。

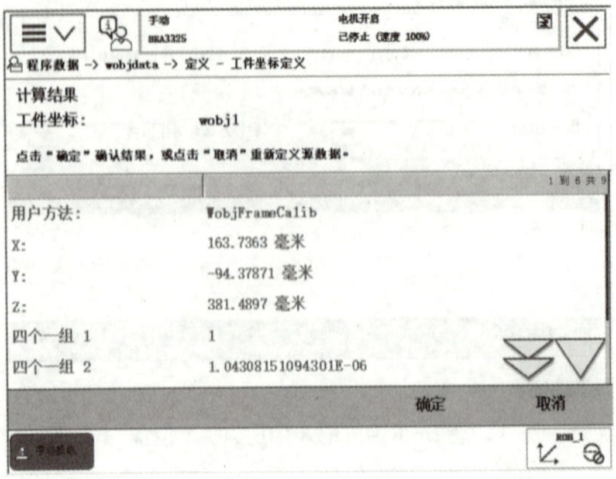

图 5-144　完成设置

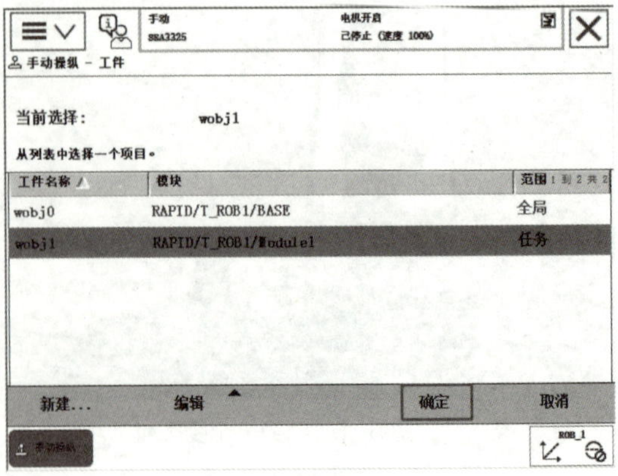

图 5-145　查看新建工件坐标

（15）设定手动操纵画面项目，使用线性动作模式，验证新建立的工件坐标（图 5-146）。

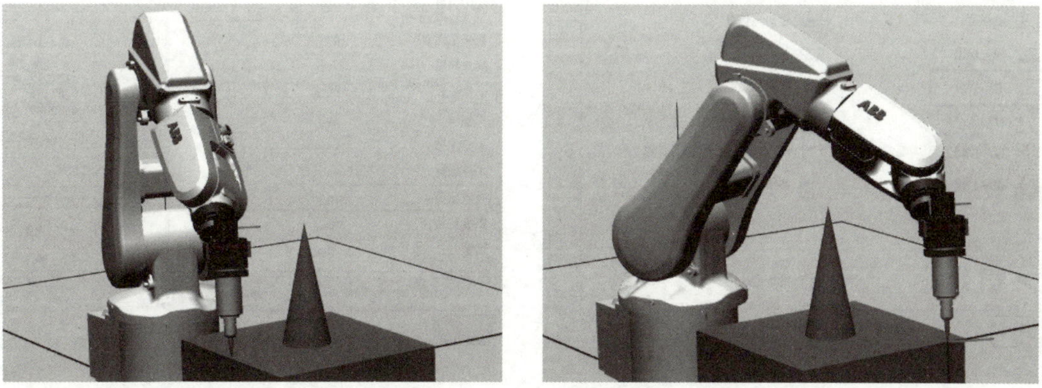

图 5-146 验证新建工件坐标

第七节 管理有效载荷数据

一、有效载荷数据

有效载荷（loaddata）用于描述安装于机械臂第 6 轴安装法兰的负载，常常定义机械臂的有效负载或支配负载，同时将有效载荷作为工具数据的组成部分，以便可以以最佳的方式来控制机械臂运动。

如果工业机器人是用于搬运，就需要设置有效载荷，因为对于搬运机器人而言，手臂承受的重量是不断变化的，所以不仅要正确设定夹具的质量和重心数据，还要设置搬运对象的质量和重心数据。有效载荷数据就记录了搬运对象的质量和重心的数据。如果工业机器人不用于搬运，则 loaddata 设置就是默认的 load0。

二、有效载荷的设定方法

有效载荷包含 4 类数据：

（1）mass 为负载的质量，数据类型为 num，单位为 kg。

（2）cog 为负载的重心，数据类型为 pos，单位为 mm。

（3）aom 为相对于手腕基准坐标系的负载的方位，数据类型为 orient，用四元数表示。

（4）ix、iy、iz 为负载在手腕基准坐标系 X、Y、Z 方向的负载转动惯量，数据类型为 num，如果该值均为 0，则将工具作为一个点质量来处理。

设置有效载荷的操作步骤如下：

（1）在 ABB 菜单中选择“手动操纵”（图 5-147）。

（2）在手动操纵界面选择“有效载荷”（图 5-148）。

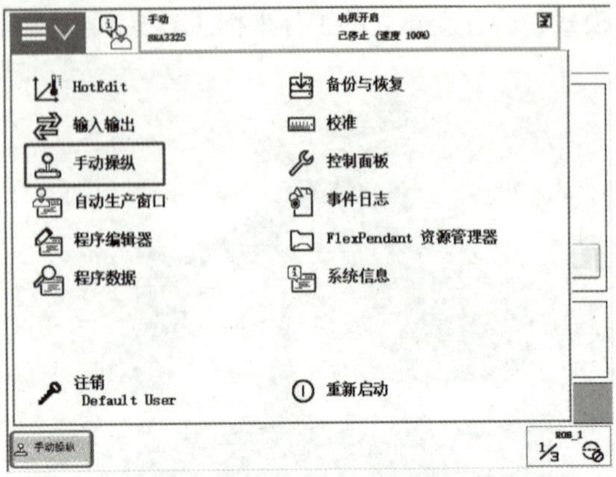

图 5-147　选择“手动操纵”

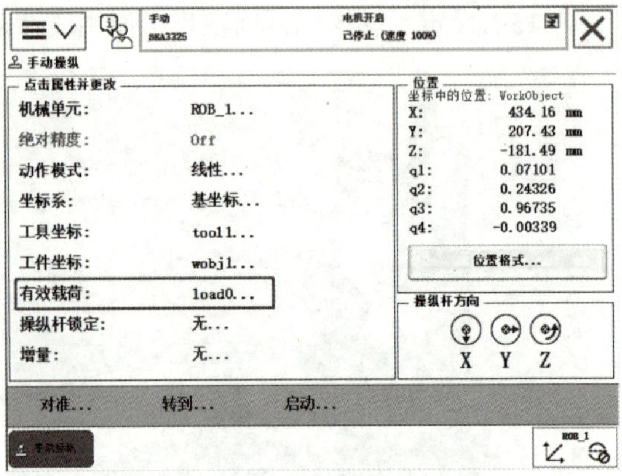

图 5-148　选择“有效载荷”

（3）单击“新建 ...”按钮（图 5-149）。

（4）对有效载荷属性进行设定，单击“初始值”（图 5-150）。

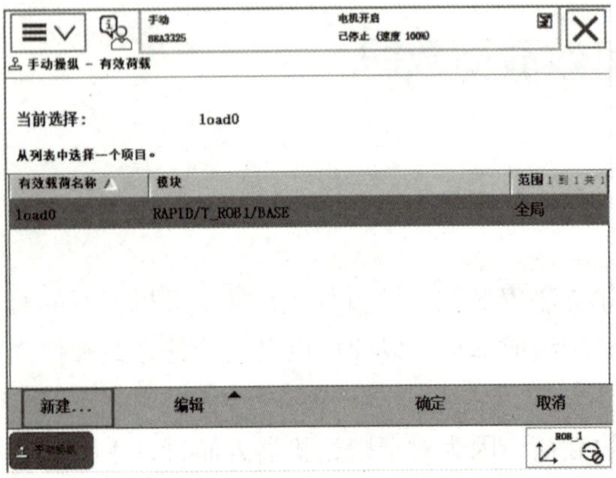

图 5-149　新建载荷数据

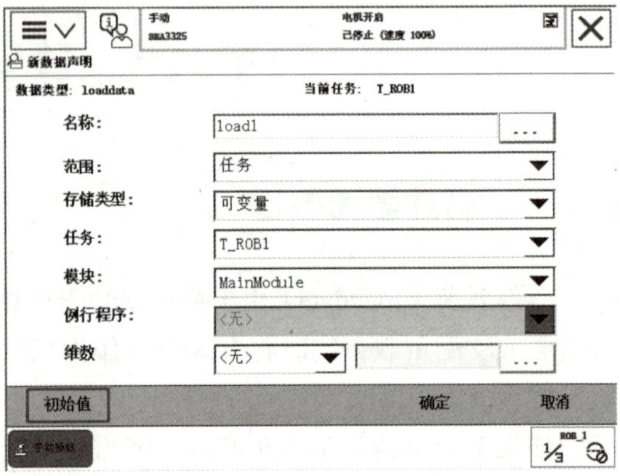

图 5-150　设定“初始值”

（5）对有效载荷的数据根据实际的情况进行设定，单击“确定”（图 5-151）。

（6）返回数据声明界面，然后单击“确定”，完成 load1 有效载荷数据的设定（图 5-152）。

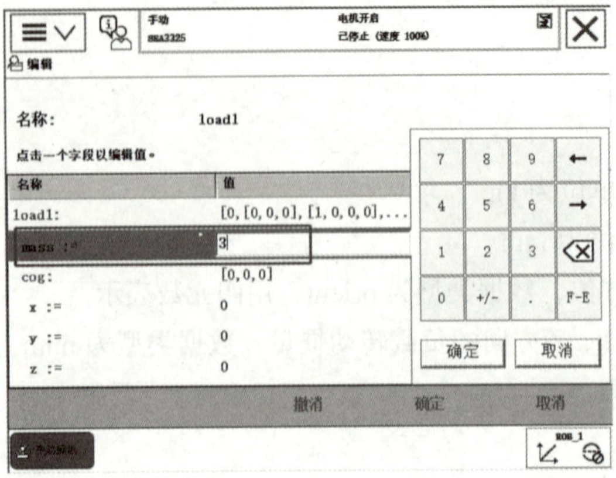

图 5-151　设定有效载荷数据

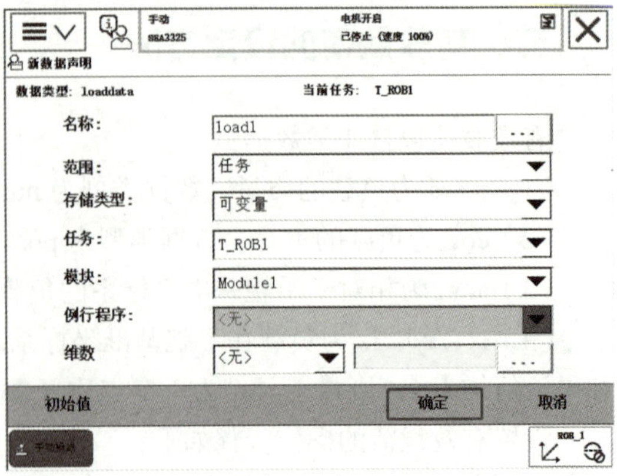

图 5-152　完成有效载荷数据设定

在线测试

扫一扫 测一测

第六章 机器人现场编程

本章导读

- 机器人现场编程
  - 建立RAPID程序：RAPID程序的基本组成及架构，在了解RAPID程序构成的基础上，能够新建程序模块及例行程序，并能够对新建立的程序进行手动调试及自动运行的操作
  - 管理程序数据及存储类型：程序数据的分类方式和程序数据的存储类型，通过建立程序数据布尔数据和程序数据值数据，了解工业机器人建立程序数据的基本方法及操作步骤
  - 机器人基本指令：机器人常用运动指令、赋值指令和IO控制指令，可在手动模式下编写和调试程序
  - 调用机器人功能函数：工业机器人功能，掌握常用FUNCTION功能的设定方法
  - 控制机器人程序流程指令：工业机器人程序流程，掌握相关的控制流程指令的编写方法，并在手动模式下进行调试
  - 机器人中断程序的应用：工业机器人的中断的含义及程序编写方法

课程思政　　**中国制造——新松机器人的发展**

工业 4.0 的到来，标志着我国进入了智能化时代，机器人话题成为各国关注的焦点。目前，我国机器人技术的发展愈加成熟，以沈阳新松机器人自动化股份有限公司为代表的机器人研发技术已经位列世界前矛。

第一节 建立 RAPID 程序

一、RAPID 程序的组成与基本架构

RAPID 是一种英文编程语言，所包含的指令可以移动机器人、设置输出、读取输入，还能实现决策、重复其他指令、构造程序与系统操作员交流等功能。

（一）RAPID 程序的组成

ABB 工业机器人的 RAPID 程序是由程序模块和系统模块组成的。程序模块用于构建机器人的程序，系统模块用于系统方面的控制，每个模块中可以建立若干程序。

（二）RAPID 程序的基本架构

RAPID 程序的基本架构见表 6–1 所列。

表 6–1 RAPID 程序的基本架构

程序模块			系统模块
程序模块 1（主模块）	程序模块 2	程序模块 3	
程序数据	程序数据	……	程序数据
主程序 main	例行程序	……	例行程序
例行程序	中断程序	……	中断程序
中断程序	功能	……	功能
功能		……	

RAPID 程序的基本架构说明：

（1）可以根据不同的用途创建多个程序模块。例如，专门用于主控制的程序模块，用于位置计算的程序模块，用于存放数据的程序模块，这样便于归类管理不同用途的例行程序与数据。

（2）每一个程序模块包含了程序数据、例行程序、中断程序和功能 4 种对象，但不一定在一个模块中都有这 4 种对象，程序模块之间的数据、例行程序、中断程序和功能是可以互相调用的。ABB 程序主要分为 Procedure、Function 和 Trap 3 类。Procedure 类型的程序没有返回值；Function 类型的程序有特定类型的返回值；Trap 类型的程序叫作中断例行程序，Trap 例行程序和某个特定中断连接，一旦中断条件满足，机器人将转入中断处理程序。

（3）在 RAPID 程序中，只有一个主程序 main。主程序 main 是一个特别的例行程序，它存在于任意一个程序模块中，并且是作为整个 RAPID 程序执行的起点。

二、创建程序模块

在了解了 RAPID 程序编程的相关操作及基本指令后，现在就通过一个实例来体验一下 ABB 工业机器人的程序编辑。创建 RAPID 程序模块步骤如下：

（1）单击“ABB”按钮，选择“程序编辑器”(图 6–1)。

（2）在弹出的对话框中选择“取消”按钮，进入“模块信息”界面（图 6–2）。

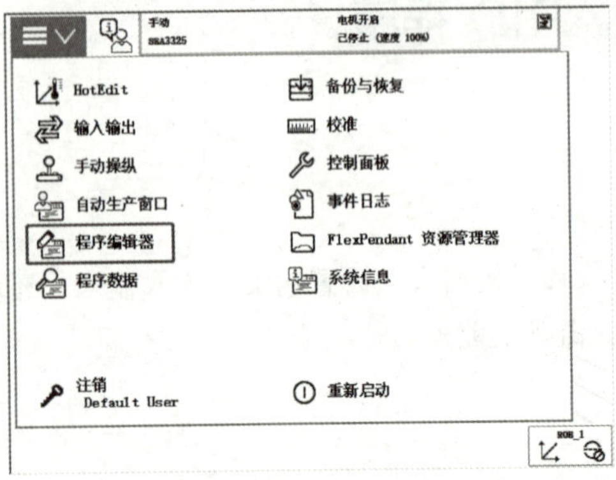

图 6–1 选择“程序编辑器”

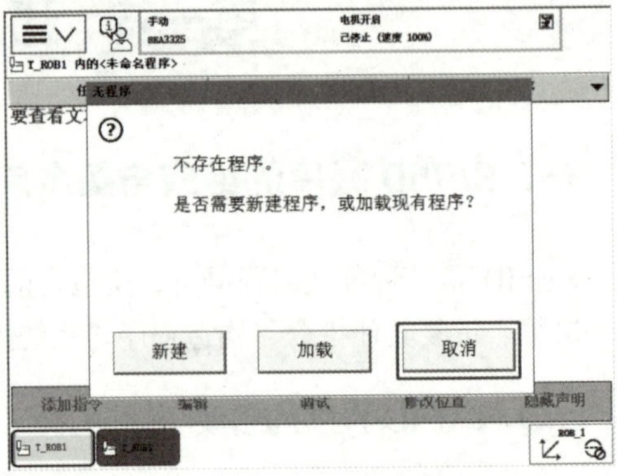

图 6–2 选择“取消”按钮

（3）单击“文件”，在上拉菜单中选择“新建模块 ...”(图 6–3)。

（4）在弹出的对话框中选择“是”按钮，进入创建新模块界面（图 6–4）。

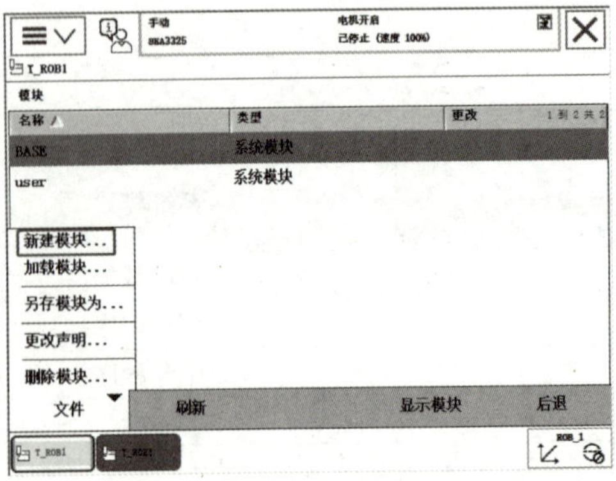

图 6–3 选择“新建模块 ...”

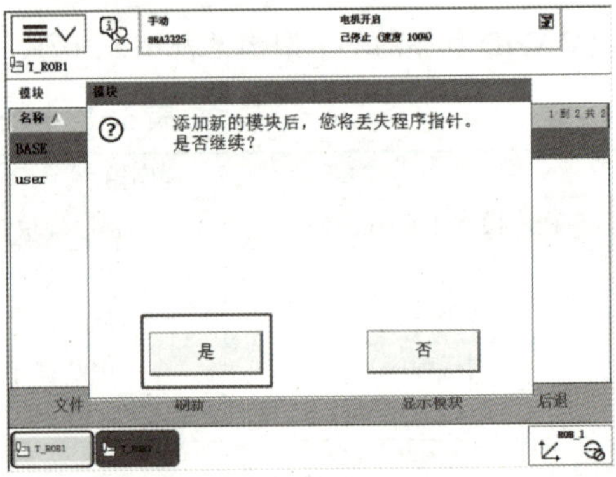

图 6–4 选择“是”按钮

（5）在新模块界面中，单击“ABC...”按钮，显示键盘输入界面输入新模块的名称，例如，Module1，需要注意的是，程序模块名称包含字母、数字，且必须以字母开头。在新模块界面中，选择创建的模块类型为程序模块类型，选择“Program”(图 6–5)。然后点击“确定”，新模块创建完成（图 6–6）。

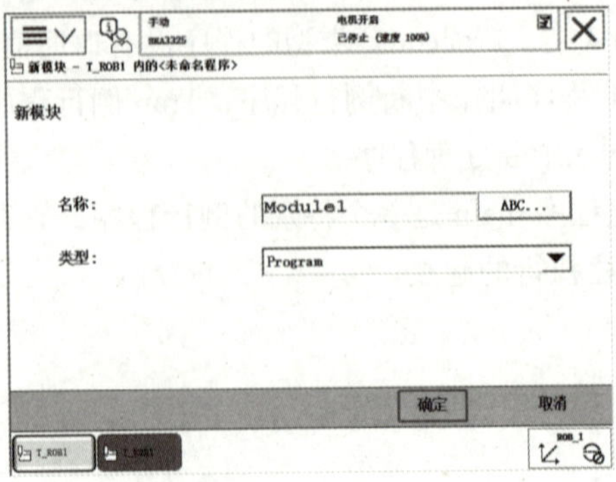

图 6–5 设定模块名称及类型

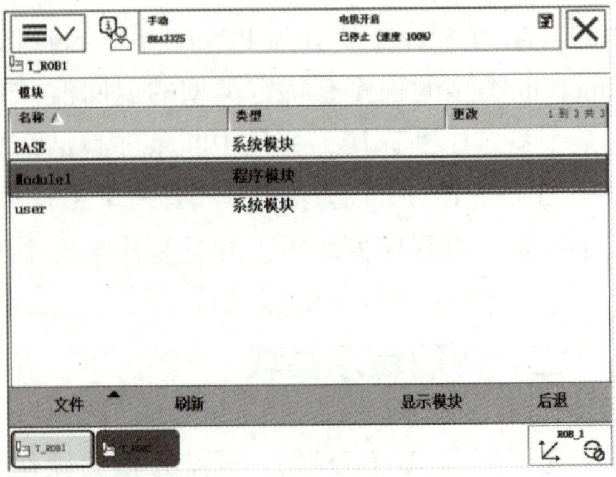

图 6–6 新模块创建完成

三、创建例行程序

在程序模块中创建例行程序的步骤如下：

（1）选中模块“Module1”，然后选择“显示模块”（图 6-7）。

（2）进入 Module1 模块信息界面，单击“例行程序”进行例行程序的创建（图 6-8）。

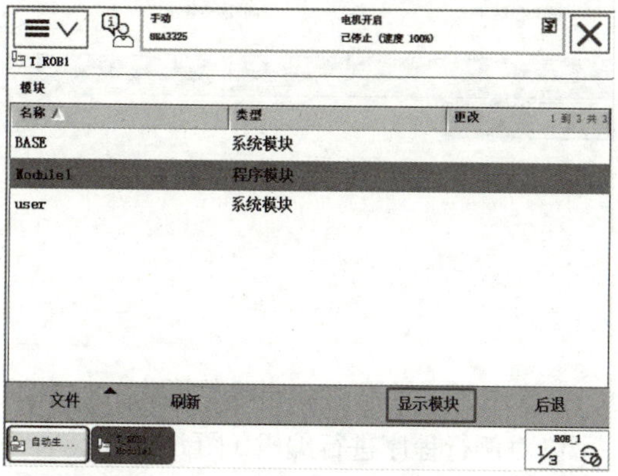

图 6-7 选择“显示模块”

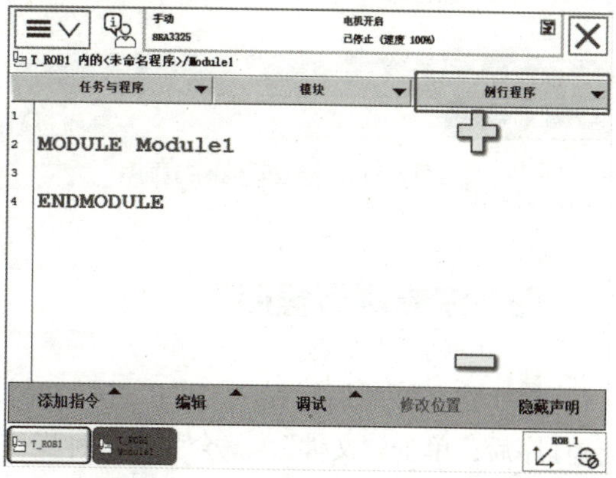

图 6-8 “Module 1”模块信息界面

（3）打开“文件”菜单，单击“新建例行程序”（图 6-9）。

（4）首先创建一个主程序，将其名称设定为 main，并将各参数选择完成后，然后单击“确定”，主程序创建完成（图 6-10）。

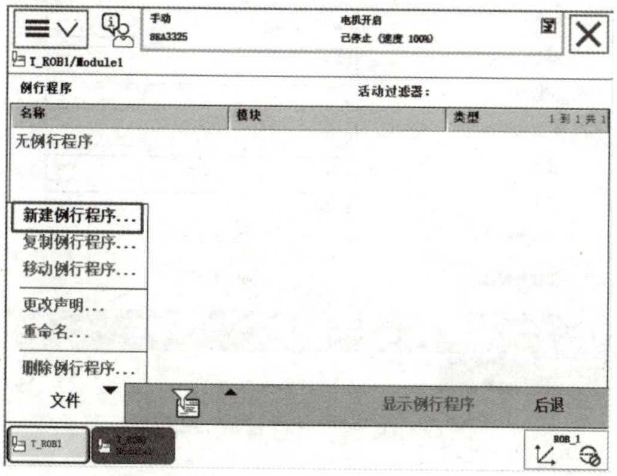

图 6-9 新建例行程序

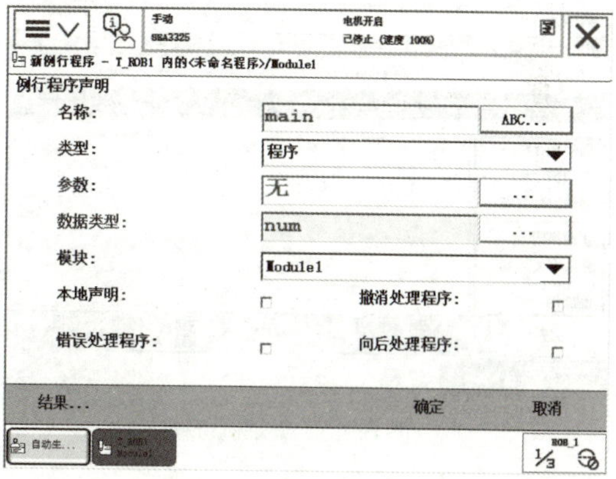

图 6-10 创建主程序

（5）根据步骤（3）和（4）依次建立模块所需的其他例行程序，例行程序名称可以在系统保留字段之外自由定义，例如，初始化程序 rInitAll（）、路径程序 path（）等（图 6-11），用于被主程序 main（）调用或例行程序相互调用。在类型选项中有“程序”“功能”“中断”3 个选项，可根据创建的程序类型进行选择。同样，此处可以对创建的例行程序隶属于哪个模块进行选择（图 6-12）。

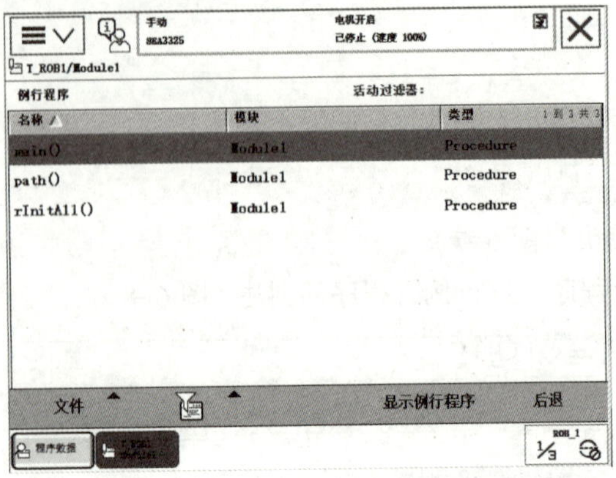

图 6-11　建立其他例行程序

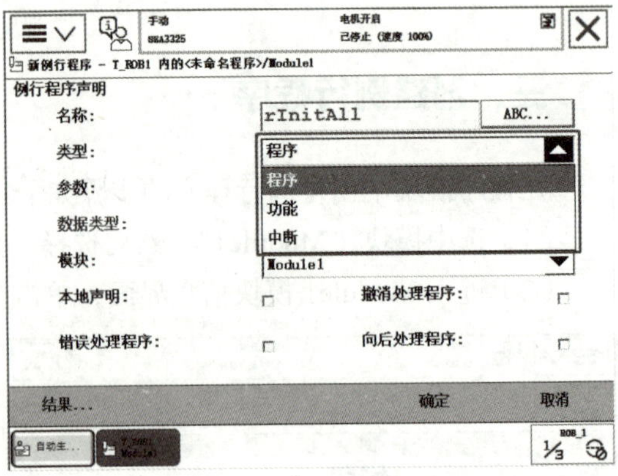

图 6-12　例行程序类型选项

四、编辑例行程序

对于建立好的例行程序，可以进行复制、移动、更改声明、重命名和删除等操作。选中例行程序后，单击“文件”，就会弹出多种操作选项，可以对例行程序进行编辑（图 6-13）。

选中例行程序，选择“复制例行程序”，会弹出如图 6-14 所示的界面，可以对复制的例行程序的名称（单击“ABC...”）、类型（单击倒三角下拉菜单）、存储的模块（单击倒三角下拉菜单）等进行修改，更改后单击“确定”即可。

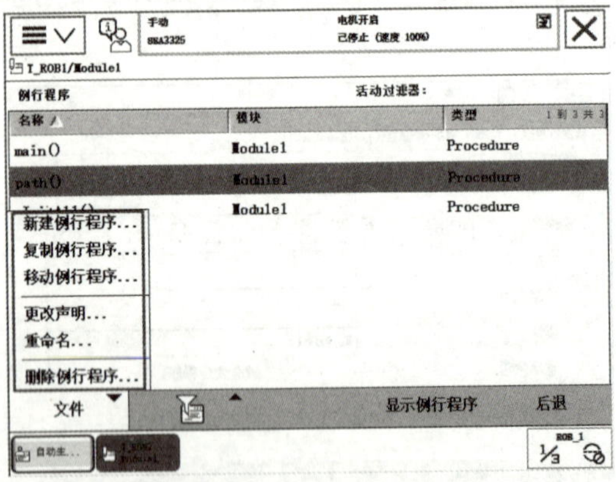

图 6-13　编辑例行程序

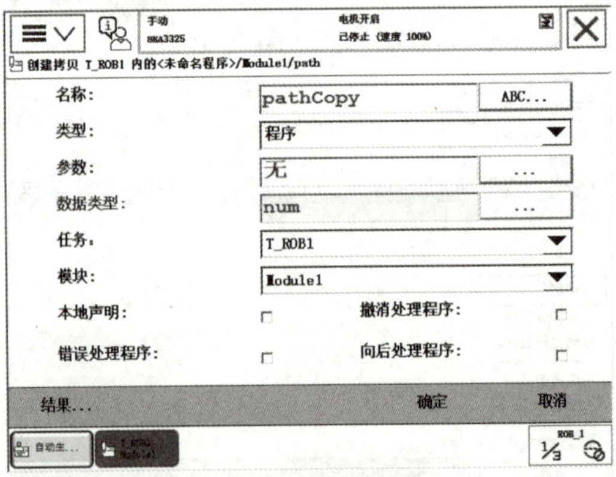

图 6-14　复制例行程序界面

（一）移动例行程序

“移动例行程序”就是将选中的例行程序移动到其他程序模块中。在文件中选择“移动例行程序”后，弹出如图 6-15 所示的界面，在模块一栏中单击下拉菜单，可以选择移动至的模块。

（二）更改声明

“更改声明”就是回到最开始新建例行程序时的程序声明界面。可以对例行程序的类型，包括程序、功能和中断，对程序所属的模块进行修改（图 6-16）。

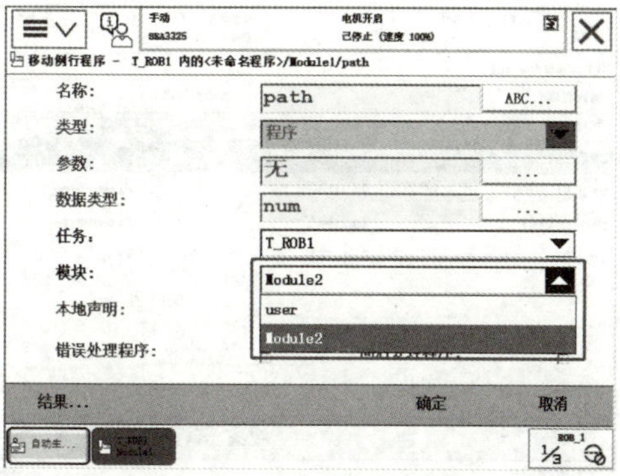

图 6-15　移动例行程序界面

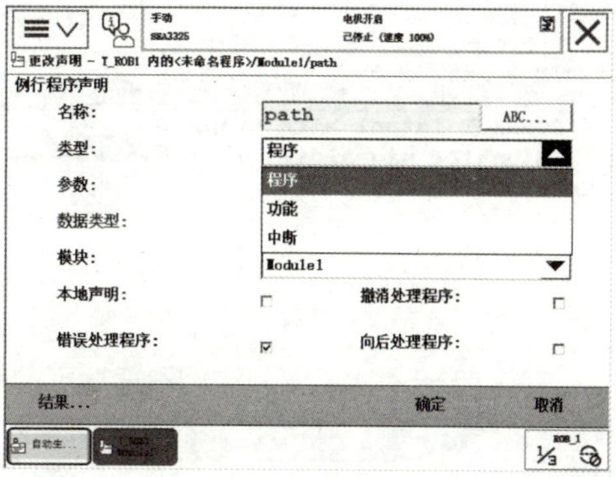

图 6-16　更改声明界面

(三) 重命名例行程序

选择“重命名”后，会直接弹出键盘，输入新的名称，单击“确定”，就可以完成对例行程序的重新命名（图 6-17）。

(四) 删除例行程序

选择“删除例行程序”后，会弹出如图 6-18 所示的界面，确定是否进行删除操作，如果确定删除，则单击“确定”，就能完成删除操作。

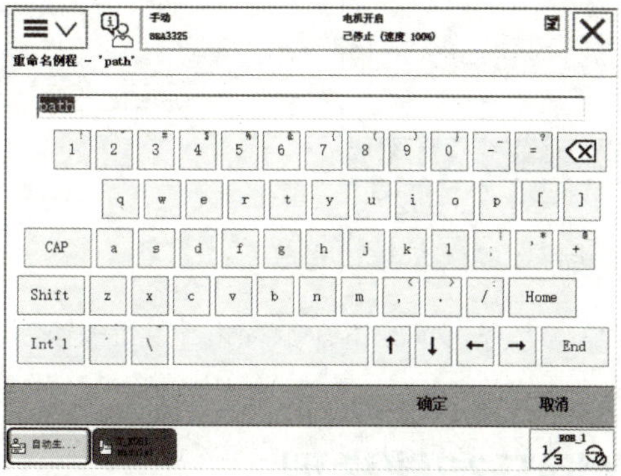

图 6-17　重命名例行程序界面

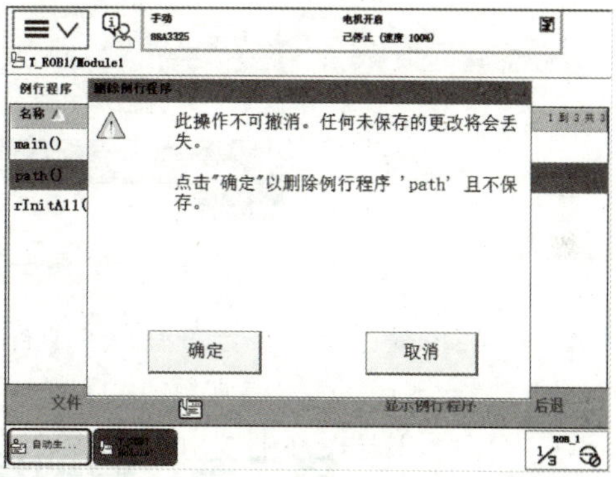

图 6-18　删除例行程序界面

五、查看 RAPID 程序的操作

在示教器中查看 RAPID 程序的操作步骤如下：

（1）在操作界面选择“程序编辑器”（图 6-19）。

（2）直接进入到主程序中，选择“例行程序”，查看例行程序列表（图 6-20）。

（3）程序模块中包含的所有例行程序都被显示出来（图 6-21）。

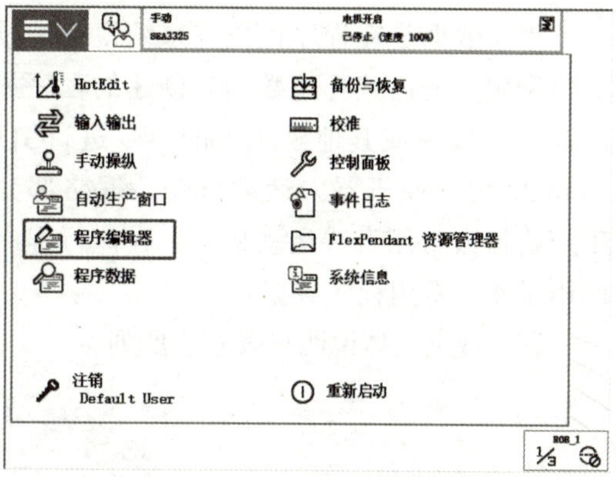

图 6-19　选择“程序编辑器”

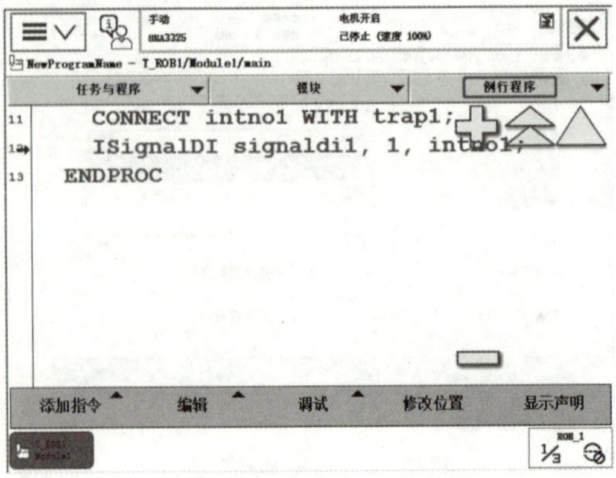

图 6-20　选择“例行程序”

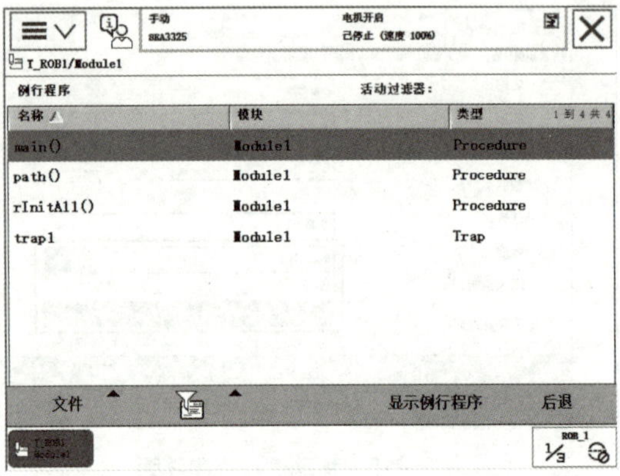

图 6-21　例行程序界面

（4）单击“后退”，选择“模块”，可以查看模块列表。有系统模块和程序模块，程序模块可以有多个（图 6-22），最后，单击“关闭”按钮，就可以退出程序编辑器。

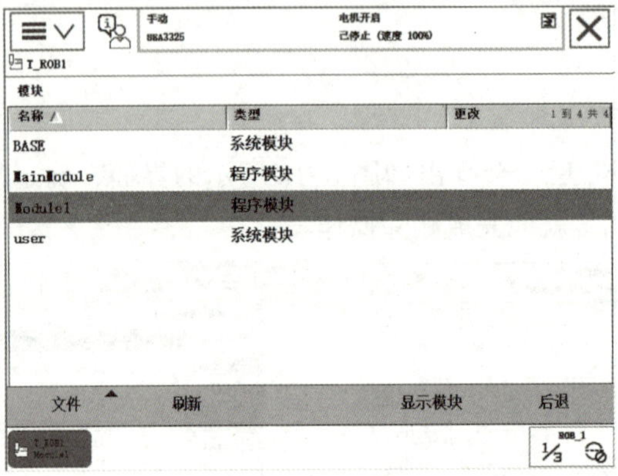

图 6-22　模块界面

第二节　管理程序数据及存储类型

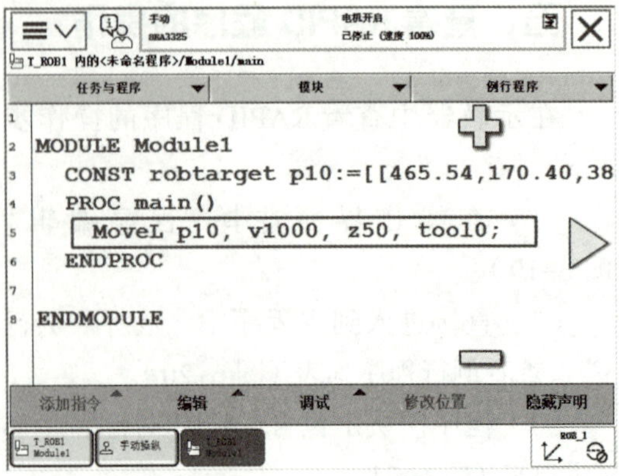

图 6-23　工业机器人运动指令

程序数据是在程序模块或系统模块中设定的值和定义的一些环境数据。创建的程序数据由同一个模块或其他模块中的指令进行引用。图 6-23 为工业机器人运动指令，框格部分为工业机器人常用直线运动指令，在该行程序中调用了 4 个常用程序数据。

程序数据具体说明见表 6-2 所列。

表 6-2　程序数据具体说明

程序数据	数据类型	说明
P10	Robtarget	机器人运动目标位置数据
V150	Speeddata	机器人运动速度数据
Z50	Zonedata	机器人运动转弯数据
Tool0	tooldata	机器人工具数据 TCP

一、程序数据介绍

ABB 工业机器人的程序数据共有 76 个，并且可以根据实际的一些情况进行程序数据的创建，为 ABB 工业机器人的程序编辑和设计提供良好的数据支撑，带来无限的可能和发展。

我们可以利用示教器的程序数据界面进行查看以及创建所需要的程序数据（图 6-24）。

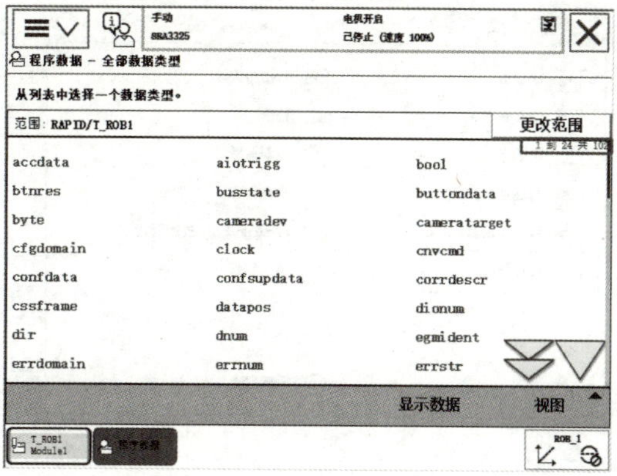

图 6-24　程序数据界面

二、常用的程序数据

根据不同的数据用途定义了不同的程序数据，系统中还有针对一些特殊功能的程序数据，在对应的功能说明书中会有相应的详细介绍，详情请查看随机光盘电子版说明书，也可根据需要新建程序数据类型。常用程序数据见表 6-3 所列。

表 6-3　常用程序数据

bool	布尔量	pos	位置数据（只有 X、Y 和 Z）
byte	整数数据 0 ～ 255	pose	坐标转换
clock	计时数据	robjoint	机器人轴角度数据
dionum	数字输入 / 输出信号	robtarget	机器人与外轴的位置数据
extjoint	外轴位置数据	speeddata	机器人与外轴的速度数据
intnum	中断标志符	string	字符串
jointtarget	关节位置数据	tooldata	工具数据
oaddata	负荷数据	trapdata	中断数据
mecunit	机械装置数据	wobjdata	工件数据
num	数值数据	zonedata	TCP 转弯半径数据
orient	姿态数据		

三、建立程序数据

程序数据的建立一般可以分为两种形式：一种是直接在示教器中的程序数据画面中建立程序数据；另一种是在建立程序指令时，同时自动生成对应的程序数据。本节将介绍直接在示教器的程序数据画面中建立程序数据的方法。

下面以建立布尔数据为例进行说明，其操作步骤如下：

（1）在 ABB 菜单中选择“程序数据”（图 6–25）。

（2）选择所要建立的数据类型“bool”后，单击屏幕右下方“显示数据”（图 6–26）。

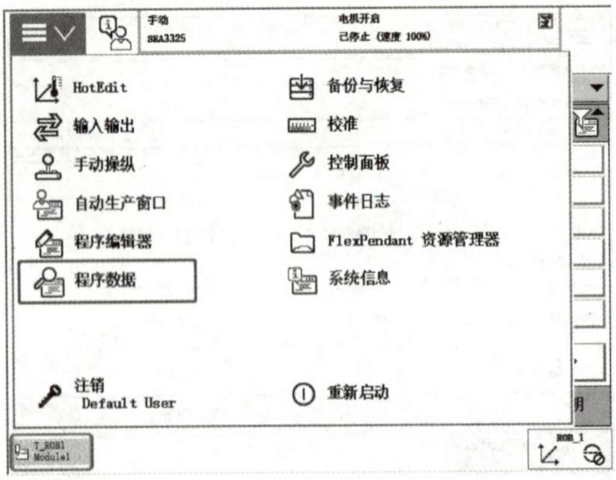

图 6–25　选择“程序数据”

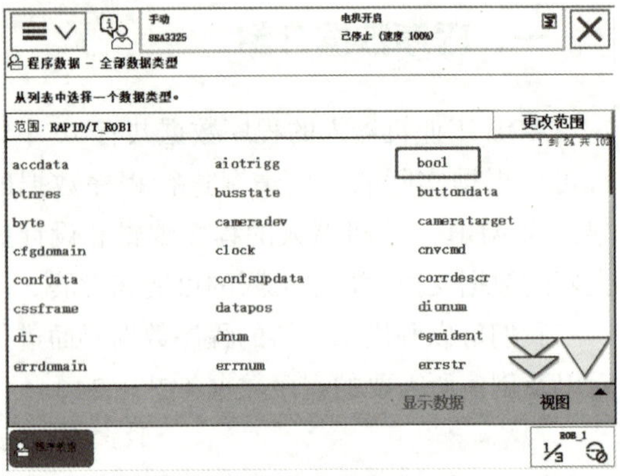

图 6–26　选择数据类型

（3）在屏幕下方单击“新建 ...”按钮（图 6–27）。

（4）设定数据名称、参数。单击下拉菜单选择对应的参数，设定完成后单击“确定”按钮（图 6–28）。

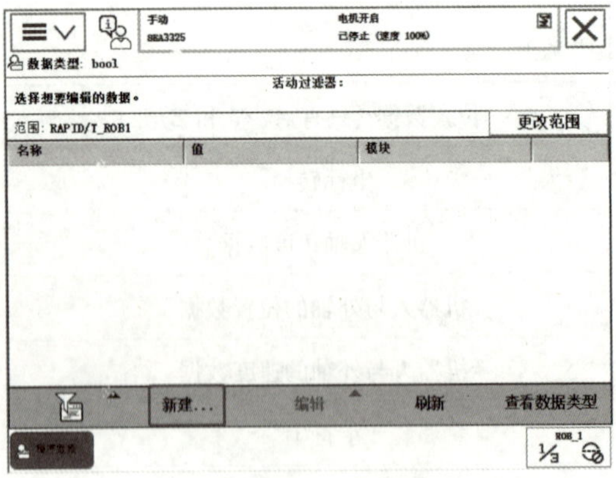

图 6–27　单击“新建”

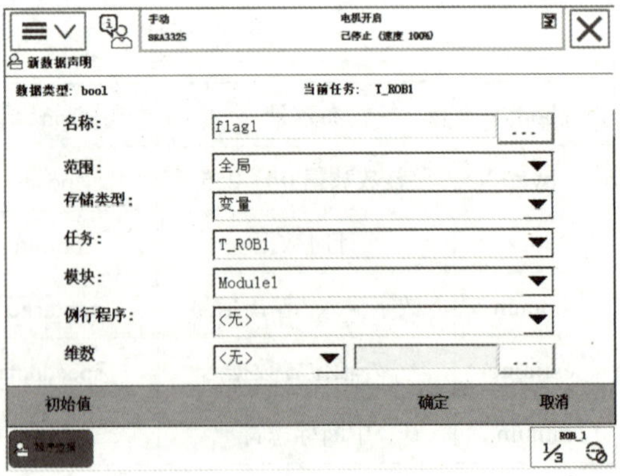

图 6–28　设定参数

四、程序数据的存储类型

在全部的程序数据类型中，有一些常用的程序数据，下面对这些常用的数据类型进行详细说明，为下一步的程序编辑做好准备。

(一) 变量

VAR 表示存储类型为变量。变量型数据在程序执行的过程中和停止时会保持当前的值，不会改变，但是一旦程序指针被移到主程序后，当前数值会丢失。

举例说明如下：

VAR num length: =0;	表示名称为 length 的数字数据；
VAR string name: ="Rose";	表示名称为 name 的字符数据；
VAR bool flag: =FALSE;	表示名称为 flag 的布尔量数据；

上述语句中定义了数字数据、字符数据和布尔量数据三个变量。可以在建立变量数据时直接定义其初始值（图 6-29），例如，length 的初始值为“0”（图 6-30），name 的初始值为“Rose”，flag 的初始值为“FALSE”。数据声明后，在程序编程窗口中将会显示出来（图 6-31）。

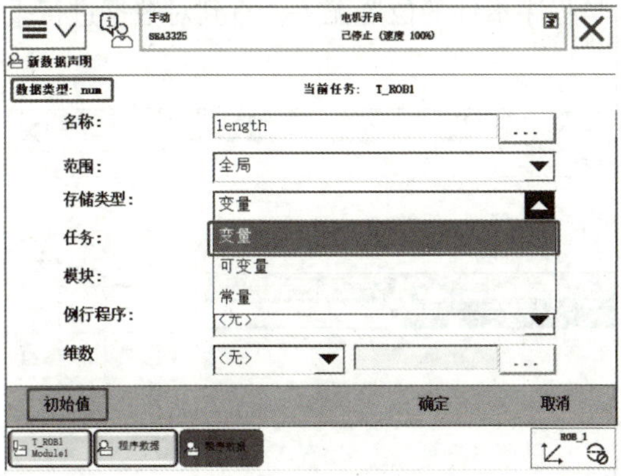

图 6-29 建立变量数据

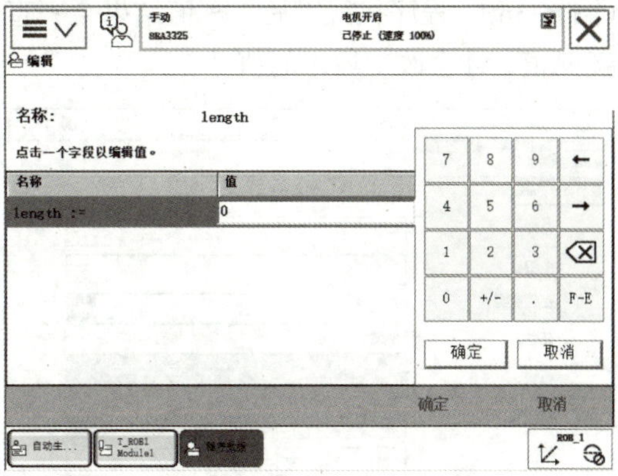

图 6-30 设置 length 初始值

在工业机器人执行的 RAPID 程序中也可以对变量存储类型程序数据进行赋值的操作（图 6-32），将名称为 length 的数字数据赋值“10-1”，将名称为 name 字符数据赋值为“Rose”，将名称为 flag 的布尔量数据赋值为“TRUE”。但是在程序中执行变量型程序数据的赋值时，在指针复位后将恢复为初始值。

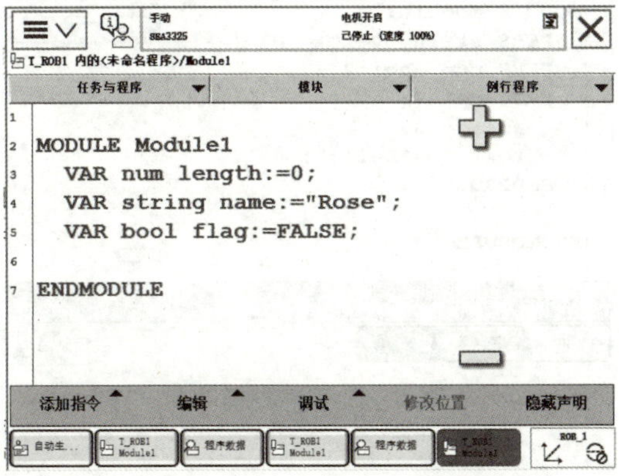

图 6-31 数据声明显示窗口

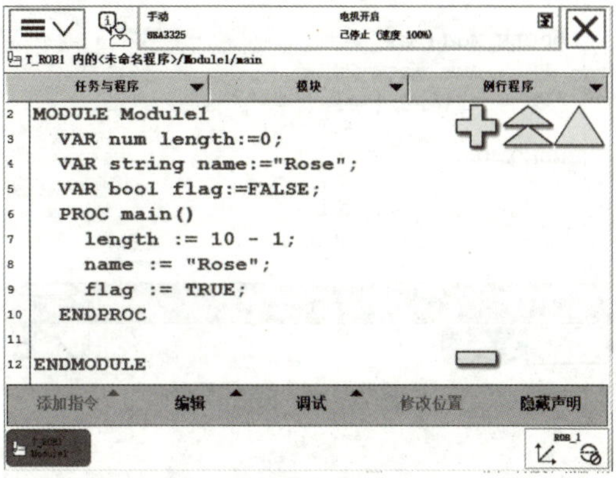

图 6-32 程序数据赋值

（二）可变量

PERS 表示存储类型为可变量，可变量最大的特点是无论程序的指针如何，都会保持最后赋予的值。

举例说明如下：

```
PERS num abc: =2;                表示名称为 abc 的数字数据;
PERS string text: ="Hi";         表示名称为 text 的字符数据;
```

在机器人执行的 RAPID 程序中也可以对可变量存储类型程序数据进行赋值操作。在程序执行以后，赋值的结果会一直保持，直到对其进行重新赋值（图 6-33），例如，定义名称为 abc 的数据为可变量存储类型，其初始值为“2”（图 6-34）。设置完成后，数据声明窗口如图 6-35 所示。如果在程序中，对 abc 数字数据赋值为“8”，对名称为 text 的字符数据赋值为“ Hello”（图 6-36），程序执行以后，赋值结果会一直保持，与程序指针的位置无关，直到对数据进行重新赋值，才会改变原来的值。

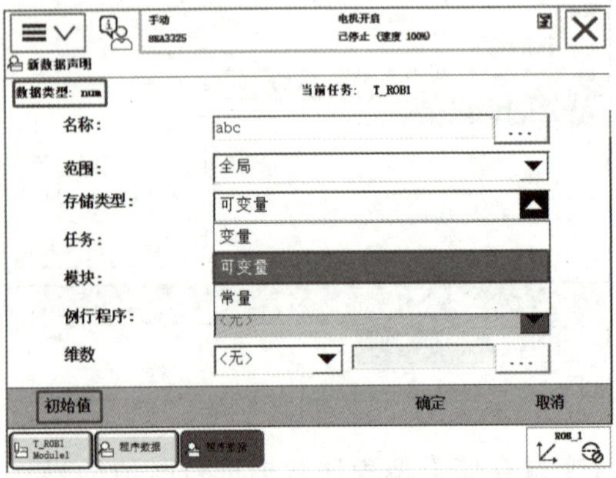

图 6-33　可变量数据赋值窗口

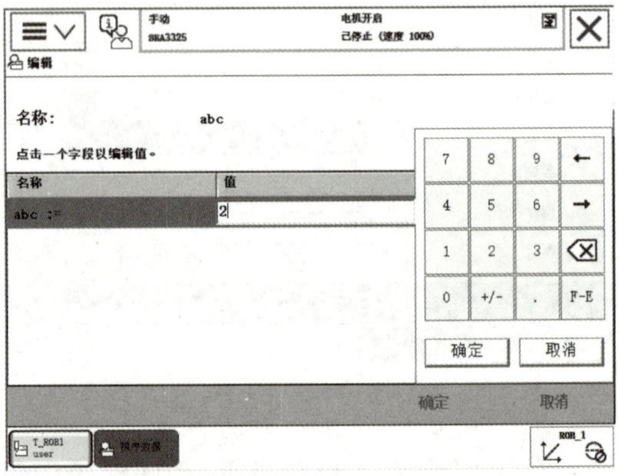

图 6-34　设置可变量初始值

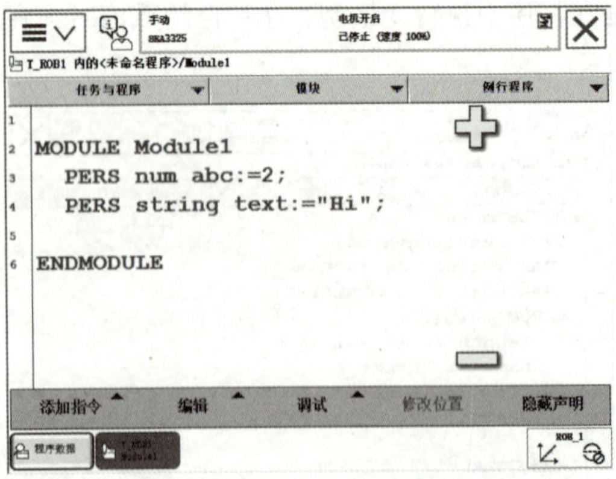

图 6-35　数据声明窗口

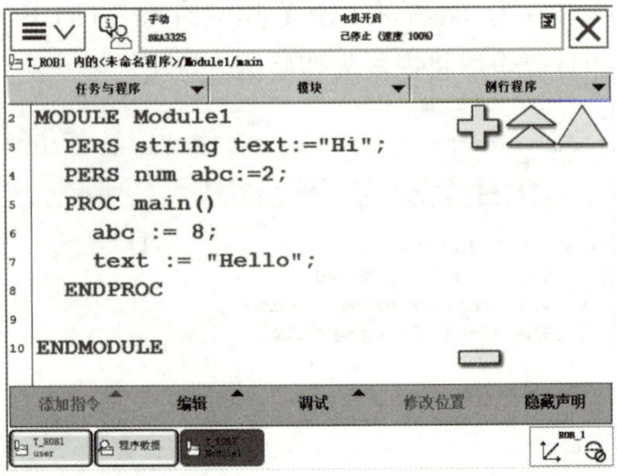

图 6-36　程序赋值

（三）常量

CONST 表示存储类型为常量。常量是在定义时已赋予了数值，其不允许在程序中进行赋值操作，要修改时必须手动进行，否则数值一直不变。

举例说明如下：

```
CONST num gravity: =9.8;              表示名称为 gravity 的数字数据；
CONST string greeting: ="Hi";         表示名称为 greeting 的字符数据；
```

图 6-37 为常量数据赋值窗口，在程序中定义了常量后，程序编辑窗口如图 6-38 所示。但是存储类型为常量的程序数据，不允许在程序中进行赋值的操作。

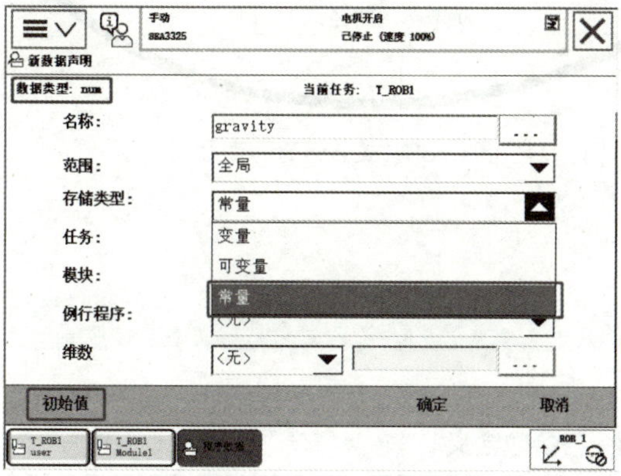

图 6-37 常量数据赋值窗口

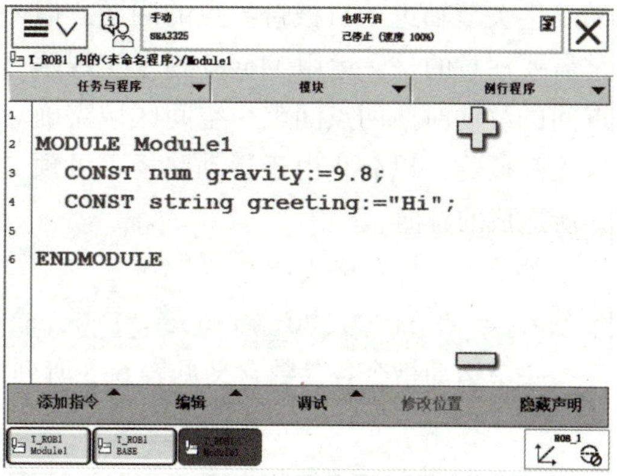

图 6-38 程序编辑窗口

3 种存储类型的程序数据特点见表 6-4 所列。

表 6-4 3 种存储类型的程序数据特点

序号	存储类型	说明
1	变量 VAR	变量 VAR 的特点是数据在程序执行的过程中和停止时，会保持当前的值，但如果程序指针被移到主程序后，数据就会丢失
2	可变量 PERS	可变量 PERS 的特点是，无论程序的指针如何，都会保持最后赋予的值。在机器人执行的 RAPID 程序中也可以对可变量存储类型数据进行赋值操作，在程序执行以后，赋值的结果会一直保持，直到对其进行重新赋值
3	常量 CONST	常量 CONST 的特点是在定义时已赋予了数值，并不能在程序中进行修改，除非手动修改

第三节 机器人基本指令

一、机器人基本运动指令

（一）关节运动指令

关节运动指令（MoveJ）是在对路径精度要求不高的情况下，机器人的工具中心点以最快捷的方式从一个位置移动到目标位置，两个位置之间的路径不一定是直线（图 6-39），移动过程中机器人运动姿态不安全可控，但运动路径保持唯一。

关节运动指令主要用在对运动路径精度要求不高，运动空间范围相对较大，不易发生碰撞的情况下，在运动过程中不容易发生关节轴进入机械奇异点的问题。但是需要注意的是，运用 MoveJ 指令实现两点间的移动时，两点间整个空间区域需确保无障碍物，以防止由于运动路径不可预知所造成的碰撞。

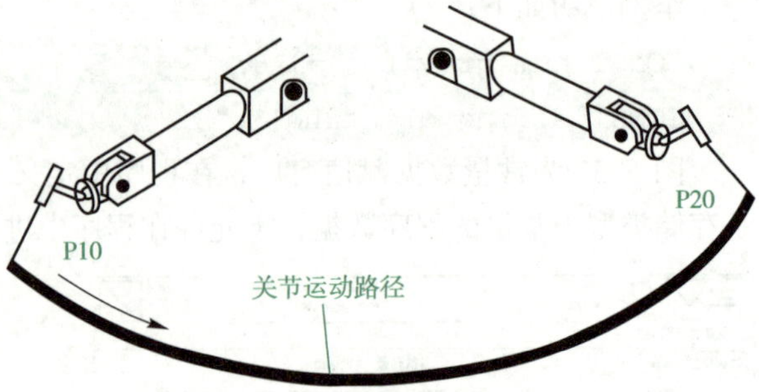

图 6-39　关节运动示意图

关节运动指令格式：

```
MoveJ  p10,v500,z50,tool1\wobj:=wobj1;
```

关节运动指令各参数含义见表 6-5 所列。

表 6-5　关节运动指令各参数含义

参数	含义
MoveJ	关节运动指令
p10	目标点位置数据
v500	运动速度数据，速度为 500 mm/s
z50	转弯区数据，单位 mm，转变区数据，转变区的数值越大，机器人的动作越圆滑与流畅
tool1	工具坐标数据
wobj1	工件坐标数据

（二）线性运动指令

线性运动指令（MoveL）也称直线运动指令，可以使机器人的工具中心点 TCP 起点到终点之间的路径始终保持为直线（图 6-40）。在此运动指令下，机器人运动状态可控，运动路径保持唯一。

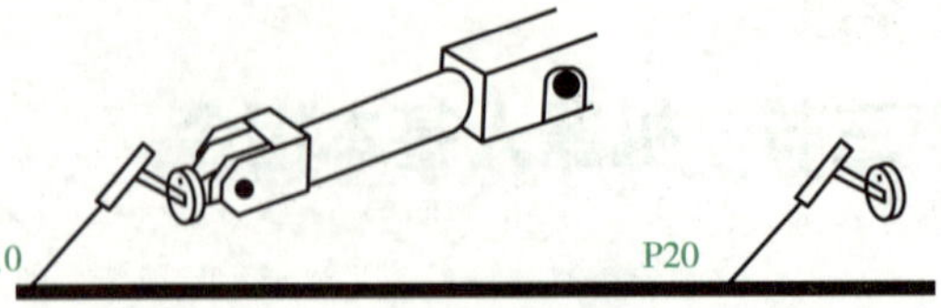

图 6-40　线性运动示意图

线性运动的运动路径是相对固定的直线轨迹，运动路径精度高，常用于要求机器人运动状态可控，对路径精度要求高的场合，如焊接、涂胶等，但运动中可能出现死点。

线性运动指令格式：

```
MoveL  p10,v500,z50,tool1\wobj:=wobj1;
```

线性运动指令各参数含义见表 6-6 所列。

表 6-6　线性运动指令各参数含义

参数	含义
MoveL	线性运动指令
p10	目标点位置数据
v500	运动速度数据，速度为 500 mm/s
z50	转弯区数据，单位 mm，转变区数据，转变区的数值越大，机器人的动作越圆滑与流畅
tool1	工具坐标数据
wobj1	工件坐标数据

（三）圆弧运动指令

圆弧运动指令（MoveC）也称圆弧插补运动指令，是机器人以圆弧移动方式运动至目标点（图 6-41）。当前点、中间点与目标点三点决定一段圆弧，第一个点是圆弧的起点，第二个点用于圆弧的曲率，第三个点是圆弧的终点。需要注意的是一个整圆的运动路径不可能仅通过一个 MoveC 指令完成。

圆弧运动的机器人运动状态可控，运动路径保持唯一，常用于机器人在工作状态移动。

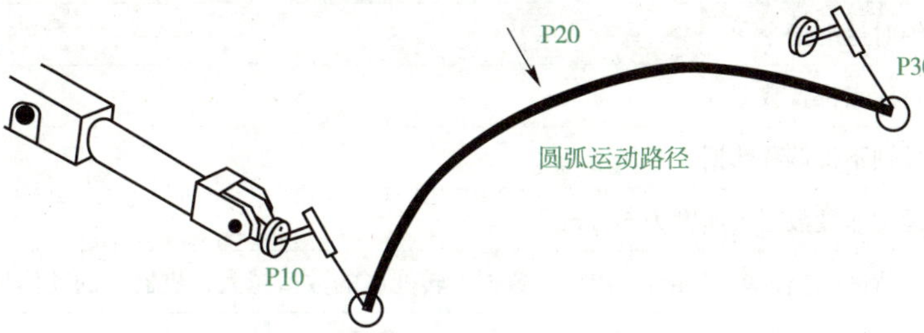

图 6-41　圆弧运动示意图

圆弧运动指令格式：

```
MoveL  p10,v500,z50,tool1\wobj:=wobj1;
MoveC   p20,p30,v500,z50, tool1\wobj:=wobj1;
```

圆弧运动指令各参数含义见表 6-7 所列。

表 6-7　圆弧运动指令各参数含义

参数	含义
p10	目标点位置数据，p10 点作为圆弧的起点
MoveC	圆弧运动指令
p20	目标点位置数据，p20 点为圆弧上的一点
p30	目标点位置数据，p30 点为圆弧上的终点
v500	运动速度数据，速度为 500 mm/s

续表

参数	含义
z50	转弯区数据，单位 mm，转变区数据，转变区的数值越大，机器人的动作越圆滑与流畅
tool1	工具坐标数据
wobj1	工件坐标数据

（四）绝对运动指令

绝对运动指令（MoveAbsJ）是机器人的运动使用六个轴和外侧的角度值来定义目标位置数据，是机器人以单轴运行的方式运动至目标点，绝对不存在死点，运动状态完全不可控，应避免在正常生产中使用此指令。

MoveAbsJ 指令常用于检查机器人零点位置或使机器人回到机械零点的位置或 Home 点。Home 点又称工作原点，是一个机器人远离工件和周边机器的安全位置。

绝对运动指令格式：

```
MoveAbsJ  *\NoEOffs,v500,z50,tool1\wobj:=wobj1;
```

绝对运动指令各参数含义见表 6-8 所列。

表 6-8　绝对运动指令各参数含义

参数	含义
MoveAbsJ	绝对运动指令
*	目标点位置数据
\NoEOffs	外轴不带偏移数据
v500	运动速度数据，速度为 500 mm/s
z50	转弯区数据，单位 mm，转变区数据，转变区的数值越大，机器人的动作越圆滑与流畅
tool1	工具坐标数据
wobj1	工件坐标数据

需要注意的是，工业机器人自动运行状态下的速度最高一般限制为 5 000 mm/s，在手动限速状态下，所有的运动速度通常被限速在 250 mm/s。转弯区数据 fine 指机器人 TCP 达到目标点，在目标点速度降为零。机器人动作有所停顿然后再向下运动，一段路径的最后一个点一定要将转弯区数据设为 fine。转弯区数值越大，机器人的动作路径就越圆滑与流畅。

二、指令编辑基本操作

在建立好程序模块和所需的例行程序后，便可进行程序编辑。在示教器上进行指令编辑的基本操作步骤如下：

（1）单击“ABB”按钮，选择“程序编辑器”(图 6-42）。

（2）选择所要编辑的例行程序“path”，选择“显示例行程序”进入程序编辑界面（图 6-43）。

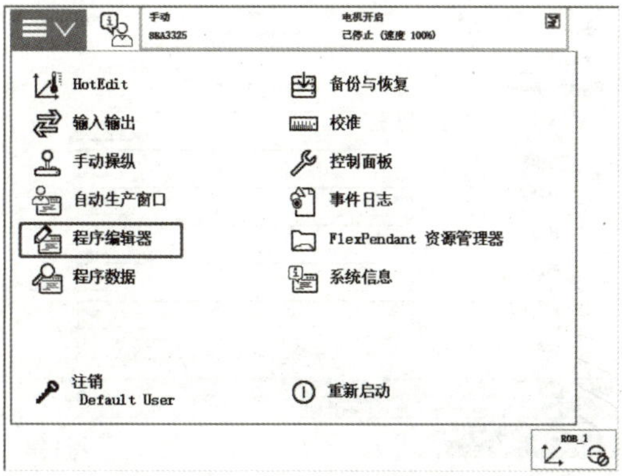

图 6-42　选择“程序编辑器”

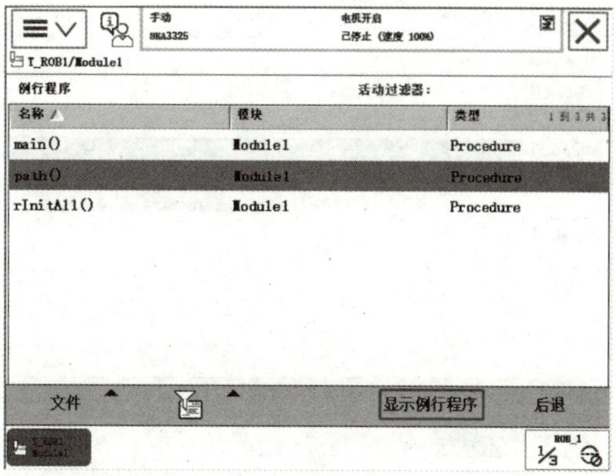

图 6-43　显示例行程序

（3）单击“<SMT>”然后选择“添加指令”菜单（图 6-44）。

（4）在 Common 指令列表中选择所需的指令选项并单击，完成指令添加（图 6-45）。

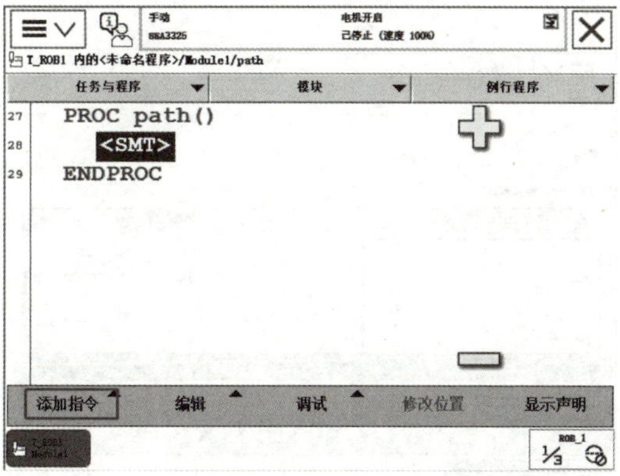

图 6-44　编程程序

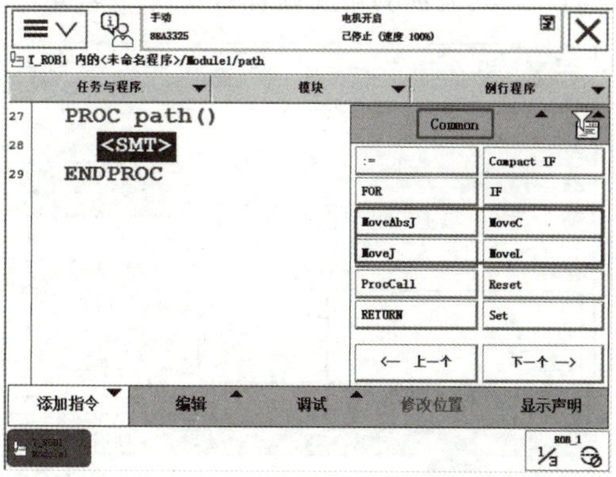

图 6-45　“Common”指令列表

（5）单击“MoveAbsJ”添加其指令语句（图 6-46）。

（6）双击语句中符号“*”，可以对示教点进行修改（图 6-47）。

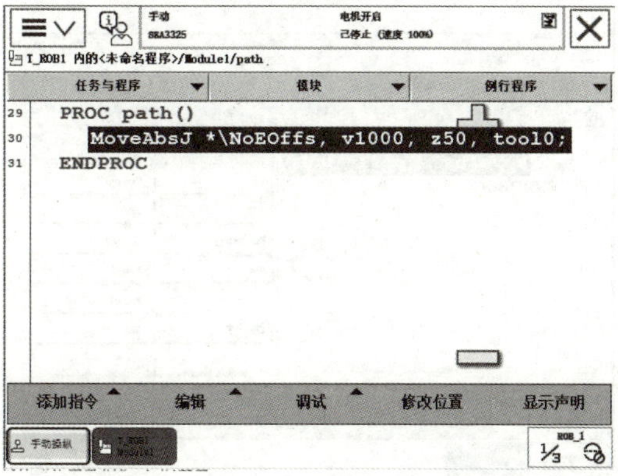

图 6-46　添加运动指令

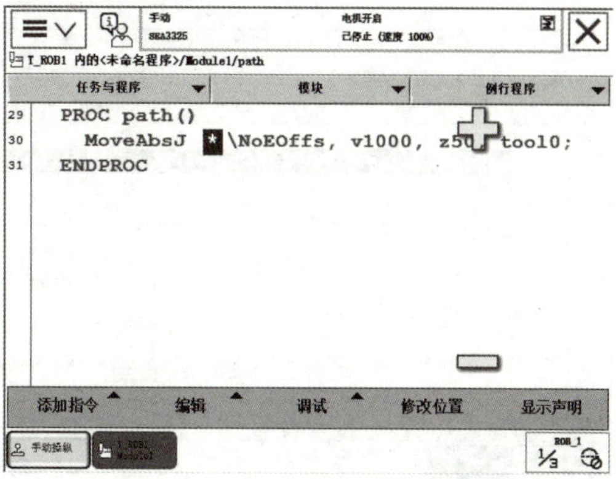

图 6-47　修改示教点信息

（7）在弹出窗口中，单击“新建”按钮，建立一个关节位置点（图 6-48）。

（8）对位置点基本属性进行设定后，单击“初始值”，修改位置点位置数据（图 6-49）。

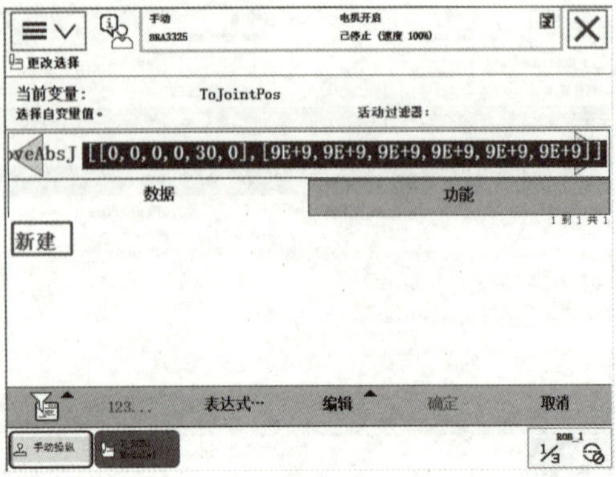

图 6-48　新建关节位置点

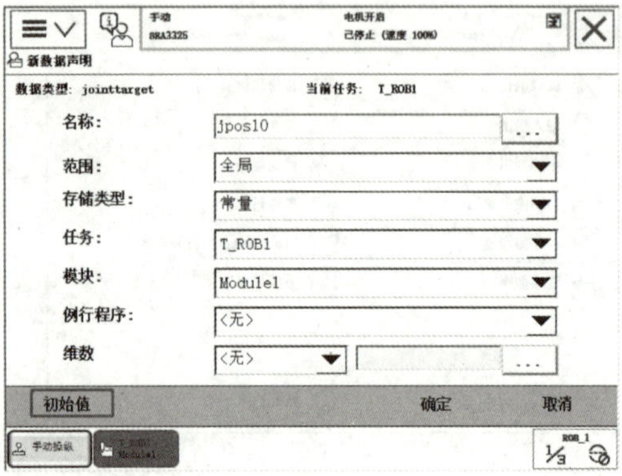

图 6-49　设定位置点基本属性

（9）进入到位置参数数值修改界面，设置 1-6 的初始角度（图 6-50）。

（10）修改各项参数后，单击“确定”按钮，完成零点位置的设定（图 6-51），将机器人除 5 轴外，其他轴的角度设置为 0°，5 轴角度为 90°。

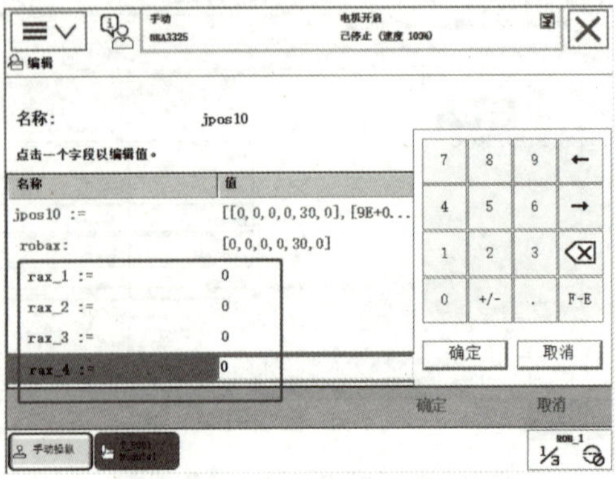

图 6-50　初始角度设置窗口

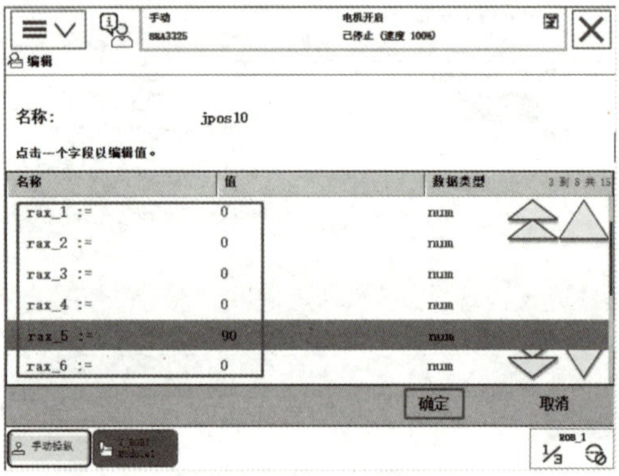

图 6-51　完成零点设定

（11）回到程序编辑界面，查看已编写的语句（图 6-52）。

（12）再次单击 Common 指令列表中的“MoveJ”指令（图 6-53）。

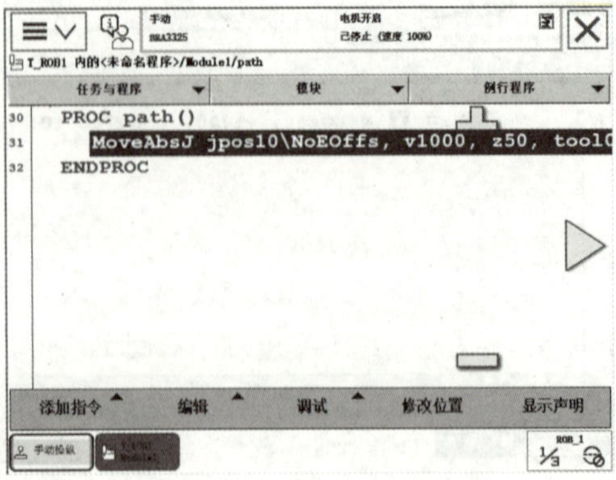

图 6-52　程序编辑界面

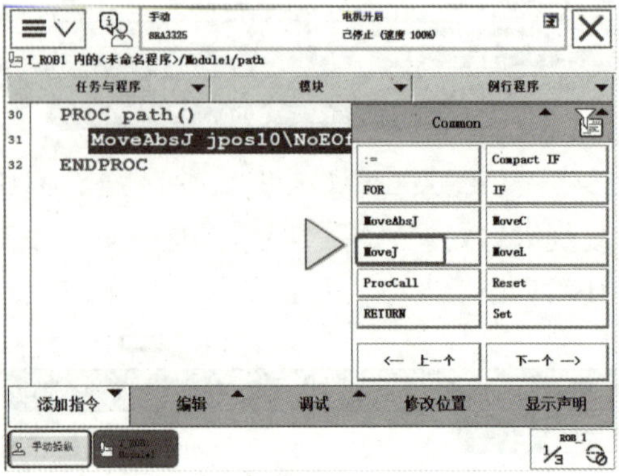

图 6-53　“Common”指令列表

（13）在弹出的窗口中，选择“下方”则添加的指令在选定项目的下方（图 6-54）。

（14）选择指令中目标点位置数据“*”，双击进入变量更改界面（图 6-55）。

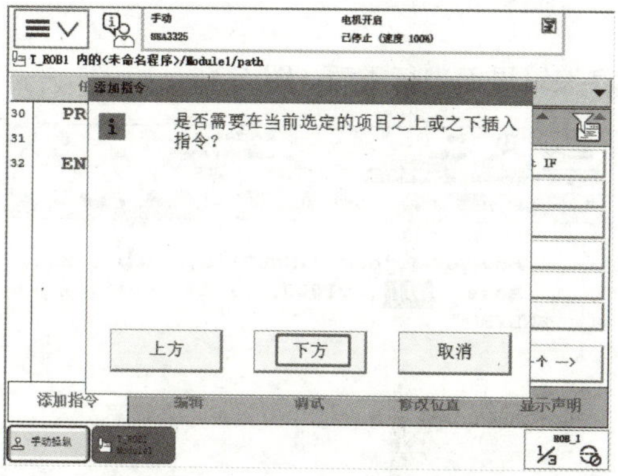

图 6-54 插入选定项目下方

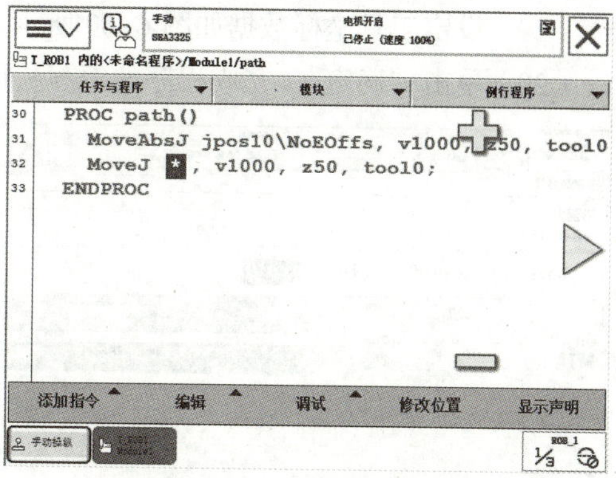

图 6-55 变量更改界面

（15）选择目标点位置数据，若系统中没有目标点位置数据，单击“新建”创建新的“位置数据”（图 6–56）。

（16）根据需要设置位置数据“名称”“存储类型”等相关参数，单击确定完成操作（图 6–57）。

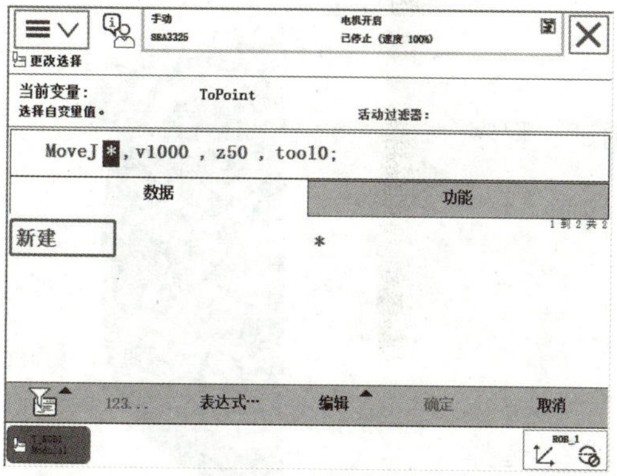

图 6-56 新建目标点位置数据

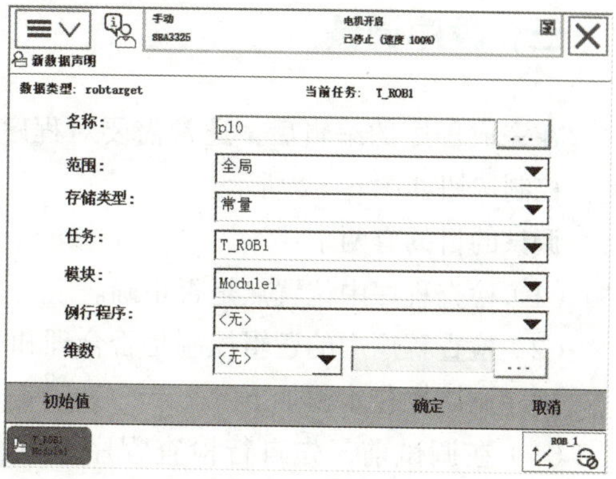

图 6-57 设置位置数据

（17）返回程序编辑界面后，选择指令中的任一项双击进行数据修改，例如，修改关节运动指令的速度 v1000 选项，双击该选项进入运动指令参数修改界面，选择合适的速度参数单击“确定”（图 6–58）。若选项中没有合适的参数供选择，可以单击“新建”进行重新创建该程序数据。

（18）设定转弯区数据如图 6–59 所示。

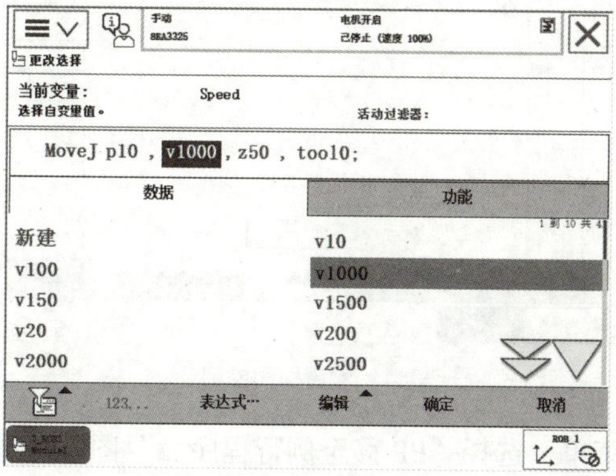

图 6-58 设置速度

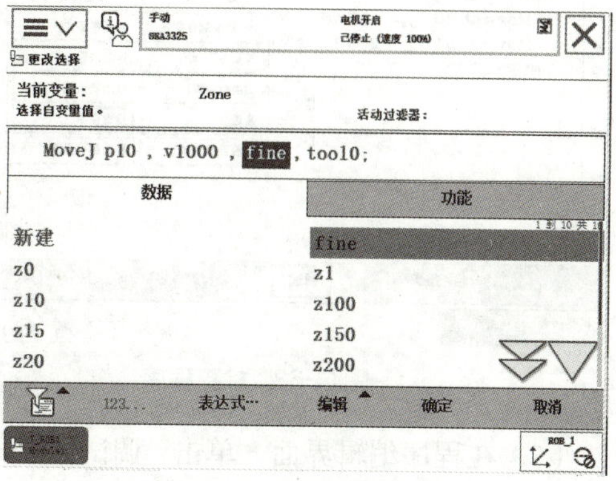

图 6-59 设定转弯区数据

（19）设定工具坐标数据如图 6-60 所示。

（20）单击“确定”，完成程序的编写，回到程序编辑界面进行查看（图 6-61）。

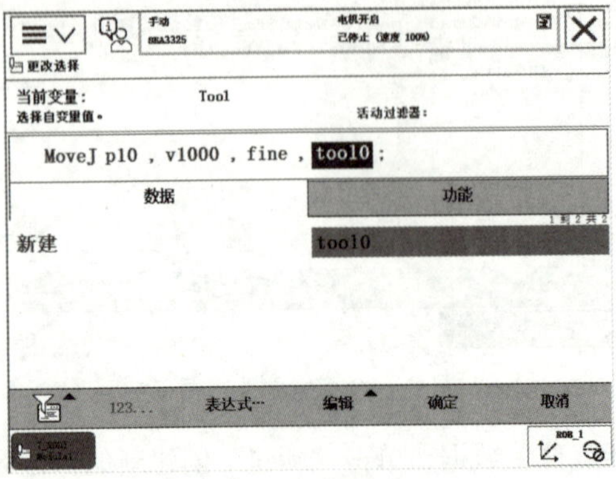

图 6-60 设定工具坐标数据

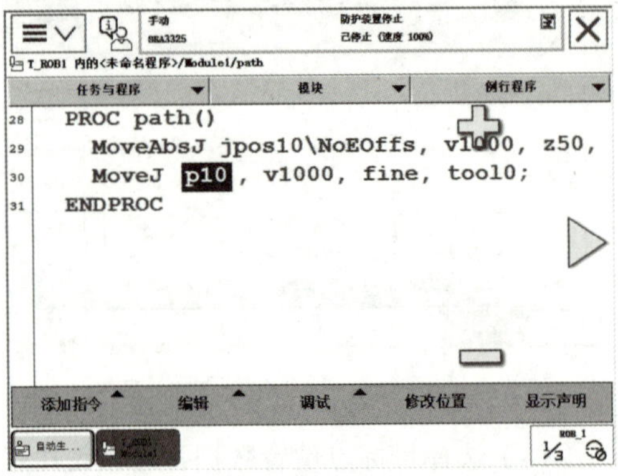

图 6-61 完成程序的编写

三、程序调试

在完成程序的编辑后，通常需要对程序进行调试。程序运行控制按钮如图 6-62 所示。

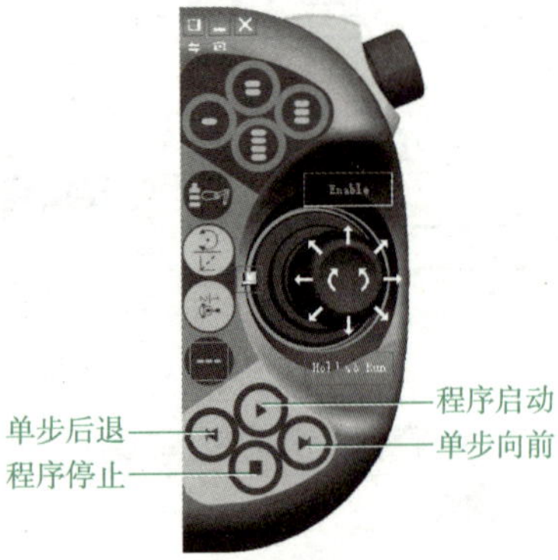

图 6-62 程序运行控制按钮

调试的目的有两个：

（1）检查程序中位置点是否正确。

（2）检查程序中的逻辑控制是否合理和完善。

程序调试操作步骤如下：

（1）在调试前，先自行检查程序，单击“调试”，选择“检查程序”，对程序的语句进行检查（图 6-63）。

（2）程序没有错误时，会弹出如图 6-64 所示的检查程序窗口，单击“确定”即可，如果有错误就会提示出错的具体位置和建议操作，然后进行程序的调试。

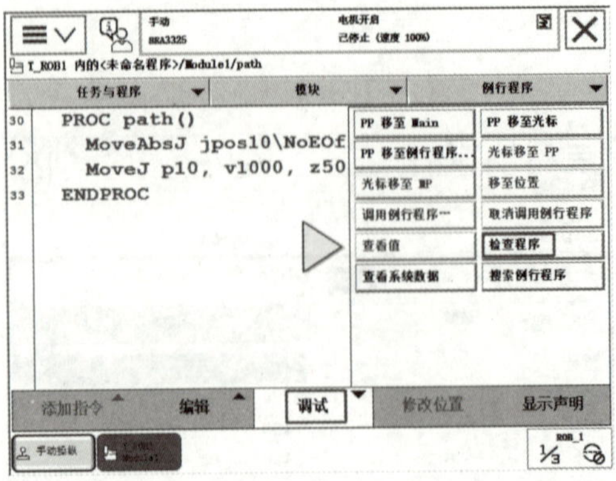

图 6-63 检查程序

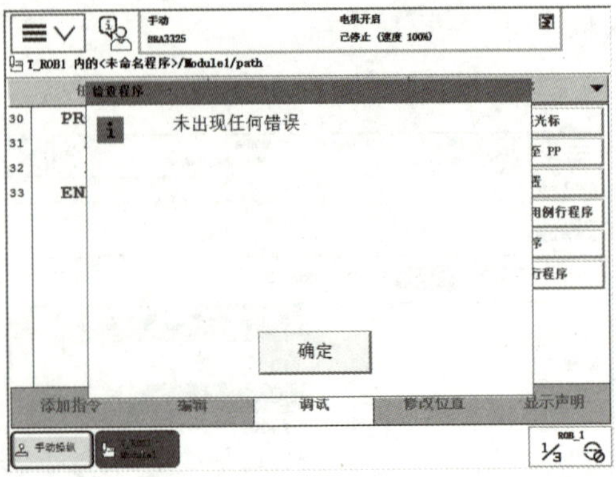

图 6-64 检查程序窗口

（3）在程序编辑界面，单击“调试”打开调试菜单，选择“PP 移至例行程序 ...”（图 6-65），如果是调试主程序就选择 PP 移至 MAIN。

（4）选定需要调试的例行程序，然后单击“确定”（图 6–66）。

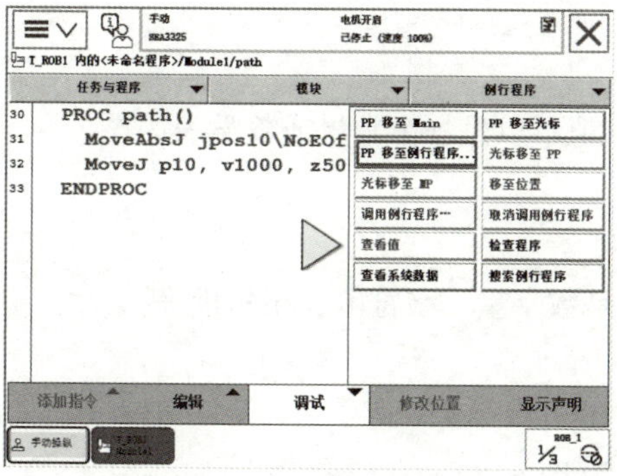

图 6–65 移动程序指针

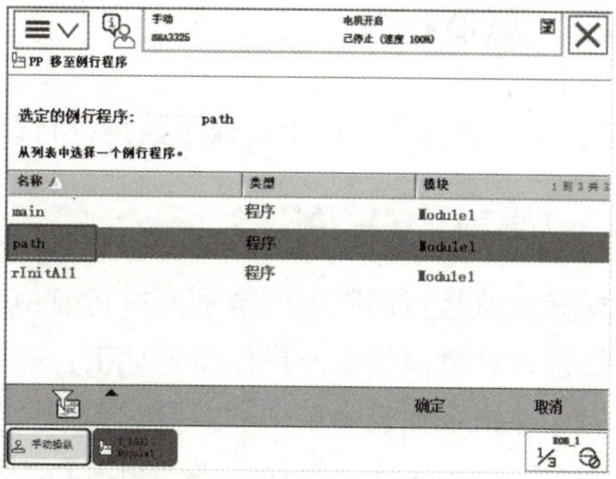

图 6–66 选定例行程序

（5）单击“确定”后，会自动返回程序编辑页面，并可以看到程序指针出现（图 6–67）。

（6）然后按下使能键，进入电机启动状态，按一下单步向前按键，小心观察机器人的移动（图 6–68）。当指令的左侧出现一个小机器人，说明机器人到达指令目标位置。先单步操作，程序没有错误了，按下程序停止键后，松开使能键。然后再重复调试步骤，按程序启动键，连续运行程序，在运行程序时，注意调整程序的速度，不要过快。

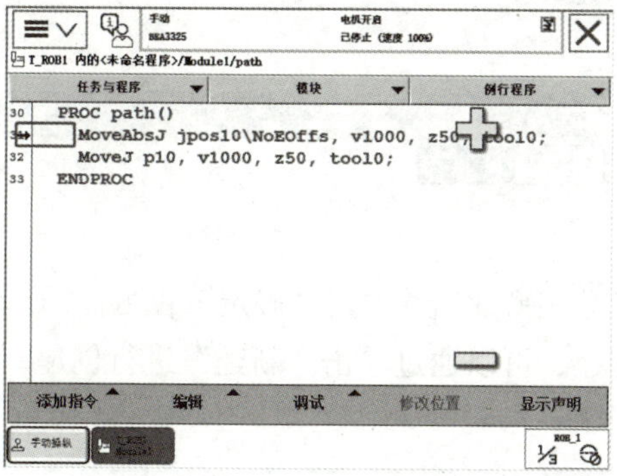

图 6–67 程序指针

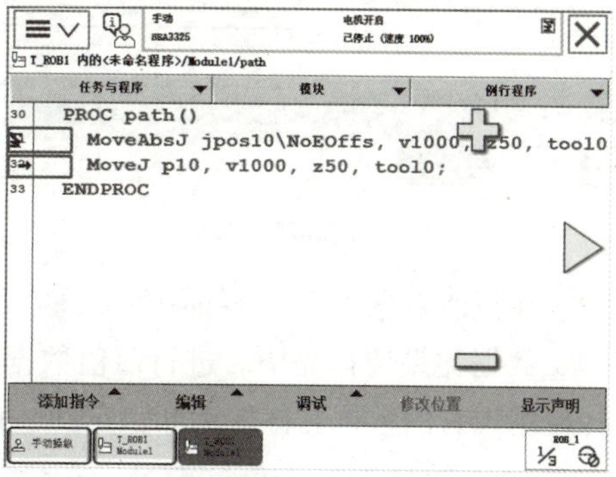

图 6–68 运行程序

（7）程序调试好后，将机器人控制柜上的控制模式切换钥匙打到自动模式。示教器上会弹出切换为自动模式提示，单击“确定”（图 6–69）。

（8）按下控制柜电动机“启动”按钮，开启电动机；接着按下示教器上“程序启动”按钮，程序就会开始自动运行（图 6–70）。

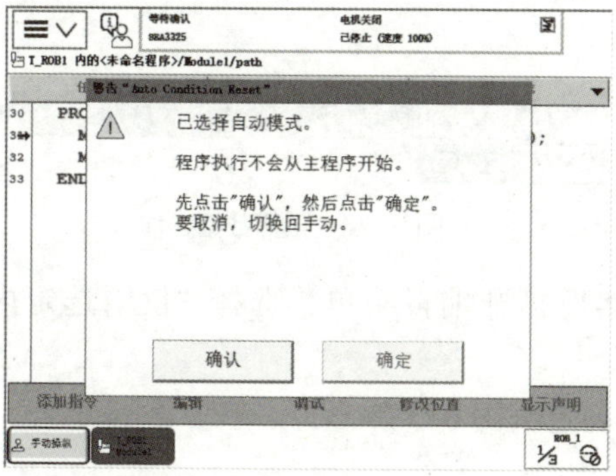

图 6–69 自动模式切换

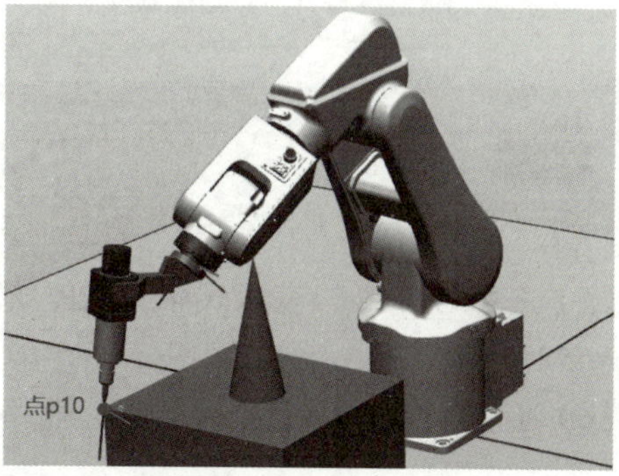

图 6–70 运行效果图

四、赋值指令

“：＝”赋值指令用于对程序数据进行赋值，赋值可以是一个常量或数学表达式。

（一）添加常量赋值指令

常量赋值是指用固定的常量值进行赋值，可以是数字量、字符串、布尔量等。

添加常量赋值指令的操作步骤如下：

（1）在指令列表中单击“：＝”指令（图 6–71）。

（2）在插入表达式界面点击“更改数据类型 ...”（图 6–72）。

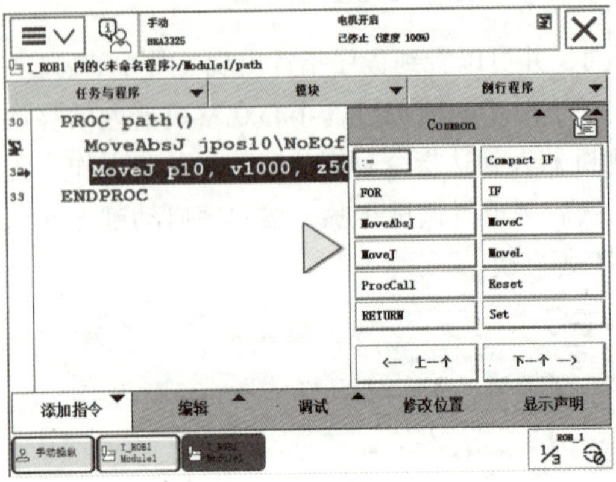

图 6–71　添加赋值指令

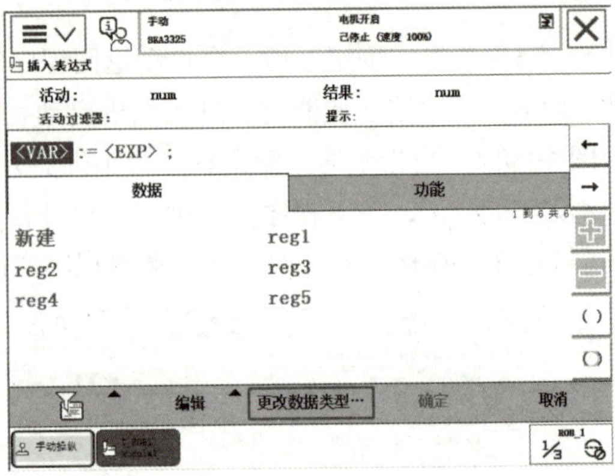

图 6–72　修改变量

（3）在更改数据类型 ... 界面中，选择“num”数字型数据并单击“确定”（图 6–73）。

（4）数据类型选择完毕后进行赋值数据名称创建，可以通过单击“新建”进行创建，也可以选择使用现有的数据名称，例如，选择“reg1”（图 6–74）。

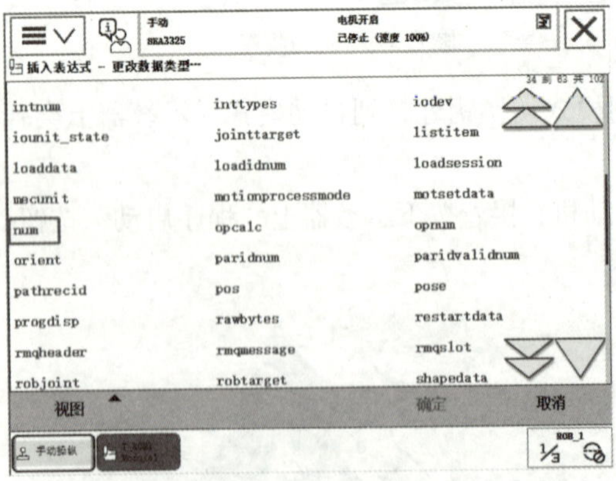

图 6–73　修改数据类型

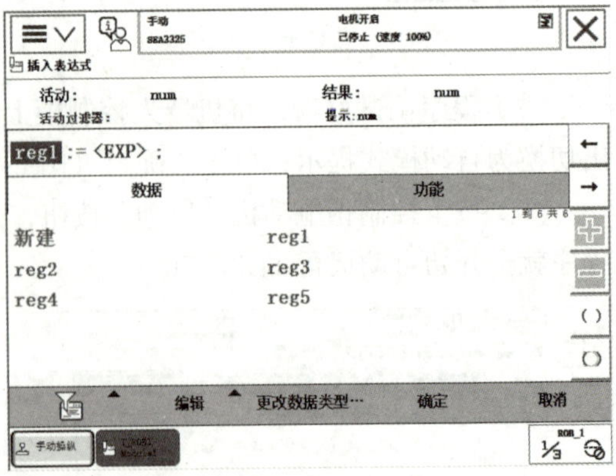

图 6–74　选择数据名称

（5）选中赋值语句表达式中 <EXP> 部分，然后打开编辑菜单，选择“仅限选定内容”（图 6–75）。

（6）通过软键盘输入所需要的值，然后单击“确定”（图 6–76）。

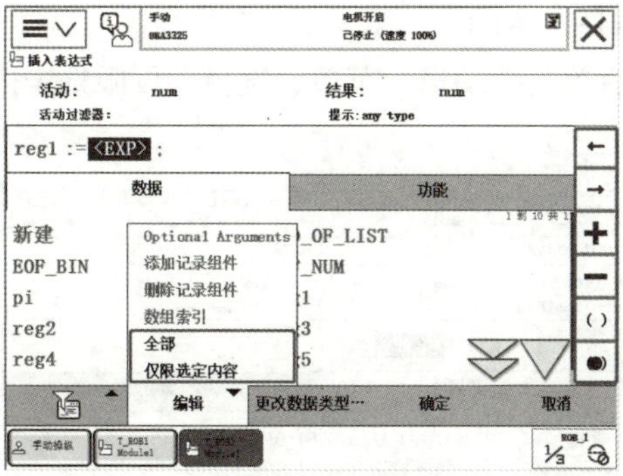

图 6-75　修改数据

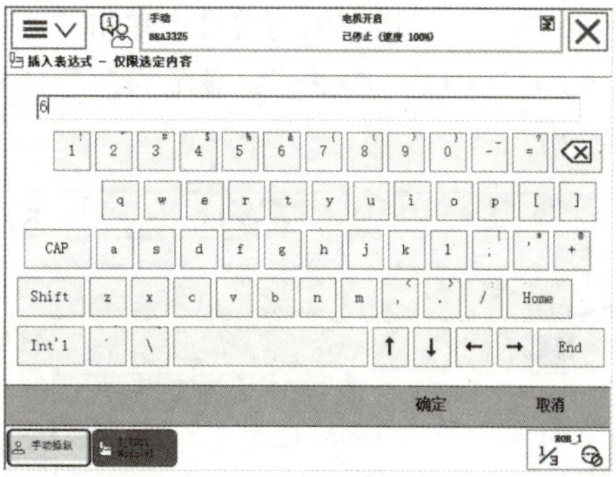

图 6-76　输入数值

（7）在插入表达式界面中单击“确定”(图 6-77)。

（8）在程序编辑窗口中可以看见所添加的赋值指令语句（图 6-78)。

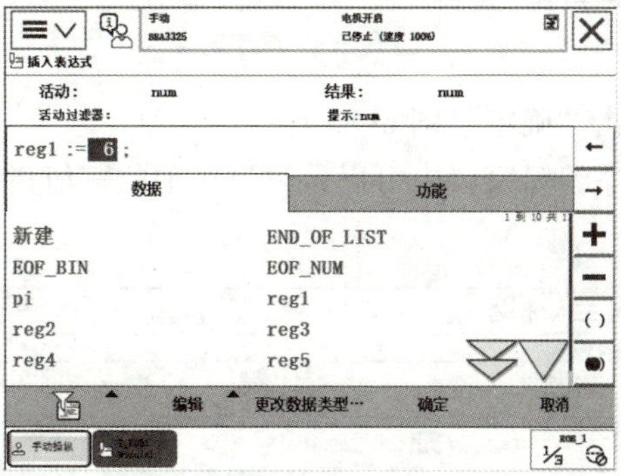

图 6-77　设置完成

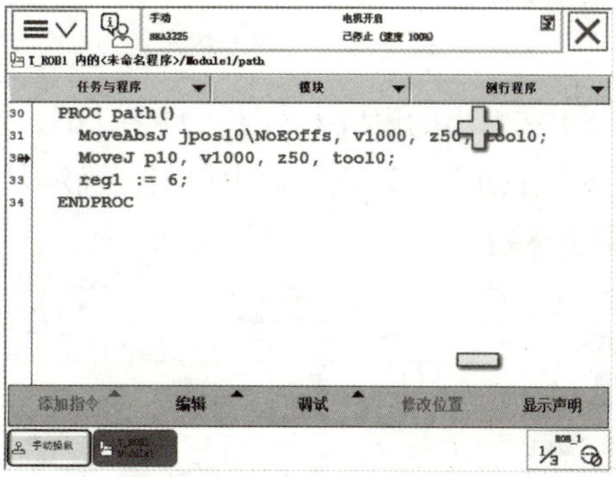

图 6-78　查看指令

（二）添加带数学表达式的赋值指令

带数学表达式的赋值指令可以在表达式内部对各个子表达式进行一些相关的数学运算，最终以计算结果赋值。每个子表达式可以是数字常量，也可以是赋值。

添加带数学表达式的赋值指令，这里以将 reg1 + 4 赋值给 reg2 来介绍具体的操作，操作步骤如下：

（1）在指令列表中单击“：＝”指令，在数据中选择“reg2”(图 6-79)。

（2）选中“<EXP>”，显示为蓝色高亮。在数据中选择“reg1”(图 6-80)。

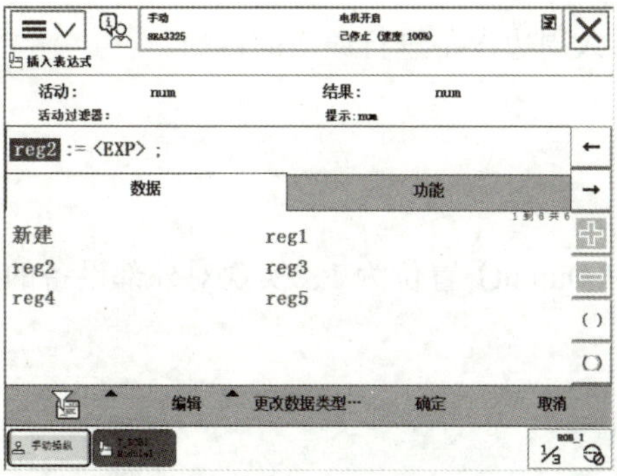

图 6-79　修改变量

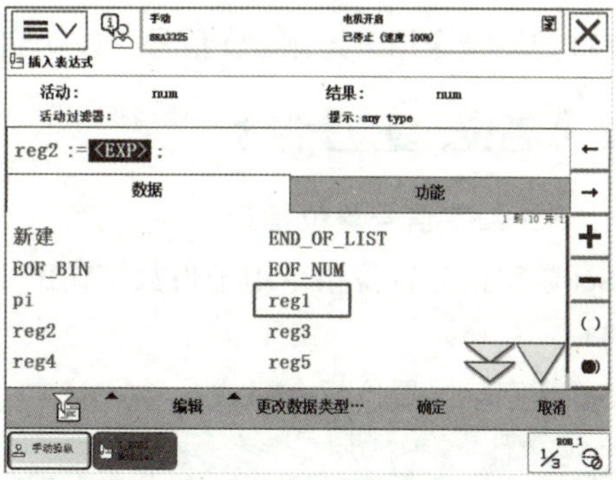

图 6-80　选择变量

（3）然后在界面右侧的符号中单击“+”按钮（图 6–81）。

（4）再选中“<EXP>”，显示为蓝色高亮。然后单击“编辑”菜单，选择“仅限选定内容”（图 6–82）。

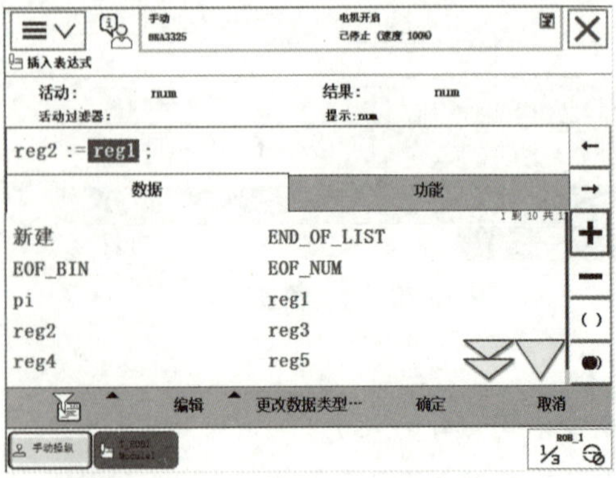

图 6–81　添加表达式

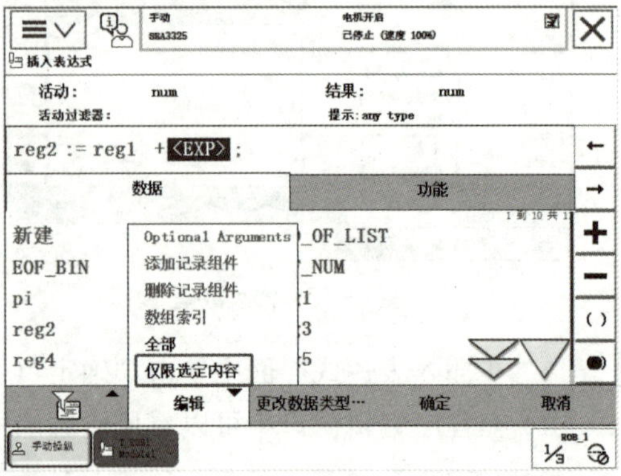

图 6–82　修改内容

（5）在弹出的窗口中，输入数字“6”，然后单击“确定”（图 6–83）。

（6）在插入表达式界面中单击“确定”，在程序编辑窗口中可以看见所添加的赋值指令语句（图 6–84）。

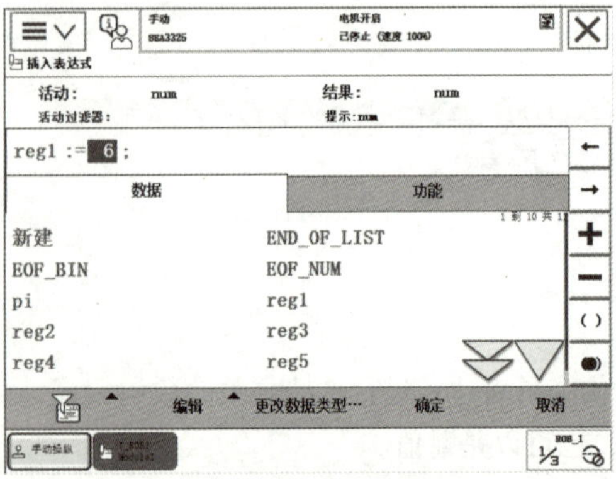

图 6–83　修改数据

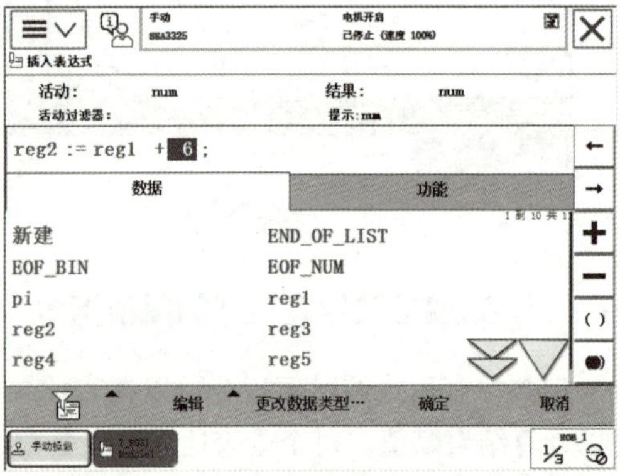

图 6–84　设置完成

五、I/O 控制指令

I/O 控制指令用于控制 I/O 信号，以达到与机器人周边设备进行通信的目的。

（一）置位、复位类指令

1. Set 数字信号置位指令

Set 数字信号置位指令用于将数字输出（Digital Output）置位为 1，实现对外部设备的通断电控制。

Set 数字信号置位指令格式：

```
Set<Signal>;
```

Set 数字信号置位指令各参数含义见表 6-9 所列。

表 6-9　Set 数字信号置位指令各参数含义

参数	含义
Set	数字量置位指令
Signal	数字量输出信号名称

2. Reset 数字信号复位指令

Reset 数字信号复位指令用于将数字输出（Digital Output）置位为 0，与置位指令配合使用，实现对外部设备的断电控制。

Reset 数字信号复位指令格式：

```
Reset <Signal>;
```

Reset 数字信号复位指令各参数含义见表 6-10 所列。

表 6-10　Reset 数字信号复位指令各参数含义

参数	含义
Reset	数字量复位指令
Signal	数字量输出信号名称

3. SetAO 模拟信号置位指令

SetAO 模拟信号置位指令用于在模拟量输出信号所定义的端子上输出电压，电压值由输出信号值根据等比运算的方法确定。“SetAO”模拟信号置位指令常用于由模拟量电压信号所控制的设备。

SetAO 模拟信号置位指令格式：

```
SetAO<Signal>,<Value>;
```

SetAO 模拟信号置位指令各参数含义见表 6-11 所列。

表 6-11　SetAO 模拟信号置位指令各参数含义

参数	含义
SetAO	模拟量置位指令
Signal	模拟量输出信号名称
Value	输出信号值

六、其他常用指令

（一）WaitTime 时间等待指令

WaitTime 时间等待指令用于程序在等待一个指定的时间以后，再继续向下执行。

例：例行程序 path（ ）在等待 4 s 以后，才会继续向下执行（图 6-85）。

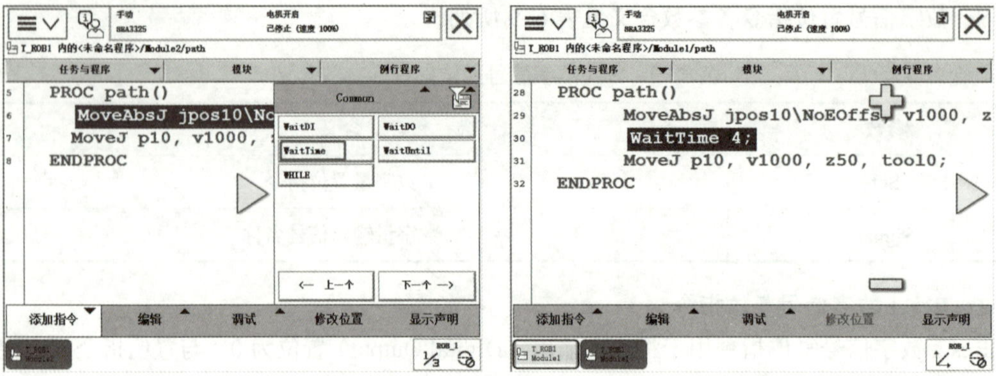

图 6-85　等待指令添加方法

(二) 信号判断类指令

1. WaitDI 数字输入信号判断指令

WaitDI 数字输入信号判断指令用于判断数字输入信号的值是否与目标一致。

WaitDI 数字输入信号判断指令格式：

```
WaitDI<Signal>,<Value>;
```

WaitDI 数字输入信号判断指令各参数含义见表 6-12 所列。

表 6-12　WaitDI 数字输入信号判断指令各参数含义

参数	含义
WaitDI	数字输入信号置位指令
Signal	数字量输入信号名称
Value	输入信号判断目标值

这里需要注意的是：当程序运行至数字量输入信号判断指令处于等待状态，直到数字输入信号达到判断值，程序继续向下运行；如果达到最大等待时间 300 s（此时间可根据实际进行设定）以后，数字输入信号还未达到判断值，则机器人报警或进入出错处理程序。

2. WaitDO 数字输出信号判断指令

WaitDO 数字输出信号判断指令用于判断数字输出信号的值是否与目标一致。

WaitDO 数字输出信号判断指令格式：

```
WaitDO<Signal>,<Value>;
```

WaitDO 数字输出信号判断指令各参数含义见表 6-13 所列。

表 6-13　WaitDO 数字输出信号判断指令各参数含义

参数	含义
WaitDO	数字输出信号置位指令
Signal	数字量输出信号名称
Value	输出信号判断目标值

同样，当程序运行至数字量输出信号判断指令处于等待状态，直到数字输出信号达到判断值，程序继续向下运行；如果达到最大等待时间 300 s（此时间可根据实际进行设定）以后，数字输出信号还未达到判断值，则机器人报警或进入出错处理程序。

3. WaitUntil 信号判断指令

WaitUntil 信号判断指令可用于布尔量、数字量和 I/O 信号值的判断，如果条件达到指令中的设定值，程序继续往下执行，否则就一直等待，除非设定了最大等待时间。

WaitUntil 信号判断指令格式：

```
WaitUntil<Cond>;
```

WaitUntil 信号判断指令各参数含义见表 6-14 所列。

表 6-14 WaitUntil 信号判断指令各参数含义

参数	含义
WaitUntil	条件等待判断指令
Cond	等待逻辑表达式

第四节 调用机器人功能函数

一、“Abs”取绝对值功能

功能“Abs”是对操作数的赋值取绝对值。

例：对操作数 reg1 进行取绝对值的操作，然后将结果赋值给 reg5。其操作步骤如下：

（1）在图所示的添加指令界面中，选择“：=”赋值指令进入赋值指令参数设定界面（图 6-86）。

（2）选择“<VAR>”变量设为“reg1”（图 6-87）。

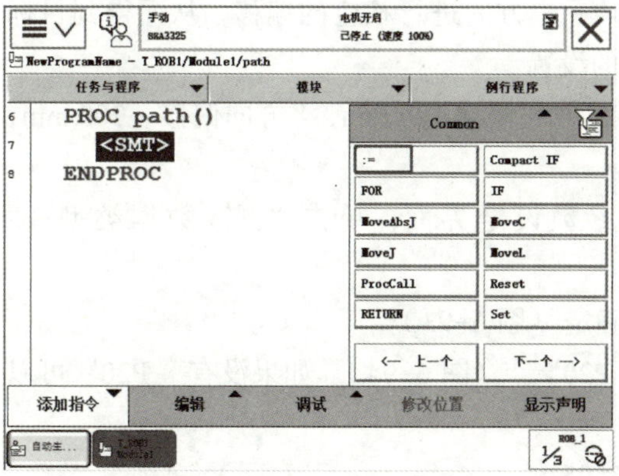

图 6-86 选择赋值指令

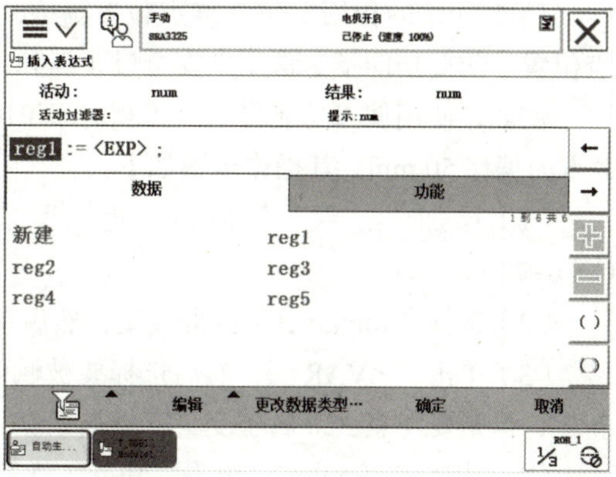

图 6-87 选择变量

（3）选择“<EXP>”变量表达式，单击“功能”标签（图 6-88）。

（4）选择功能“Abs（ ）”（图 6-89）。

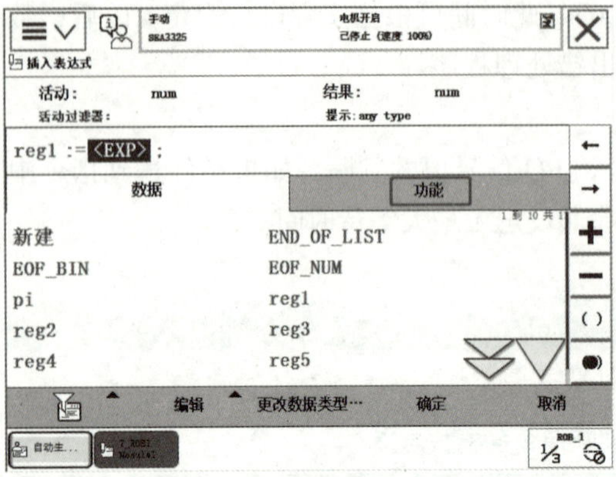

图 6-88　选择变量表达式

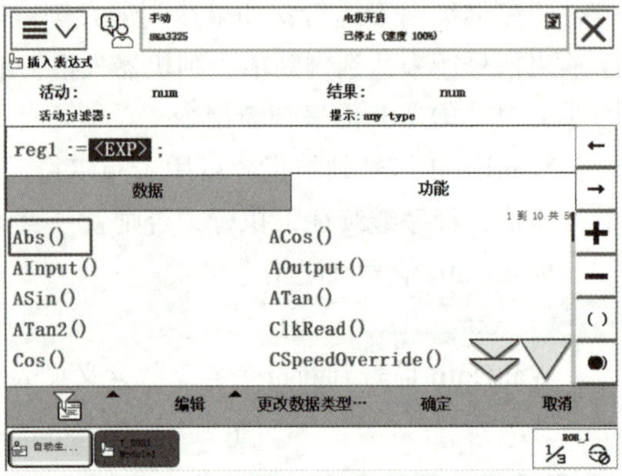

图 6-89　选择取绝对值功能

（5）单击选项“reg5”，单击“确定”（图 6-90），完成对 reg5 取绝对值（图 6-91）。

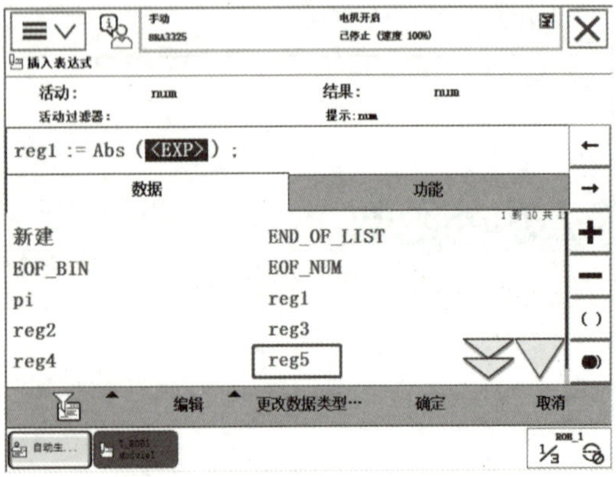

图 6-90　选择变量

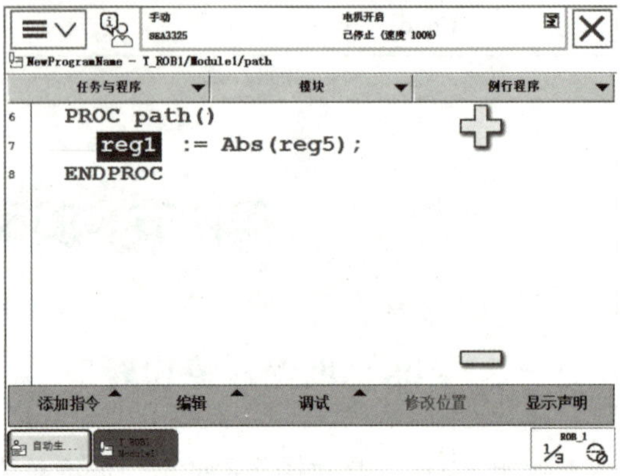

图 6-91　查看指令

二、Offs 偏移功能

功能 Offs 的作用是将基准点位置沿 *X*、*Y*、*Z* 某一个方向进行相应的偏移，从而得到目标点位置。Offs 功能指令常用于安全过渡点和入刀点的设置。

例如，使用偏移功能将 P20 点相对于 P10 点在 *X* 方向偏移 100 mm，*Y* 方向偏移 −200 mm，*Z* 方向偏移 50 mm。其操作步骤如下：

（1）添加“：＝”赋值指令进入赋值指令参数设定界面，单击“更改数据类型…”（图 6-92）。

（2）选择“robtarget”数据类型，然后单击“确定”（图 6-93）。

（3）单击“<VAR>”，然后选择要被赋值的“P20”点（图 6-94）。如果没有“P20”可以新建，但是要注意 P20 属于变量存储类型。

（4）选择“<EXP>”，单击“功能”标签（图 6-95）。

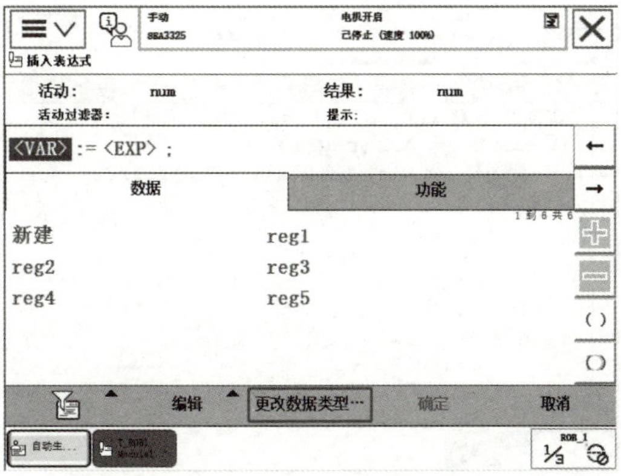

图 6-92　添加赋值指令

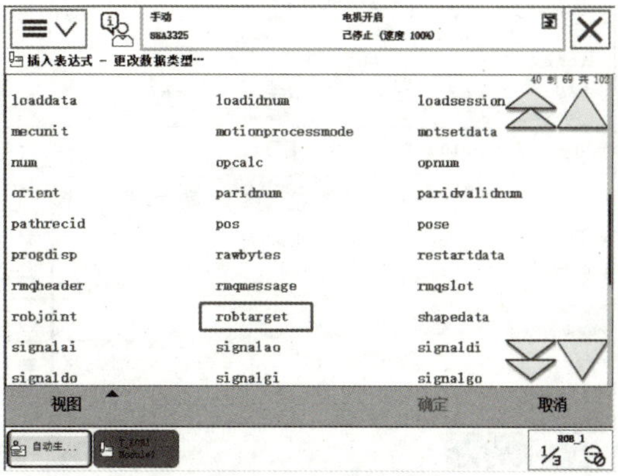

图 6-93　选择数据类型

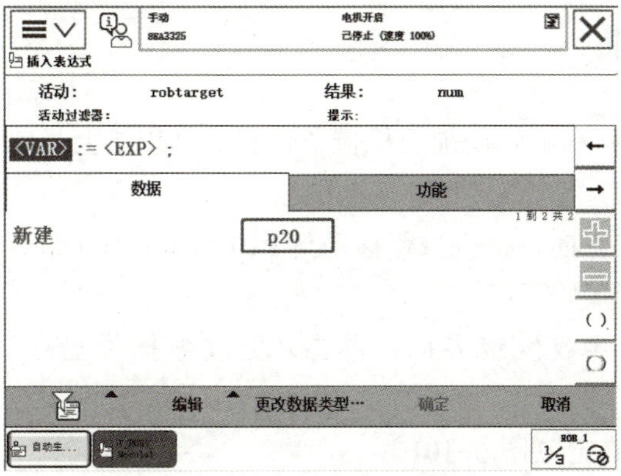

图 6-94　选择被赋值点

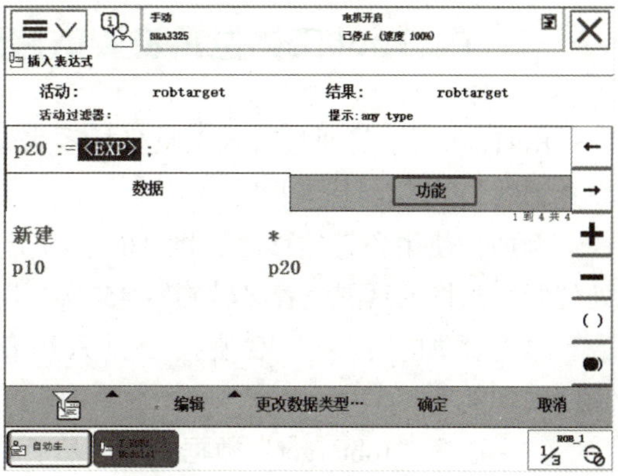

图 6-95　“功能”标签

（5）选择“Offs（ ）”功能（图 6-96）。

（6）这里需要输出 4 个参数，第一个参数 <EXP> 为目标位置数据，选择偏移基准点“P10”（图 6-97）。

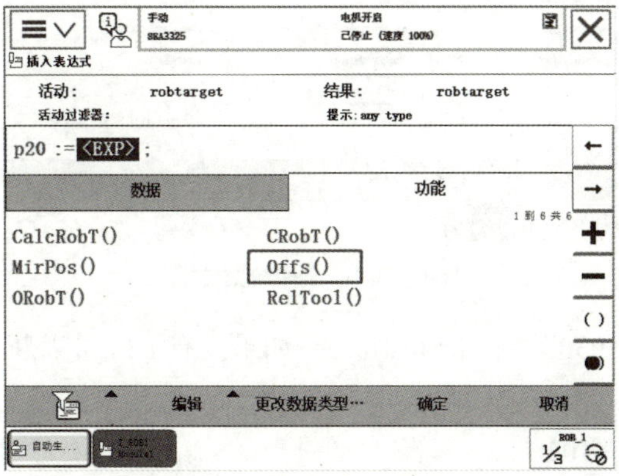

图 6-96　选择“Offs（ ）”功能

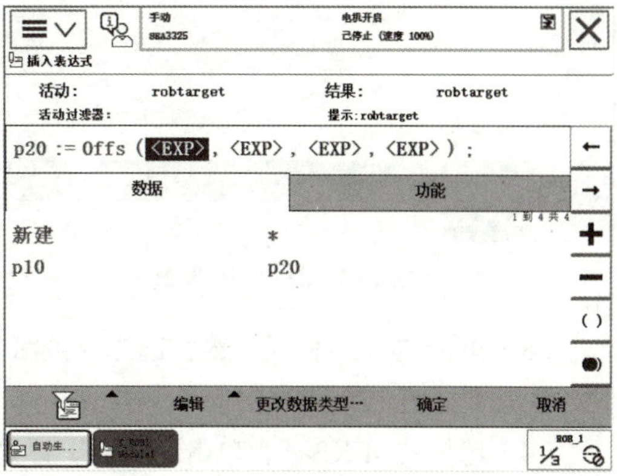

图 6-97　设置目标位置数据

（7）然后分别编辑输入 *X*、*Y*、*Z* 方向的偏移值（图 6-98）。

（8）单击“确定”，完成 Offs 偏移功能创建（图 6-99）。

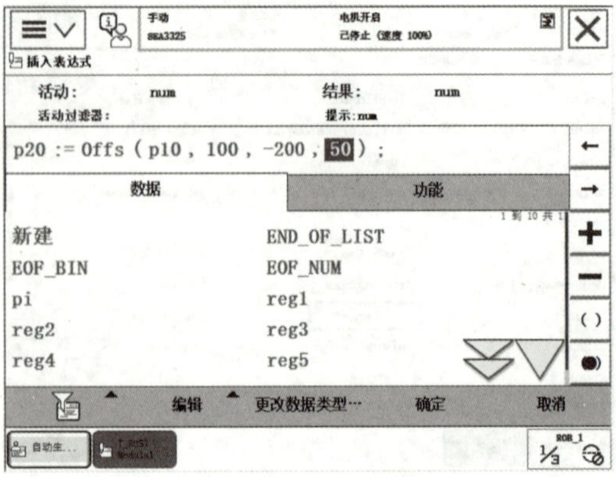

图 6-98　输入偏移值

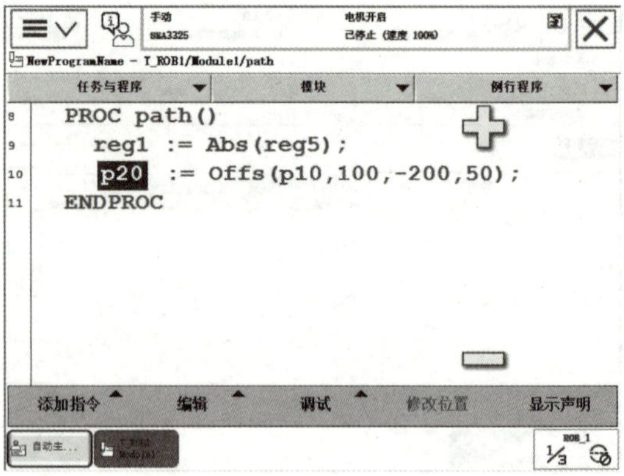

图 6-99　指令创建完成

三、RelTool 工具位置及姿态偏移功能

RelTool 用于将通过有效工具坐标系表达的位移和旋转增加至机械臂位置。其用法上与前面介绍的 Offs 功能基本相同。

例如，使用姿态偏移功能将 P30 点沿工具的 *Z* 方向，将机械臂移动至 P10 达 100 mm 的一处位置，并将工具围绕着 *Z* 轴旋转 45°，其操作步骤如下：

（1）添加“：=”赋值指令进入赋值指令参数设定界面，单击“更改数据类型…”（图 6-100）。

（2）选择“robtarget”数据类型，然后单击“确定”（图 6-101）。

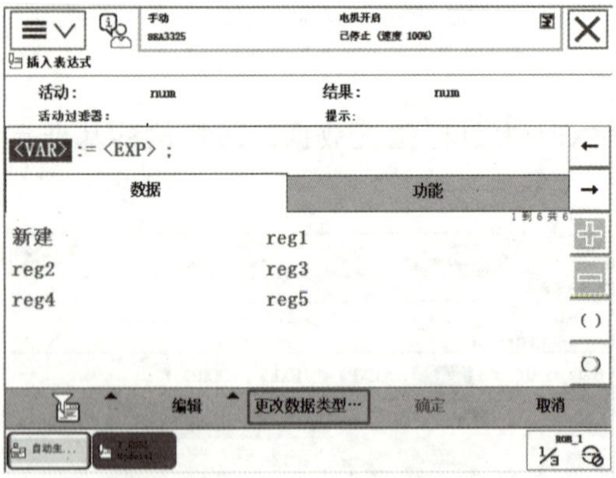

图 6-100　添加赋值指令

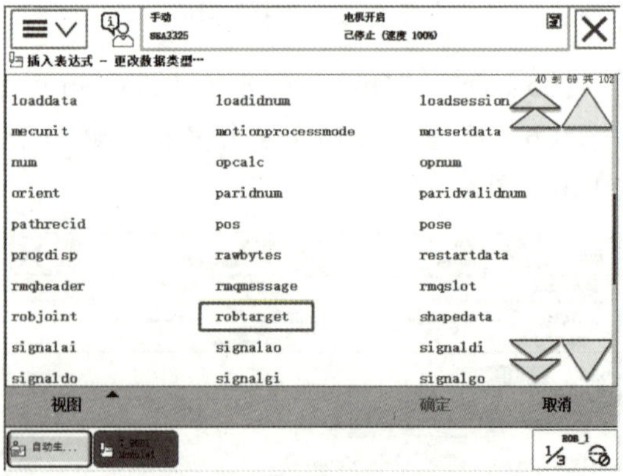

图 6-101　选择数据类型

（3）单击“<VAR>”，然后选择要被赋值的“P30”点（图 6-102）。如果没有 P30 可以新建，但是要注意 P30 属于变量存储类型。

（4）选择“<EXP>”，单击“功能”标签（图 6-103）。

（5）选择“RelTool（ ）”功能（图 6-104）。

（6）这时提示要输出 4 个参数（图 6-105），单击“RelTool”，选中整条指令。

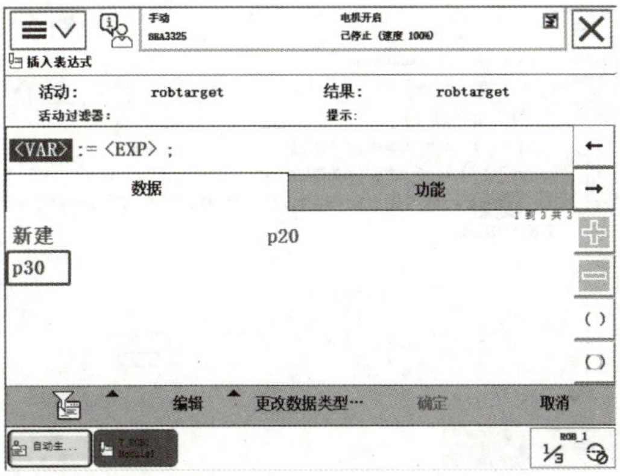

图 6-102 选择被赋值点

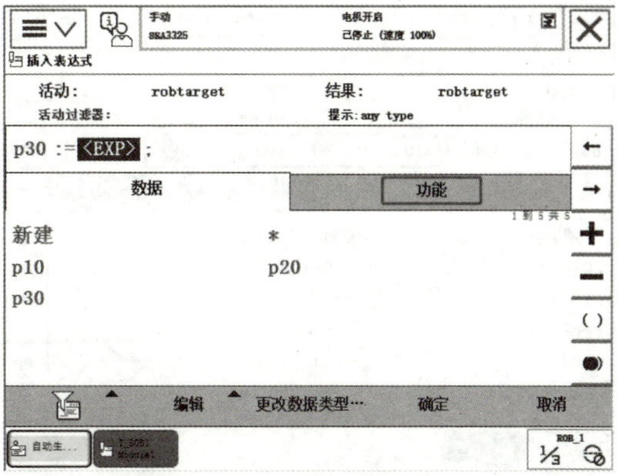

图 6-103 “功能”标签

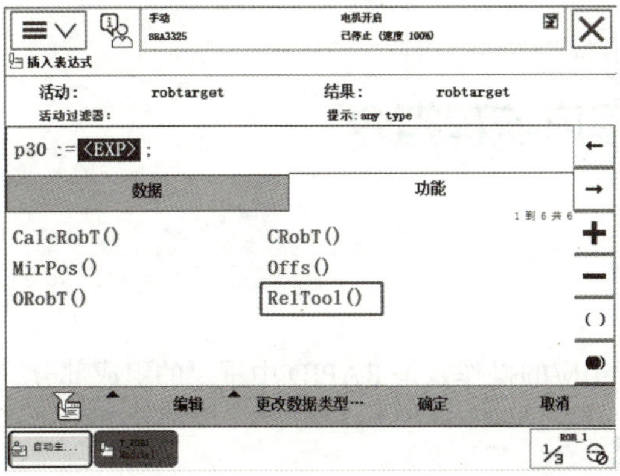

图 6-104 选择“RelTool ( )”功能

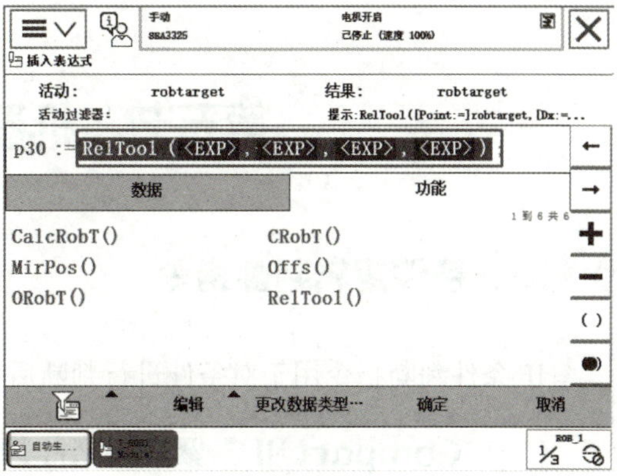

图 6-105 设置输出参数

（7）单击“编辑”，选择“Optional Arguments”（图 6-106）。

（8）在弹出的页面中，启用“\Rz”，即将 \Rz 的状态由未使用转为使用，然后单击“关闭”（图 6-107）。

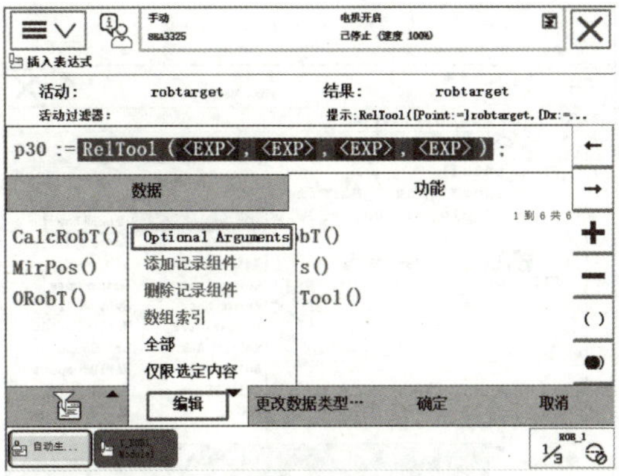

图 6-106 选择“Optional Arguments”

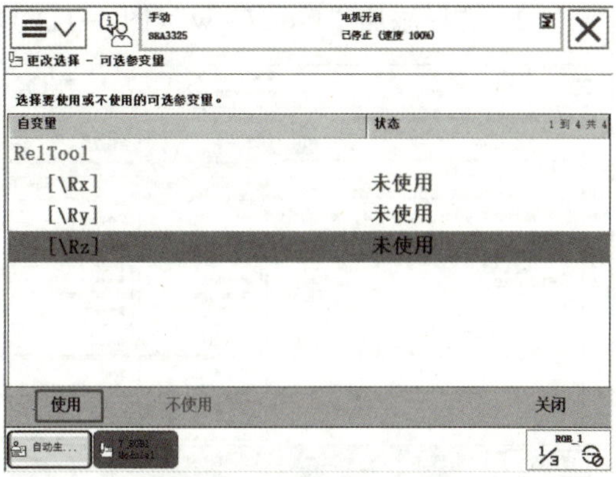

图 6-107 设置状态

（9）这时我们需要输出 5 个参数，第一个参数 <EXP> 为目标位置数据，选择偏移基准点“P10”，然后分别编辑输入 *X*、*Y*、*Z* 方向的偏移值，以及 *Z* 轴的旋转量（图 6-108）。

（10）单击“确定”，完成 RelTool 姿态偏移功能创建（图 6-109）。

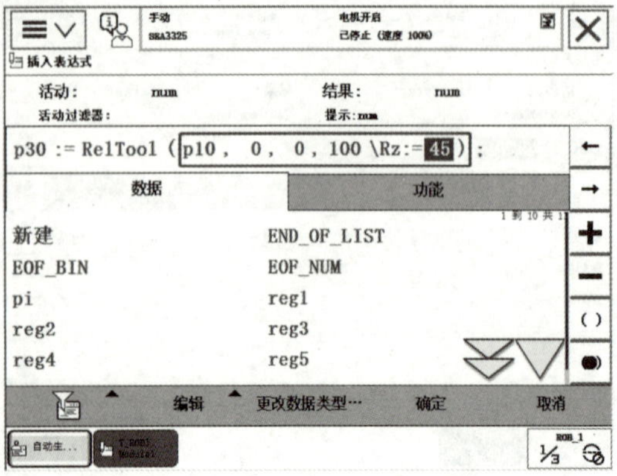

图 6-108　输入数据

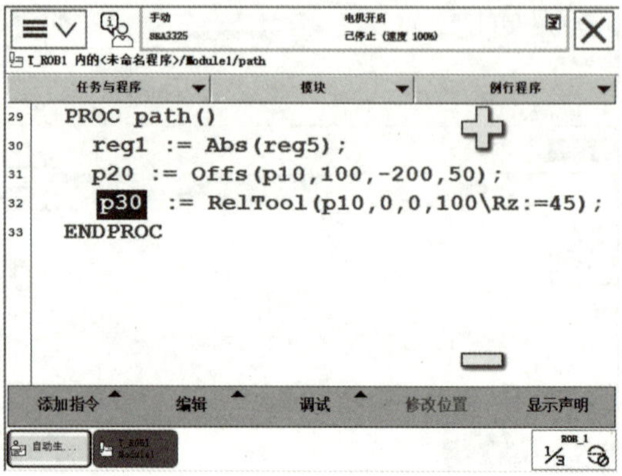

图 6-109　查看指令

第五节　机器人程序流程指令

一、条件逻辑判断指令

IF 条件判断指令用于对条件进行判断后，执行相应的操作，是 RAPID 中重要的组成部分。

(一)“Compact IF”紧凑型条件判断指令

Compact IF 紧凑型条件判断指令用于当一个条件满足以后，就执行一句指令。例如，如果 reg1 的值为 6 时，则 count 被置为 1。

Compact IF 紧凑型条件判断指令创建步骤如下：

（1）打开添加指令界面，单击“Common”下拉菜单（图 6-110）。

（2）选择添加“Prog.Flow”(图 6-111)。

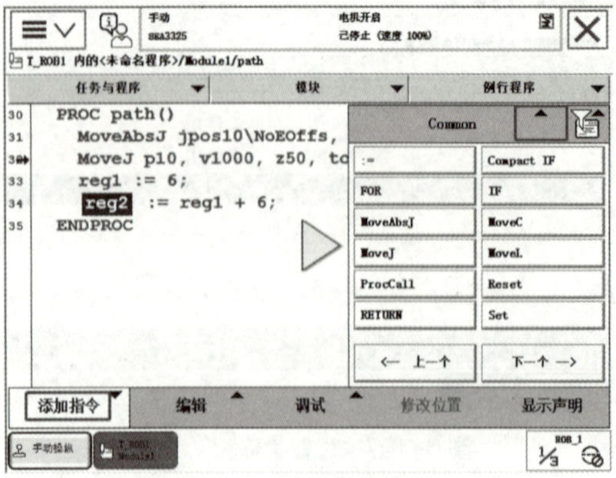

图 6-110　添加指令界面

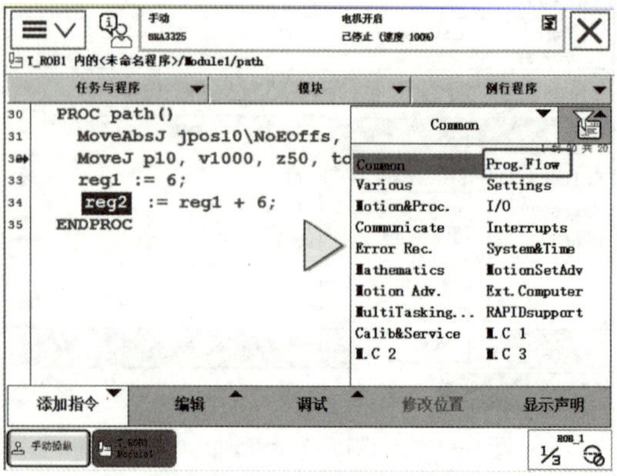

图 6-111　选择添加“Prog.Flow”

（3）进入 Prog.Flow 指令集界面，选择添加“Compact IF”(图 6-112)。

（4）在弹出插入表达式界面中，单击“取消”(图 6-113)。

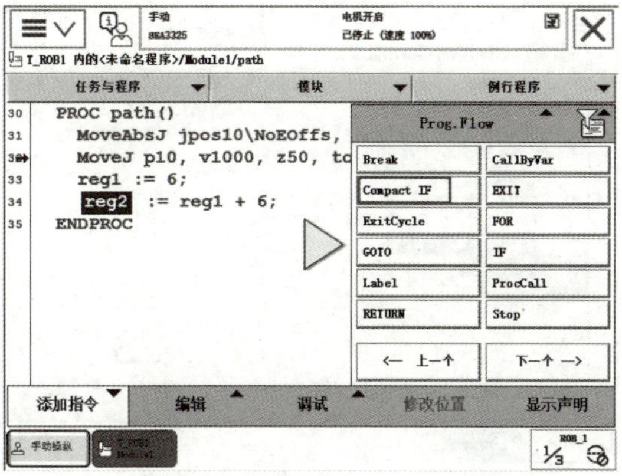

图 6-112　选择添加“Compact IF”

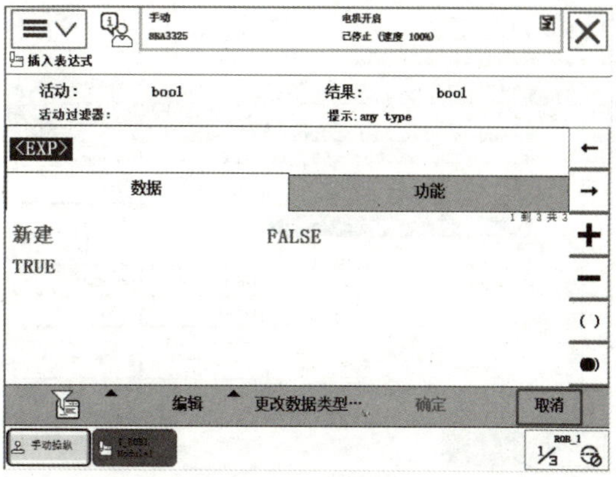

图 6-113　关闭窗口

（5）程序编辑界面中出现如图所示的新语句，其中 <EXP> 为条件判断语句，<SMP> 为条件满足时，程序所执行的语句（图 6–114）。

（6）根据程序实际情况，依次单击“ Compact IF”语句中的参数进行设置，Compact IF 紧凑型条件判断指令创建完成（图 6–115）。

图 6–114　条件判断指令界面

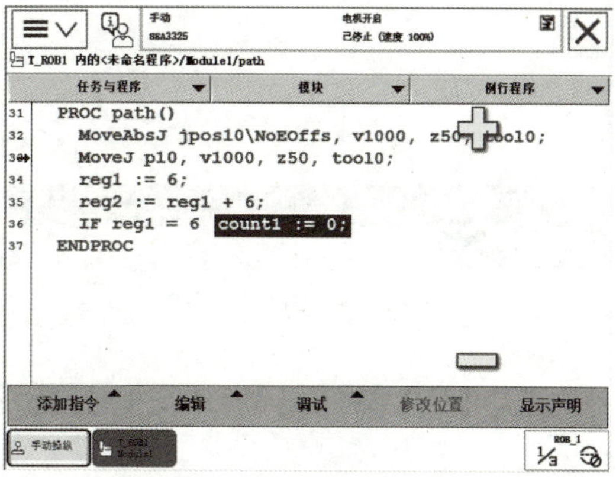

图 6–115　创建完成

（二）IF 条件判断指令

IF 条件判断指令，就是根据不同的条件去执行不同的指令。条件判定的条件数量可以根据实际情况进行增加或减少。

例如，如果 reg1 为 6，则 flag1 会赋值为 TRUE；如果 reg1 不等于 6，则 flag1 会赋值为 FALSE。

IF 条件判断指令创建步骤如下：

（1）在添加指令界面中进入 Prog.Flow 指令集界面，选择添加 “IF”(图 6–116)。

（2）在弹出插入表达式界面中，单击 “取消”，程序编辑界面中出现 IF 条件判断指令，其中 <EXP> 为条件判断语句，<SMP> 为条件满足时程序所执行的语句（图 6–117）。

（3）选中 “IF” 指令行，单击 “编辑” 菜单，然后选择 “更改选择内容…”。进入 IF 语句添加判断条件界面，在这个界面中可以添加或删除判断条件，或进行子条件嵌套（图 6–118）。

（4）依次单击 “IF” 语句中的参数进行设置，完成 IF 条件判断指令创建（图 6–119）。

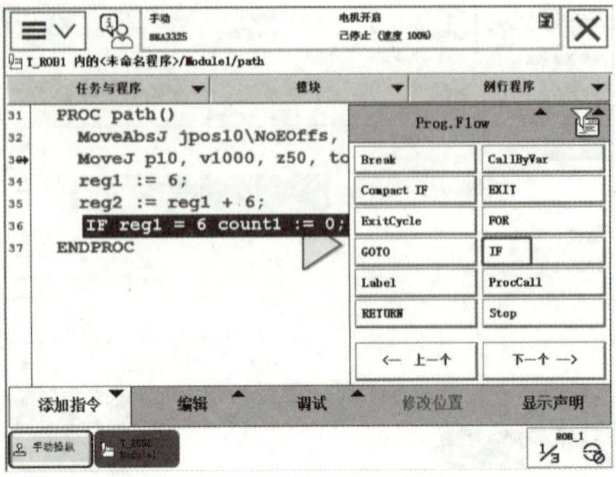

图 6-116　添加“IF”指令

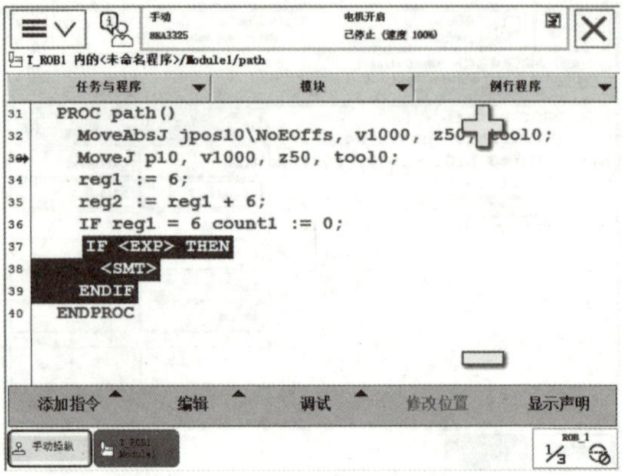

图 6-117　条件判断指令界面

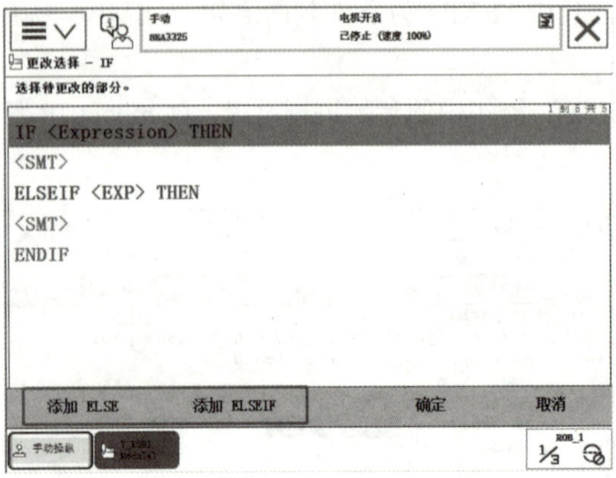

图 6-118　输入指令内容

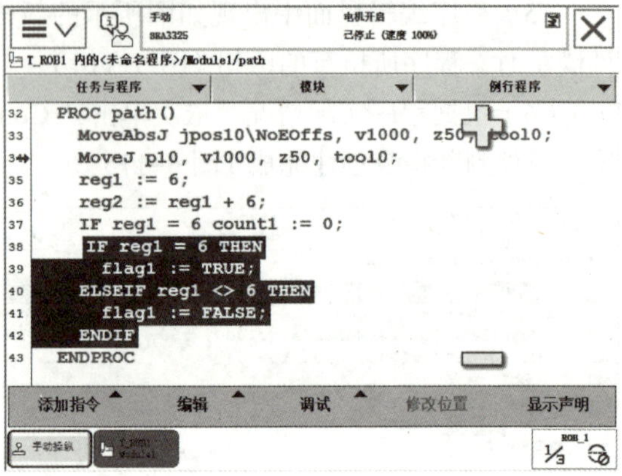

图 6-119　创建完成

二、FOR 循环与 WHILE 循环指令

（一）FOR 重复执行判断指令

FOR 重复执行判断指令，适用于一个或多个指令需要重复执行数次的情况。

例如，赋值语句 count1：=count1 + 1，累积重复执行 10 次。

FOR 条件判断指令创建步骤如下：

（1）在添加指令界面中进入 Prog.Flow 指令集界面，选择添加“FOR”（图 6-120）。

（2）程序编辑界面中出现 FOR 重复执行判断指令，其中 <ID> 为当前循环计数器数值的数据名称，该数据可以自动声明。如果循环计数器名称与实际范围中存在的任意数据相同，则将现有数据隐藏在 FOR 循环中，且在任何情况下均不受影响（图 6-121）。

（3）该语句定义了循环计数器的起始值和结束值，通常为整数值（图 6-122）。

（4）<SMP> 为条件满足时程序所执行的语句（图 6-123）。

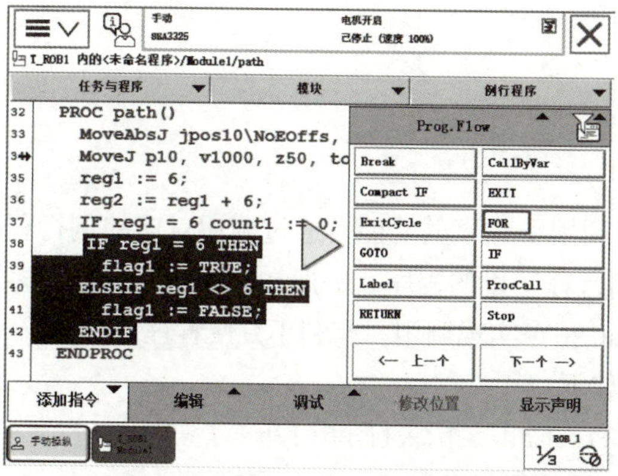

图 6-120 添加 FOR 指令

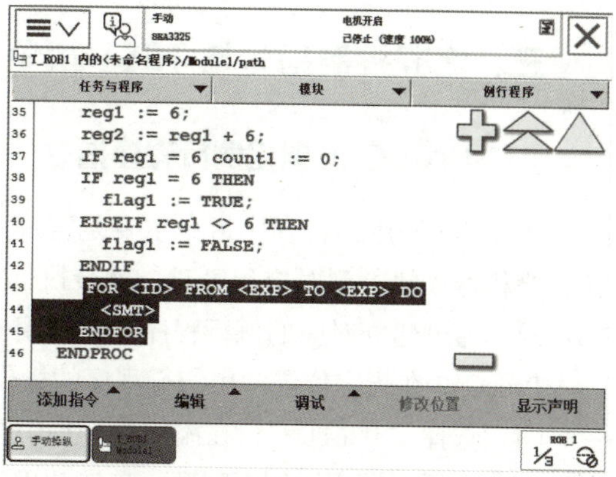

图 6-121 点击生成语句

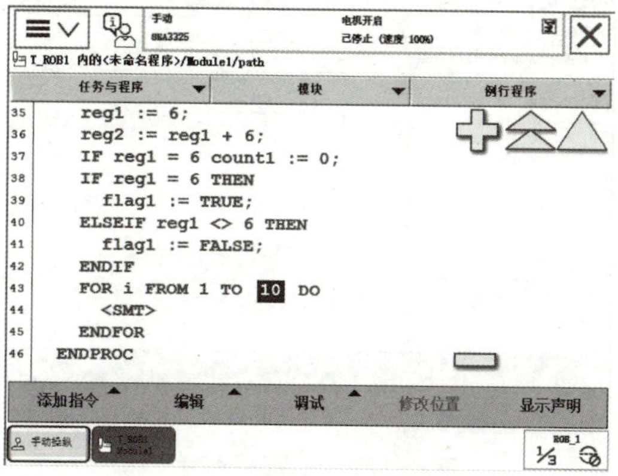

图 6-122 设置指令数值

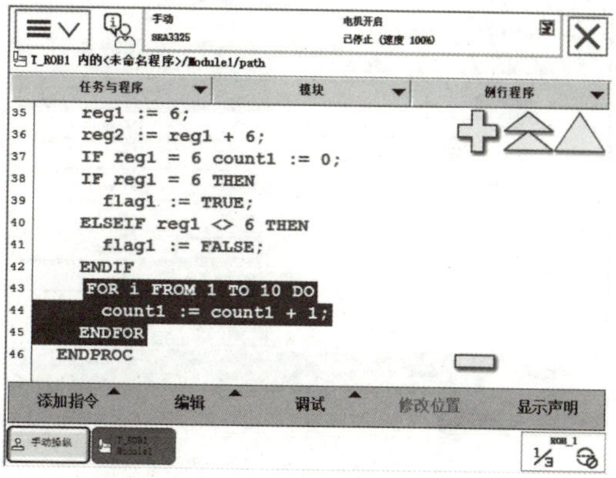

图 6-123 查看指令

（二）WHILE 条件判断指令

WHILE 条件判断指令，用于在给定条件满足的情况下，一直重复执行对应的指令。

例如，当 num1 > num2 的条件满足的情况下，就一直执行 count1 ：=count1-1 的操作（图 6-124），指令完成效果如图 6-125 所示。

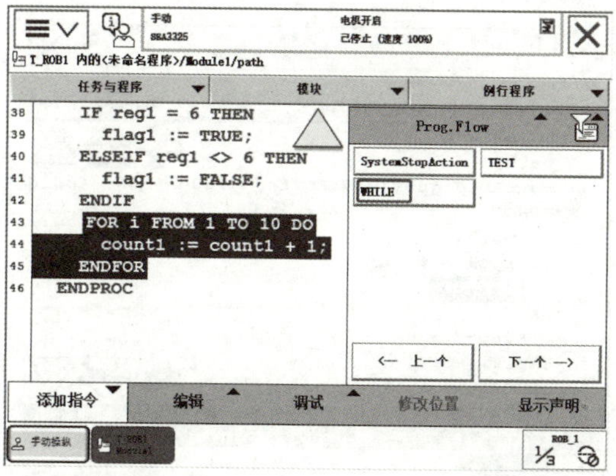

图 6-124 添加“WHILE”指令

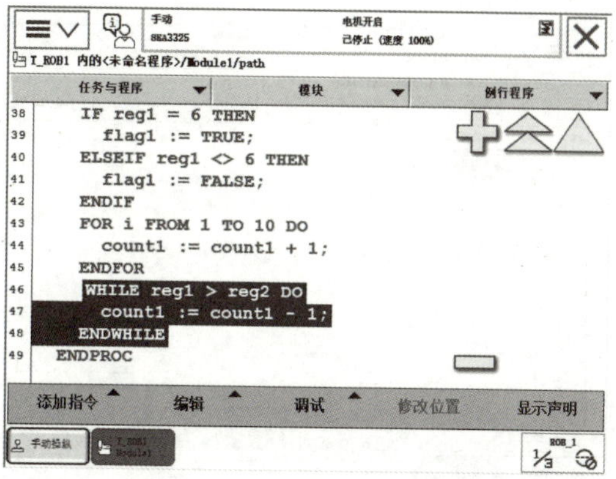

图 6-125 指令完成效果

三、流程控制指令与 TEST 指令

（一）ProcCall 调用例行程序指令

ProcCall 调用例行程序指令主要是实现主程序调用子程序的功能。通过调用对应的例行程序，当机器人执行到对应程序时，就会执行对应例行程序里的程序。一般在程序中指令比较多的情况，通过建立对应的例行程序，再使用 ProcCall 指令实现调用，有利于方便管理。

ProcCall 在指定位置调用例行程序的操作步骤如下：

（1）选择“<SMT>”，在添加指令集中选择“ProcCall”指令（图 6-126）。

（2）选择要调用的例行程序，单击“确定”，调用例行程序完毕（图 6-127）。

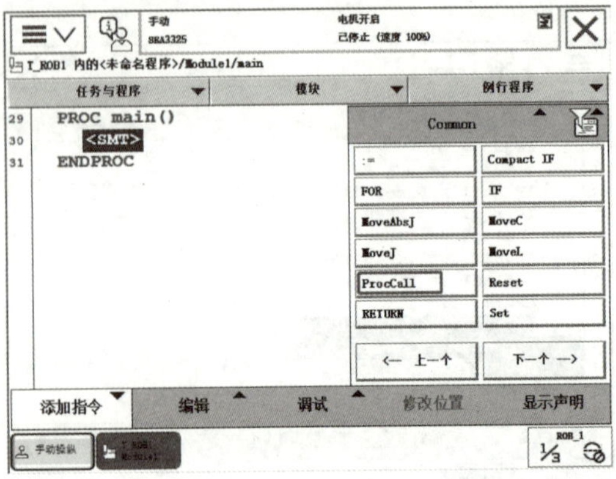

图 6-126　添加“ProcCall”指令

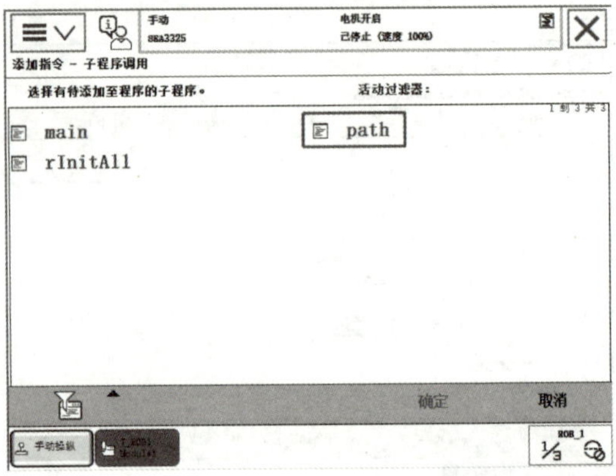

图 6-127　选择例行程序

（二）RETURN 返回例行程序指令

RETURN 返回例行程序指令，当此指令被执行时，则马上结束本例行程序的执行，返回程序指针到调用此例行程序的位置。

例：当 reg1=6 时，执行 RETURN 指令，程序指针返回到调用 path 的位置并继续向下执行 MoveAbsJ 这个指令（图 6-128）。

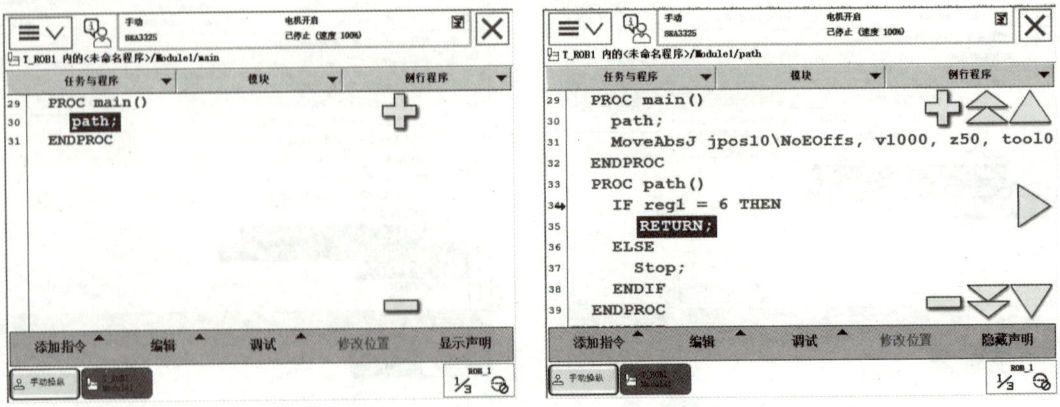

图 6-128　RETURN 返回例行程序指令

(三) TEST 指令

TEST 指令就是根据表达式或数据的值去执行不同的指令，如果没有太多的执行选择，则可使用 IF..ELSE 指令代替。

将测试数据与第一个 CASE 条件中的测试值进行比较，如果对比真实，则执行相关指令。此后，通过 ENDTEST 后的指令，继续程序执行。如果未满足第一个 CASE 条件，则对其他 CASE 条件进行测试等。如果未满足任何条件，则执行与 DEFAULT 相关的指令。

第六节　机器人中断程序的应用

一、中断程序基本概念

中断程序常用于处理需要快速响应的中断事件，使用时需要用户将中断程序与中断数据连接起来，并且在允许中断后，才能响应中断信号并进入中断程序执行。使用中断程序时应该注意以下几点：

（1）中断程序不是子程序调用（ProcCall）的普通程序，机器人运动类指令不能出现在中断程序中。

（2）中断程序执行时，原程序处于等待状态。为了避免系统等候时间过长造成设备操作异常的情况，中断程序应该尽量短小，从而减少中断程序的执行时间。

（3）中断程序不能嵌套，即中断程序中不能再包含中断。

（4）可以使用中断失效指令来限制中断程序的执行。

建立中断程序的操作步骤如下：

（1）在程序编辑器例行程序界面下，选择“新建例行程序 ...”功能（图 6-129）。

（2）修改例行程序名称，并将“类型”改为“中断”，单击“确定”(图 6-130)。

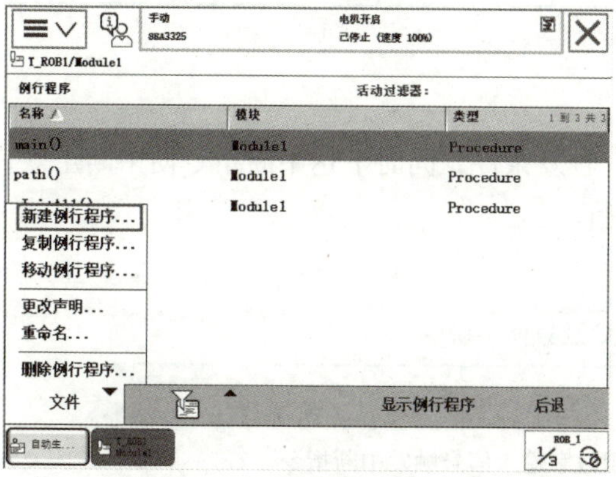

图 6-129　选择新建例行程序 ...

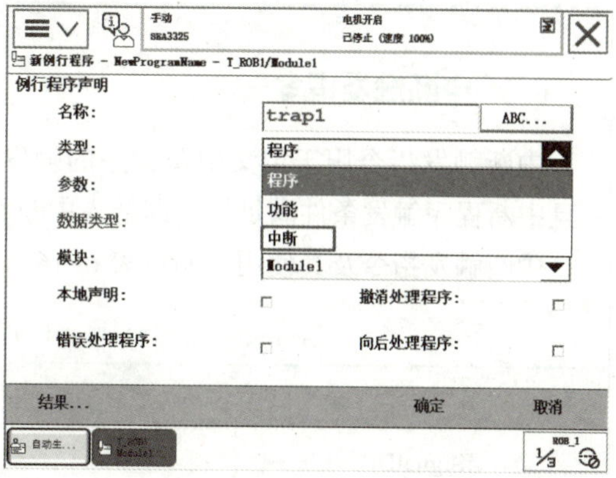

图 6-130　选择“中断”类型

（3）双击程序列表中新建的中断程序，即可进行中断程序的指令编辑（图 6-131）。

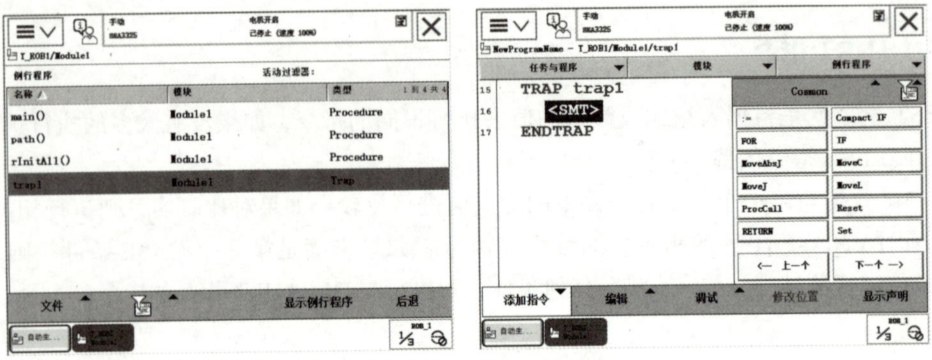

图 6-131　编程中断程序指令

二、中断指令

（一）CONNECT 中断连接指令

CONNECT 中断连接指令用于建立中断程序和中断识别号的联系。实现中断首先需要创建数据类型为变量的中断识别号，识别号代表某一种中断类型或事件，然后通过 CONNECT 指令将识别号与处理此识别号中断的中断例行程序关联。

CONNECT 中断连接指令格式：

```
CONNECT  <VAR>  WITH  <ID>;
```

CONNECT 数字输入信号判断指令各参数含义见表 6-15 所列。

表 6-15　CONNECT 数字输入信号判断指令各参数含义

参数	含义
CONNECT	中断连接指令
<VAR>	中断识别号
<ID>	中断程序名称

（二）中断触发指令

中断触发指令用于定义中断程序的触发信号、触发条件，同时下达中断指令使中断生效，一旦中断程序触发条件满足将立即转入中断程序执行。

中断触发指令及其使用说明见表 6-16 所列。

表 6-16　中断触发指令及其使用说明

指令	说明
ISignalDI	使用数字输入信号触发中断指令
ISignalDO	使用数字输出信号触发中断指令
ISignalGI	使用组输入信号触发中断指令

续表

指令	说明
ISignalGO	使用组输出信号触发中断指令
ISignalAI	使用模拟输入信号触发中断指令
ISignalAO	使用模拟输出信号触发中断指令
ITimer	使用定时触发中断指令
IPers	变更永久数据对象时触发中断指令
IErrors	出现错误时触发中断指令

（三）中断生效指令与中断失效指令

还有一些指令可以用来控制中断是否生效，中断生效指令与中断失效指令及其使用说明见表 6-17 所列。

表 6-17　中断生效指令与中断失效指令及其使用说明

指令	说明
ISleep	单一中断失效
IWatch	单一中断生效
IDisable	所有中断失效
IEnable	所有中断生效

（四）IDelete 中断分离指令

IDelete 中断分离指令用于建立中断程序和中断识别号的联系。

IDelete 中断分离指令格式：

```
IDelete<EXP>;
```

IDelete 中断分离指令各参数含义见表 6-18 所列。

表 6-18　IDelete 中断分离指令各参数含义

指令	说明
IDelete	中断分离指令
<EXP>	中断标识符

三、程序停止指令

为处理突发事件，中断例行程序的功能有时会设置为让机器人程序停止运行。下面对程序停止指令进行介绍。

1. EXIT 指令

用于终止程序执行，随后仅可从主程序第一个指令重启程序。当出现致命错误或永久地停止程序执行时，应当使用 EXIT。

需要注意的是，在执行指令 EXIT 后，程序指针消失。因此，为了可以从程序中的该位置继续执行，需要重新设置程序指针。

2. Break 指令

出于 RAPID 程序代码调试目的，将 Break 用于立即中断程序执行，机械臂立即停止运动。为排除故障，临时终止程序执行过程。

3. Stop 指令

用于停止程序执行。在 Stop 指令就绪之前，将完成当前执行的所有移动。

四、中断实例

完整的中断过程包括：触发中断、处理中断、结束中断。首先，通过获取与中断例行程序联系起来的中断识别号，扫描与识别号关联在一起的中断触发指令来判断是否触发中断。

触发中断原因是多样的，它们有可能是将输入和输出设为 1 或 0，也可能是下令在中断后按给定时间延时，也有可能是到达指定位置。在中断条件为真时，触发中断，程序指针跳转至与对应识别号关联的程序中进行相应的处理。在处理结束后，程序指针返回至被中断的地方，继续往下执行程序。

中断的整个实现过程：首先通过扫描中断标识符，然后扫描与中断标识符关联起来的触发条件，判断是否满足中断触发的条件。当触发条件满足后，程序指针跳转至通过 CONNECT 指令与标识符关联起来的中断例行程序。

以下面的情况为例，创建一个中断程序：

（1）正常情况下，signaldi1 的信号为 0。

（2）如果 signaldi1 的信号从 0 变为 1 时，就对 reg1 数据进行加 1 的操作。

创建步骤如下：

（1）创建一个中断程序，在类型中选择“中断”，然后单击“确定”（图 6-132）。

（2）在新建的中断程序中添加赋值指令，格式为“reg1：=reg1 + 1;”（图 6-133）。

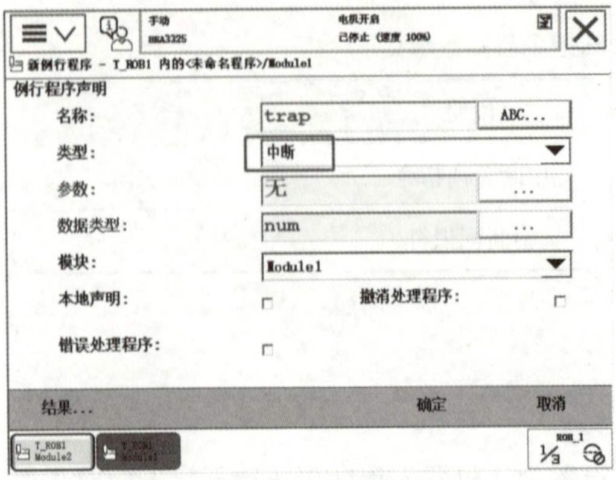

图 6-132　创建中断程序

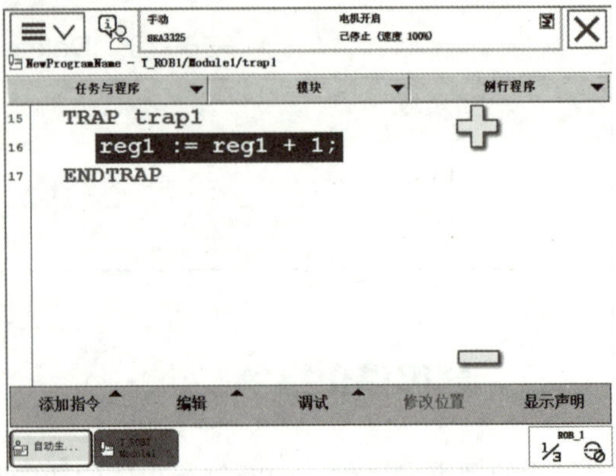

图 6-133　添加赋值指令

（3）在 main 模块中添加取消指定的中断指令 “IDelete”（图 6-134）。

（4）在 IDelete 中选择 “intnol”，如果没有，就新建一个，然后单击 “确定”（图 6-135）。

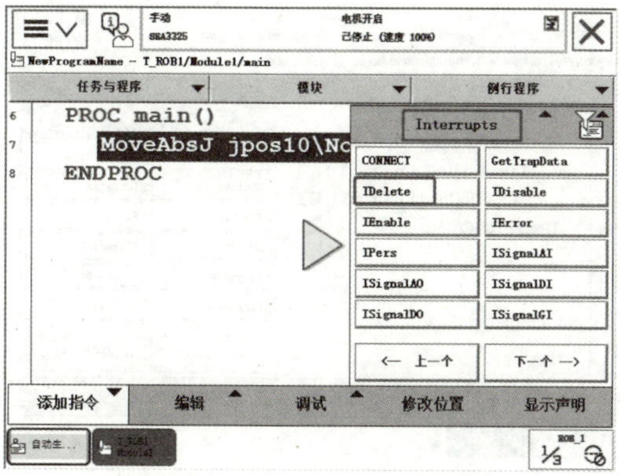

图 6-134 取消指定中断指令

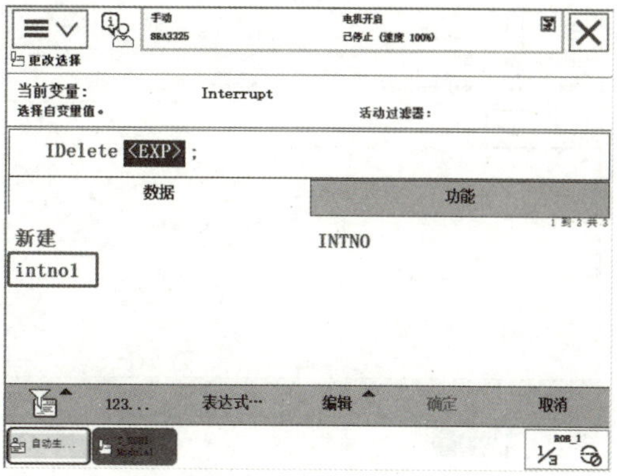

图 6-135 选择中断标识符

（5）添加一个中断标识符到中断指令 “CONNECT”（图 6-136）。

（6）双击 “<VAR>” 进行设定（图 6-137）。

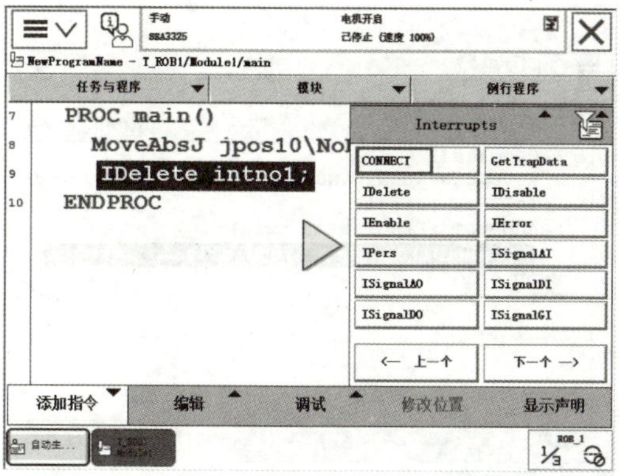

图 6-136 连接中断标识符

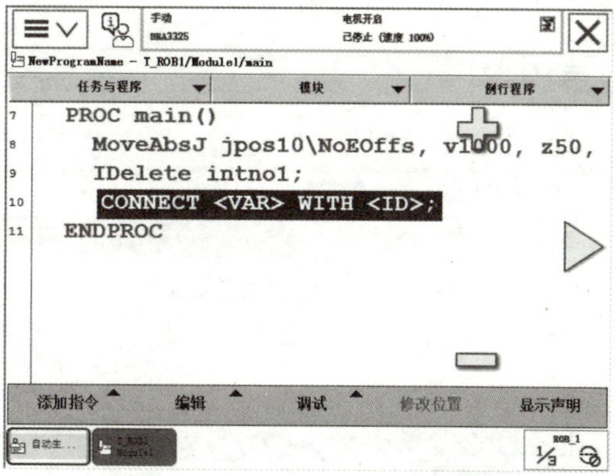

图 6-137 设定 “<VAR>” 参数

（7）选择 “intnol”，然后单击 “确定”（图 6-138）。

（8）双击 “ID” 进行设定（图 6-139）。

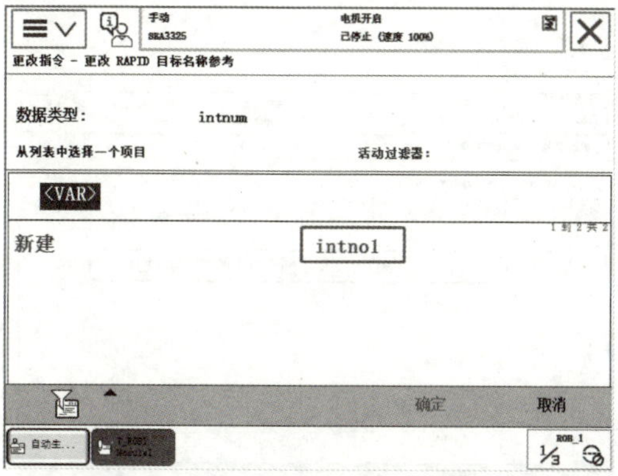

图 6-138 选择中断标识符

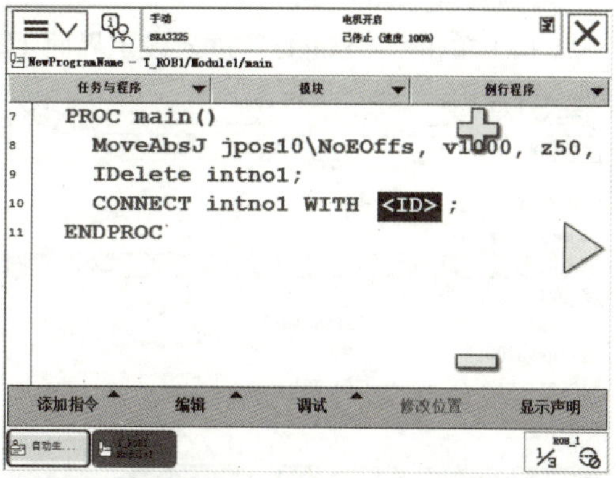

图 6-139 设定 “ID” 参数

（9）选择要关联的中断程序“trap1”，然后单击“确定”（图 6-140）。

（10）添加一个触发中断信号指令“ISignalDI”（图 6-141）。

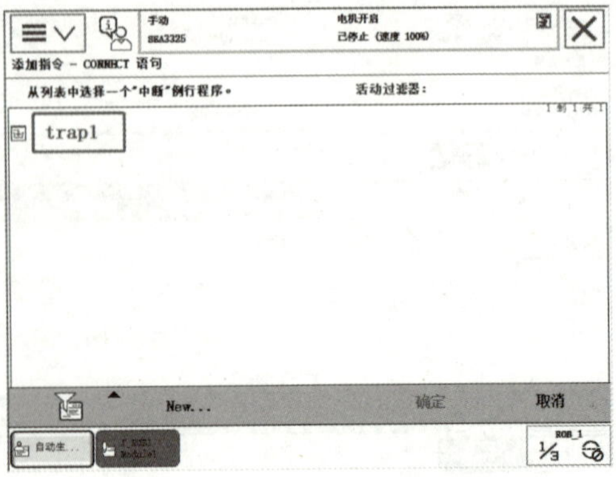

图 6-140　选择中断程序

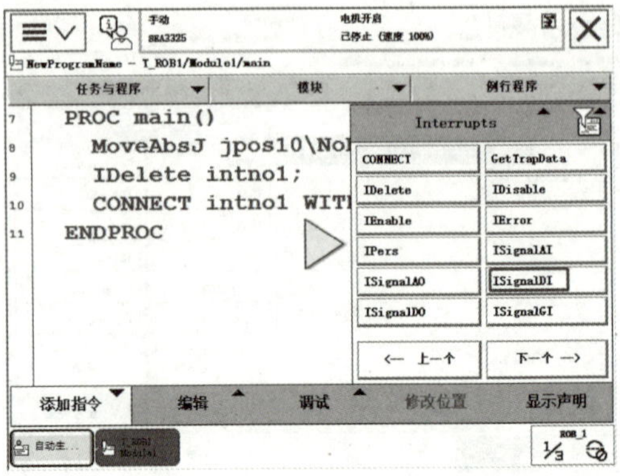

图 6-141　添加触发中断信号指令

（11）选择触发中断信号“signaldi1”（图 6-142）。

（12）ISignalDI 中的 Single 参数启用，则此中断只会响应 signaldi1 一次；若要重复响应，需将其去掉（图 6-143）。

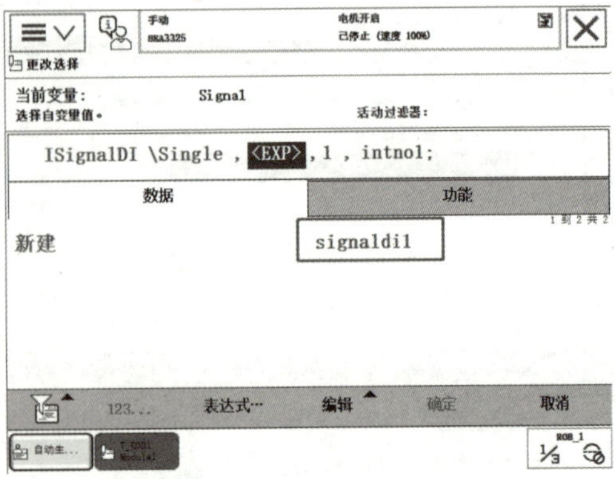

图 6-142　选择触发中断信号

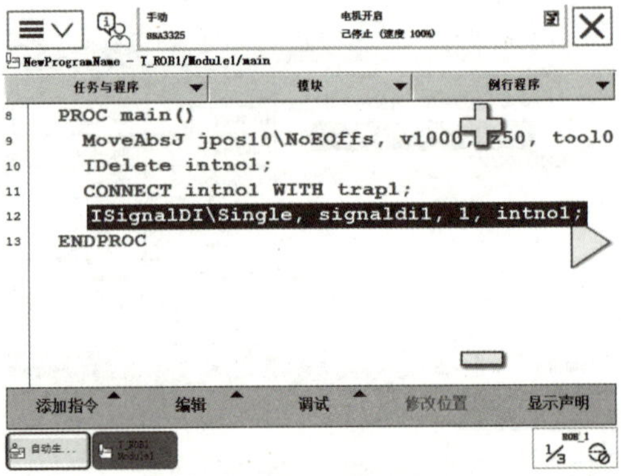

图 6-143　启用参数

（13）将 Single 参数关闭需要选择“ISignalDI”，然后单击进入到选择更改变量的界面，单击“可选变量”（图 6-144）。

（14）单击“\Single”进入设定界面（图 6-145）。

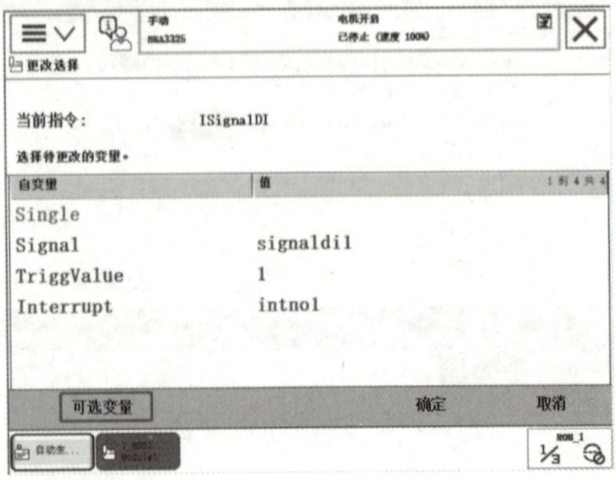

图 6-144　关闭参数

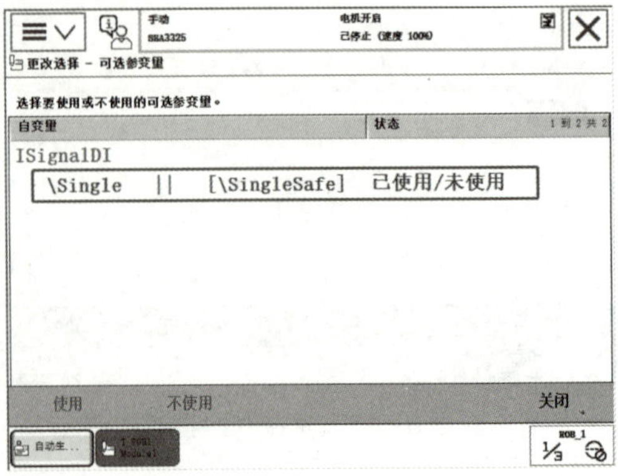

图 6-145　设定“\Single”参数

（15）选择“不使用”，单击“关闭”（图 6-146）。

（16）设定完成后，单击“确定”（图 6-147）。

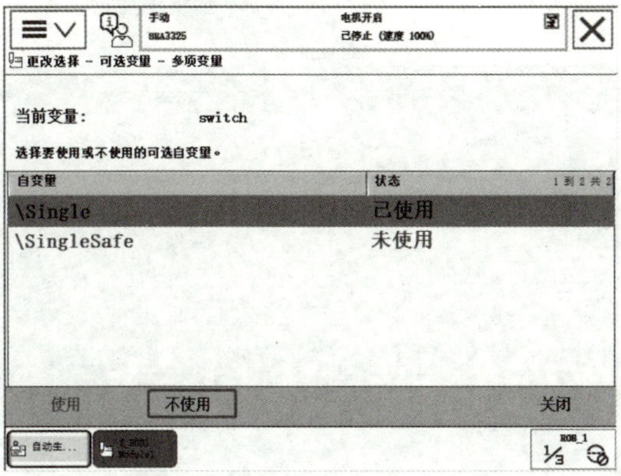

图 6-146 选择“不使用”

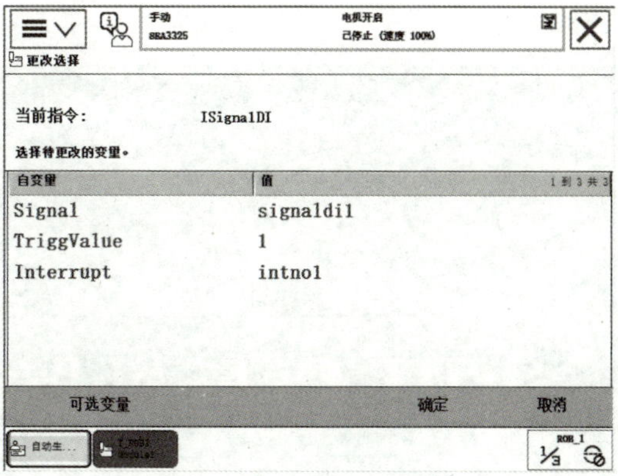

图 6-147 完成参数设定

不需要在程序中对该中断程序进行调用，定义触发条件的语句一般放在初始化程序中，当程序启动运行完该定义触发条件的指令一次后，则进入中断监控。当数字输入信号 signaldi1 变为 1 时，则机器人立即执行 trap1 中的程序。运行完成之后，指针返回至触发该中断的程序位置继续往下执行。

在线测试

扫一扫 测一测

第七章

PLC 与机器人的连接和对话

本章导读

- PLC与机器人的连接和对话
  - 机器人、PLC和工业网络的关系
    - 自动化控制系统、工业控制器、工业机器人、工业网络、讲述机器人与PLC的通信连接的方法、工业互联网通信技术的发展趋势等
  - 机器人与PLC的连接和对话
    - 工业现场总线、PROFINET I/O系统，详细描述了西门子PLC与ABB机器人的PROFINET通信方法

课程思政　　国内 PLC 的发展现状及未来趋势

规范操作一台工业机器人，需要大量专业知识的学习与操作流程的经验积累。PLC 作为与机器人息息相关的通讯设置，深深影响着机器人的发展。我国自主研发的 PLC 正逐渐走向国际市场。

第一节 机器人、PLC和工业网络的关系

当我们走进一个现代化汽车制造厂时，看到的是高自动化、高集成度的生产现场，其中机器人是这些工厂里的亮点。机器人与生产现场的其他设备相互配合，完成焊接、装配、运输等工作。那么，机器人和这些设备在听谁的指挥呢？他们之间又是如何对话的呢？

一、自动化控制系统

自动化控制系统通常由控制器和被控对象组成。在自动化生产现场，所有设备都受控制器的监测和指挥，如各种电机，何时运转、怎么运转、转的快慢等等，电机就是被控对象；如各种传感器，随时要把测量信号反馈给控制器，传感器是负责给控制器反馈现场设备的运行状态信息的。它们往往都建立在一个网络体系中，通过不同的通讯方式进行对话。机器人也是这个网络体系中的成员，它接收控制系统的指令，同时也受控制系统监督。

二、工业控制器

在企业自动化控制系统中，工业控制器是整个系统的大脑，它负责控制和监测系统内的所有设备。现今，比较受欢迎的控制器有可编程逻辑控制器（PLC）、可编程自动化控制器（PAC）和工业计算机（IPC）。随着近几十年技术的不断发展，PLC由于其具有硬件可靠性高、易于编程、通用性强、使用方便等明显优势，在现代企业自动化控制系统中被作为现场级控制器而广泛应用。现在市面上的PLC分为大、中、小型，十多种品牌，常用的大型PLC品牌有西门子、施耐德、AB（罗克韦尔）、GE等。

大多数PLC在硬件上采用模块化结构，由多个模块搭建而成，含有CPU、输入输出、通信、人机界面等模块。其通过与网络里的其他设备间的数字量或模拟量信息的传递实现对设备的控制和管理。

三、工业机器人

工业机器人在工厂里可以代替人类完成一些岗位的任务，例如，搬运、码垛、装配、焊接等等。现在全世界机器人制造商主要分欧美系和日系两大阵营。欧美系中主要有德国的KUKA（库卡）、瑞典的ABB，日系的主要有FANUC（发那科）、安川，它们被称作机器人四大家族。

作为生产环节中的“一员”，机器人本身也拥有一套自己的控制系统，其移动、搬运、装配、码垛、焊接、喷涂等动作都已事先编程调试成功。在工作过程中，机器人需要实时与企业的控制系统传递信息，实时与相关生产设备配合，才能完成既定生产任务。

可见，机器人与企业自动化控制系统之间的信息传递尤为重要，选择高效可靠的通信方式，有助于更准确更高效率的完成生产任务。

四、工业网络

工业网络是指应用于工业领域的一种综合集成网络，完整的工业网络一般是跨地区的、信息与控制集成的网络。工业网络的作用在于实现全范围内的信息资源共享以及与外部世界的信息沟通，因此工业网络同时存在局部区域网（LAN）、广域网（WAN）、现场总线等，并涉及不同网络互联的问题。

图 7-1 为企业信息与管理网络层次图，企业信息与管理网络一般分为三层，企业管理层、制造执行层和现场控制层，其中企业管理层、制造执行层负责处理企业管理及生产制造管理的信息，主要通过以太网连接，即通过计算机网络接口即可以相连。现场控制层负责处理工业现场的实时监测与控制信息，主要与现场设备有关，PLC 和机器人都在这一层里，现场设备都需要通过专门的现场总线或工业以太网接口相连接。

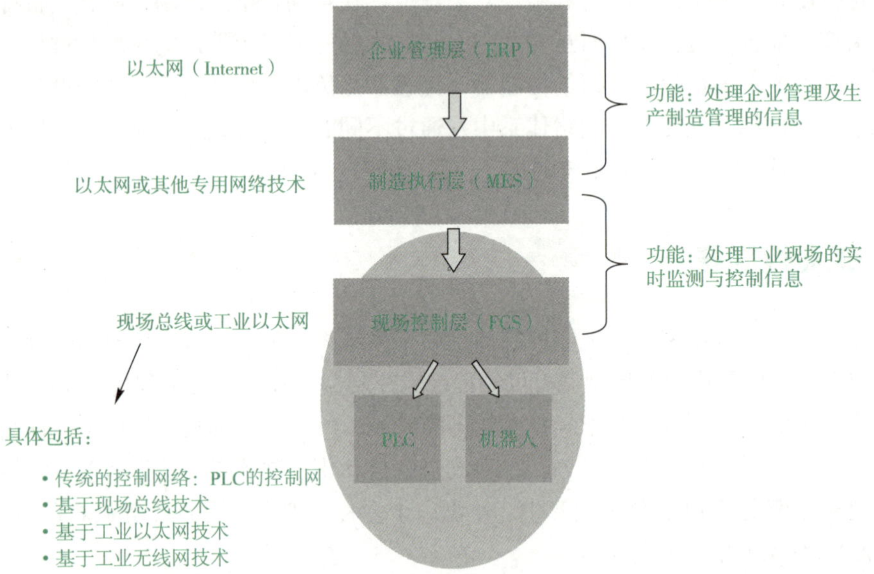

图 7-1　企业信息与管理网络层次图

五、机器人与 PLC 的通信连接

机器人属于现场设备，与 PLC 之间是通过现场控制层的网络实现连接的。搭建一个工业控制系统实际上就是搭建一个工业控制网络，所有设备在网络里可以实现通讯。早期的工业控制网络只能兼容自己品牌的设备入网，但各个品牌有自己的通信接口和通信协议。随着技术的不断进步，行业内已经形成了一些通用的通信标准，很多品牌的设备可以互相通讯，而且设备间的通信越来越方便和高效。

举例来说，不同品牌的机器人几乎都可以与西门子的 PLC 进行通信。例如，西门子 S7-1200 系列 PLC 的通信功能，其具有丰富的通信接口和通信模块，可以提供 PROFIBUS、PROFINET、USS、AS-i、PtP 通信、I-Device 等各种通信选项。四大家族的工业机器人全都支持 PROFIBUS 和 PROFINET 通信方式，这两种通信方式也是现在最常用的通信方式。

通过学习机器人、PLC、工业网络相关的一些基本常识，我们能清楚地知道工业控制器（如 PLC）在指挥工业机器人和工业现场的设备；机器人与控制器（PLC）之间是通过现场控制层的通信网络实现对话，现在常用的通信方式是 PROFIBUS 和 PROFINET 通信网络（图 7-2）。

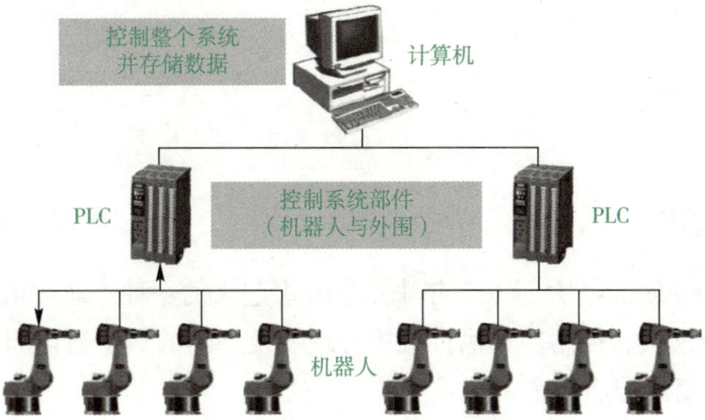

图 7-2　机器人现场控制系统网络图

六、工业互联网通信技术的发展趋势

有专家指出：没有工业的互联网没有未来，没有互联网的工业也将没有未来。

这里，我们引用一段《工业互联网白皮书》中的描述：以新一代信息技术为驱动的数字浪潮正深刻重塑经济社会的各个领域，移动互联、物联网、云计算、大数据、人工智能等技术与各个产业深度融合，推动着生产方式、产品形态、商业模式、产业组织和国际格局的深刻变革，并加快了第四次工业革命的孕育与发展。而越来越清晰的是，工业互联网是实现这一数字化转型的关键路径，构筑了第四次工业革命的发展基石。

由于历史原因，在当前的工业界，网络通信主要存在着以下一些问题：

（1）现有工业网络存在着各种老旧通信接口及布线，单个系统线缆较多，运行维护、改造困难；改造成本高；

（2）系统之间互相封闭，新应用集成困难：设备接口、数据格式、数据含义都是私有的，各子网形成信息孤岛；

（3）总线带宽速率无法满足新技术需求：链接方式限制带宽速率如：RS485 ＜ 100 Kbps，工业以太网＜＝ 100 Mbps，无法满足海量数据采集、数字孪生、视频实时智能质量检测、VR/AR 现场运营维护等需求。

为了满足智能制造的智能决策，需要所有的数据可观可测可控才能决策，因此要求所有厂家的设备、软件和系统做到网络互连、协议互通、语义可互操作，现有工业网络遇到极大挑战，但随着科技的不断进步，未来网络跟随未来产业的发展趋势会逐步走向统一。这种统一，在网络层面的体现是：形成新的通用网络技术，既能够打通 OT/IT/CT 网络，同时又兼顾工业现场实时性需求，有线网络走向以时间敏感型网络（TSN）为代表的新一代以太网，无线网络走向以 5G/WiFi7 为代表的新一代无线网络。

第二节 机器人与 PLC 的连接和对话

一、工业现场总线

(一) 工业现场总线

工业现场总线(Field bus)是近几十年来迅速发展起来的一种工业数据总线，它主要解决工业现场的智能化仪器仪表、控制器、执行机构等现场设备间的数字通信问题，现场控制设备和高级控制系统之间的信息传递问题。

(二) PROFIBUS 和 PROFINET

PROFIBUS 和 PROFINET 都是工业自动化的总线标准，二者由于传输介质完全不同，所以也是两种完全不同的总线标准。

PROFIBUS：是较早出现的现场总线标准，在 1987 年由德国西门子公司等十四家公司及五个研究机构所推动。它基于 RS485 通信技术，传输速率＜ 100 Kbps，采用 RS-485 通信电缆，电缆接头通常是 DB9 针或 M12 连接器。用一条专用的 RS-485 电缆把工业现场设备(PLC、人机交互设备、驱动设备等)串联起来再控制(图 7-3)，这里用的通信协议就是 PROFIBUS 协议。

但是，由于全世界各种厂家的生产设备有各自的通信协议，互不兼容，给使用者造成了很大不便。随着以太网技术的逐渐发展，西门子公司和 PROFIBUS 用户协会共同开发了 PROFINET 协议，它是新一代基于工业以太网技术的自动化总线标准。

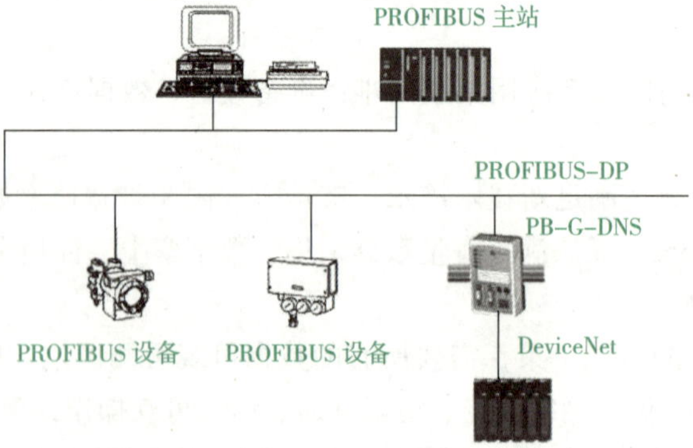

图 7-3 PROFIBUS 网络示意图

PROFINET：用于通过以太网与其他通信伙伴交换数据，使用 TCP/IP 和 IT 标准，基于设备名字进行寻址，即需要给设备分配名字和 IP 地址，其传输速率＜ 100 Mbps，是 PROFIBUS 的十倍。它集成了西门子的多个通信协议，使用工业级以太网电缆，连接头是 RJ45 或光纤连接器，它就是我们熟悉的网络接头，通过交换机能连接电脑，也能连接各种设备。PROFINET 具有多制造商产品之间的通讯能力，并针对分布式智能自动化系统进行了优化。其应用结果能够大大节省配置空间和调试费用。

PROFINET = PROFIBUS +以太网，它是把 PROFIBUS 的主从结构移植到以太网上，所以 PROFINET 会有与 PROFIBUS 的 Master（主）和 Slave（从）对应的 Controller（控制器）和 Device（设备）。另外由于 PROFINET 是基于以太网建立的，可以有以太网的星型、树型、总线型等拓扑结构，可以直接连接现场设备（使用 PROFINET I/O）。PROFINET 就是 PROFIBUS 的主从结构和以太网的拓扑结构相结合的产物（图 7-4）。

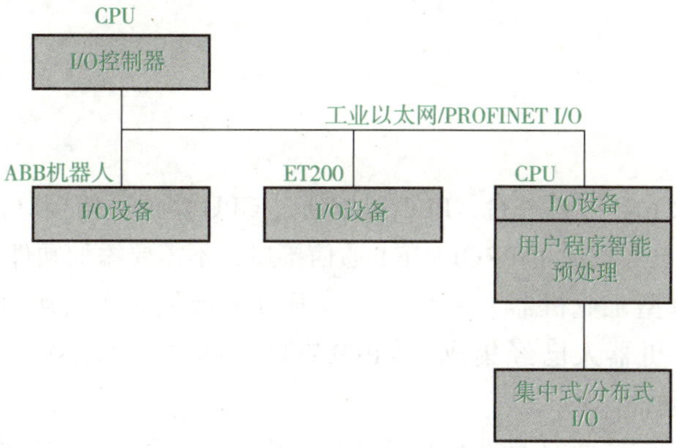

图 7-4　PROFINET 网络示意图

PROFINET 最突出的特点是它的实时性，从过程自动化到工厂自动化再到运动控制，其实时性可以满足各种各样的应用，PROFIBUS 也可以实现上述的功能，不过在实时性较高的场合特别是在运动控制中，其性能与 PROFINET 无法相比，无法像 PROFINET 一样最小实时周期为 250 μs，抖动小于 1 μs 的精度。

可见，PROFINET 通信有明显的优势，它也在逐渐成为网络应用的主流。

二、PROFINET I/O 系统

PROFINET I/O 系统是一种分布式的控制系统，它采用生产者 / 消费者模型进行数据交换，包括三种角色：I/O 控制器（Controller）、I/O 设备（Device）和 I/O 监视器（Supervisor），其中：

（1）I/O 控制器：PROFINET I/O 系统的主站，一般用 PLC 的 CPU 模块做主站。I/O 控制器执行各种控制任务，包括：执行用户程序、与 I/O 设备进行数据交换、处理各种通信请求等。

（2）I/O 设备：PROFINET I/O 系统的从站，由分布于现场的、用于获取数据的 I/O 模块组成，如变频器、调节阀、各种传感器等。

（3）I/O 监视器：I/O 监视器用来组态、编程，并将相关的数据下载到 I/O 控制器中，还可以对系统进行诊断和监控。最常见的 I/O 监视器是用户的编程计算机。

I/O 控制器既可以作为数据的生产者，向组态好的 I/O 设备输出数据；也可以作为数据的消费者，接收 I/O 设备提供的数据。I/O 设备也与此类似，它消费 I/O 控制器的输出数据，也作为生产者，向 I/O 控制器提供数据。

一个 PROFINET I/O 系统至少由一个 I/O 控制器和一个 I/O 设备组成，通常 I/O 监视器作为临时角色进行调试或诊断。这里需要说明的是，作为监视器的计算机虽然也在这个网络中，但

却不能读取现场设备的数据信息，例如，西门子 1214C PLC 和 ABB 工业机器人就可以搭建一个 PROFINET I/O 系统，其中 CPU1214C 是 I/O 控制器，ABB 工业机器人是 I/O 设备。

三、西门子 PLC 与 ABB 机器人的 PROFINET 通信方法

下面以西门子 S71200PLC 和 ABB 机器人的 PROFINET 通信方法为例，详细介绍它们通信的具体操作方法。

（一）准备工作

1. 硬件准备

（1）西门子 S7-1214C PLC 一台，PLC 可以通过 CPU 集成通信接口，或扩展通信模块增加通信的功能。该 CPU 已经集成了 PROFINET 通信接口，不需要添加硬件。

（2）ABB IRB120 型工业机器人一套，可以通过主板集成通信接口，或扩展通信板方式增加通信的功能。该机器人已经集成了 PROFINET 通信接口（888-2 PROFINET Controller/Device），不需要添加硬件。

（3）计算机一台，安装西门子的 TIA 博途 V16 软件，还需安装 GSDML 文件。

（4）交换机一台。

（5）网线若干。

2. 硬件连线组网

PLC、机器人、计算机通过交换机联网，具体操作是 S7-1200 的 PROFINET 通信口、机器人控制柜的 LAN3 或 WAN 通信口、计算机以太网口分别接网线到同一台交换机。

3. 机器人端安装驱动软件

机器人端：在机器人示教器上需安装设备驱动程序。

需安装 888-2 PROFINET Controller/Device Chinese 或 888-3ProfinetDevice 驱动软件（图 7-5）。

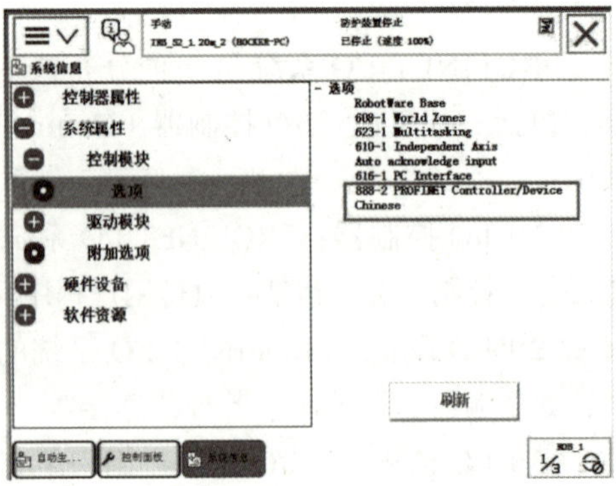

图 7-5　PROFINET Controller/Device Chinese 驱动软件安装

（二）通信设置步骤

下面开始进行通信设置操作，分别在机器人端和 PLC 端操作。

1. 机器人端设置

（1）在 ABB 机器人示教器上设置机器人 IP 地址和子网掩码，步骤如下：

①将机器人切换至手动模式，单击 ABB 主菜单，选择“控制面板”（图 7-6）。

②单击“配置”，配置系统参数（图 7-7）。

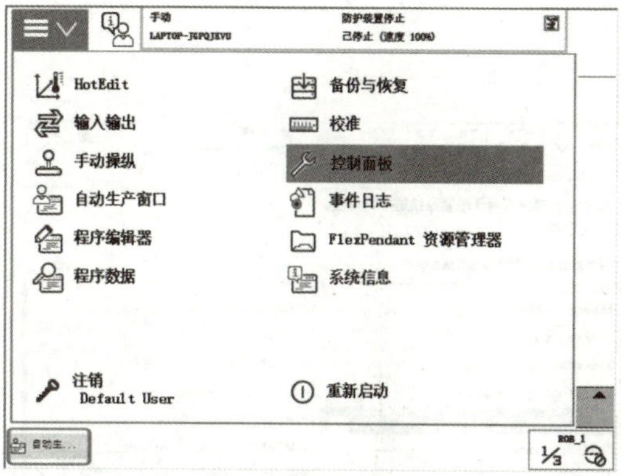

图 7-6 选择“控制面板”

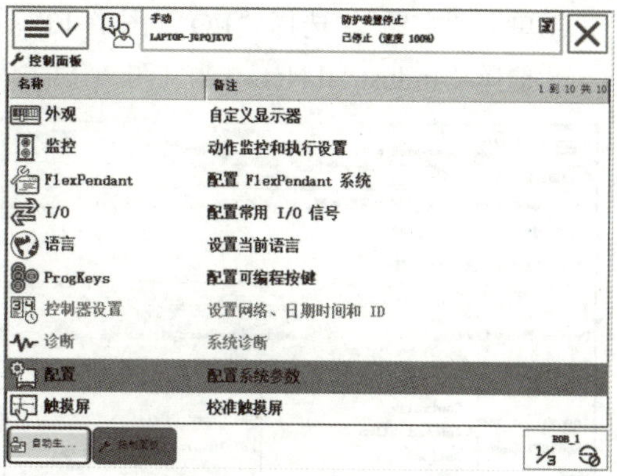

图 7-7 配置系统参数

③单击下方的“主题”，选择“Communication”(图 7-8)。

④单击“IP Setting”，设置机器人 PROFINET IP 地址（图 7-9）。

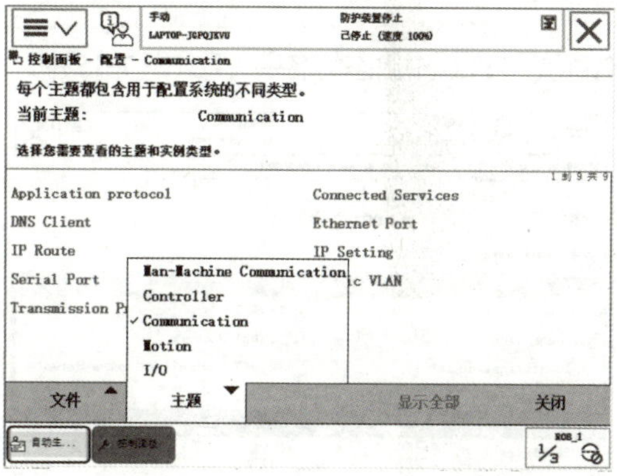

图 7-8 选择“Communication”主题

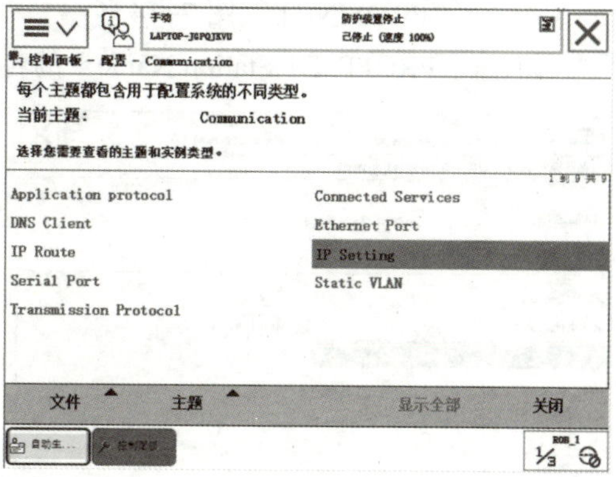

图 7-9 设置地址

⑤单击“PROFINET Network”选项，进入 IP 设置界面（图 7-10）。

⑥设置机器人 IP 地址、子网掩码，要与 PLC、计算机子网掩码相同。Interface 选择“LAN”（图 7-11）。

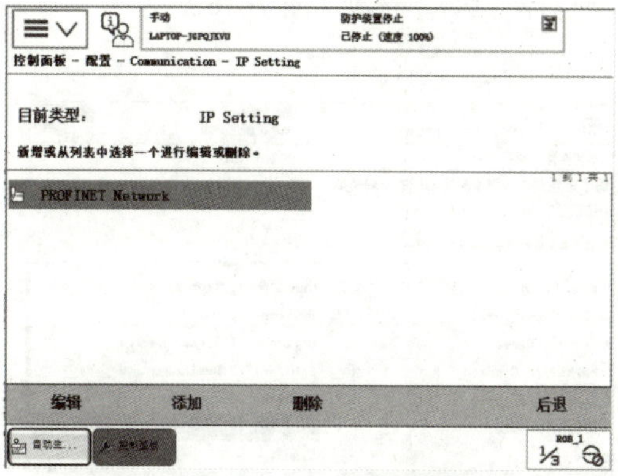

图 7-10 IP 设置界面

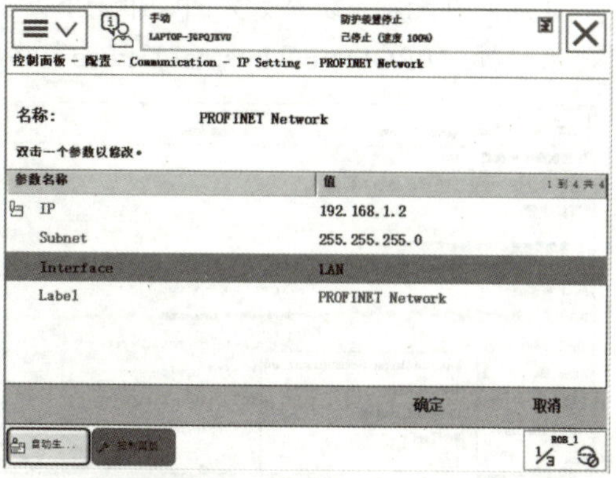

图 7-11 设置“Interface”

⑦单击“确定”，完成 IP 设置。

（2）设置机器人的名称，步骤如下：

①单击“主题”，选择“I/O”(图 7-12)。

②选择“Industrial Network”(图 7-13)。

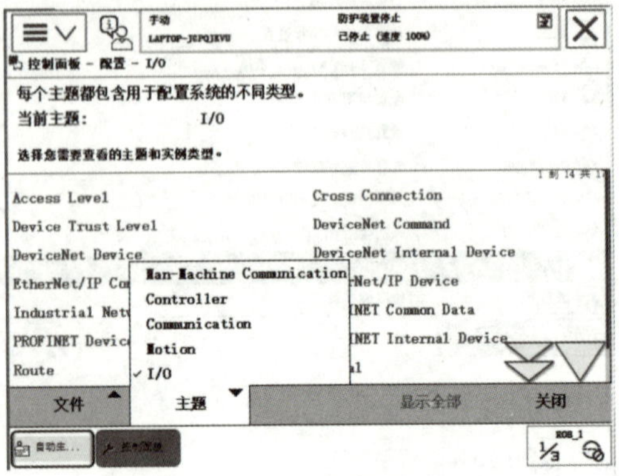

图 7-12　选择“I/O”主题

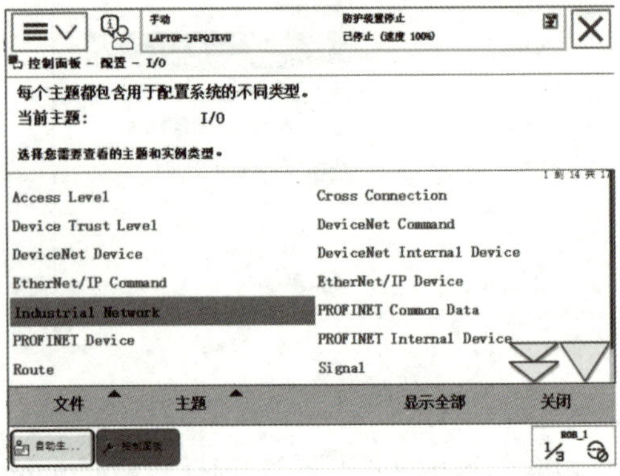

图 7-13　选择“Industrial Network”

③选择“PROFINET”(图 7-14)。

④设置“PROFINET Station Name”的名称，该名称要与 PLC 中组态的名字一致（图 7-15）。

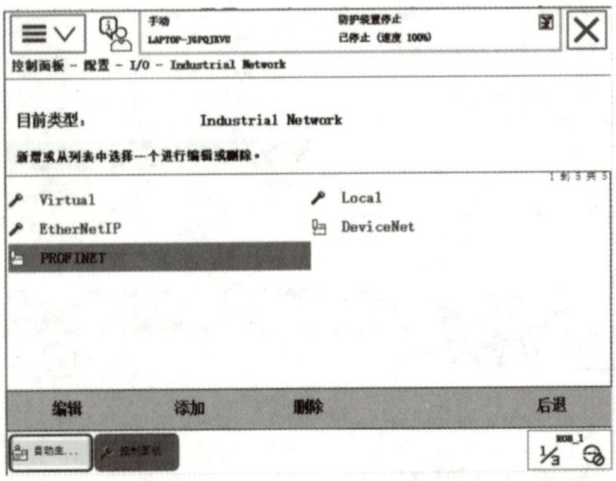

图 7-14　选择“PROFINET”

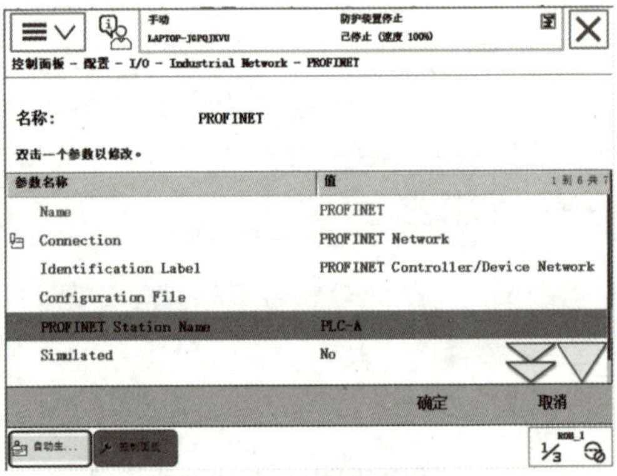

图 7-15　设置名称

（3）设置机器人的 I/O 字节数，步骤如下：

①返回到配置系统参数界面，单击下方主题选项选择“I/O”选项（图 7-16）。

②选择“PROFINET Internal Device”(图 7-17)。

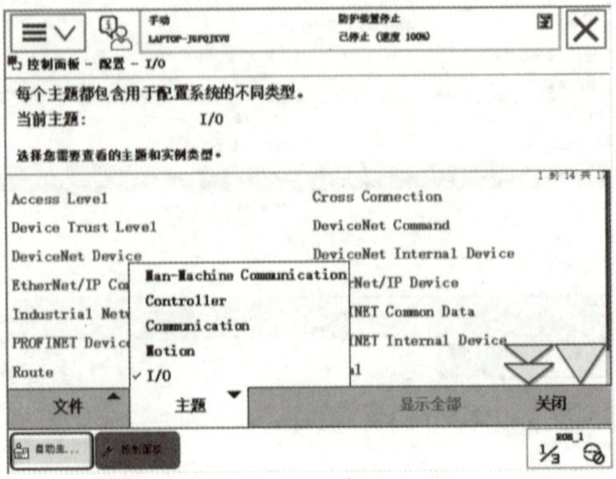

图 7-16　选择“I/O”选项

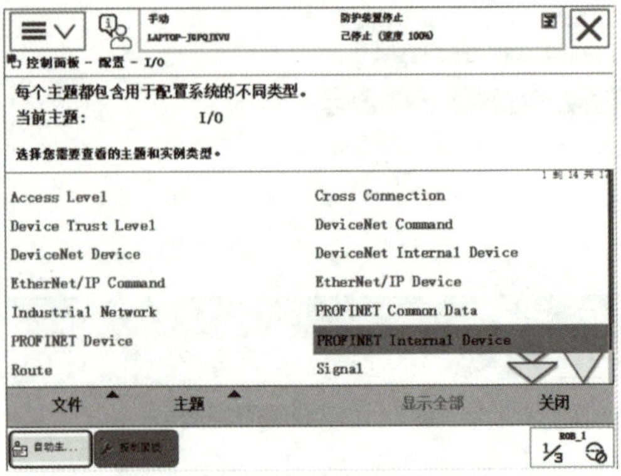

图 7-17　选择“PROFINET Internal Device”

③选择“PN_Internal_Device”(图 7-18)。

④将 Input Size 和 Output Size 分别设成“16”，与 PLC 网络通信组态配置一致，用多少配多少。

⑤单击“确认”按钮，设置完成(图 7-19)。

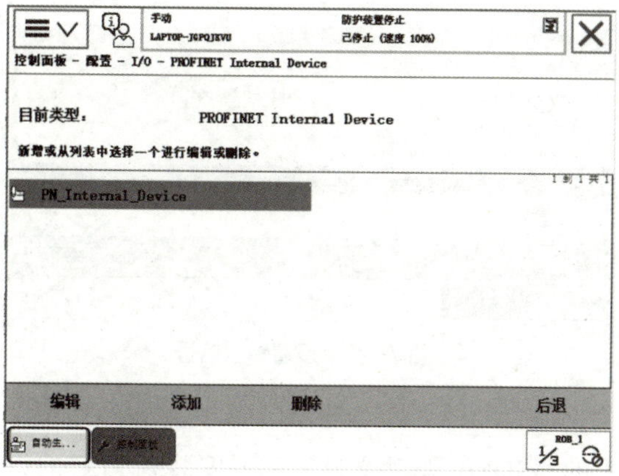

图 7-18 选择“PN_Internal_Device”

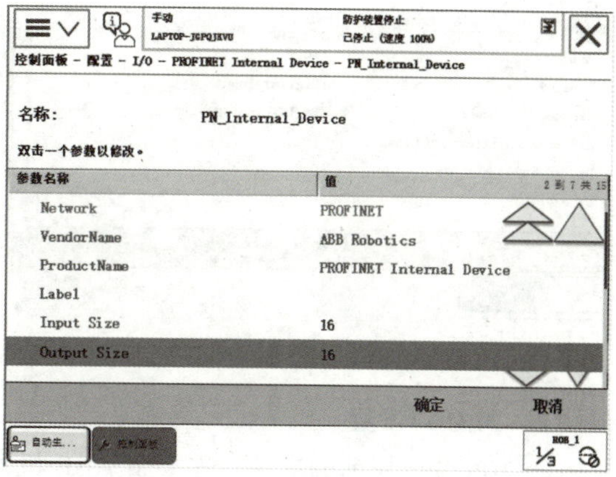

图 7-19 设置完成

(4)创建机器人的 I/O 信号，步骤如下：

①回到配置系统参数界面，单击“Signal”(图 7-20)。

②选择“添加”(图 7-21)。

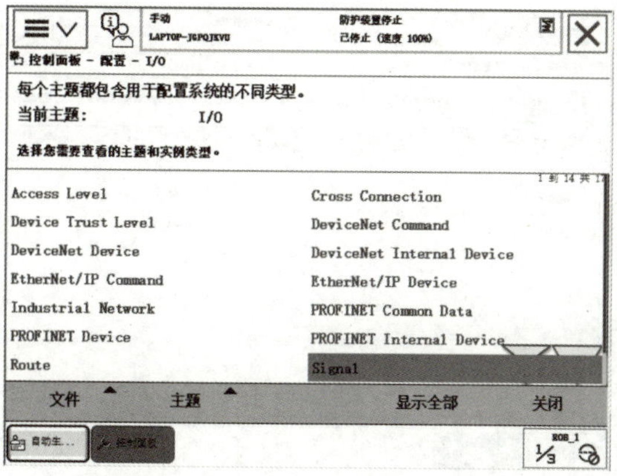

图 7-20 配置系统参数界面

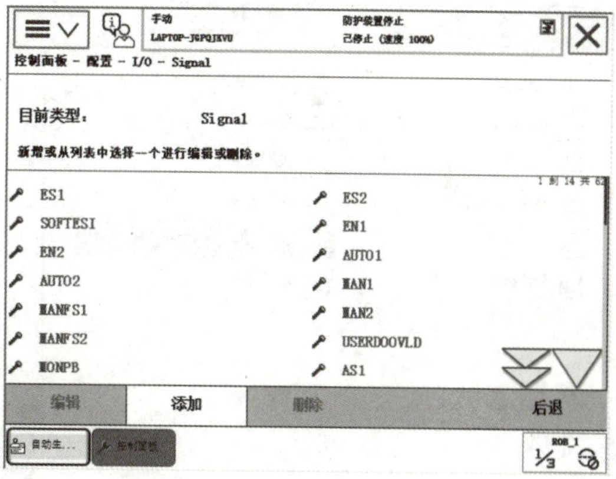

图 7-21 选择“添加”

③设置 I/O 地址。设置输入信号(图 7-22)时，Name 填“PDI1”，Type of Signal(信号类型)选择“Digital Input”(数字输入信号)，Assigned to Device(分配设备)选择“PN_Internal_Device”(PN 网络设备)，Device Mapping 设置为“0”。按前面方法可以继续设置输入信号 PDI2 ~ PDI63，用多少就设多少。

设置输出信号(图 7-23)时，Name 填“PDO1”，Type of Signal(信号类型)选择“Digital Output”(数字输出信号)，Assigned to Device(分配给设备)选择“PN_Internal_Device”(PN 网络设备)，Device Mapping 设置为“0”。按前面方法可以继续设置输出信号 PDO2 ~ PDO63，用多少就设多少。

机器人端设置完毕。

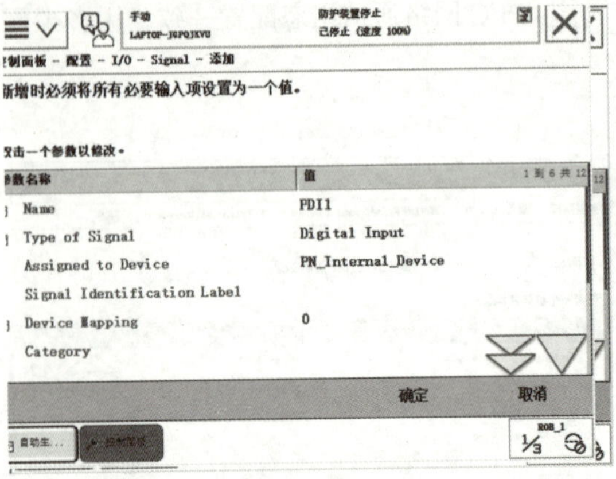

图 7-22　设置输入信号

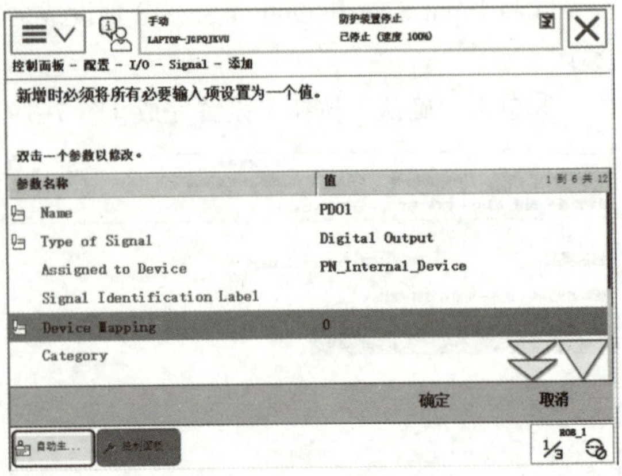

图 7-23　设置输出信号

2. PLC 端设置

（1）PLC 设置前的准备：先要将 ABB 机器人的 GSDML 驱动文件复制并安装到 PLC 的组态软件里。

①选择“FlexPendant 资源管理器”（图 7–24）。

② ABB 的“GSDML”文件存放路径如图 7–25 所示，找到 GSDML 下的该文件，用 U 盘复制到计算机中。

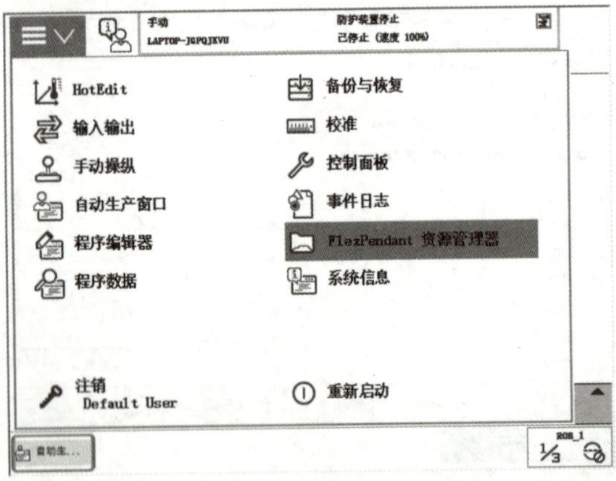

图 7–24　选择“FlexPendant 资源管理器”

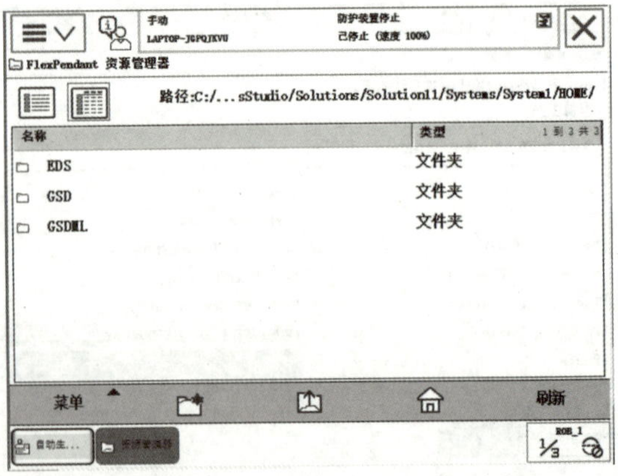

图 7–25　ABB 的“GSDML”文件存放路径

（2）创建新项目：打开博途软件，选择“启动”，单击“创建新项目”，在项目名称里输入创建的项目名（图 7–26）。

（3）安装 GSDML 文件：当博途软件需要配置第三方设备进行 PROFINET 通信时，需要安装第三方设备的 GSDML 文件。在项目视图中，单击“选项”，选择“管理通用站文件（GSD）命令”，在管理通用站描述文件对话框中选择该文件名，单击“安装”，将 ABB 工业机器人的 GSDML 文件安装到博途软件中。

（4）添加 PLC，步骤如下：

①选择“组态设备”（图 7–27）。

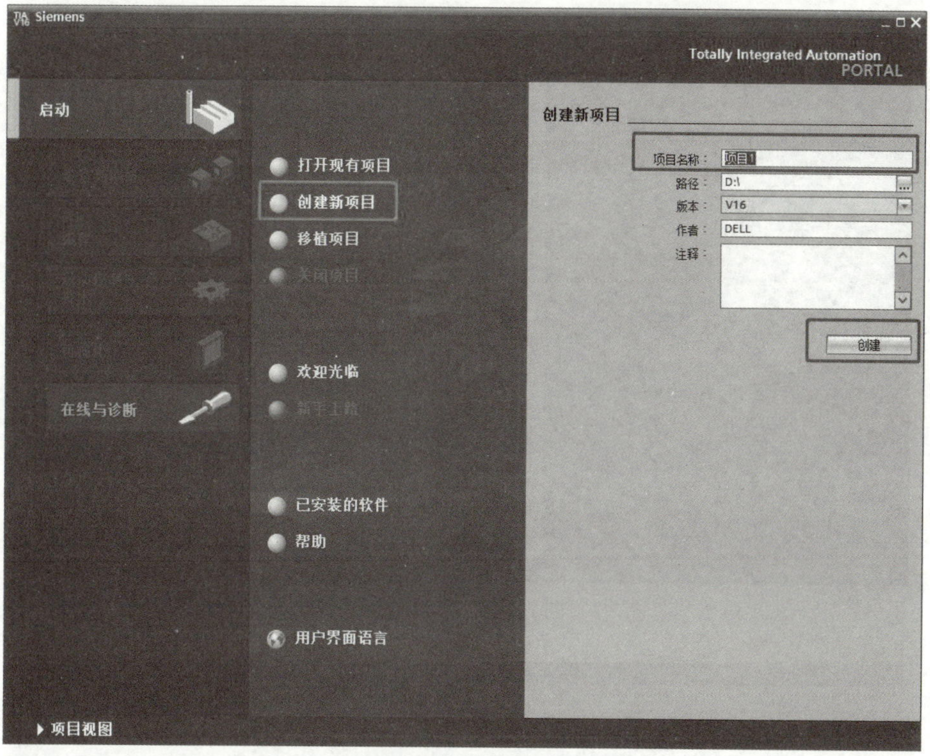

图 7-26 创建新项目

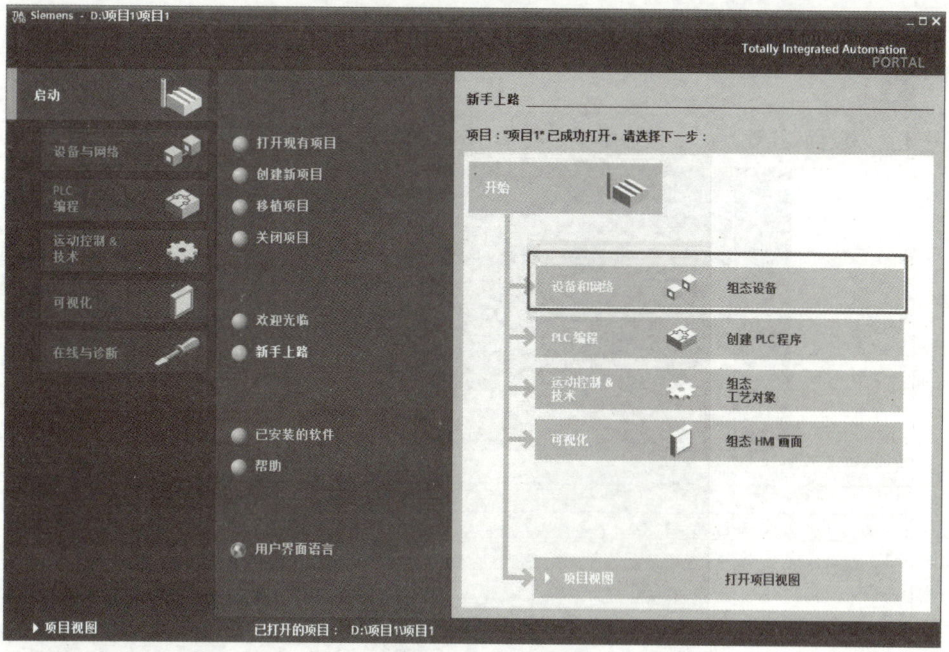

图 7-27 选择“组态设备”

②添加新设备。添加 CPU 和其他模块（图 7-28）。

（5）设置 PLC 的 IP 地址、设备名称。点击 PLC 组态中的 PLC 绿色网络接口，在“属性”中设置以太网地址，子网掩码，填写 PROFINET 设备名称（图 7-29）。

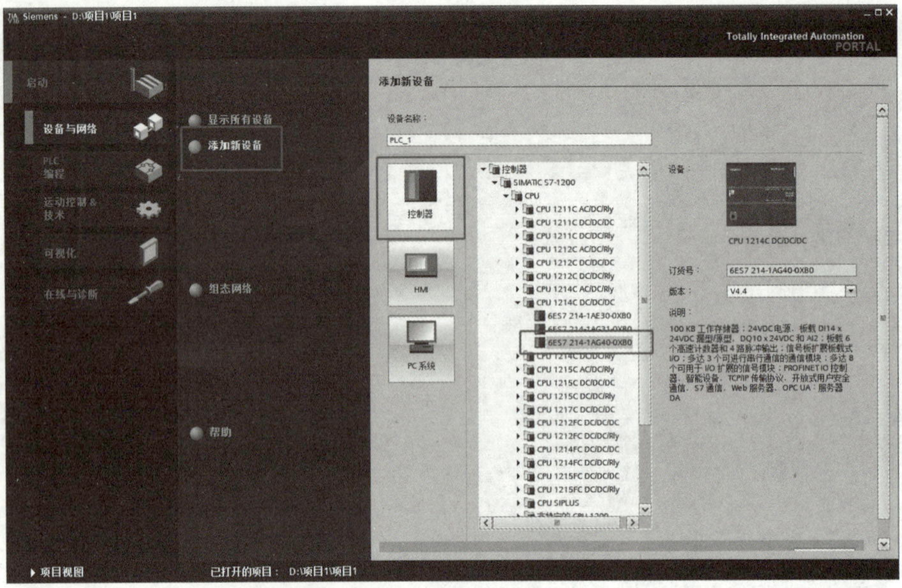

图 7-28　添加新设备

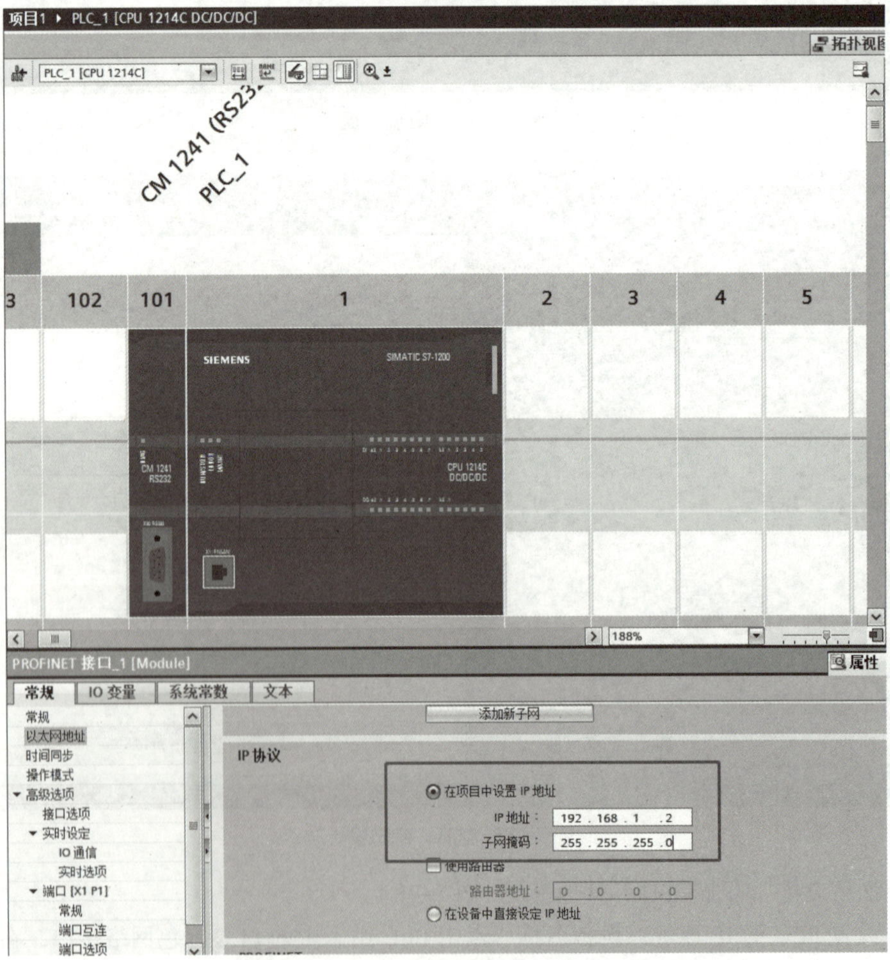

图 7-29　设置 PLC 的 IP 地址、设备名称

（6）添加 ABB 工业机器人，步骤如下：

①在设备组态网络视图右侧硬件目录中，选择“其他现场设备”，选择“PROFINET I/O”，单击“I/O”，找到 BASIC V1.4 设备，将图标 BASIC V1.4 拖入“网络视图”中。用鼠标点住 PLC（CPU 1214C）的绿色网口，拖至机器人（Basic V1.4）的绿色网口上，完成连线，即可建立起 PLC 与 ABB 工业机器人的 PROFIBUS 通信连接（图 7-30）。

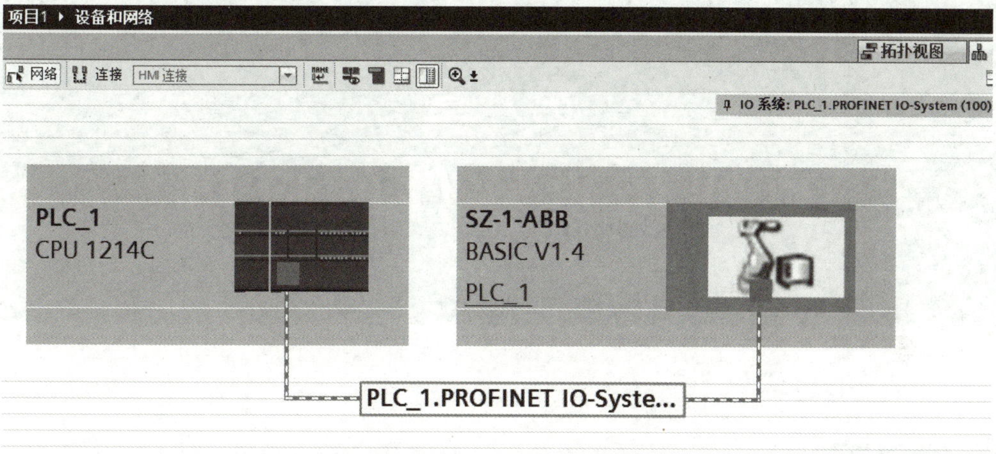

图 7-30 添加 ABB 工业机器人

②设置 ABB 工业机器人的 IP 地址和名称。点击机器人名称（Basic V1.4），在属性选项卡中设置“以太网地址”的 IP 地址，注意与 ABB 工业机器人示教器设置的 IP 地址相同即可。

③设置 ABB 工业机器人通信的输入和输出信号。单击“设备视图”选项卡，选择“目录”下的“input 2 byte”，即输入 2B，包含 16 个输入信号，与示教器设置的输出信号 do0-d015 相对应。同理，选择“目录”下的“Output 2 byte”，即输出 2B，包含 16 个输出信号，与示教器设置的输入信号 do0-d015 相对应。

至此，设置完毕，机器人与 PLC 建立了地址映射关系。

（7）下载程序。将组态和 PLC 程序全部编译并下载到 PLC 中，完成通信。

至此，西门子 PLC 与 ABB 机器人的 PROFINET 通信设置完毕。

在线测试

扫一扫 测一测

第八章

离线仿真软件的应用

本章导读

- 离线仿真软件的应用
  - RobotStudio的基础操作：RobotStudio离线编程软件的安装与基础操作，包括创建工作站、创建机器人系统、使用虚拟示教器、软件编程等
  - PQArt的基础操作：PQArt离线编程软件的基本操作，包括场景搭建、轨迹设计、仿真和轨迹优化、生成后置程序、生成动画等

课程思政　　**我国离线编程软件的发展概况**

在机器人的研发、调试和应用过程中，对机器人的编程尤其重要。当前，机器人编程软件主要分为在线编程软件和离线编程软件。离线编程软件克服了在线编程软件的劣势，从而得到了充分的开发。我国对离线编程软件的研发日渐成熟，下面对国内 PQArt 软件进行介绍。

第一节 RobotStudio 的基础操作

工业自动化产品及系统应用领域的竞争压力日益增大，这就要求在生产中要满足更高的效率，从而在产品价格、产品质量、生产和研发周期上提高竞争优势。当产品已经成型后，再通过试运行来检测或验证产品的可靠性，这种试错的方法如今已经行不通了，因为这需要停止现有的生产，并重新修订产品设计和产品编程。而先验证到达距离及工作区域，验证合格后再去制造刀具和固定装置，才是当下比较合理的方法。现如今生产厂家在设计阶段就会对新部件的可制造性进行检查，采用离线编程的同时可以同步完成机器人应用系统的建立。

在产品制造的同时对机器人系统进行编程，可提早开始产品生产，缩短上市时间。在实际机器人安装前进行离线编程，通过可视化及可确认的解决方案和布局，从而降低风险，并通过创建更加精确的路径，来获得更高的部件质量。RobotStudio 是市场上离线编程的领先产品。通过新的编程方法，ABB 正在世界范围内建立机器人编程标准。

一、软件安装

在 ABB 官方网站上下载 RobotStudio 软件，并对其进行解压，在解压后的文件夹中，找到名为“setup”的应用程序，双击该图标（图 8-1）进入安装步骤［图 8-2（a)］，接下来只需要按操作提示不断点击“下一步”［图 8-2（b)］，即可完成安装。

图 8-1 RobotStudio 安装文件图标

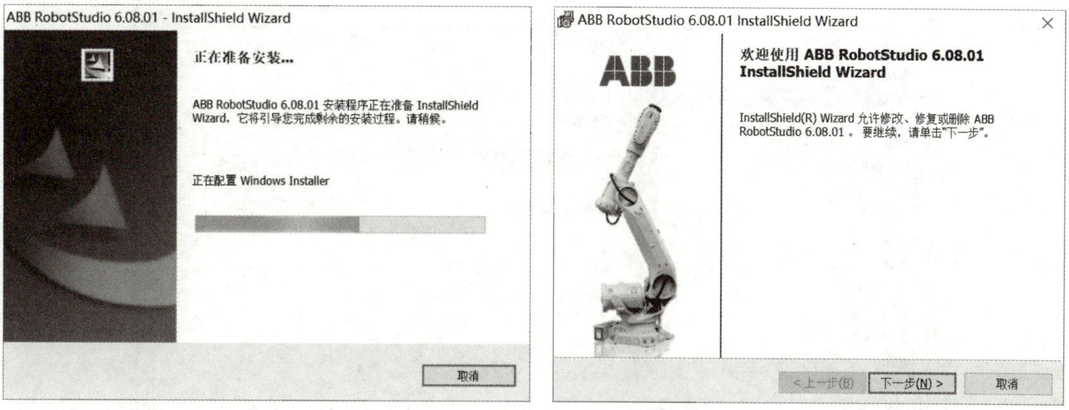

（a）　　　　（b）

图 8-2 RobotStudio 安装过程界面

RobotStudio 在安装完成之后，必须要经过授权激活，才能正常使用。

如果已经从 ABB 获得 RobotStudio 的授权许可证，可以通过以下方式激活 RobotStudio 软件。单机许可证只能激活一台计算机的 RobotStudio 软件，而网络许可证可在一个局域网内建立一台网络许可证服务器，给局域网内的 RobotStudio 客户端进行授权许可，客户端的数量由网络许可证所允许的数量决定。在授权激活后，如果计算机系统出现问题并重新安装

RobotStudio，将会造成授权失败。

在激活之前，请将计算机连接上互联网。因为 RobotStudio 可以通过互联网进行激活，这样操作会便捷很多。激活 RobotStudio 的步骤如下：

（1）打开 RobotStudio 软件，选择“选项”(图 8-3)。

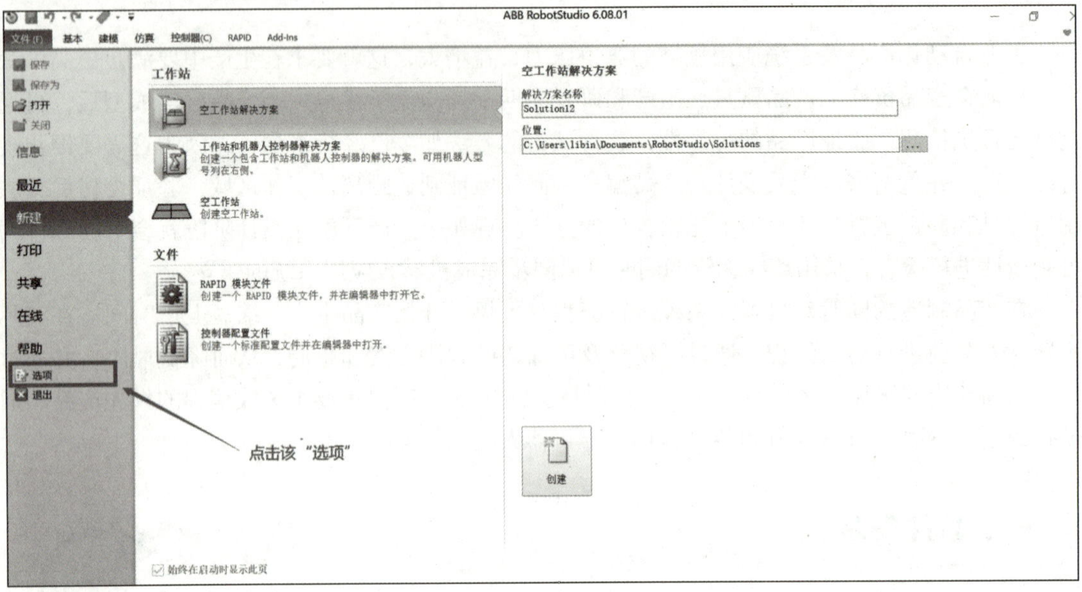

图 8-3　选项界面

（2）在弹出的选项界面下，单击左侧“授权”，右侧为授权界面下的选项，我们可以通过单击“激活向导”，按照激活提示步骤，完成激活操作（图 8-4）。

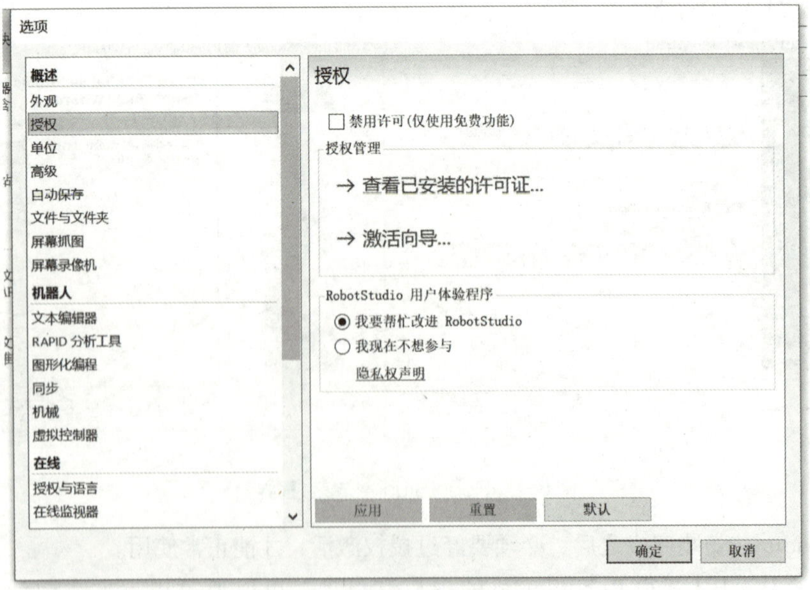

图 8-4　授权管理界面

（3）激活选项界面下包括单机许可证和网络许可证，两种许可证的激活方式，一般个人用户选择第一项“单机许可证”即可（图 8-5）。

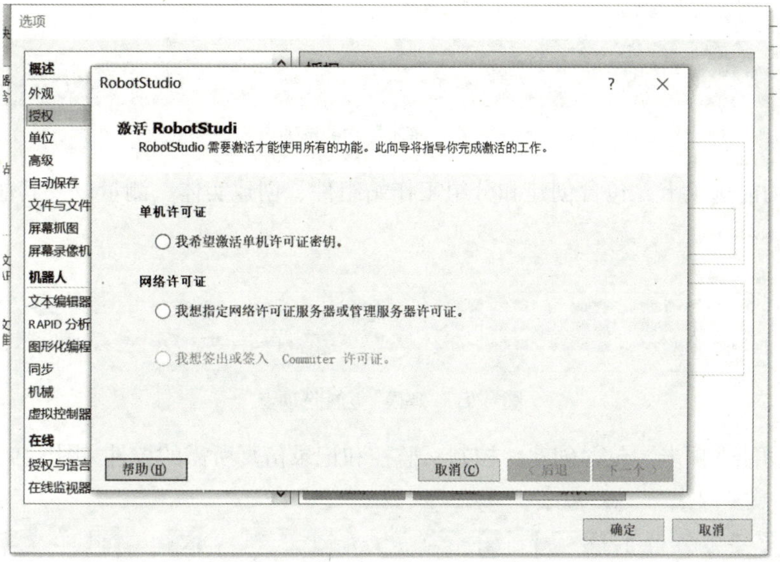

图 8-5　激活选项界面

（4）最后一步，可根据软件授权方式，自主选择“通过互联网激活”或“通过已授权文件激活”（图 8-6）。

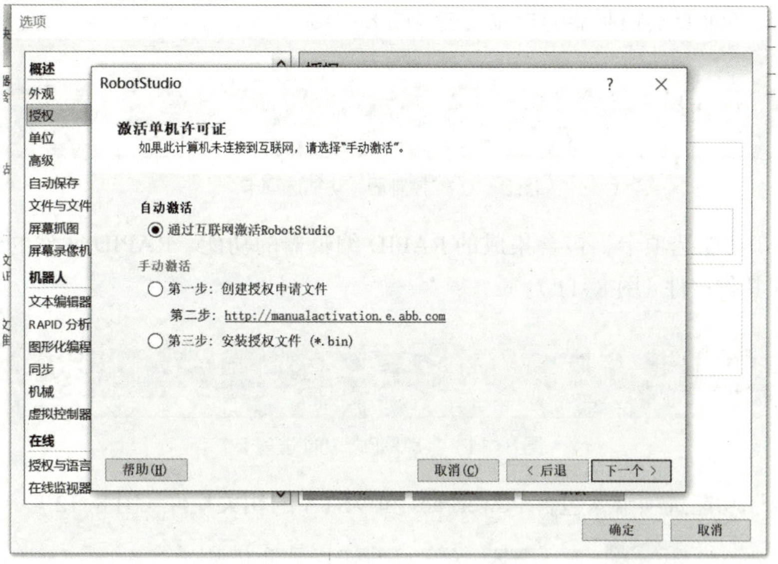

图 8-6　激活单击许可证界面

二、RobotStudio 软件界面

RobotStudio 的菜单栏包括基本、建模、仿真、控制器、RAPID、Add-Ins 等常用功能选项卡。

“基本”功能选项卡，包含搭建工作站、创建系统、编程路径和摆放物体所需的控件（图 8-7）。

图 8-7 “基本”功能选项卡

“建模”功能选项卡，包含创建和分组工作站组件、创建实体、测量以及其他 CAD 操作所需的控件（图 8-8）。

图 8-8 “建模”功能选项卡

“仿真”功能选项卡，包含创建、控制、监控和记录仿真所需的控件（图 8-9）。

图 8-9 “仿真”功能选项卡

“控制器”功能选项卡，包含用于虚拟控制器（VC）同步、配置和分配给它的任务控制措施，还包含用于管理真实控制器的控制功能（图 8-10）。

图 8-10 “控制器”功能选项卡

“RAPID”功能选项卡，包含集成的 RAPID 编辑器的功能、RAPID 文件的管理以及用于 RAPID 编程的其他控件（图 8-11）。

图 8-11 “RAPID”功能选项卡

“Add-Ins”功能选项卡，包含 PowerPacs 和 VSTA 的相关控件（图 8-12）。

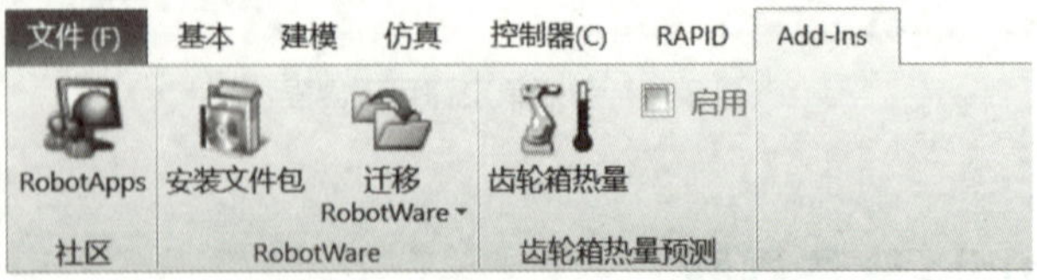

图 8-12 “Add-Ins”功能选项卡

刚开始操作 RobotStudio 时，常常会遇到操作窗口被意外关闭，从而无法找到对应的操作对象和查看相关信息的问题，此时用户可进行操作恢复默认 RobotStudio 界面（图 8-13）。

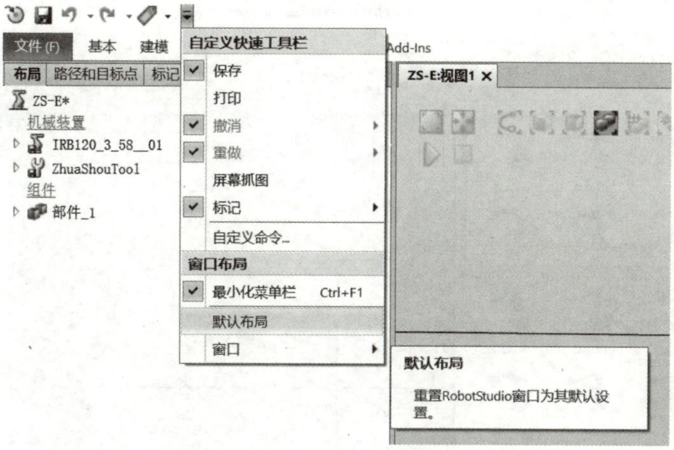

图 8-13　恢复默认 RobotStudio 界面

三、创建工作站并导入机器人等相关模型

（一）新建工作站

打开 RobotStudio 软件，选择“空工作站”，然后单击右侧“创建”选项（图 8-14）。

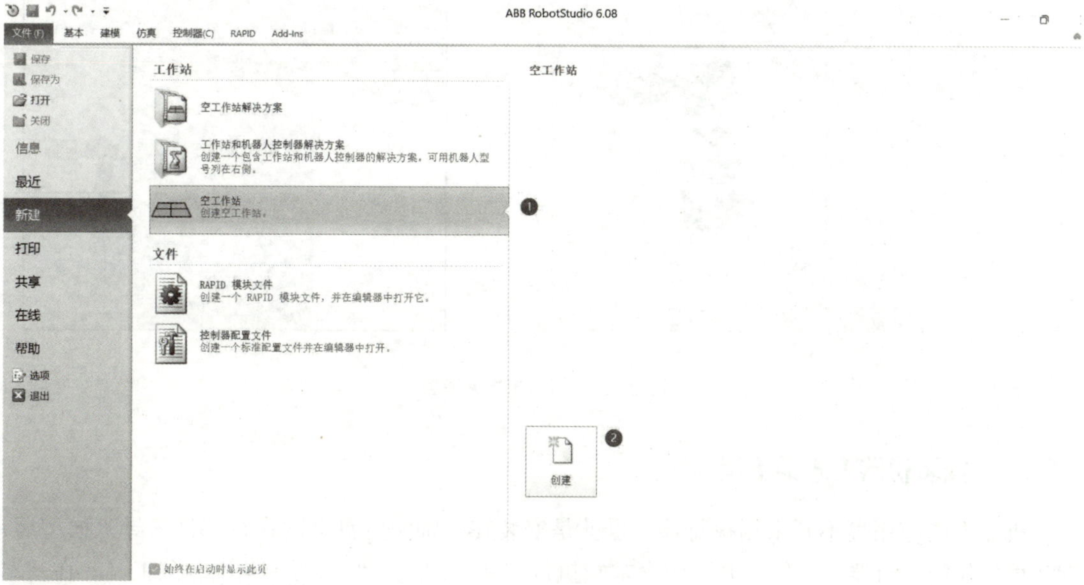

图 8-14　新建工作站

（二）导入机器人模型

新建工作站后，选择菜单栏中的“基本”功能选项卡，继而选择“ABB 模型库”，该模型库中包含了常用机器人、喷涂机器人、变位机和导轨等模型，此处以 IRB120 型号机器人为例演示该型号机器人在软件中的仿真操作，因此选择该模型库中的 IRB120 机器人（图 8-15）。

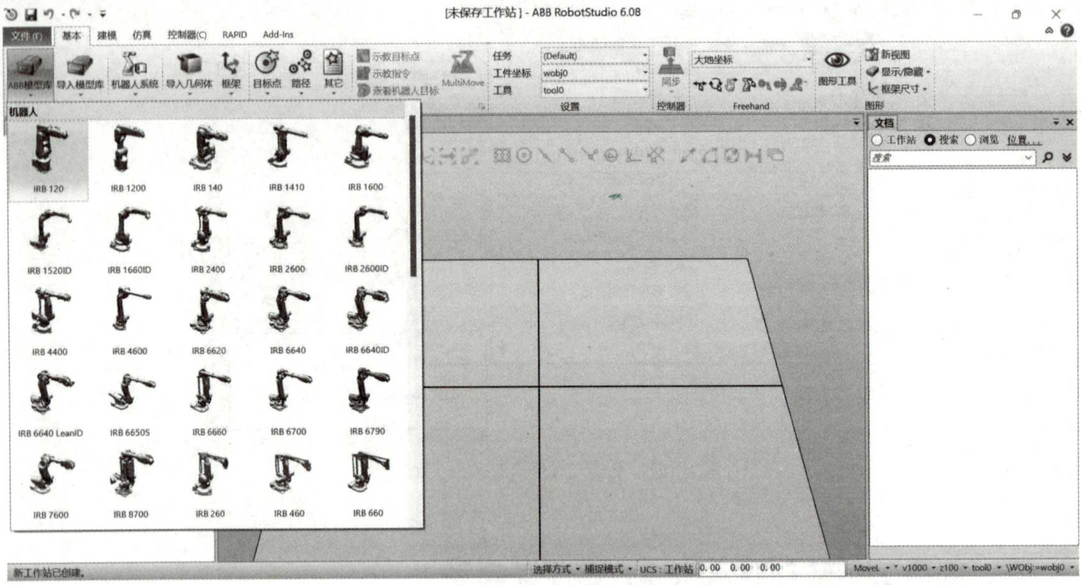

图 8-15　导入机器人模型

选择好要导入的型号机器人后，弹出如图 8-16（a）所示界面，单击“确定”，随后软件视图界面将出现如图 8-16（b）所示界面，机器人模型导入成功。

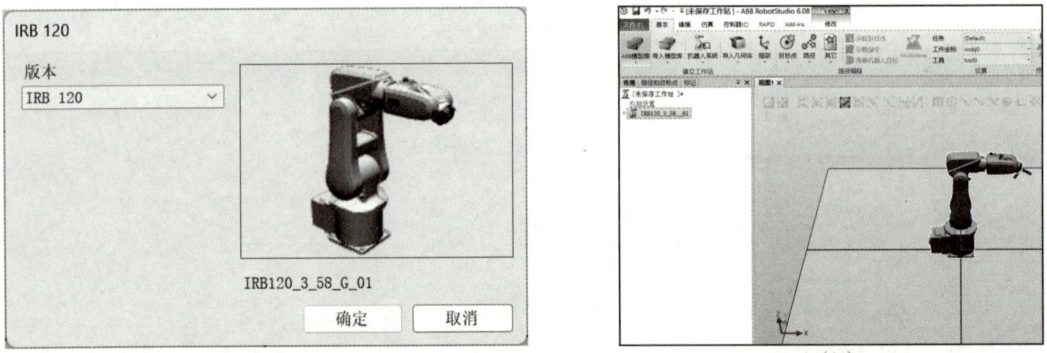

（a）　　　　　　　　　　　　　　　　（b）

图 8-16　导入机器人模型

（三）安装机器人末端工具

机器人的应用离不开末端执行器，也就是安装在六轴法兰盘上的执行部件。导入模型后，默认可操作的是机器人本体，并不包含末端执行工具，因此我们需要手动添加该工具。在基本功能菜单下，选择“导入模型库”，弹出菜单选择“设备”选项，在该选项中选择相应的工具（图 8-17）。

工具添加成功后，左侧的布局栏中，显示了 2 个机械设备，就是我们添加的 IRB120 机器人本体模型和新添加的末端执行工具（图 8-18）。

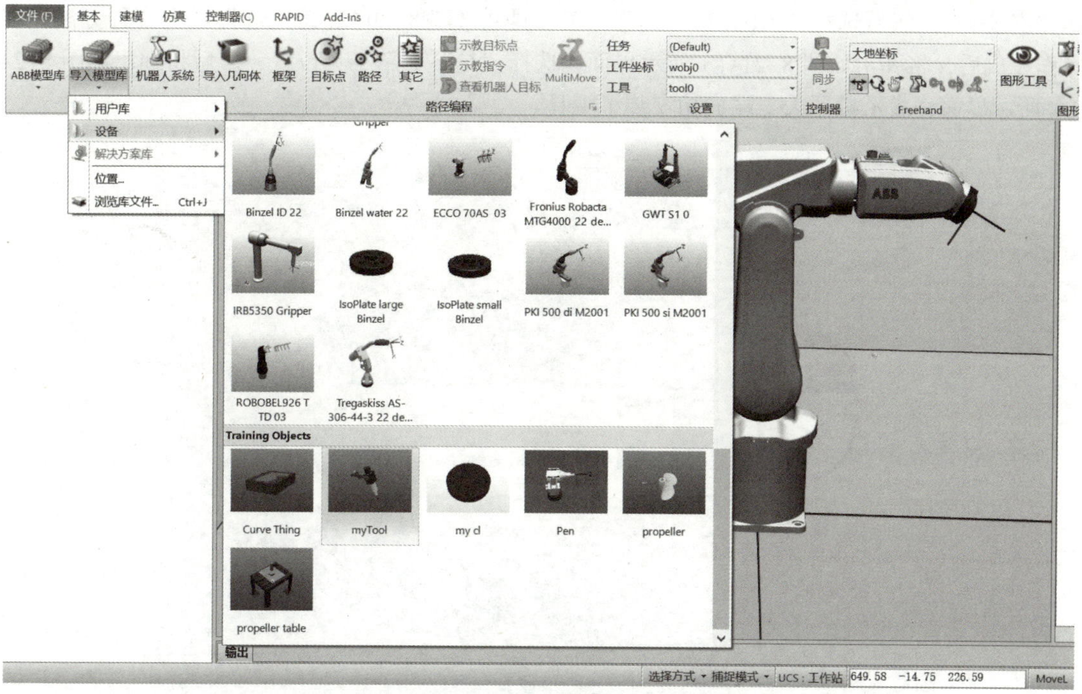

图 8-17　导入模型库设备

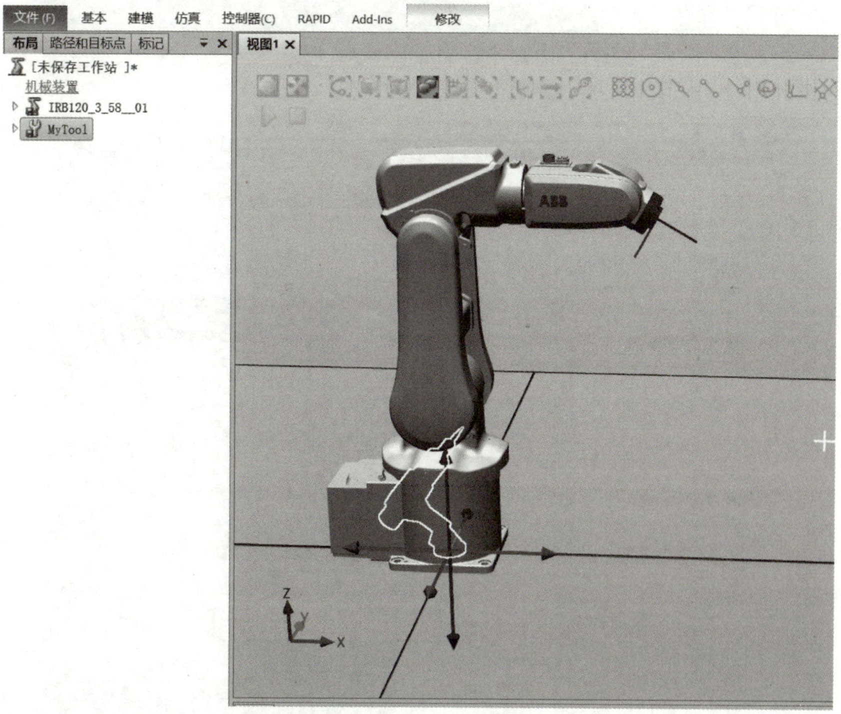

图 8-18　导入工具

但是在机器人本体的 6 轴上，此时并没有成功安装该工具，安装工具有以下两种操作方法。方法一是鼠标左键选中工具名称“MyTool”，并按住鼠标不要释放，然后将该工具拖拽到机器人本体名称上（图 8-19）。方法二是在工具“MyTool”点击鼠标右键，在弹出的菜单中选择“安装到”，然后选择“IRB120”机器人名称即可（图 8-20）。无论选择以上哪种方法，在操作完成后，将弹出如图 8-21(a) 所示界面，选择“是”更新工具位置，之后将弹出如图 8-21(b) 所示界面，表示机器人末端成功安装了工具。

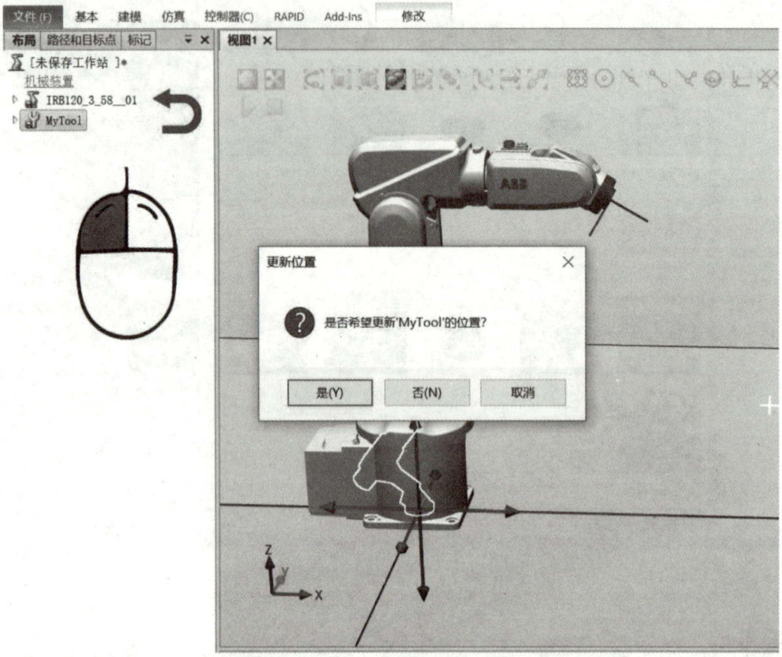

图 8-19　鼠标拖拽安装工具

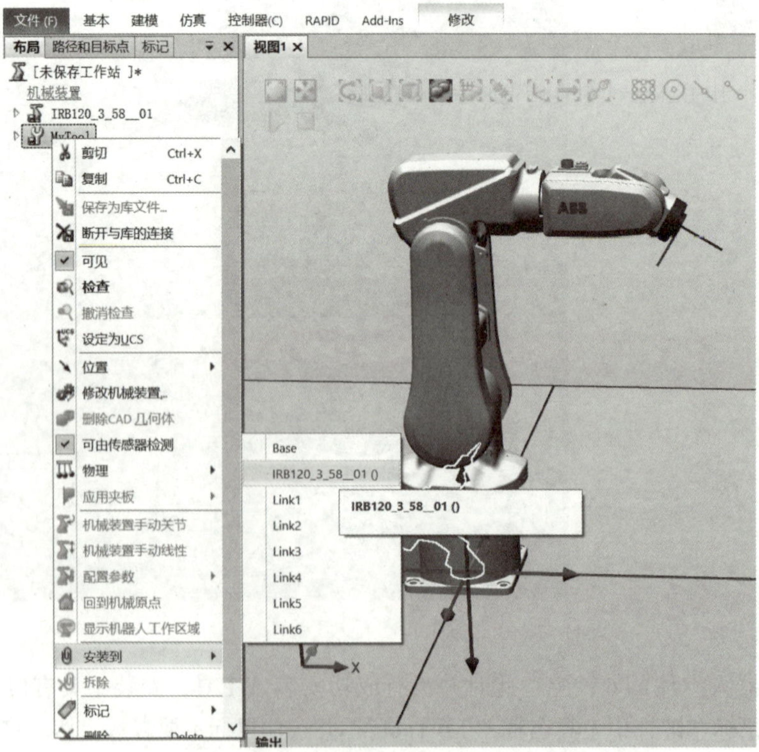

图 8-20　鼠标右键安装工具

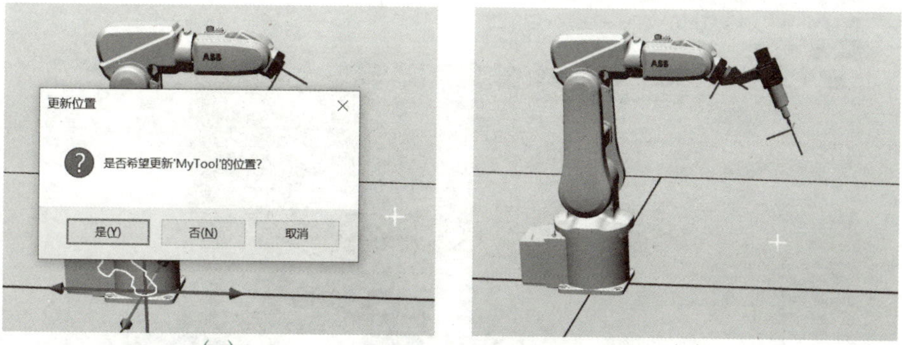

（a）　　　　（b）

图 8-21　安装工具

用同样的方法，我们还可以导入一个工作台组件（图 8-22）。

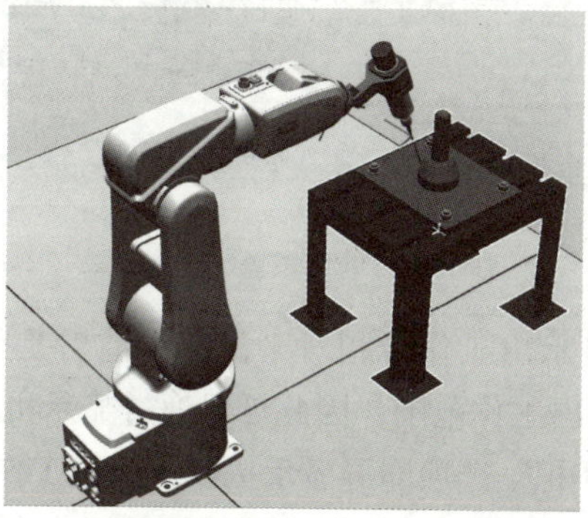

图 8-22　导入工作台组件

导入工作台后，我们无法保证工作台完全包含在末端执行器的工作范围内，此时可以通过显示机器人工作范围，将工作台挪动到机器人工作范围内。在布局界面的机器人名称上单击鼠标右键，在弹出的菜单中选择“显示机器人工作区域”，将弹出如图 8-23（a）所示界面，选中显示区域后，将弹出如图 8-23（b）所示界面，显示出了机器人前后仰俯的工作区域。

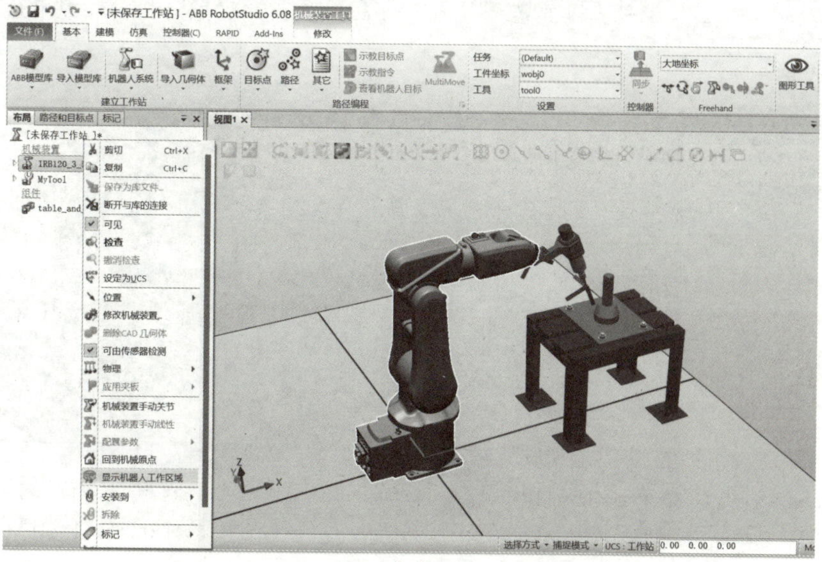

（a）

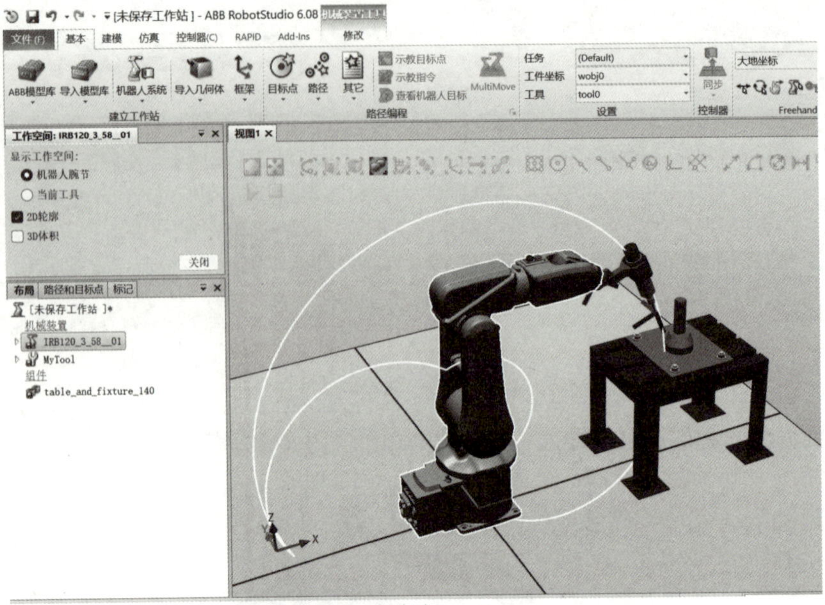

(b)

图 8-23　显示机器人工作区域

前后的工作区域，只能显示出工作台相对于机器人前后是否超出了工作范围，并不能显示出机器人在左右方向是否超出工作范围，因此可以通过显示机器人三维工作空间的方法来解决。在该界面下，单击“3D 体积”选项即可显示机器人三维工作空间（图 8-24）。此时工作台与机器人工作空间相对位置十分清晰，我们可以通过调整工作台位置，将其放置到机器人工作空间范围内，以保证机器人的末端执行器能够以某种姿态触碰到工作台上待操作的工作区域。当前的工作区域是机器人腕关节所能达到的区域，如果要显示末端执行器能够达到的区域视图，选择“当前工具”选项即可。

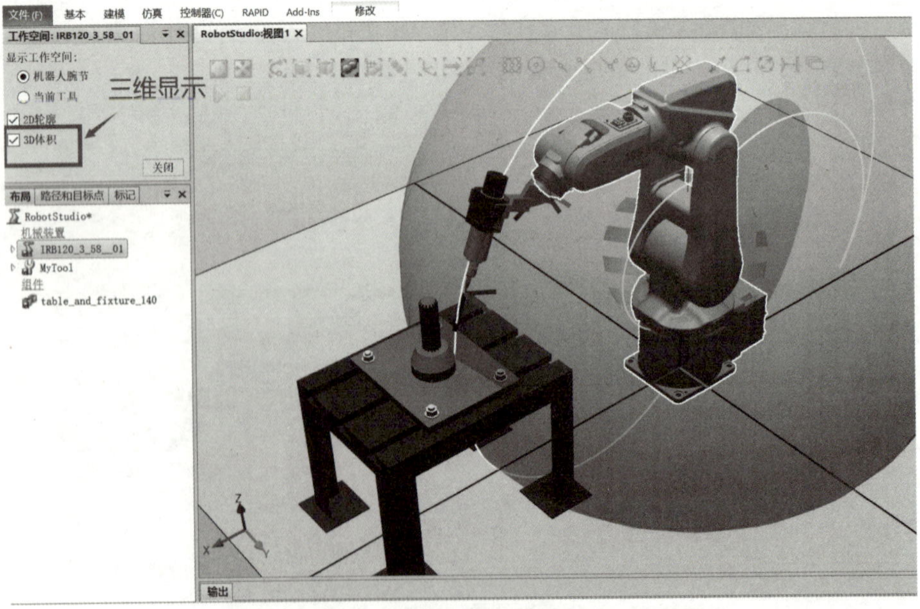

图 8-24　显示机器人三维工作区域

四、界面的基本操作

RobotStudio 在操作过程中，需要频繁地调整界面视角，如界面的平移、旋转、缩放等，RobotStudio 常用快捷键界面操作见表 8-1 所列，通过键盘和鼠标组合操作，即可完成以上界面变化。

表 8-1 RobotStudio 常用快捷键界面操作

目的	所示图标	键盘 / 鼠标组合	说明
选择项目			只需单击要选择的项目即可
旋转工作站		CTRL+SHIFT+	按 CTRL+SHIFT 和鼠标左键的同时，拖动鼠标对工作站进行旋转
平移工作站		CTRL+	按 CTRL 键和鼠标左键的同时，拖动鼠标对工作站进行平移
缩放工作站		CTRL+	按 CTRL 键和鼠标右键的同时，将鼠标拖至左侧（右侧）可以缩小（放大）
使用窗口缩放		SHIFT+	按 SHIFT 键和鼠标右键的同时，将鼠标拖过要放大的区域；或直接通过鼠标滚轮完成视图的缩放操作
使用窗口选择	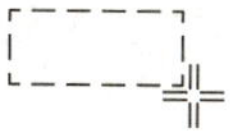	SHIFT+	按 SHIFT 键和鼠标左键的同时，将鼠标拖过该区域，以便选择与当前选择层级匹配的所有项目

五、创建机器人系统

当前我们发现机器人的手动重定位、手动线性等操作以及示教器等功能的应用是无法操作的，因此我们需要给机器人创建一个虚拟的运行环境，也就是机器人系统。

（1）在基本菜单栏选择“机器人系统”下的“从布局 ...”选项（图 8-25）。

（2）弹出如图 8-26（a）所示界面，在该界面下可以对该机器人系统进行重命名、更改系统文件存储位置，以及选择软件版本等操作，然后单击“下一步”，弹出如图 8-26（b）所示界面，在该界面下选择哪些机械装置要设置为系统的一部分，选择好机械装置之后，单击“下一步”。

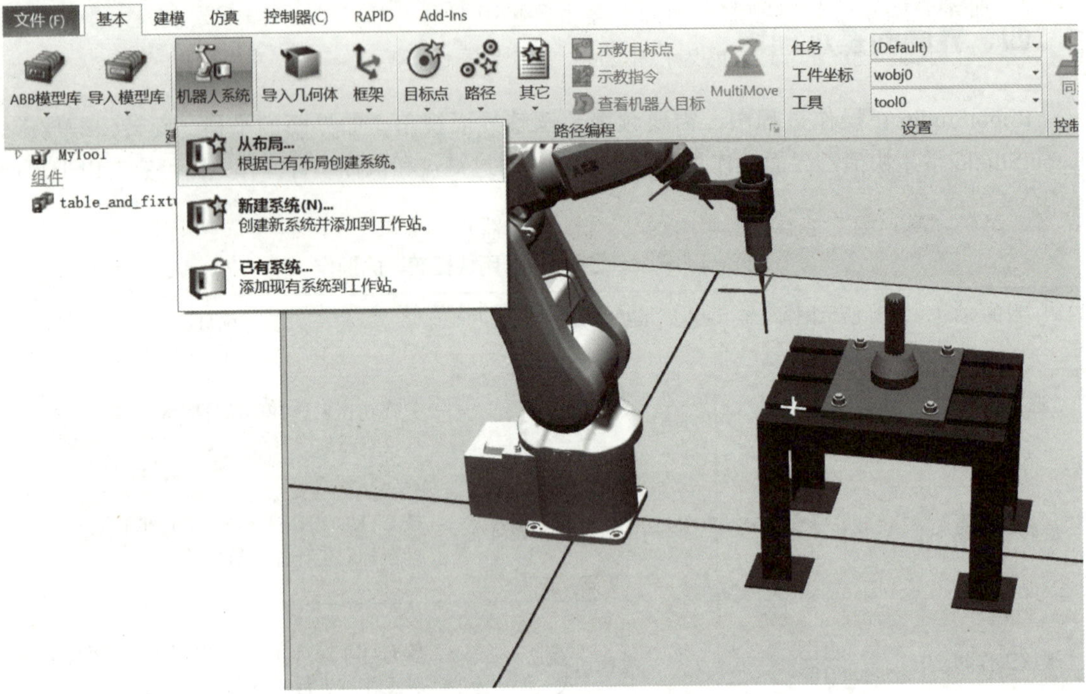

图 8-25　系统从布局

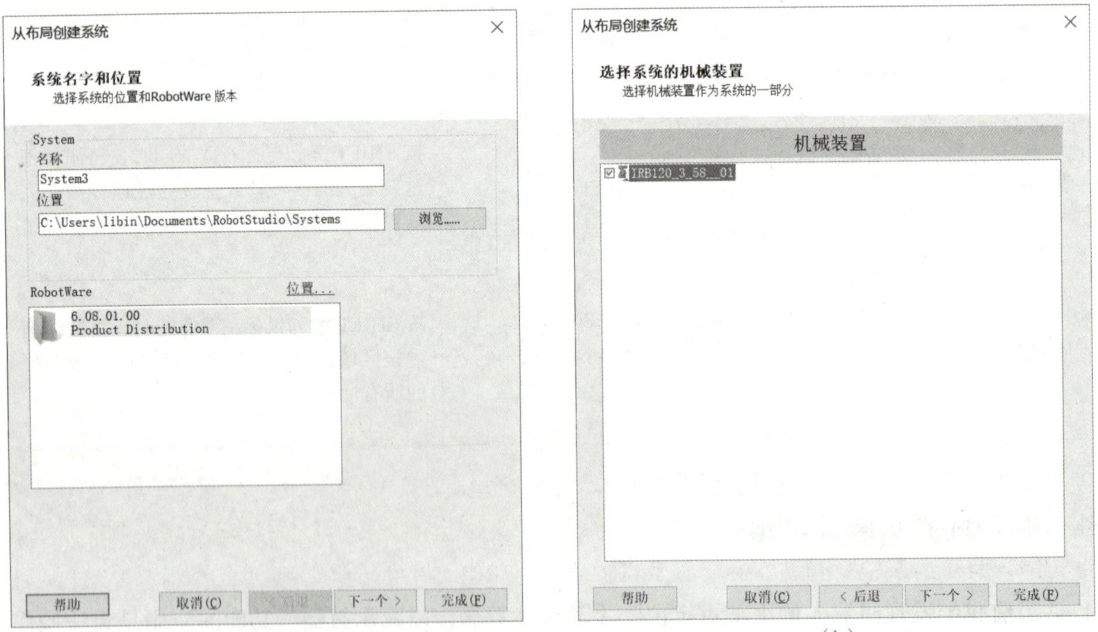

（a）　　　　　　　　　　　　（b）

图 8-26　从布局系统设置

（3）通过系统选项，进行系统参数配置（图 8-27）。

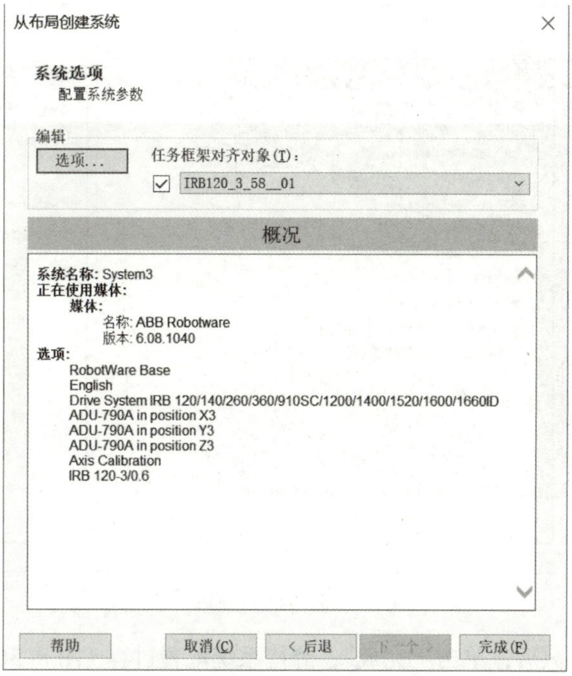

图 8-27　系统选项

（4）单击“选项”进行系统参数的相关配置，在软件使用初期，这里不需要配置过多参数，通常的操作是设置语言环境和设备网络。

（5）选择“Default Language”，选择中文等熟悉的语言环境（图 8-28）。

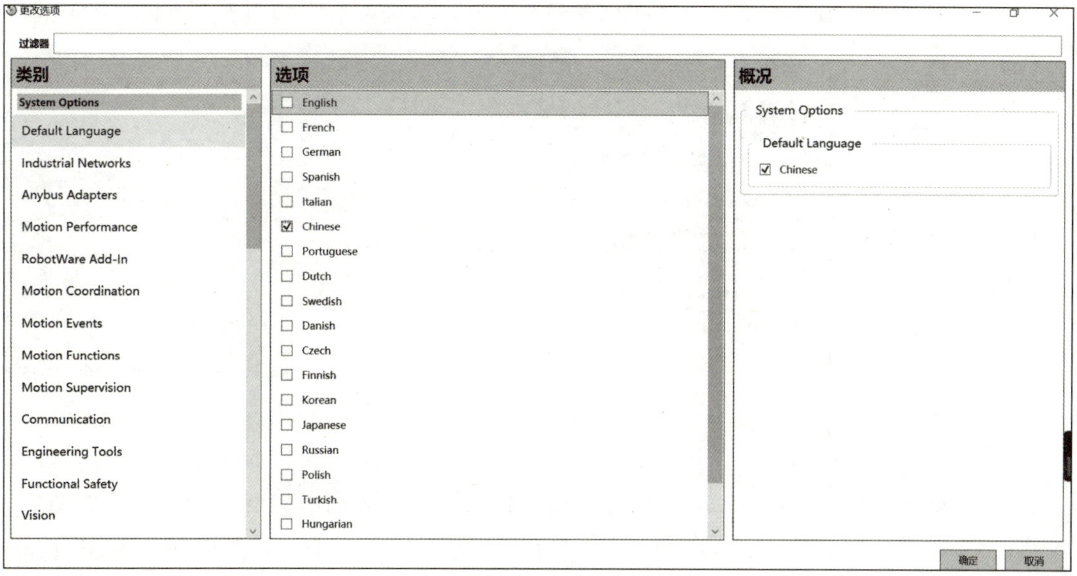

图 8-28　语言选择

（6）选择“Industrial Networks”，这里我们选择“709-1 DeviceNet Master/Slave”选项，如果不选择该项，在机器人系统中，后续将无法对 I/O 进行配置，然后单击“确定”（图 8-29）。

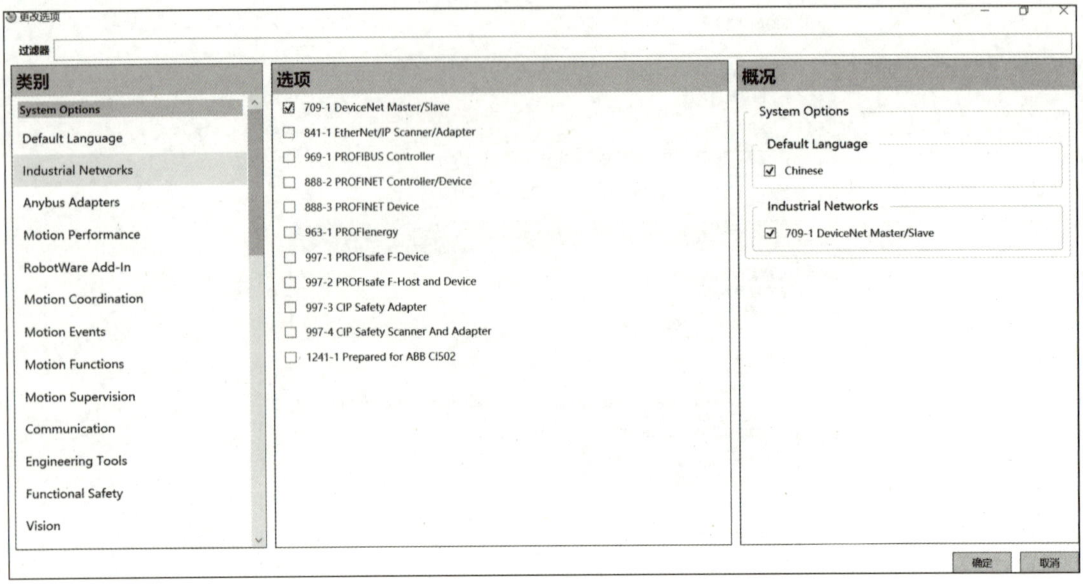

图 8-29　设备网络选择

（7）配置完系统参数后，单击“完成”，等待系统配置过程（图 8-30）。

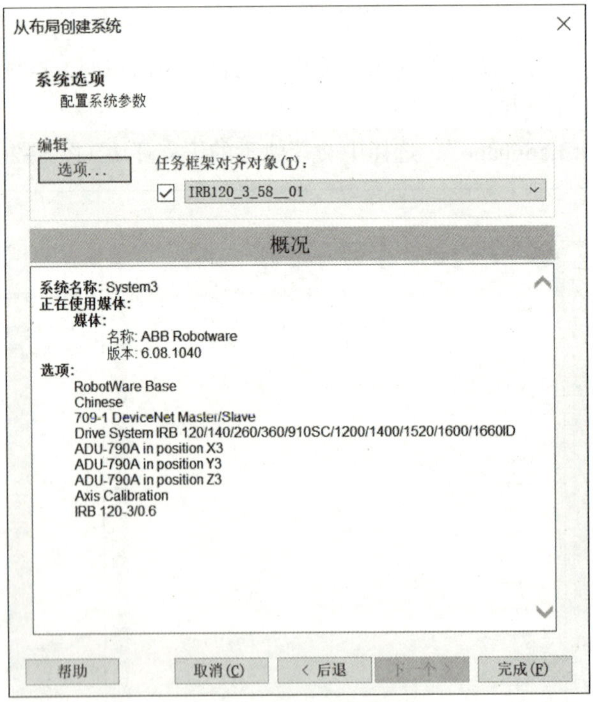

图 8-30　完成系统参数配置

（8）在系统配置生效前，系统配置过程如图 8-31 所示，界面右下角显示了控制器状态，橙色显示状态为准备过程。等待一段时间后，右下角变为绿色显示状态，表示完成系统创建（图 8-32）。

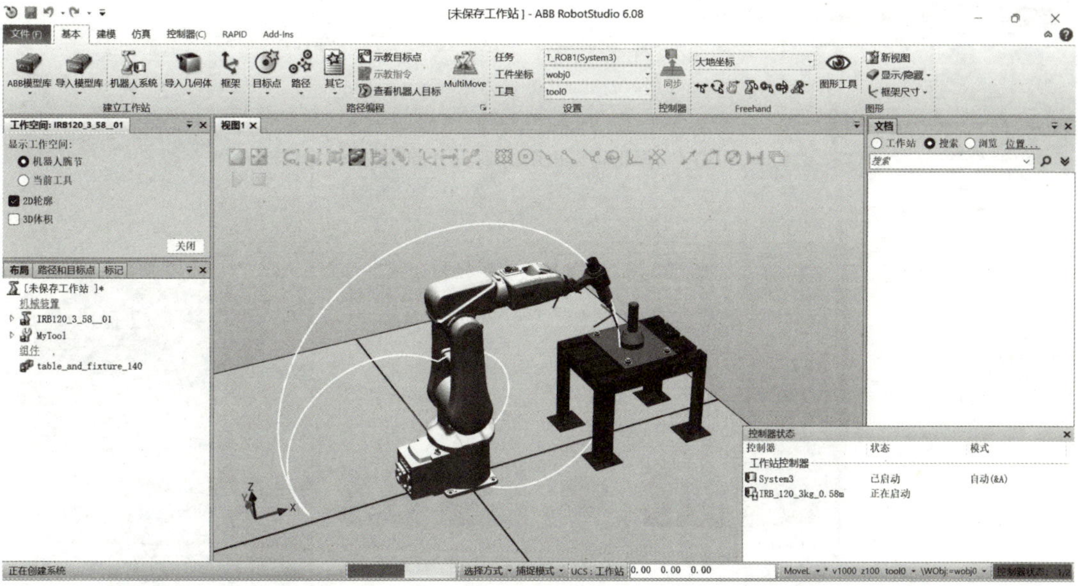

图 8-31　系统配置过程

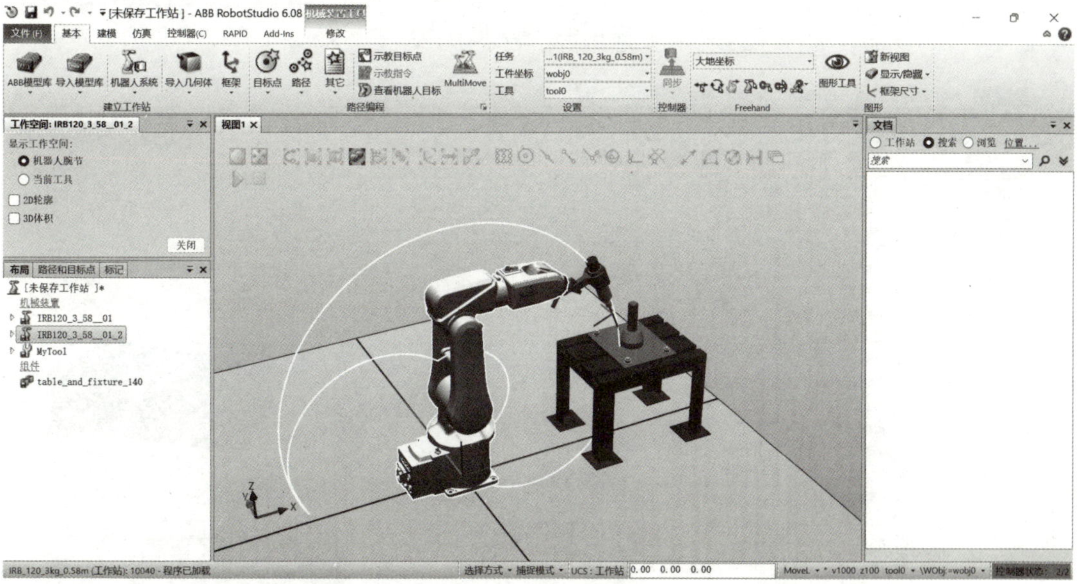

图 8-32　系统创建完成

六、导入模型并放置对象

在基本菜单下，选择“导入模型库”中的“设备”，在设备模型中选择合适的模型添加到场景中（图 8-33）。下一步将模型放置到工作台上，我们可以采用两点法移动目标位置到工作台平面（图 8-34）。

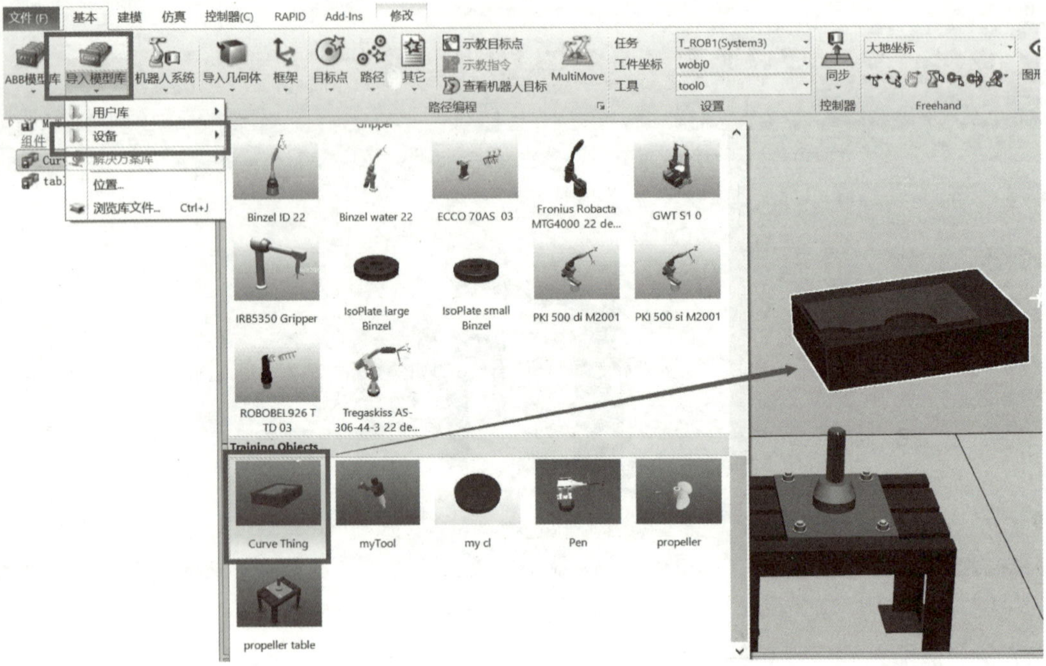

图 8-33　导入模型

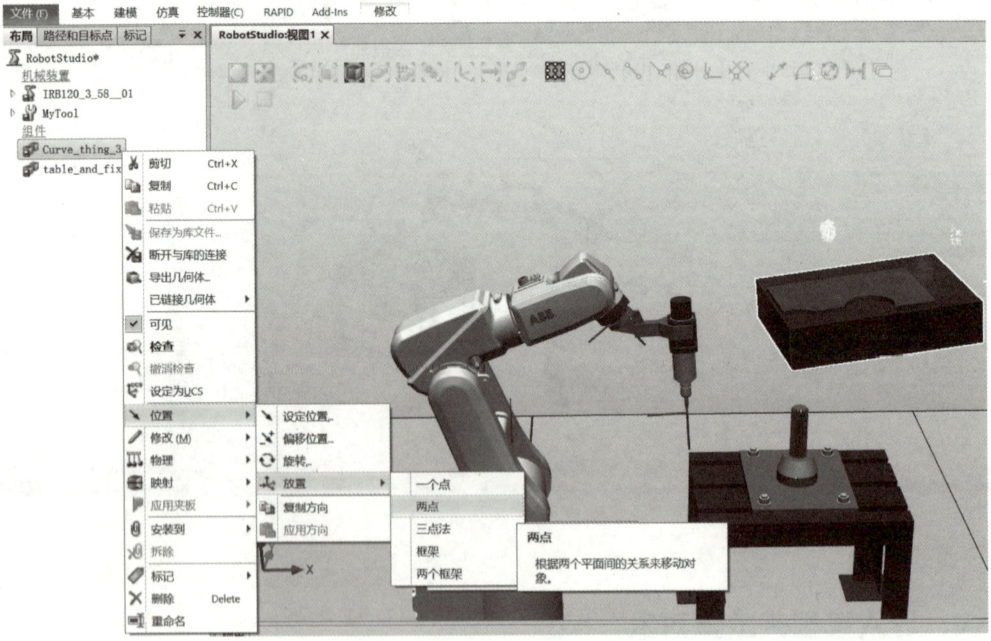

图 8-34　两点法放置目标位置

两点法操作步骤如图 8-35（a）所示，首先选择端点捕捉，以便在选择两点法的起点和目标点时能够准确捕捉到物体的角点。然后将鼠标单击到左侧“主点”输入框中，选择待移动物体的第一个角点（起始点），然后单击第一点要放置的目标点。依次操作，再选择待移动物体的第二个角点（起始点），然后单击第二点要放置的目标点。最后单击“应用”，完成物体的放置［图 8-35（b）］。

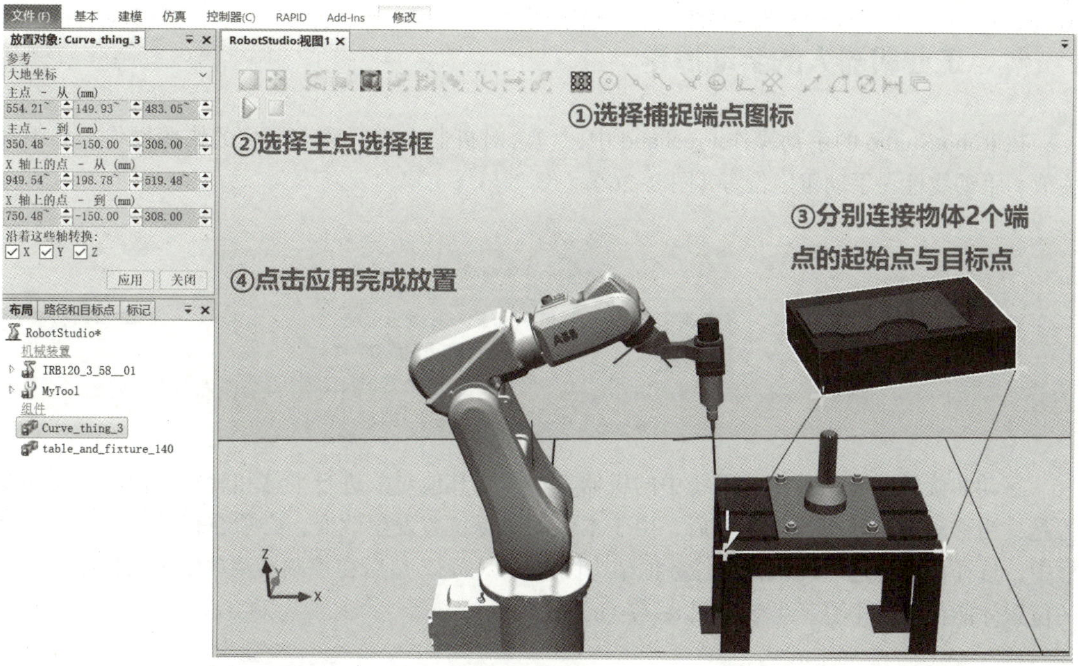

（a）两点法操作步骤

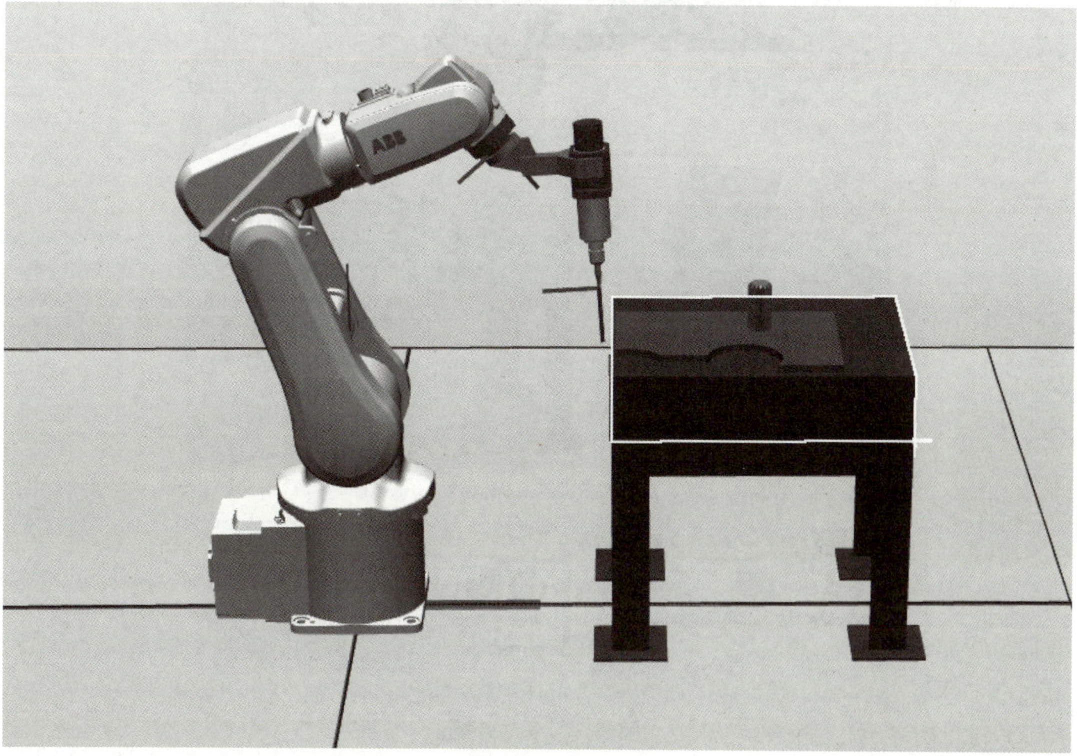

（b）移动后的模型位置

图 8-35 移动对象位置

七、工业机器人的手动操作

在 RobotStudio 的手动操作 Freehand 中，包含对机器人进行姿态变化的快捷操作，如手动关节、手动线性、手动重定位等（图 8-36）。

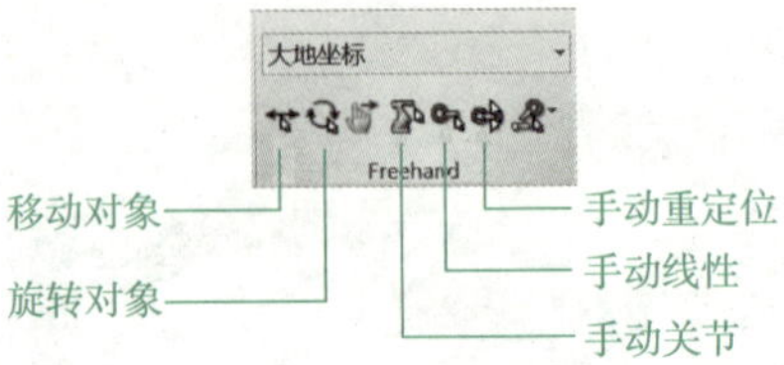

图 8-36　手动操作快捷图标

移动和旋转对象，可以对系统中的机器人本体或其他对象进行平移和旋转操作。需要注意的是，当移动或旋转机器人本体后，由于本体的坐标位置发生改变，必须在移动后弹出的对话框中，选择“是”选项确认移动任务框架［图 8-37（a）］，然后在控制器菜单中重启控制器，新的位置才能在系统中更新生效［图 8-37（b）］。

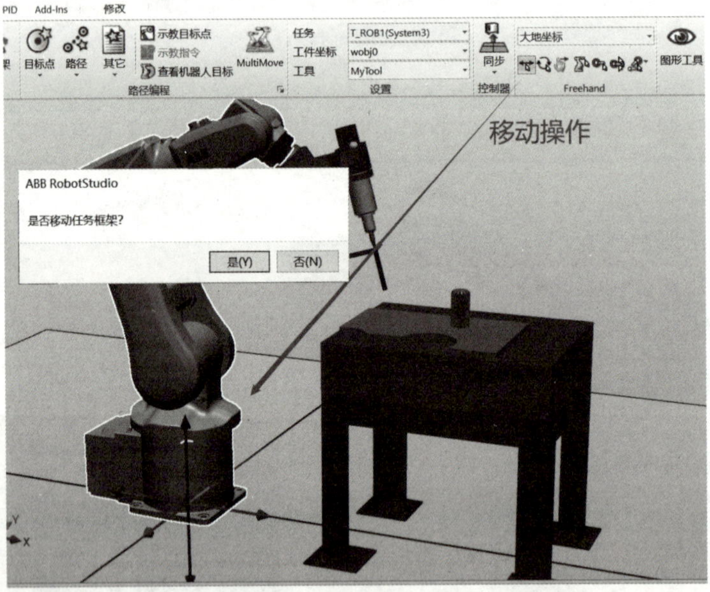

（a）改变机器人本体位置

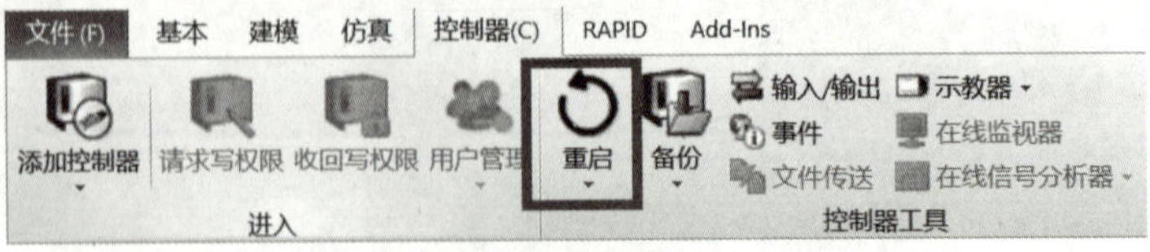

（b）重启控制器

图 8-37　移动机器人

手动关节操作，可以单独手动控制机器人各轴运动。如果想精细手动调节各轴运动，可以在布局界面的机械装置中，鼠标右键点击机器人本体名称，选择“机械装置手动关节”［图 8-38（a）］，然后在新的界面通过 Step 调节每次移动关节的步进角度，通过上方角度控制面板，手动调整各轴旋转角度［图 8-38（b）］。

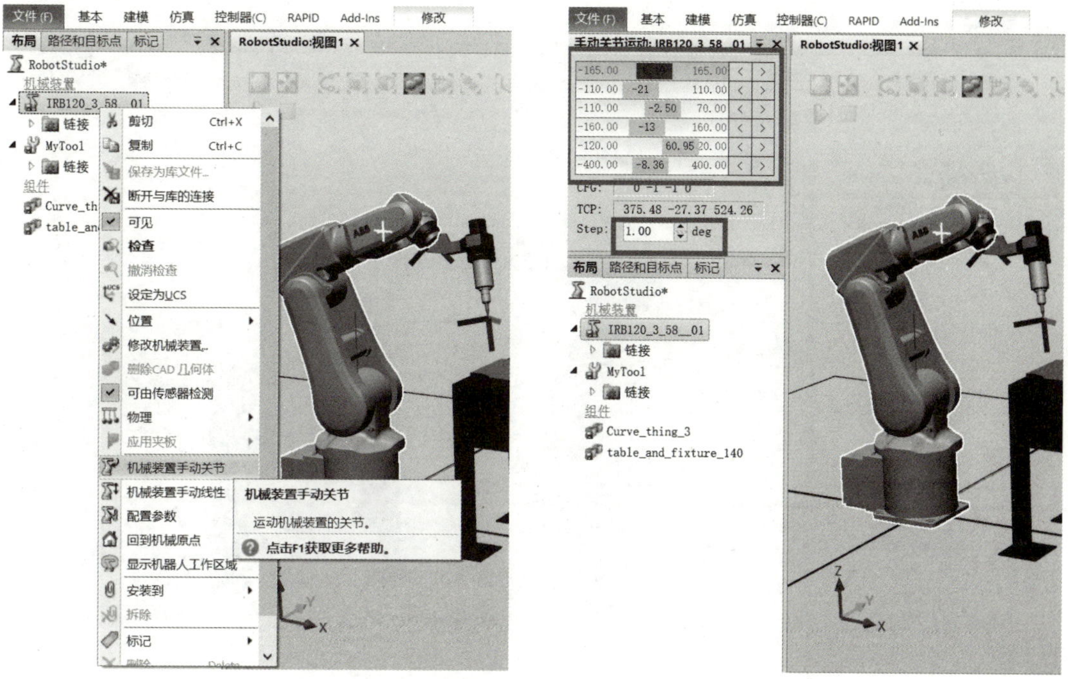

（a）　　　　　　　　　　　　（b）

图 8-38　手动关节的精细调节

手动线性操作将以机器人末端执行器中心点为基准点，沿着机器人坐标系 X、Y、Z 3 个方向线性移动（图 8-39）。

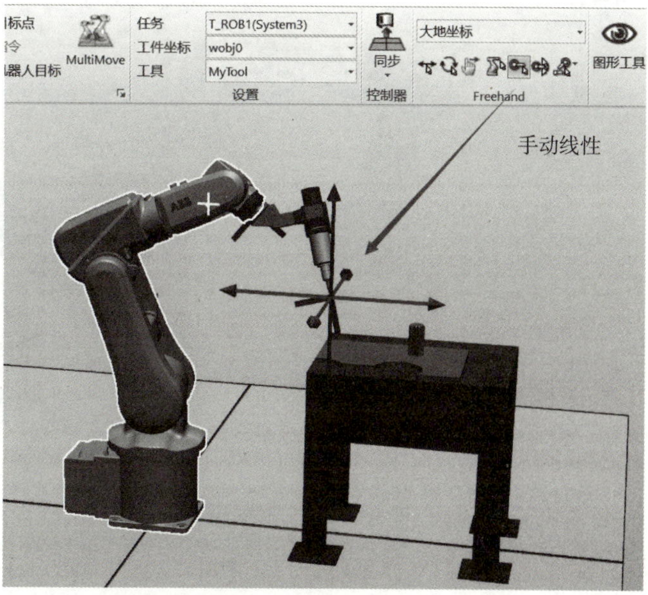

图 8-39　手动线性操作

如果想精细调节手动线性运动，可以在布局界面的机械装置中，鼠标右键点击机器人本体名称，选择“机械装置手动线性”［图 8-40（a）］，然后在新的界面通过 Step 调节每次线性移动的步进距离，通过上方控制面板，手动调整沿着各坐标方向运动的距离 [图 8-40（b）]。

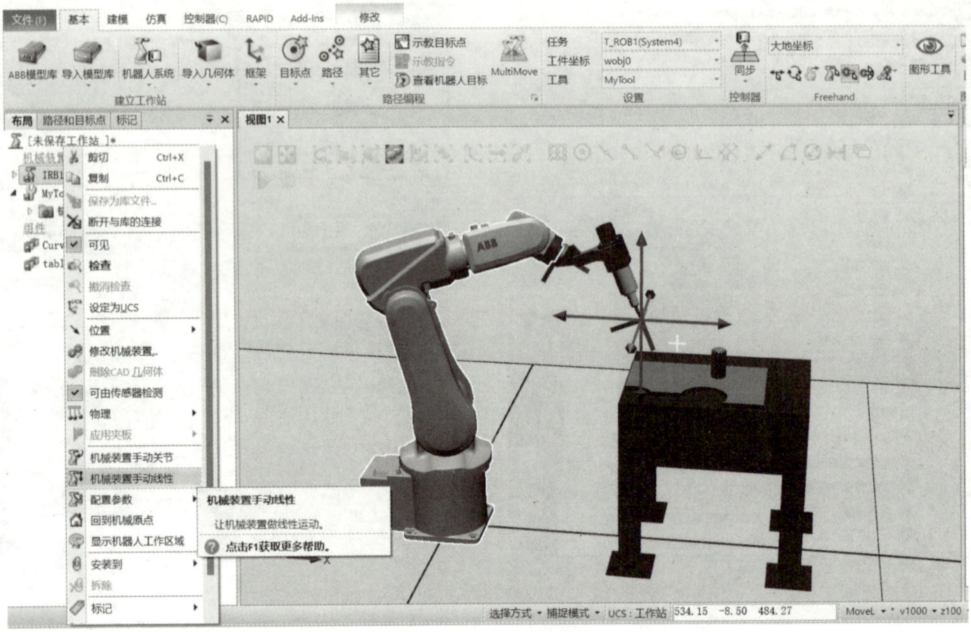

（a）

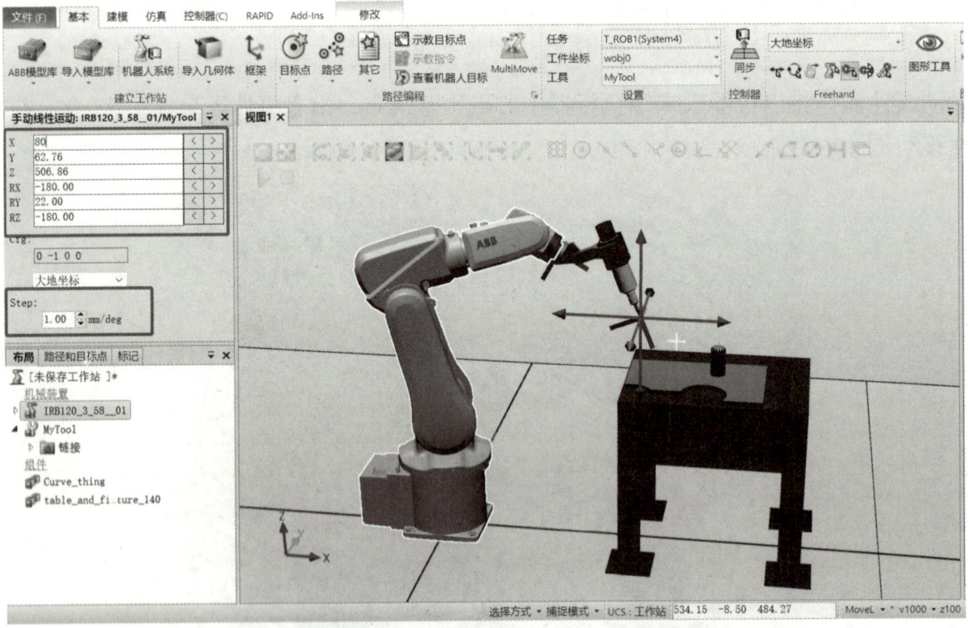

（b）

图 8-40　手动线性的精细调节

手动重定位操作，在规定的工具坐标系下，以工具中心点为基准，手动改变机器人姿态（图 8-41）。

当我们通过手动操作，改变了机器人的姿态后，在机械装置用鼠标右键单击机器人名称，选择“回到机械原点”，机器人就会回到初始设置的姿态，即回到机械原点（图 8-42）。

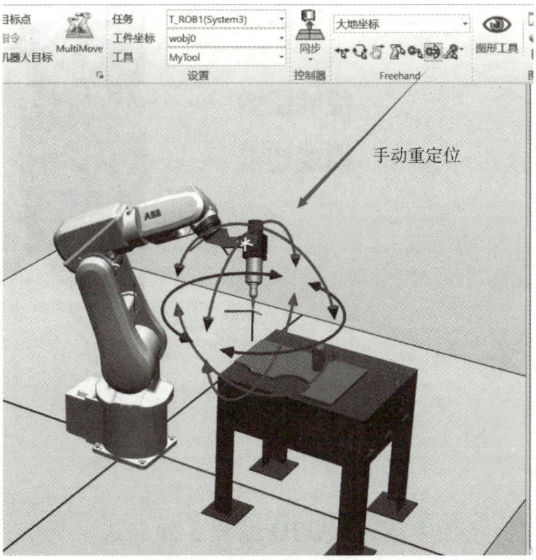

图 8-41 手动重定位

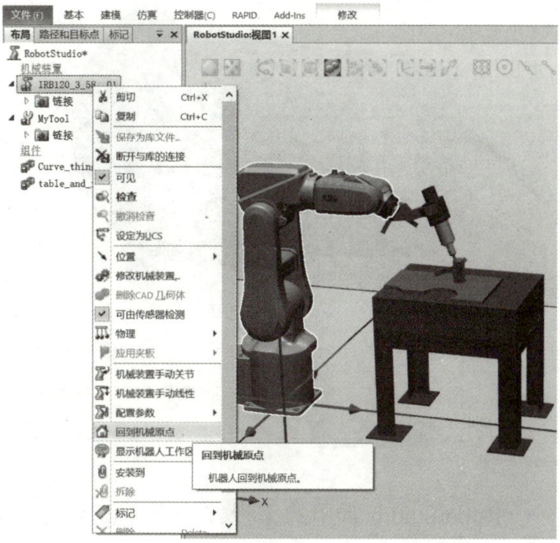

图 8-42 回到机械原点

八、虚拟示教器

在 RobotStudio 控制器菜单栏中，单击“示教器”选项，打开虚拟示教器（图 8-43）。

图 8-43 打开虚拟示教器

虚拟示教器的功能和真实示教器几乎完全一样，其中真实示教器的使能控制方式是通过按动示教器背面的使能按键［图 8-44（a）］方式实现的，而虚拟示教器的使能集成在示教器视图面板上［图 8-44（b）］。

此外，虚拟示教器中，机器人的自动模式、手动模式、全速模式等模式切换功能是通过示教器视图面板上的“模式切换”按键实现的，而该功能在真实的机器人系统中是位于控制柜面板上的。除了以上两点虚拟示教器和真实示教器在界面显示上的一点差别外，其余虚拟示教器的操作方式与真实示教器一样。

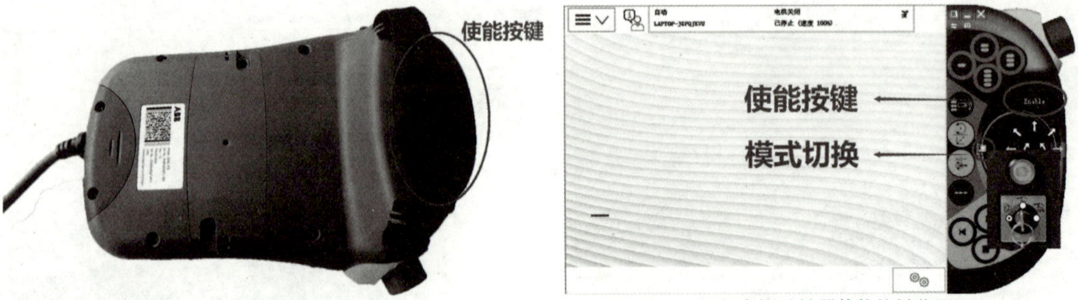

（a）真实示教器使能按键位置　　（b）虚拟示教器使能按键位置

图 8-44　示教器的使能按键

九、编写程序

RobotStudio 常用的编程方法有虚拟示教器编程、路径生成、RAPID 编程 3 种方式。其中，虚拟示教器编程与真实示教器编程相同。

路径生成的方法是首先要建立空路径（图 8-45）。建立好空路径后，通过 FreeHand 工具，将机器人拖拽到不同的目标位置，机器人每次变换一个姿态或者到达新的目标点后，通过设置运动到该点的指令方式，并添加示教指令，从而在该路径下生成到达各个目标点的指令（图 8-46）。在路径名称上单击鼠标右键，弹出菜单选择“自动配置”后继而选择“所有移动指令”（图 8-47），最后选择“沿着路径运动”，机器人将按照设定的路径移动指令依次到达各个目标点。

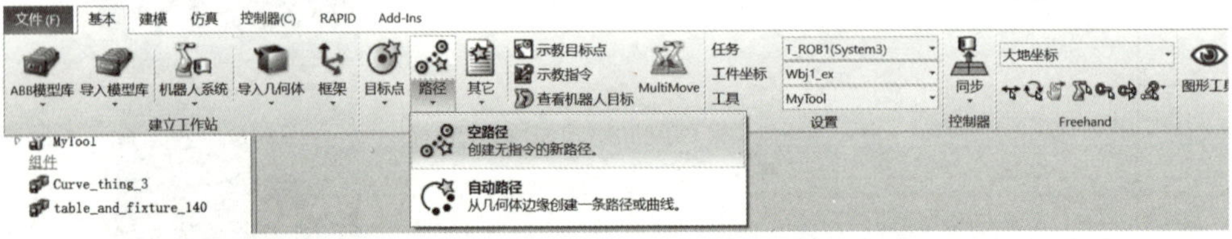

图 8-45　建立空路径

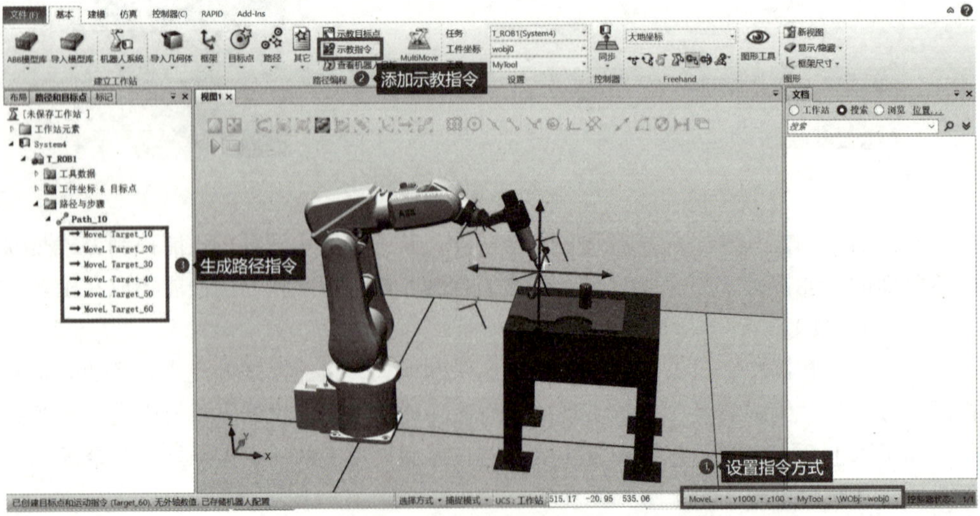

图 8-46　添加路径指令

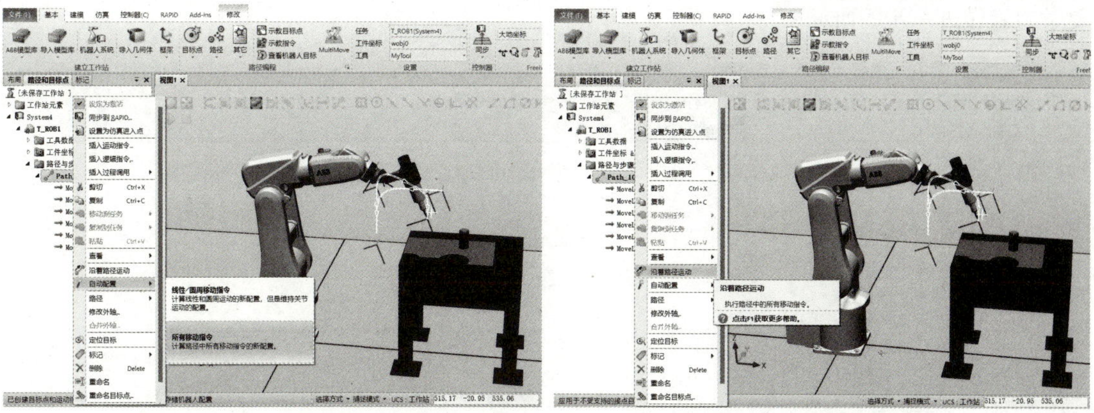

（a）配置路径　　　　　　（b）沿着路径运动

图 8-47　配置路径并沿路径运动

此时，在 RAPID 菜单栏下选择刚刚创建的路径，将会弹出路径生成的指令代码，在该界面下，我们可以直接编写程序（图 8-48）。

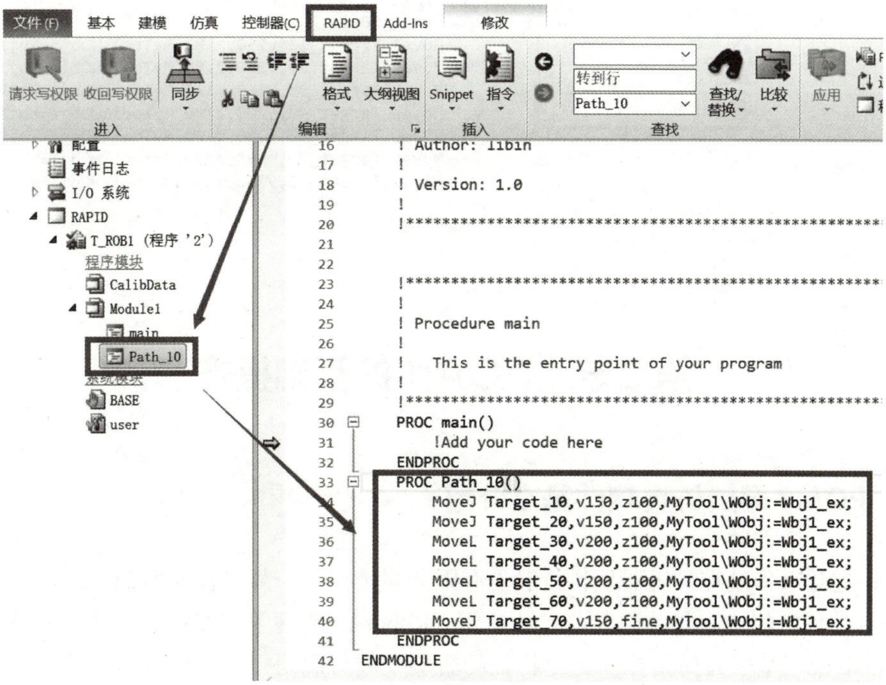

图 8-48　RAPID 编程

在仿真软件中完成的模块和程序可以保存到本地（图 8-49），继而可以将其传输到真实示教器中。

RobotStudio 作为一款机器人仿真和离线编程软件，其强大的功能和丰富的内部资源一直作为行业内同类软件的领跑者，虚拟仿真技术能够大幅度缩短工程师项目开发和维护周期，在不干涉真实产线生产的同时完成离线验证，避免了因为设备调试而造成的产能损失。本任务所涉及学习内容在学习工业机器人初级阶段，用于验证和仿真机器人运动轨迹较为实用，对于该软件其他功能如防碰撞检测方法、I/O 仿真信号、将 PC 连接到控制器、Smart 组件等内容，则需要学习者做进一步的研究。

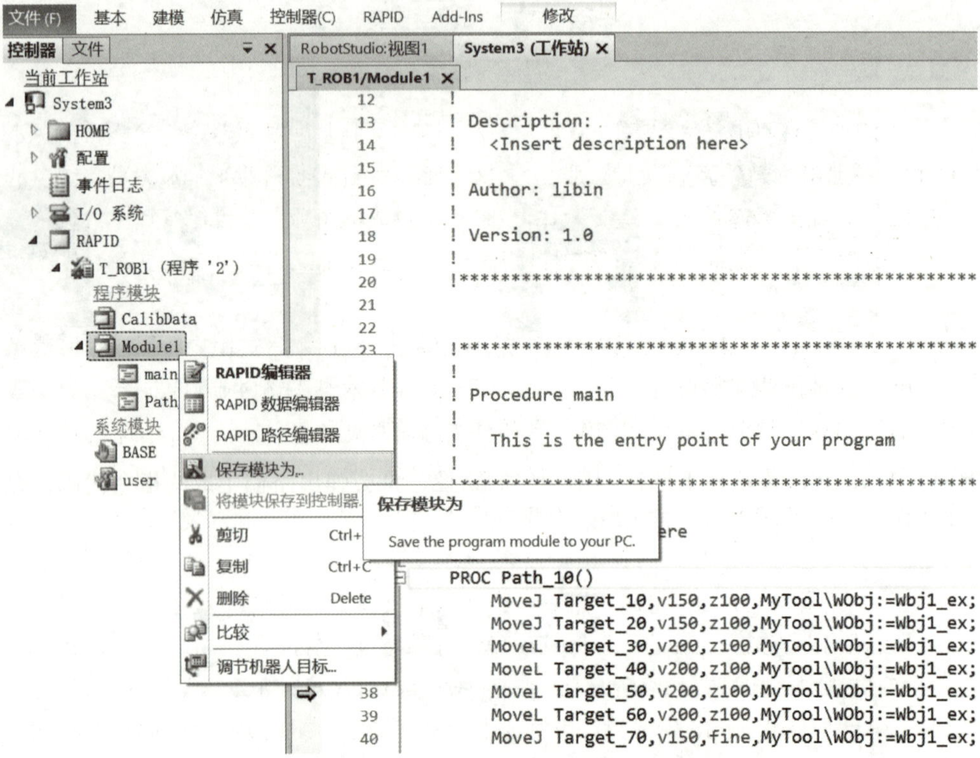

图 8-49　保存模块和程序

第二节　PQArt 的基础操作

一、PQArt 离线仿真软件基本介绍

PQArt 是北京华航唯实机器人科技股份有限公司推出的一款操作非常简便的工业机器人离线编程仿真软件。经过多年的研发与行业应用，RobotArt 掌握了离线编程多项核心技术，包括高性能 3D 平台、基于几何拓扑与历史特征的轨迹生成与规划、自适应机器人求解算法与后置生成技术、支持深度自定义的开放系统架构、事件仿真与节拍分析技术、在线数据通信与互动技术等。它的功能覆盖了机器人集成应用完整的生命周期，包括方案设计、设备选型、集成调试及产品改型。PQArt 在打磨、抛光、喷涂、涂胶、去毛刺、焊接、激光切割、数控加工、雕刻等领域有多年的积淀，并逐步形成了成熟的工艺包与解决方案。在 PQArt 中有丰富的资源供开发者使用，包括机器人库、工作站库、工具库和设备库等等。PQArt 无须手动编写程序，通过一系列工作流程可直接生成代码。

通过官方下载网站 https://art.pq1959.com/Art/Download，可下载 PQArt 软件。PQArt 有企业版、教育版和竞赛版，在该官网上，我们可以进入到“学 Art”模块中，查看常用的项目教程。

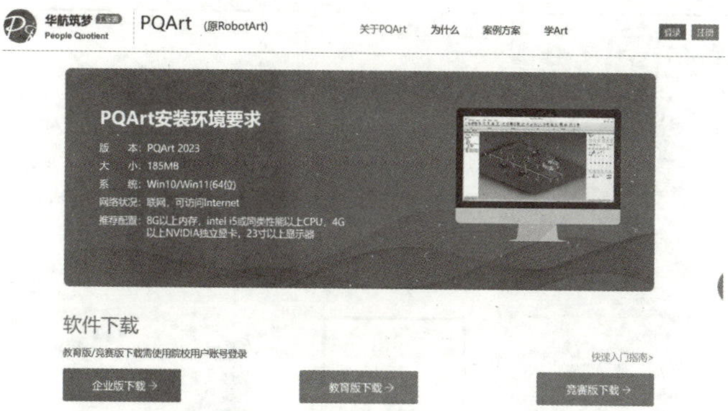

图 8-50 PQArt 快捷图标及下载界面

PQArt 和 ABB 的 RobotStudio 软件的主要区别之一在于，RobotStudio 只适用于 ABB 公司的机器人虚拟仿真，而在 PQArt 中可以对四大家族和国内外很多机器人品牌进行虚拟仿真（图 8-51）。其中，导入机器人模型的步骤如下：

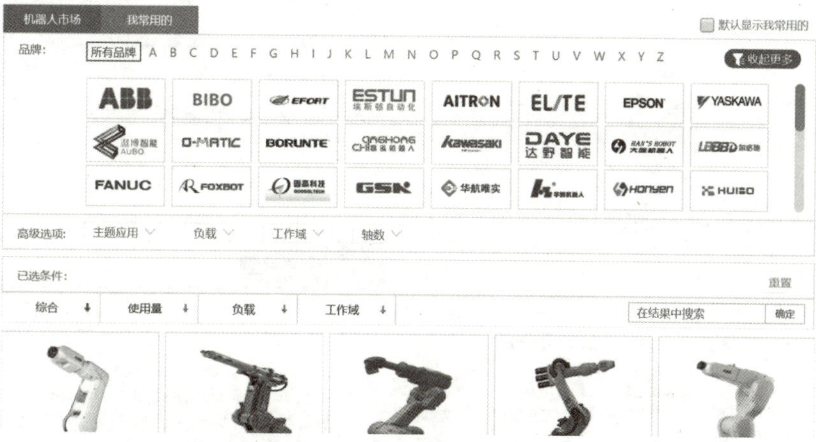

图 8-51 PQArt 机器人库

（1）在登录后的软件初始界面主页，单击“新建”选项（图 8-52）。

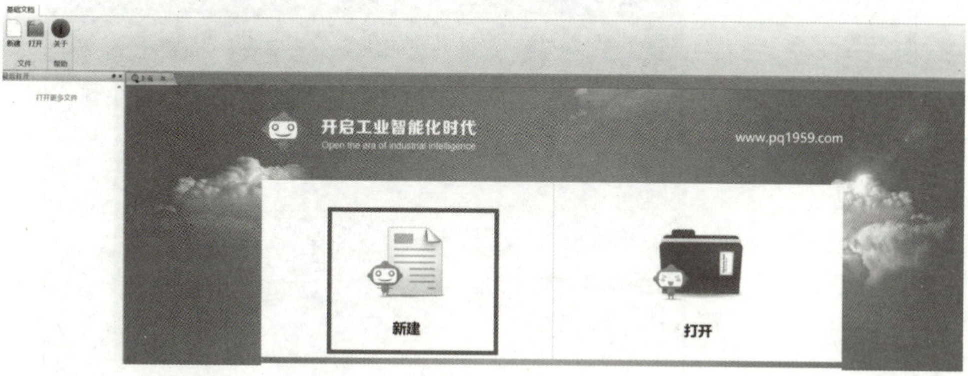

图 8-52 新建场景

（2）在新建后的场景界面下，选中“机器人库”可以看到很多品牌的机器人，我们选择第一个 ABB 公司的 IRB120［图 8-53（a）］。单击“下载”［图 8-53（b）］后，就会导入该机器人模型［图 8-53（c）］。

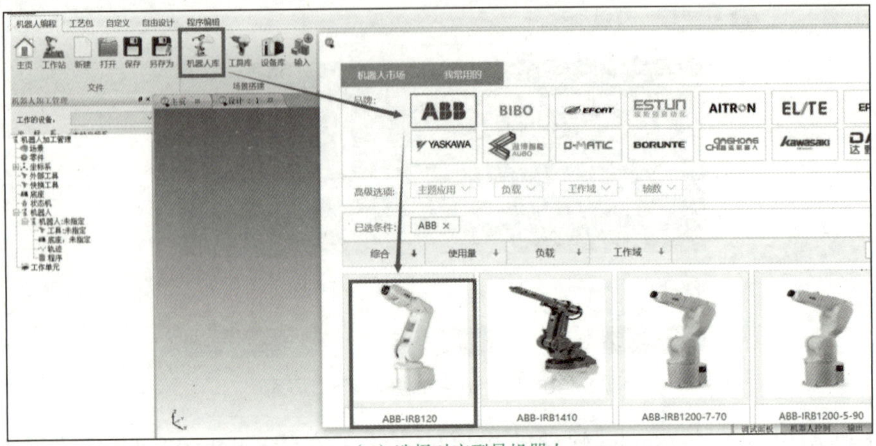

（a）选择对应型号机器人

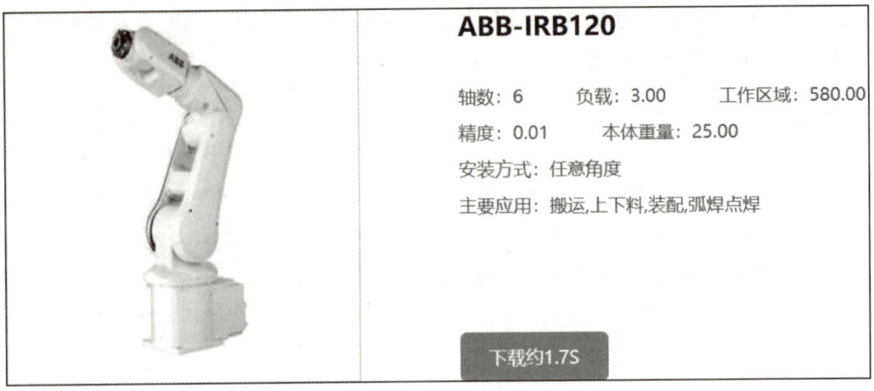

（b）下载机器人模型

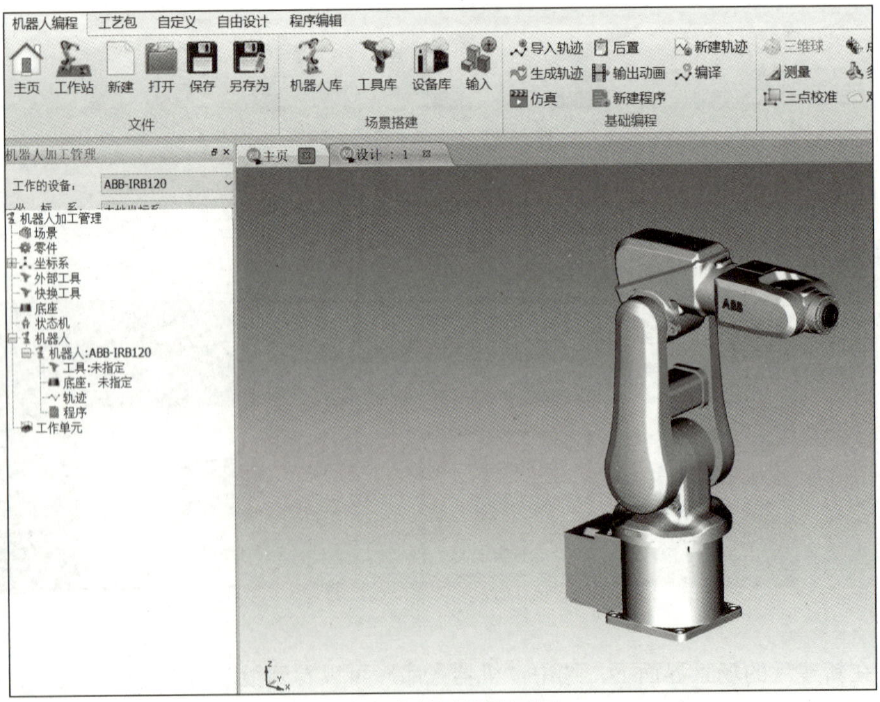

（c）成功导入机器人模型

图 8-53　在机器人库中导入机器人模型

导入机器人后通常需要对机器人视角进行调整，PQArt 常用快捷键界面操作见表 8-2 所列，离线编程的好处之一就是缩短了开发周期，因此掌握快捷键操作将会很大程度上提高离线编程效率。

表 8-2 PQArt 常用快捷键界面操作

快捷键名称 / 操作	快捷键作用
按住鼠标滚轮	切换整个平面观察视角
SHIFT + 鼠标滚轮	拖动、平移整个平面
A	显示 / 隐藏世界坐标系
F8	调整所有模型到视野中心
0	将当前视向设置为轴侧图
1	将当前视向设置为右视图
2	将当前视向设置为顶视图
3	将当前视向设置为前视图
4	将当前视向设置为左视图
5	将当前视向设置为底视图
6	将当前视向设置为后视图

PQArt 所需完成任务包括：场景搭建、轨迹设计、仿真和轨迹优化、生成后置程序和生成动画这 5 个步骤。下面通过一个实例，完成上述过程。

二、场景搭建

（一）导入工作站

在软件首页界面选择“新建”，然后在文件菜单栏中选择“工作站”，这里有很多工作站模型供我们使用，这里选择一个写字的工作站，单击“下载”，对于之前已经下载过的工作站模型，直接单击“插入”即可（图 8-54）。

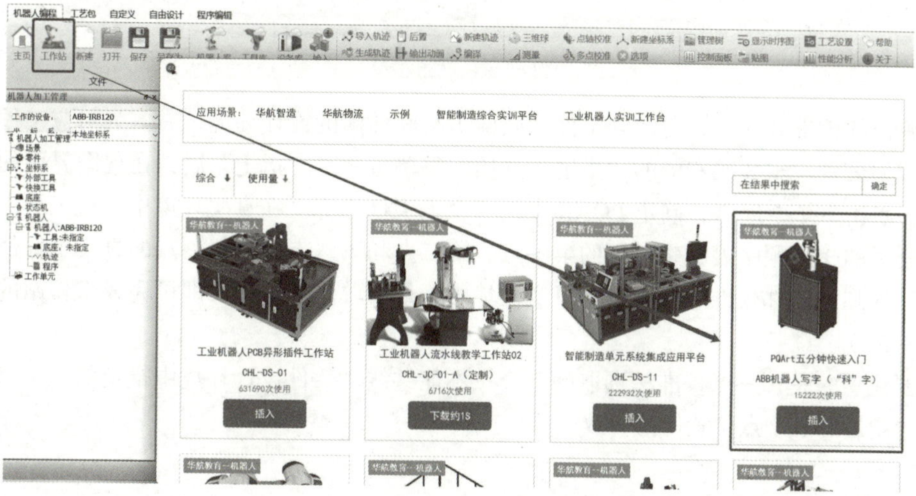

图 8-54 在机器人库中导入机器人模型

需要注意的是，PQArt 仿真软件在使用过程中需要联网才能够将模型下载到本地电脑上。下载之后，该工作站模型就导入到了场景中，在场景中可以对该工作站进行旋转和平移等操作，将其调整到合适角度。

（二）工件校准

工件校准用来确保软件设计环境中机器人与零件 / 外部工具的相对位置与真实环境中两者的相对位置保持一致。

选择机器人末端的工具，点击鼠标右键，选择“ TCP 设置 ...”（图 8-55），在设置 TCP 对话框中，输入已经建立好的实际工具坐标参数。

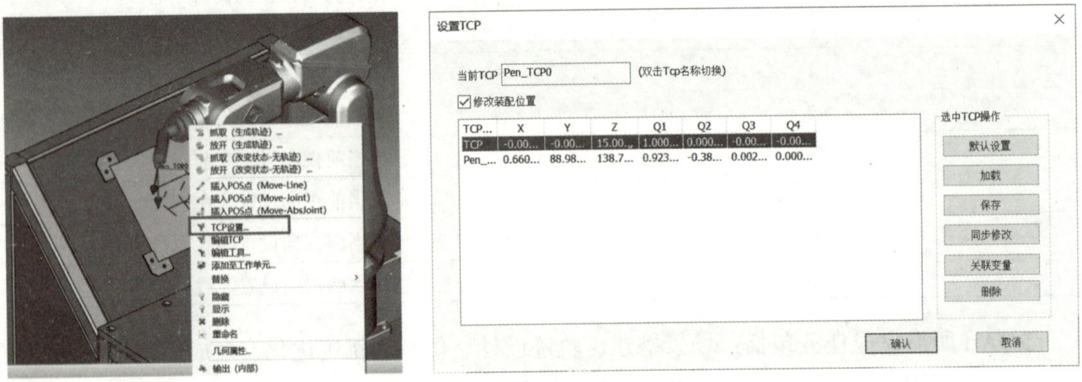

图 8-55　设置 TCP

下一步对工作站进行校准，以保证仿真软件中的各器件相对位置与实物场景一一对应。校准方法有三点校准、点轴校准、多点校准等，此处以常用的三点校准为例，选择“三点校准”（图 8-56）。

图 8-56　校准工具

在弹出的校准界面中，左侧为工件在当前仿真软件内的设计环境，右侧为对应工件的真实环境。我们分别单击 3 次左侧的“指定”选项，每单击一次“指定”后，在视图界面的工件坐标平面中点击一个空间点，确定 PQArt 中的三个点工件坐标。在真实环境中，让工具末端按照软件中选择的 3 点顺序去触碰对应的第一点、第二点和第三点，将每一点的真实坐标值记录好之后并输入到该软件校准工具的右侧真实环境中，最后单击“对齐”即可完成工作站的校准工作（图 8-57）。

需要注意的是，三点校准法选取的三个点不能共线，软件设计环境中指定的三个点要和真实环境中测量的三个点位置保持一致。

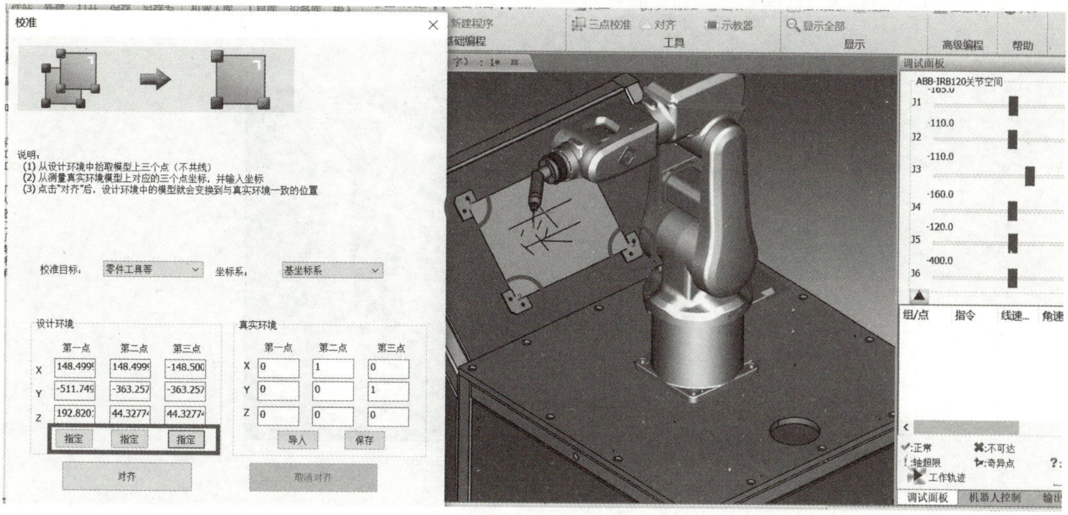

图 8-57　三点校准法

三、轨迹设计

通常机器人在动作之前，基本处在一个机械零点或者 home 点等安全位置，选择法兰工具后，点击鼠标右键，选择“插入 POS 点（Move-Absjoint)”，就可以将当前该位姿作为 home 点（图 8-58）。

生成汉字笔画运动轨迹有两种方式，分别是点击“生成轨迹”，或者在工艺包菜单下单击“写字工艺”进行轨迹选取（图 8-59）。

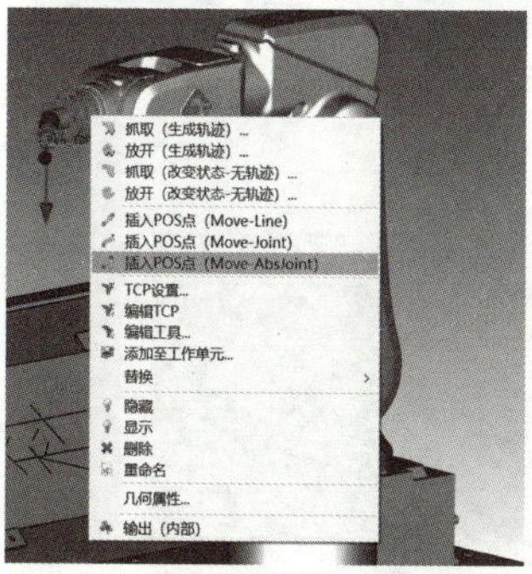

图 8-58　插入 home 点

（a）通过生成轨迹选项生成轨迹

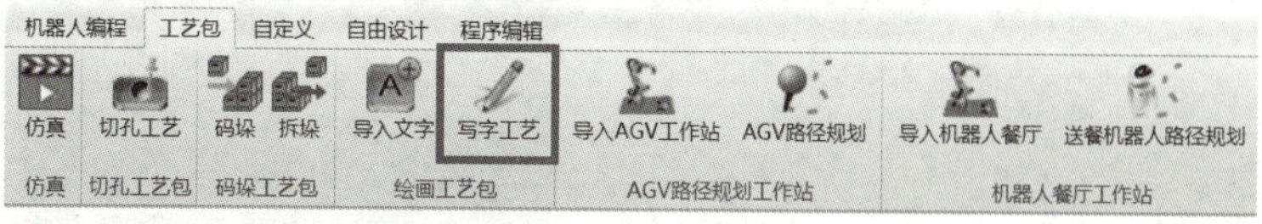

（b）通过写字工艺选项生成轨迹

图 8-59　汉字笔画轨迹的生成

在规划轨迹的面板中，选择用“曲线特征”的方法确定轨迹（图 8-60）。

曲线特征只需要对线和面进行选定即可生成轨迹，首先拾取线元素，也就是选择“科”字的任意一个笔画线条［图 8-61（a)］。然后拾取面元素操作，单击“科”字所在的面板平面上的任意一点，即完成了路径的设定，然后点击确定，也就是图中左上角的对号图标［图 8-61（b)］。

根据拾取的曲线特征，PQArt 就生成了汉字笔画对应线条的运动轨迹（图 8-62）。

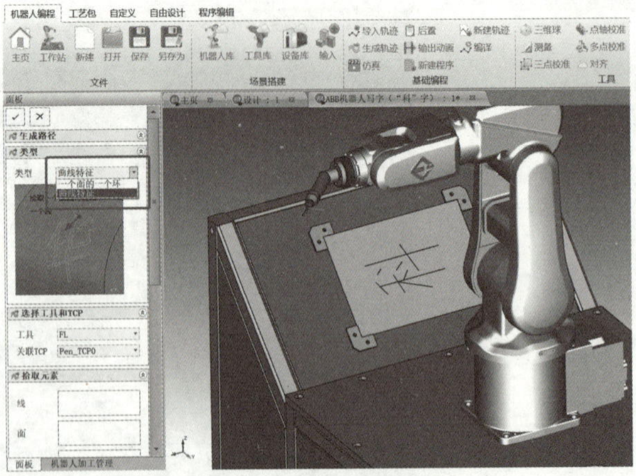

图 8-60　选择曲线特征类型

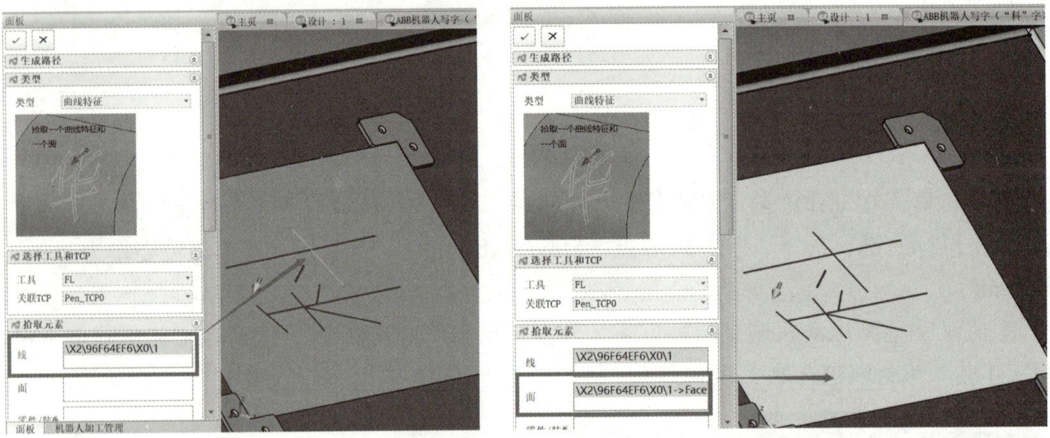

（a）拾取线元素　　（b）拾取面元素

图 8-61　拾取曲线特征

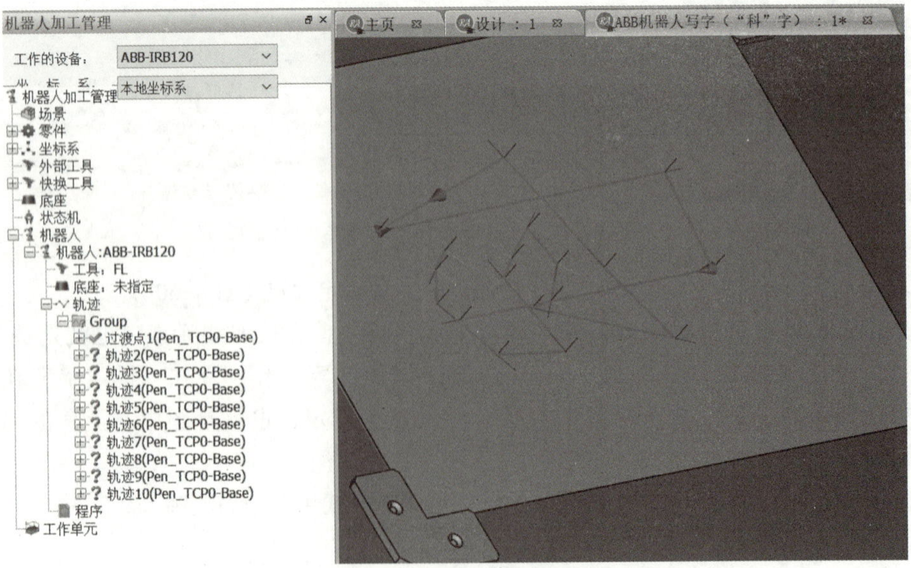

图 8-62　生成运动轨迹

通常，机器人在执行完所有运动轨迹后，应该回到 home 点，因此可以将轨迹的第一个 home 点继续复制，使得轨迹的最后一行的执行位置与初始位置一致。

四、仿真和轨迹优化

生成运动轨迹后，单击“基础编程”中的“仿真”选项［图 8-63（a）］，然后单击“播放”按键，即可看到机器人按照刚刚设定好的文字笔画路径，进行自动行走，可以通过调整速度滑竿，来调节机器人仿真运动的速度［图 8-63（b）］。

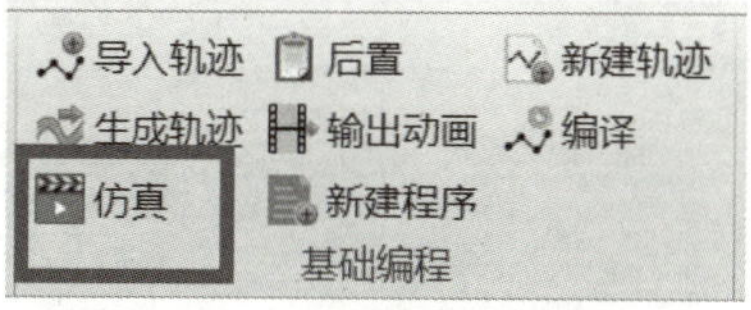

（a）仿真选项

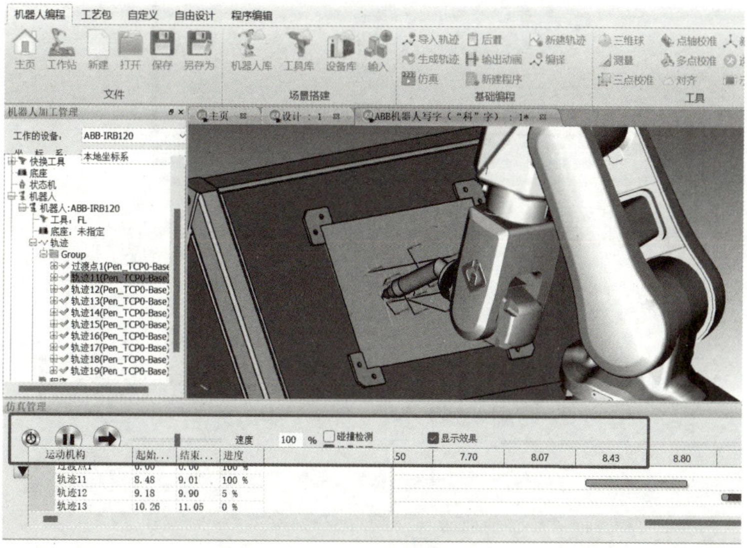

（b）仿真控制面板

图 8-63　仿真运行

在机器人运动过程中，有可能会出现“轴超限”“奇异点”和“不可到达点”等现象，此时可以对轨迹进行优化，优化的方式有很多种，比如可以在要优化的轨迹上点击鼠标右键，选择“轨迹优化”［图 8-64（a）］。在弹出界面点击“开始计算”可以看到该轨迹的异常点［图 8-64（b）］，其中红色的点（点 A）为不可到达的点，黄色的点（点 B）表示轴超限的点，紫色的点（点 C）为奇异点。对于这些特殊的点，在机器人行走过程中要尽量规避。选中轨迹优化界面中的蓝色横线（线 L），可以看到在线上有很多锚点，可以通过鼠标右键选择添加或删除锚点，然后拖拽锚点，可以改变蓝色线的位置。将蓝色线拖拽到远离这些特殊点的位置（线 L′），然后点击“确认调整”，即可完成对当前选定轨迹的优化［图 8-64（c）］。

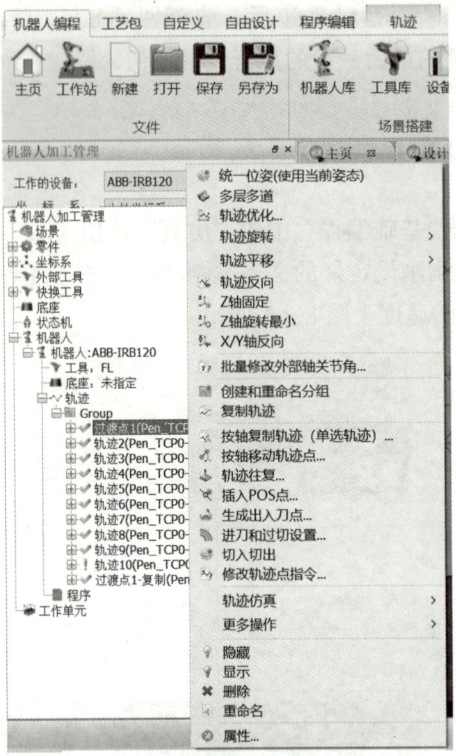

（a）轨迹优化选项

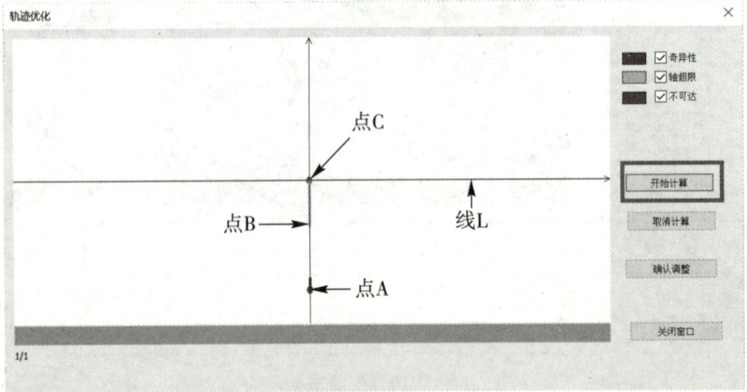

（b）轨迹优化界面

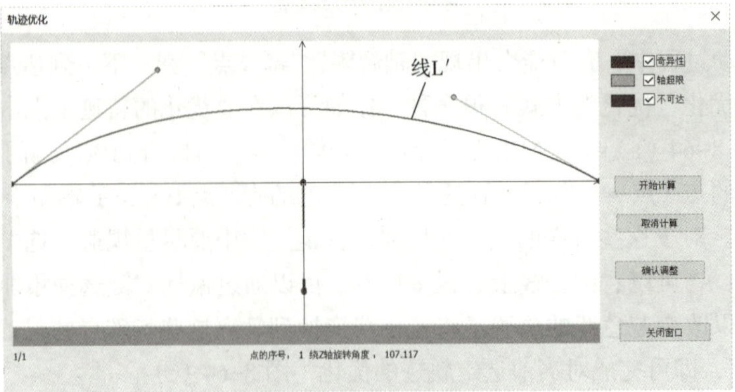

（c）调整蓝色曲线位置远离特殊点

图 8-64 轨迹优化

再比如轨迹 10，提示该轨迹存在一个“轴超限”点［图 8-65（a）］，此时可以在该轨迹上点击右键，选择轨迹优化，然后将蓝色的线（线 L）拖拽到远离黄色的轴超限点的位置（线 L′），确认调整即可［图 8-65（c）］。轨迹优化后无轴超限点如图 8-65（b）所示。

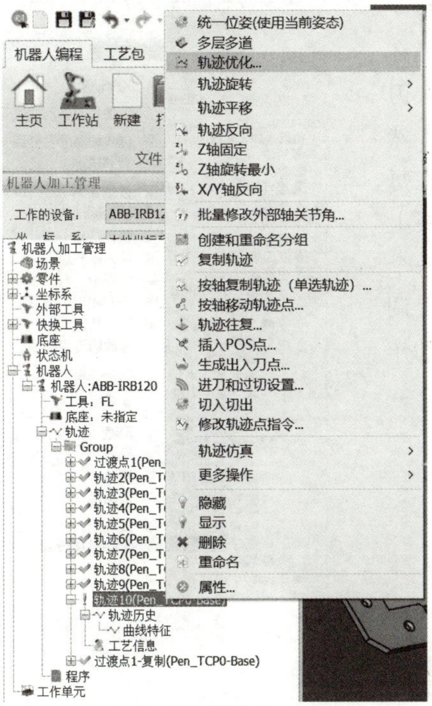

（a）“轴超限”点

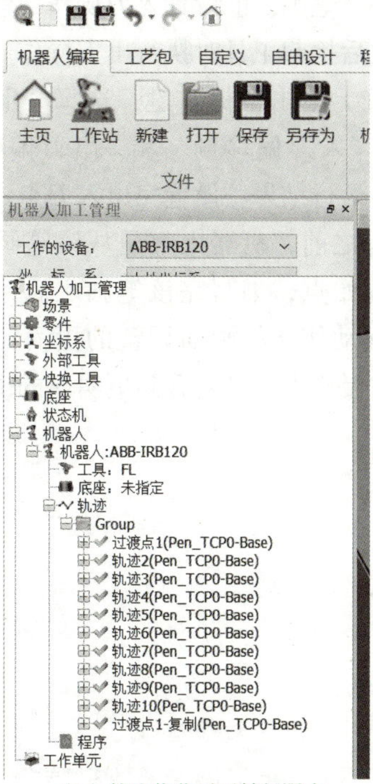

（b）轨迹优化后无轴超限点

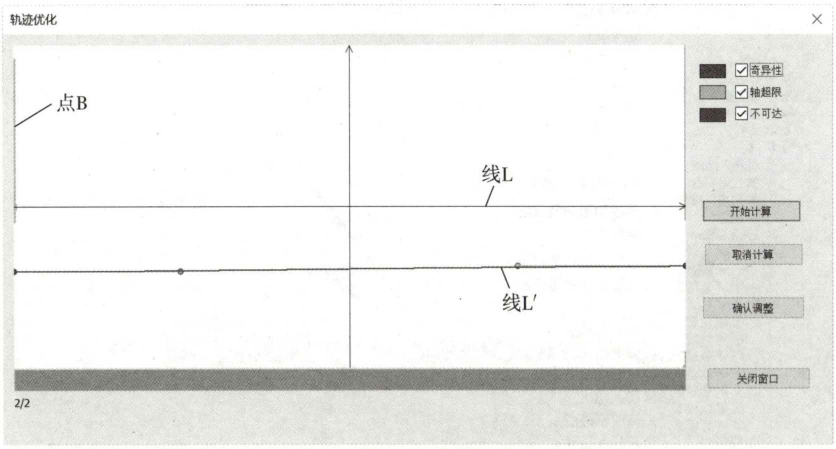

（c）调整蓝色曲线位置远离轴超限位置

图 8-65　轴超限轨迹优化

对一个轨迹的优化还可以通过“*Z* 轴固定”的方式，方法为选中要优化的轨迹，选择“*Z* 轴固定”进行优化，“*Z* 轴固定”是指该轨迹的所有点坐标轴方向，与第一点的坐标轴方向平行（图 8-66）。

此时如果旋转视图角度，就可以发现“科”字的行走轨迹应该是一笔一画分别行走的，可是当前在每写完一个笔画之后，机器人的末端执行器工具并没有抬起，而是从当前笔画的末端沿着书写面板继续行走到下一个笔画的起始位置，这就会导致在当前笔画的末端和下一笔画的起点中间也被工具划上一条不应该有的笔画。对此，要在每行走完一个笔画之前设置入刀操作，然后在每一笔画写完之后抬起工具时执行出刀操作。方法是在每一个轨迹上单击鼠标右键，选择“生成出入刀点”，设置“入刀偏移量”和“出刀偏移量”，然后仿真查看运行结果。设置完出入刀点之后，在每一笔画书写之前，机器人都是从该笔画的面板上方为入刀起始点，书写完该笔画之后，会有一个出刀的抬起动作。将画面调整的更简洁一些，调整角度，放慢速度，将会看到更明显的出入刀动作（图 8-67）。

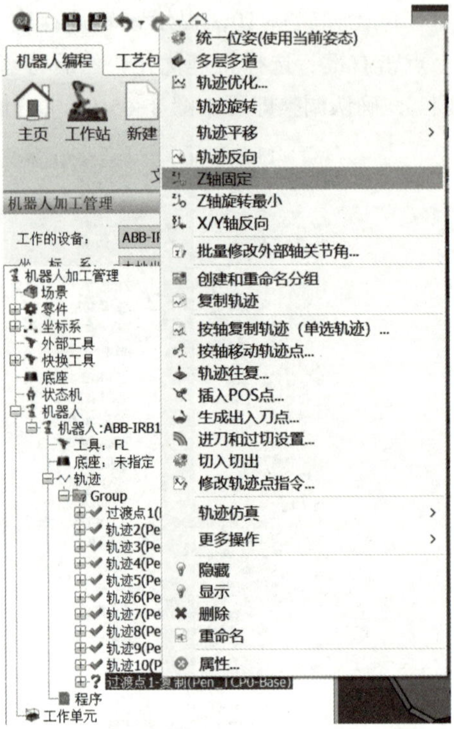

图 8-66　Z 轴固定

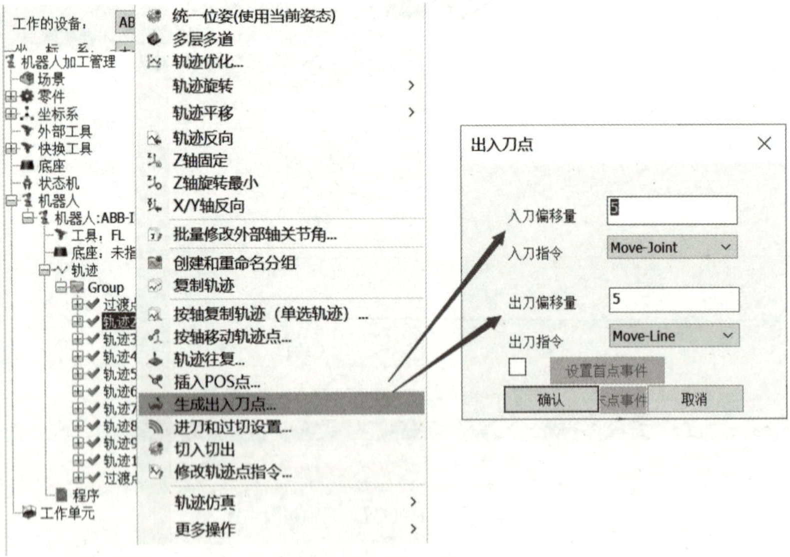

图 8-67　生成出入刀点

五、生成后置程序

在生成好轨迹之后，单击基础编程面板中的“后置”选项，生成后置程序，前缀名是不允许修改的，我们可以在改变程序名称后点击生成文件（图 8-68）。

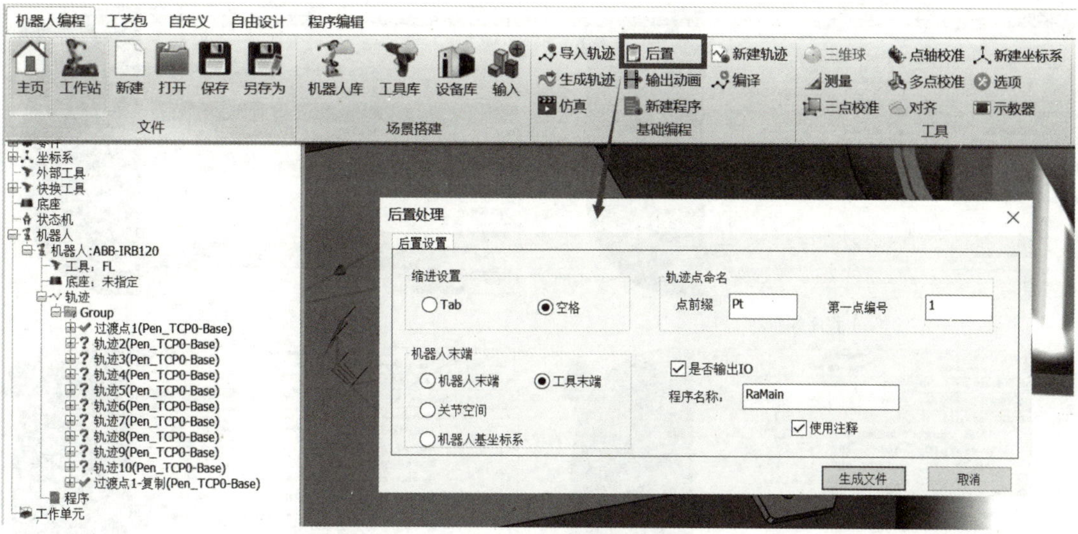

图 8-68 后置处理

生成文件后，会弹出轨迹生成的后置程序（图 8-69）。在程序中，我们可以看到各个轨迹中包含的所有预设坐标点，以及各个坐标点之间是通过什么指令进行移动的。如果此时连接了网线，可以点击下载，将程序下载到机器人中。

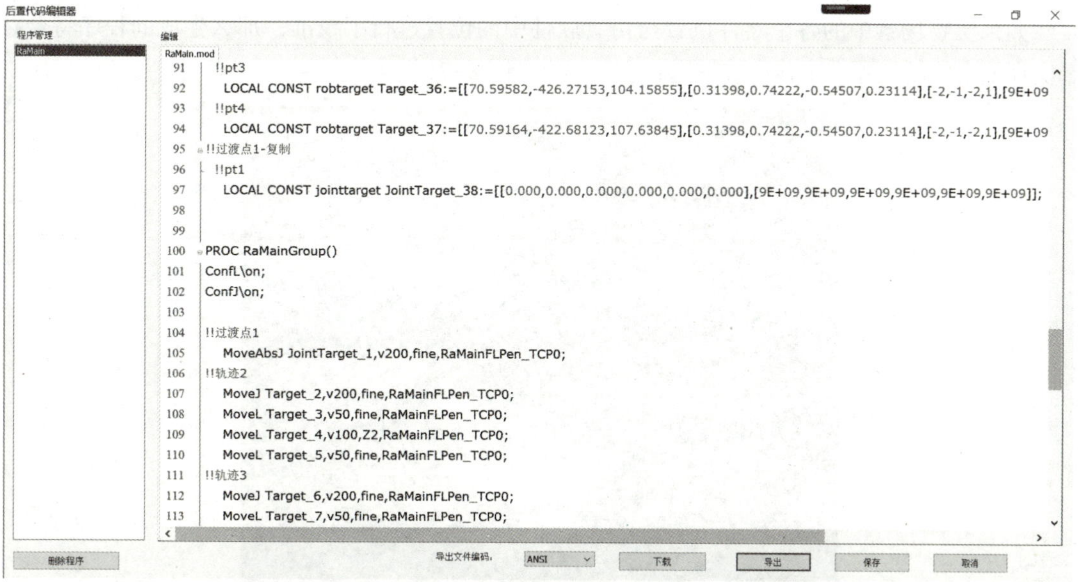

图 8-69 后置代码编辑器

将该文件导出保存，并将导出的程序文件用 U 盘拷贝后，也可以下载到机器人的示教器上。在示教器上，选择“程序编辑器”，然后选择“加载模块”，并显示该模块，就可以看到刚才生成的后置程序已经下载到示教器中了（图 8-70）。在有些示教器中，要选择“PP 移至 Main”选项才能运行。

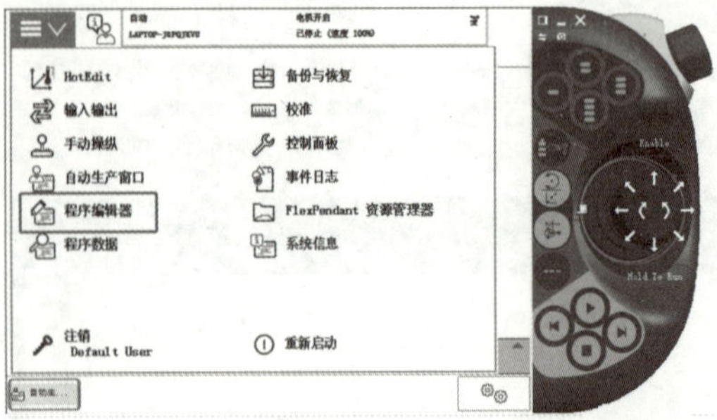

（a）程序编辑器

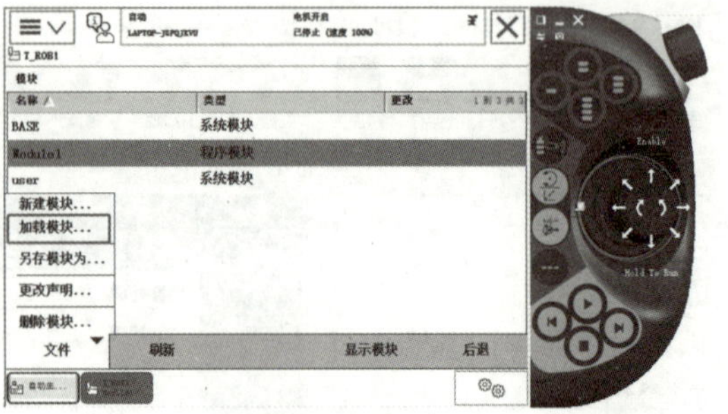

（b）加载模块

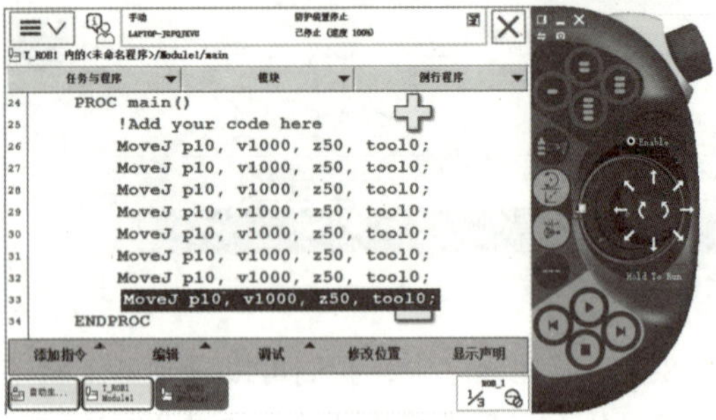

（c）导入后置程序

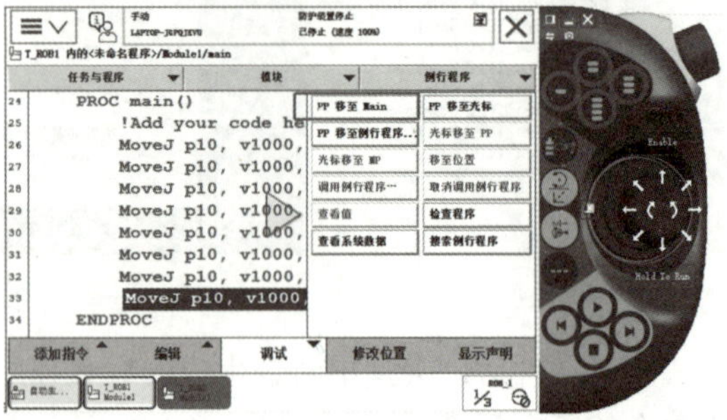

（d）调整程序运行指针

图 8-70　下载后置代码

如果实物场景中的各个器件位置与仿真软件中的位置进行了校准，那么生成的程序将会在真实环境中控制机器人本体准确地进行空间运动（图 8-71）。

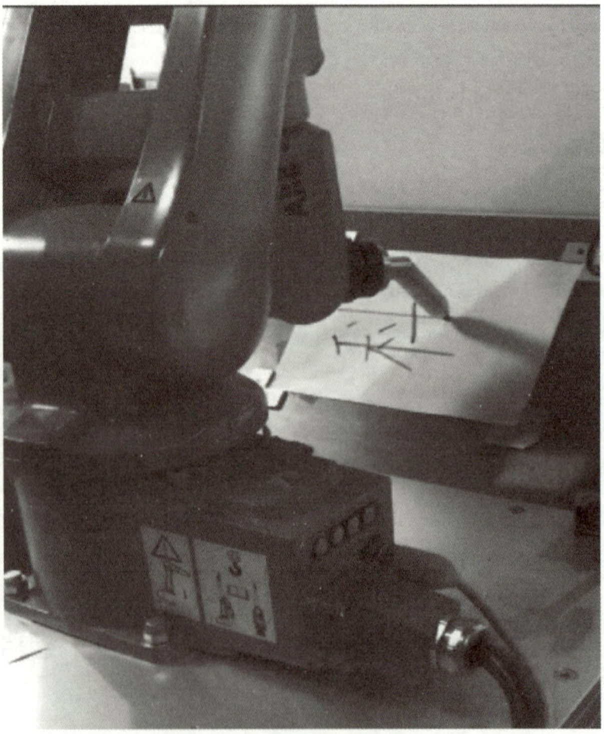

图 8-71　加载程序后真实场景

六、生成动画

选择基础编程面板中的“输出动画”，修改动画名称，然后单击“开始”，就可以将动画公布到作品墙供其他用户参考，也可以选择仅自己可见。复制生成好的动画链接，打开浏览器，粘贴该链接就可以在任意网络环境中查看生成的动画了（图 8–72）。

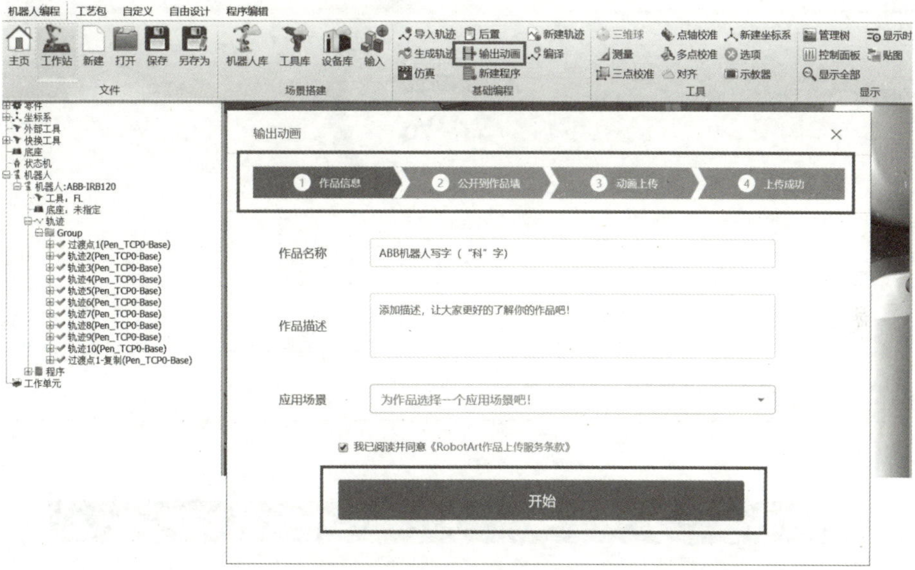

（a）输出动画选项

（b）公布作品动画

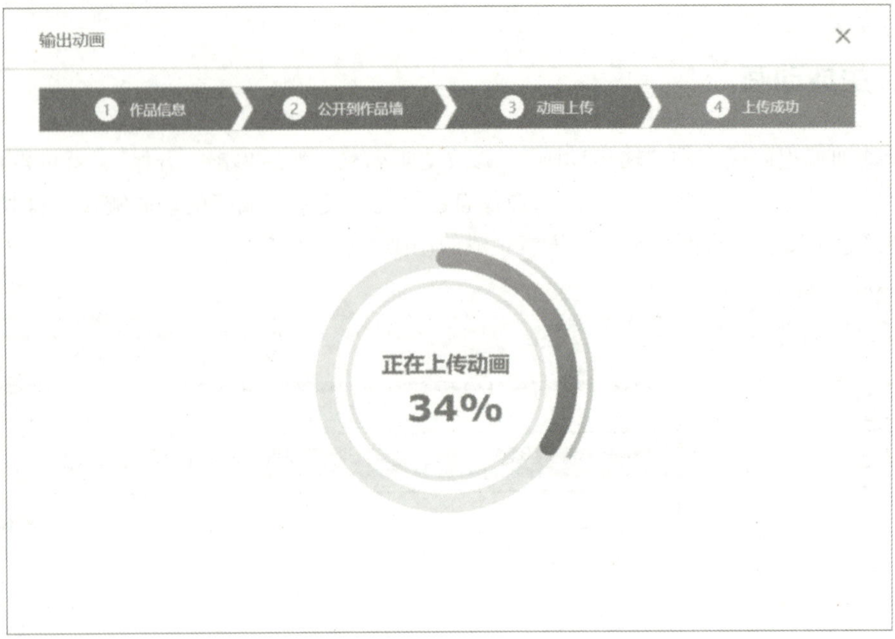

（c）上传动画

（d）上传完成

图 8-72　生成动画

PQArt 是所有离线编程软件中，相对操作比较简单、容易上手的一款，软件内包含的工作站和机器人资源也非常丰富，包括 ABB、KUKA、FANUC、汇博、广数等主流厂家的机器人型号，并在官网上有大量的实例教程，可以大大缩短我们的编程时间，提高编程效率。

在线测试

扫一扫 测一测

参 考 文 献

[1] 郭彤颖，安冬. 机器人技术基础及应用 [M]. 北京：清华大学出版社，2016.
[2] 许文稼，蒋庆斌. 工业机器人技术基础 [M]. 2 版. 北京：高等教育出版社，2023.
[3] 夏智武，刘浪，李慧. 工业机器人技术基础 [M]. 北京：高等教育出版社，2022.
[4] 李泽明，杨波，李晓强. 工业机器人离线编程与仿真 [M]. 成都：电子科技大学出版社，2020.
[5] 董春利. 机器人应用技术 [M]. 北京：机械工业出版社，2014.
[6] 戴凤智，乔栋. 工业机器人技术基础及应用 [M]. 北京：机械工业出版社，2020.
[7] 郭彤颖，张辉. 机器人传感器及其信息融合技术 [M]. 北京：化学工业出版社，2017.
[8] 林燕文，陈南江，许文稼. 工业机器人技术基础 [M]. 北京：人民邮电出版社，2019.
[9] 侯猛，张书文，孙宏建，等. 基于光纤光栅的机器人腕部多维力传感器 [J]. 半导体光电，2021 (2): 219–224.
[10] 张春芝，钟柱培，许妍妩. 工业机器人操作与编程 [M]. 北京：高等教育出版社，2018.
[11] 田贵福，林燕文. 工业机器人现场编程 (ABB)[M]. 北京：机械工业出版社，2022.
[12] 吴海波，刘海龙. 工业机器人现场编程 [M]. 北京：高等教育出版社，2017.
[13] 邓三鹏，周旺发，祁宇明. ABB 工业机器人编程与操作 [M]. 北京：机械工业出版社，2018.